최신 정보통신 기기

김한기 • 백국현 • 이재기 공저

21세기사

머 리 말

우리나라 정보통신기기산업의 성장은 이동통신 서비스와 인터넷의 대중화, 닷컴 기업의 대두, 전통산업의 IT 투자 확대를 통해 이루어졌으며, 이동통신 서비스 가입자와 인터넷 이용자 수의 증가로 인해 관련 서비스 제공자는 물론 이동전화, PC 등 관련 기기 공급자의 수요 증가로 이어 졌다. 또한 일반 사용자 및 기업에 대한 정보통신기기 보급이 증가함에 따라, 전자상거래, 디지털콘텐츠 등 새로운 비즈니스가 대두할 수 있는 환경이 조성되었고 지난 수년간 무수히 많은 닷컴 기업을 탄생시켰으며, 이러한 시장이 다시 정보통신기기에 대한 새로운 수요를 창출하는 산업적 시너지 효과 속에 생명(bio) 정보공학, 컴퓨터 등의 과학 분야가 여기에 맞물려 거대시장으로 발전하고 있는 것이다.

정보통신기기 산업은 통신서비스를 제공하기 위해 필요한 기기 및 부품을 생산하는 분야를 말하며, 다수의 원시정보 또는 가공정보들을 서로 연결시켜 효율적인 정보전달 수행을 근간으로 컴퓨터산업과 정보통신산업을 지원하는 중요한 역할을 하고 있다. 최근 브루투스, 지그비(Zigbee), 와이브로(WiBro) 등과 같은 무선 네트워크 기술은 현재 정보화 시대에 밀접하게 통용되고 있을 뿐만 아니라 앞으로의 생활을 더욱 윤택하게 만들어주는 최첨단 정보통신기기의 핵심기술이라 할 수 있다. 네트워크 장비의 경우도 메트로 에어리어 네트워크(MAN)와 광전송장비, 무선 랜, 트래픽 분산 솔루션등 차세대 네트워크 솔루션 시장의 새로운 가능성을 제시하며 하루가 다르게 발전하고 있다. 앞으로 이러한 정보통신기기 산업의 발전은 우리의 삶에 지대한 영향을 미치게 될 유비쿼터스 시대를 여는 정보통신의 핵심기술로서 그 실용화가 가속화됨에 따라 미래 산업으로서 각광을 받으며, 우리나라의 가장 중요한 국책 전략산업으로서 계속 성장해나갈 것으로 전망된다.

현재 우리나라가 이룩한 정보통신기기 산업의 고성장은 민간부문의 과감한 투자, 정부의 정책, 그리고 세계 IT시장의 확대라는 외부환경이 결합됨으로써 얻어진 결실이라 볼 수 있다. 여기에서 정부의 정책적 지원은 정보통신기기 산업 고성장의 주요 요인의 하나로서 초고속정보통신망 구축, 공공부문의 정보화 등으로 정보통신기기에 대한 수요를 창출을 유도한 것이다. 그러나 세계시장에 나아가 선진국 정보통신 시장의 성숙에 따른 어려움을 이겨내고 제품경쟁력을 강화하며 세계시장의 점유율을 높여 나가기 위해서 가장 중요한 것은 정보통신기기 산업적 특성에 맞는 우수한 인력양성 없이는 불가능한 것이다.

정부도 이와 같은 추세에 맞춰 통신 분야를 국책사업으로 채택하여 지원을 아끼지 않고 있다. 특히 이상에서 언급한 정보통신 분야의 산업인력양성의 중요성에 비추어 정보통신기기를 다루는 인력 양성과 기술 향상을 위한 제도는 그 어느 때 보다도 중요한 시점에 있으며, 이에 한국산업인력관리공단에서는 정보통신기사 자격제도를 시행하여 정보통신 분야에 많은 기여를 하고 있다.

최근 정보통신 관련 전문 인력의 수요는 급증하고 있는 현 상황 속에서, 취업을 앞둔 학생들과 이 분야에 전공지식을 쌓으려는 대학의 관련학과 학생에게 조금이나마 보탬이 되고자, 그동안의 저자의 강의 경험을 토대로 이 책을 편찬하게 되었다. 아무쪼록 본서가 정보통신기기 분야의 전공지식을 함양하고 취업을 앞둔 학생들이 정보통신 기술을 쉽게 이해할 수 있는 기회로 주어진다면 더한 기쁨이 아닐까 한다. 본서를 통해서 공부하게 되는 학생 여러분들의 실력이 향상되어 취업 및 국가 기술 자격시험 등 합격의 길에 이르고, 더 나아가 자격취득을 통해 현장 실무에 응용할 때 본서가 큰 역할을 하게 되기를 기원하며, 본서를 출간할 수 있도록 큰 도움을 주신 21세기사 사장님을 비롯한 편집부 직원과 기획부 그리고 임원진에게 진심어린 감사를 드린다. 앞으로 끊임없는 노력으로 보다 유익한 책으로서 여러분께 보답하고, 계속해서 미비한 점들을 보충해 나갈 예정이다.

* 본서에는 일부 잘못된 부분이 있을 수 있으며, 잘못된 부분에 대해서는 발견 시 www.bp-digital.com 의 게시판에 올려주시면 수정 · 보완하도록 하겠습니다. 감사합니다.

지은이 일동

이 책의 목차

제1장 | 정보통신 개론

제2장 | 정보전송의 기초이론

제3장 | 정보통신 단말장치

제4장 | 정보전송장치

제5장 | 무선통신기기

제6장 | 유선통신기기

제7장 | 무선이동통신

제8장 | 위성통신기기

제9장 | 화상통신기기

제10장 | 뉴미디어기기

제11장 | 유비쿼터스 시대의 정보통신 보완

정보통신 개론

Chapter **1**

Data Communication Instruments

정보통신 개론

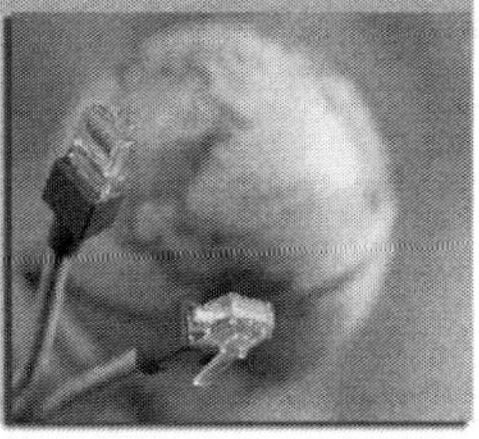

1.1 정보통신

(1) 정보통신의 정의

정보통신이란 일반적으로 송신측 통신장비(휴대폰이나 컴퓨터, PDA 등)와 멀리 떨어져 있는 제3자의 수신측 통신장비를 통신 회신(유 · 무선)을 이용하여 데이터 전송 및 처리 할 수 있도록 체계화된 형태를 지니면서 통신의 효율을 갖도록 하는 통신방법을 말한다. 즉 쉽게 말해서 내가 전달하고자 하는 제3자에게 내 의사(데이터)를 정확하게 전달하고 전달된 데이터를 신속 정확하게 처리할 수 있는 체계를 정보통신이라 정의할 수 있다.

※ 데이터(data) : 어떤 목적에 부합되도록 정리된 사실이나 개념 등
정보(information) : 가치 있는 데이터(data)

(2) 정보통신의 형태

우선 현재 사회에서 이용되고 있는 정보통신의 형태를 보면 직접 제 3자에게 까지 직접 통신회선을 연결하여 데이터를 전송하는 유선통신과 원거리간 통신에서 직접적인 통신회선 없이 전자파를 이용 공기나 해수와 같은 매질을 이용하여 데이터를 전달하는 무

선통신으로 구분할 수 있다.

실제로 무선통신은 통신회선을 직접 상대방까지 연결할 필요가 없다는 장점 때문에 초기 투자비가 적고 또한 기술이 발전함에 따라 전기적인 신호를 선에 실어서 보내는 유선통신에 비해 속도도 빨라 이용률 면에서 유선통신보다 앞서고 있다. 그렇다면 앞으로의 발전은 모든 통신형태가 전부 무선화 되지 않을 까 하지만 통신의 안전성 측면과 전파 자원의 한계성(유한성) 측면에서 본다면 아직 통신의 근본은 선을 상대방까지 직접 연결하여 전기적인 신호를 전달하는 형태를 뛰는 유선통신이 정보통신의 기본이라 할 수 있다. 그러므로 유선통신에서도 무선만큼 빠르게 데이터를 전달할 수 있는 방법을 찾게 된 것이 빛을 이용한 광(光)통신이라 할 수 있는데 현재 많이 활용화 되고 있다.

(3) 정보통신의 특징

정보통신이 가지고 있는 가장 일반적인 특징은 시간과 장소의 제한을 받지 않고 내가 전달하고자 하는 제 3자에게 내 의사(데이터)를 정확하게 전달하고 전달된 데이터를 신속 정확하게 처리할 수 있는 것이다. 또한 대형 서버 컴퓨터의 고도의 기능을 다수의 일반 사용자들이 단말장치를 통해 대용량의 데이터를 저장, 관리, 활용 할 수 있으며 여러 사용자들과 데이터를 공유할 수 있는 등 정보통신 시스템의 생산성을 극대화 시킬 수 있다는 것이다.

1.2 정보통신 시스템

(1) 정보통신 시스템의 구성

정보통신 시스템은 정보의 근원지(송신지)로부터 정보의 최종 도착지(목적지)까지 정확하고, 신속하고, 안전하게 데이터를 전달하기 위한 시스템으로 각각의 시스템 구성요소들이 서로 유기적으로 결합된 것을 의미한다. 정보통신 시스템의 구성은 크게 실제 내가 전달하고자 하는 데이터를 안전하고, 정확하게 목적지까지 전달해 주는 기능을 담당하는 DTE(Data Terminal Equipment), DCE(Data Communication Equipment),

CCU(Communication Control Unit)로 구성된 **데이터 전송계**와 전달된 데이터를 생성, 변환, 저장 및 처리 할 수 있는 HOST Computer로 구성된 **데이터 처리계**로 구성된다.

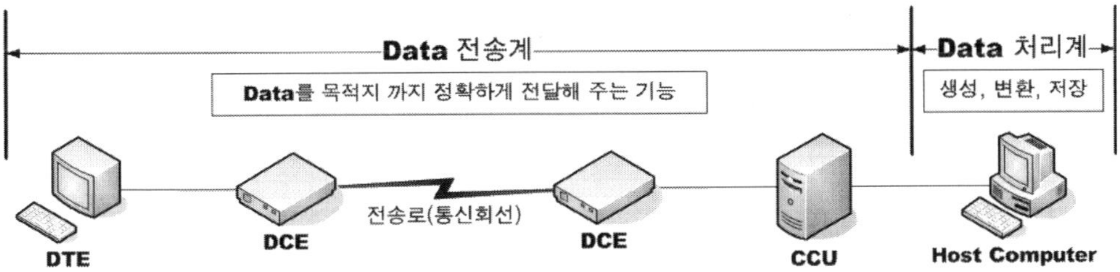

[그림 1-1] 정보통신 시스템 구성도

1) 데이터 전송 계

데이터 전송 계는 정보 송신지에서 정보 목적지까지 정보를 정확하게 전달하기 위한 시스템의 구성요소들의 결합체로서 실제 정보를 송신지 또는 최종 정보의 목적지 역할을 하는 단말장치 DTE와 데이터를 전송 회선 상에 보내기 알맞은 신호로 변환해 주는 신호 변환장치 DCE, 여러 가지 데이터 통신에 있어서 제어를 담당하는 통신 제어장치 CCU로 구성된다.

① DTE(Data Terminal Equipment)

실제 통신에 있어서 전달하고자 하는 데이터를 발생시켜 주는 정보의 근원지로서 전화기의 송화기, 컴퓨터의 입력장치 등과 전달된 데이터를 실제 사용자가 받을 수 있는 목적지 전화기의 수화기, 컴퓨터의 출력장치 등에 해당되는 장비를 의미한다.

결국 DTE장비는 최초 출발지와 최종 종착지에서 수행하는 송 · 수신 기능과 입 · 출력 기능을 수행하는 장비이다.

② DCE(Data Communication Equipment)

단순히 우리말로 번역하면 데이터 통신 장비를 의미하는데 실제 정보의 출발지(DTE)에서 발생된 데이터를 통신회선 상에 전송하기 알맞은 신호로 변환해주는 장비를 의미한다.

실제로 통신을 하기 위해서는 보내고자 하는 정보를 전기적인 신호로서 표현하여 전달하게 되는데, 전기적인 신호로 표현할 때 연속적인 신호로 표현하는 아날로그와 단순히 0과 1로 구성된 이산적 신호인 디지털신호로 표현할 수 있다. 그리고 실제 데이터가 전달되는 통신회선은 그 회선의 특성에 따라 아날로그 신호를 전달할 수 있는 아날로그 회선은 0과 1의 이산적인 신호만을 전달할 수 있는 디지털 회선이 존재한다.

이렇게 실제 발생되는 정보를 표현하는 신호와 실제 통신회선을 통해 전달되는 신호가 다를 수가 있는데 이러한 서로 다른 신호를 적절히 변환하여 정확히 데이터를 전달 또는 신호 처리를 할 수 있게 해주는 기능을 가지고 있다.

결국 DCE장비는 단말장치를 통해 발생되는 신호를 통신 회선 상에 보내기 적합한 신호형태로 바꾸어 주는 기능을 수행하는 신호 변환장비인 것이다.

신호 변환에 따른 DCE 장비는 다음 표와 같이 구분할 수 있다.

[표 1-1] DCE 장비

정보(Data)	신호(Signal)	DCE 장비
아날로그(Analog)	아날로그(Analog)	교환기
아날로그(Analog)	디지털(Digital)	codec
디지털(Digital)	아날로그(Analog)	MODEM
디지털(Digital)	디지털(Digital)	DSU(Digital Service Unit)

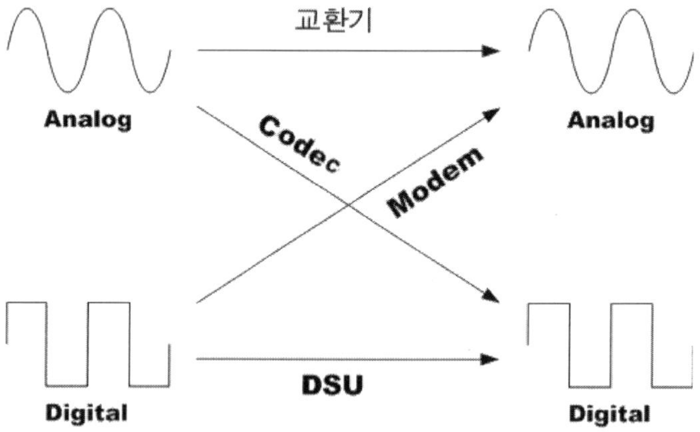

[그림1-2] 정보 신호와 DCE장비

③ CCU(Communication Control Unit)

CCU는 통신제어장치로서 Host Computer와 연결하여 컴퓨터가 실제 전달된 데이터를 처리하기 알맞은 형태로 변환시켜 주고, 실제 컴퓨터가 통신 기능을 수행할 수 있도록 도와주는 통신전용 장치라고 할 수 있다.

즉 네트워크에 존재하는 여러 컴퓨터와 이들 컴퓨터 간의 전송매체 결합으로 컴퓨터가 처리할 수 있는 기능을 대신한다.

따라서 통신회선과 컴퓨터 중앙처리 장치를 결합하는 장치로 통신 제어 장치의 주된 기능은 다음과 같다.

- 정보 전송을 위한 전송회선과의 전기적인 결합기능
- 전송 문자, 메시지 조립과 분해 기능
- 전송제어 및 버퍼링 기능
- 전송에러 검출 및 에러 제어 기능
- 전송속도의 변환기능

2) 데이터 처리 계

일반적으로 컴퓨터 시스템을 의미하며 중앙 처리장치(CPU)와 주변장치 등으로 구성되어 데이터를 생성, 변환, 저장할 수 있는 장치이다.

① 중앙처리장치(Central Processing Unit)

데이터의 연산, 제어, 주 기억 장치로 구성되며 전달된 정보를 특정 목적에 따라서 정확하게 처리하는 기능을 수행하는 장치이다.

② 주변장치

보조기억장치(하드 디스크, 플로피 디스크, CD)를 이용하여 중앙처리장치에서 처리되어 온 정보를 저장하거나, 출력하는 기능을 수행하는 장치이다.

1.3 정보통신의 이용

(1) 데이터 통신 시스템에 따른 분류

1) 온라인 시스템(On Line System)

정보의 전송과 원격지 단말장치사이에 사람이 직접 개입하지 않고, 전송매체인 통신회선을 거쳐서 통신하는 방식으로 실시간 처리(Real-Time Processing)에 이용되는 시스템이다.

실제 통신회선을 통해 데이터가 빠르고 신속하게 전달되므로 통신제어 장치가 필요하다.

이용되는 분야에는 은행 업무, 기차나 항공 좌석 예약, 전화 교환 등에 이용된다.

2) 오프라인 시스템(Off Line System)

정보의 전송과 원격지의 단말장치 사이에 사람이나 기계장치의 개입이 필요한 방식으로 실시간 데이터 처리가 불가능한 형태의 시스템을 의미한다.

직접 통신회선을 사용하지 않고 사람이 자기 테이프 등의 기록 매체를 이용하므로 통신제어 장치가 필요 없다.

일반적으로 일괄처리(Remote Batch Processing) 방법에 이용되며, 급여 계산, 세금 계산, 경영자료 작성 등에 이용된다.

(2) 통신 처리 방식에 따른 분류

1) 실시간 처리(Real-Time Processing)

컴퓨터에 의한 처리 결과를 요구 시 즉시 처리할 수 있는 방식을 말한다. 즉 데이터가 발생하는 즉시 정보를 처리하는 형태이다.

이용되는 분야로는 조회 및 문의 업무, 좌석 예약, 은행업무 등에 사용된다.

2) 일괄처리(Remote Batch Processing)

단말장치에서 발생한 정보를 일정시간, 일정량을 모았다가 한꺼번에 정보를 처리하는 방식으로 정보를 일정기간 수집한 다음 처리하는 일괄처리(Batch Processing)방법과 데이터가 단말장치에서 발생할 때 마다 단말에서 입력하여 한건 씩 처리하는 트랜잭션 처리(Transaction Processing)방법 등이 있다.

이용되는 분야로는 긴급을 요하지 않는 과학기술 계산, 급여계산 등에 사용된다.

Chapter 2

정보전송의 기초이론

Chapter 2

Data Communication Instruments

정보전송의 기초이론

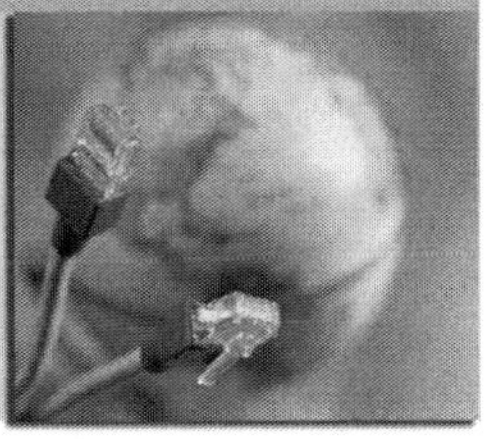

2.1 Data 전송의 기본방식

(1) 통신 방식

데이터의 전송방향에 따라서는 한 방향으로만 데이터 전송이 가능한 단방향 통신과 양방향 데이터 전송이 가능한 반이중, 전이중 통신으로 분류할 수 있다.

1) 단방향 통신(Simplex : 단신법)

단방향 통신은 데이터 전송이 한쪽 방향으로만 진행되는 통신방식으로 1쌍의 2선식 선로가 필요하며 라디오나 TV등이 이에 해당된다.

이런 단방향 통신은 송신측에서 보낸 데이터에 문제가 생기더라도 수신측에서 에러 발생 여부를 송신측에 알릴 수 없어 에러가 거의 일어나지 않는 경우나 에러가 있더라도 크게 문제가 되지 않는 경우에 사용한다.

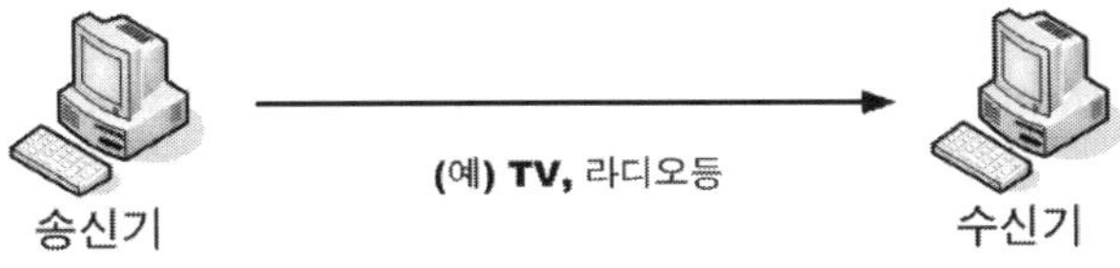

[그림 2-1] 단방향 통신방식

2) 양방향 통신(Duplex : 이중법)

① 반이중 통신(Half Duplex)

반이중 통신은 양방향 데이터 전송이 가능하나 어느 한 순간에는 한쪽 방향으로만 데이터 전송이 되는 통신방식으로 동시에 양방향 통신은 할 수 없고, 한 방향으로만 교대로 데이터 전송이 가능한 방식이다.

대표적인 예로 무전기가 있으며 이런 무전기는 서로 송 · 수신자가 동시에 대화가 불가능하지만 교대로 송 · 수신을 수행한다면 대화가 가능하다.

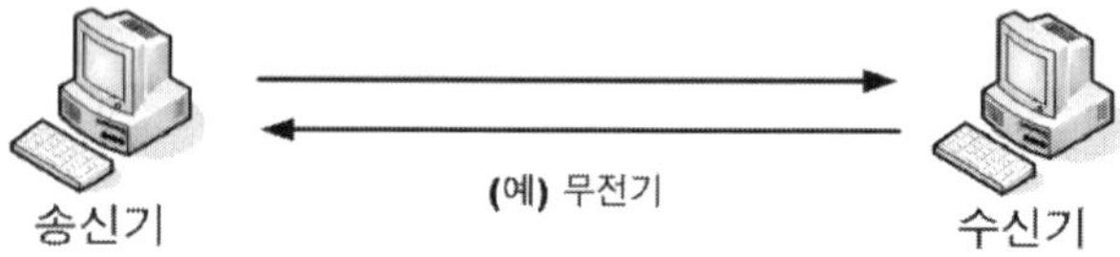

[그림 2-2] 반이중 통신방식

② 전이중 통신(Full Duplex)

전이중 통신은 송 · 수신측이 동시에 데이터 전송이 가능한 방식으로 전화기를 이용한 통신에 이에 해당된다.

이런 전이중 통신은 한 회선을 송신과 수신을 위해 별도로 채널을 분할하여 사용하므로 데이터의 송신과 수신을 동시에 할 수 있으며 2쌍의 전송로 즉 4선식 선로가 필요하다.

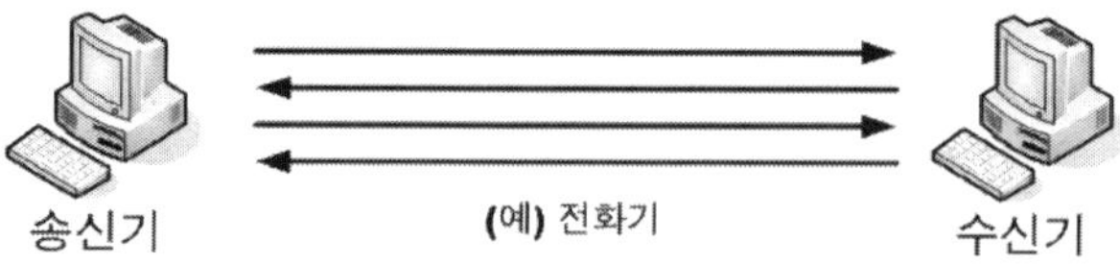

[그림 2-3] 전이중 통신방식

(2) 직렬전송과 병렬전송

1) 직렬전송

직렬전송은 한 글자를 이루는 각 비트들이 하나의 전송매체를 통해 차례로 전송되는 방식으로 송 · 수신 간 하나의 신호선과 하나의 기준 신호선 만이 필요하므로 한 쌍의 전송로 즉 2선의 선로를 이용하여 전송이 가능하며 다음과 같은 특징을 가진다.

① **통신 시스템 구성이 간단하고**, 한 쌍의 회선만이 필요하므로 통신 회선 설치비용이 절감되어 경제적이다.

② 전송 오류가 적고, **원거리 전송에 적합**하다(원거리 통신을 병렬전송으로 하면 통신 회선설치 비용이 많이 들어가므로 비효율적이다). 따라서 대부분의 데이터 전송에서는 직렬전송방식으로 데이터를 전송한다.

③ 한 비트 씩 전송하기 때문에 **전송속도가 느리다**.

④ 송신측 데이터는 전송하기 전에 직렬로 데이터를 배열시켜 놓아야 하며, 수신측에서는 직렬 신호를 다시 병렬 신호로 변환시켜야 하므로 **직/병렬 변환 회로가 필요하다**. (또한 대부분의 시스템에서 정보처리방식을 병렬처리 방식으로 수행하므로)

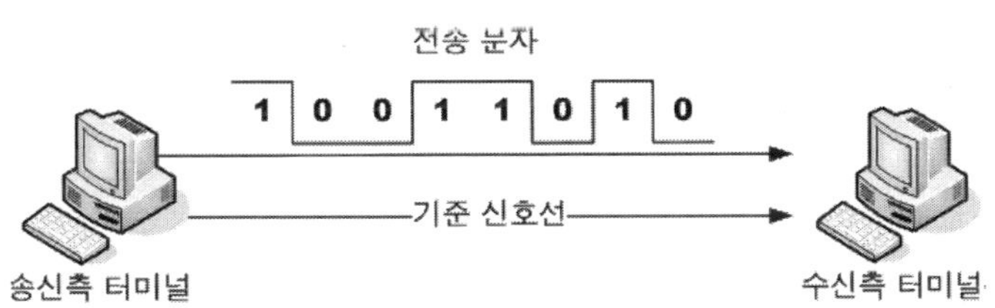

[그림 2-4] 직렬 전송방식

2) 병렬전송

병렬전송은 한 글자를 이루는 각 비트들이 다수의 전송로를 통해 한꺼번에 동시에 전송하는 방식으로 고속 전송을 필요로 하는 근거리 데이터 전송에 사용되며 다음과 같은 특징을 가진다.

① 단위 시간에 많은 량의 데이터를 동시에 전송할 수 있어 **전송속도가 빠르다**.

② 병렬전송은 사용되는 선로의 수가 많으므로 거리가 멀어질수록 선로의 비용이 많

이 들어 **근거리 전송에만 사용된다.**

③ **strobe신호와 busy신호를 이용하여 송·수신을 한다.**(병렬 전송은 속도가 빨라 송신측이 데이터 전송을 알리는 strobe신호와 수신측에 현재 데이터를 수신하고 있음을 알리는 흐름제어 신호 busy신호를 이용하여 데이터 전송 흐름을 제어한다).

④ **직/병렬 변환 회로가 필요하지 않다.**

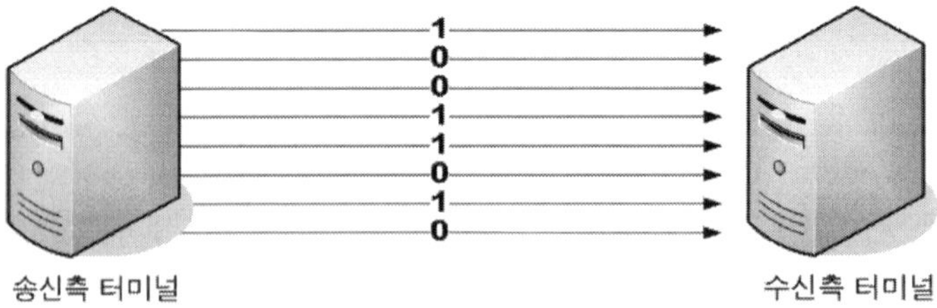

[그림 2-5] 병렬 전송방식

(3) 전송방식

디지털 통신이란 정보의 발생지(단말)에서 발생되는 디지털 신호의 0과 1을 전송로상에 보내기 알맞은 신호로 변환하여 전송하는 방식으로서, 전송로가 아날로그 전송로인 경우 단말에서 발생된 디지털 신호를 아날로그 반송파의 진폭, 주파수, 위상에 대응시켜 전송하고, 디지털 전송로 인 경우에는 디지털 신호를 그대로 전송하거나, 또는 전송로에 알맞게 전송부호를 변환하여 전송한다.

이렇게 전송로를 통해 전달되는 신호의 형태에 따라 디지털 신호를 특정 전송부호에 대응시켜 전송부호를 변환하게 되는데, 전송부호를 변환시키는 방식에는 크게 두 가지 방식으로 구분할 수 있다.

1) 기저대역 전송방식(Baseband Transmission)

기저대역 전송방식은 전송로가 디지털 전송로인 경우에 전송하는 방식으로 단말(컴퓨터)에서 발생되는 신호 0과 1의 디지털 신호를 변조하지 않고 원 신호 그대로 전달하거나, 또는 전송로의 특성에 알맞은 전송부호로 변환하여 전송하는 방식이다.

이 방식은 디지털 신호인 원 신호를 다른 신호로 변조하지 않고, 디지털 신호 그대로를 전달하기 때문에 전송되는 신호의 품질이 좋다는 장점을 가진다. 반면에 디지털 신호를 그대로 전달할 경우에는 직류성분을 포함하기 때문에 감쇠나 왜곡 등의 잡음이 발생할 수 있어 원거리 전송에는 부 적합하다는 단점을 가진다. 따라서 디지털 신호를 전송로 상에 전송 할 때에는 전송로 특성에 적합한 신호로 부호화하여야 하는데 이것을 전송부호라 한다.

대표적인 장치로는 DSU(Digital Service Unit)가 있다.

2) 반송대역 전송방식(Broadband Transmission)

반송대역 전송방식은 전송로가 아날로그 전송로인 경우에 전송하는 방식으로 단말에서 발생되는 디지털 신호의 0과 1의 신호에 따라 아날로그 반송파의 진폭, 주파수, 위상을 변환시켜 전송하는 방식으로 즉, 디지털 변조를 수행하는 방식이다.

이 방식은 디지털 신호를 아날로그 신호인 반송파에 따라 디지털 변조하여 전송하므로 기저대역 전송방식보다 더 빠르고 또한 여러 가지의 디지털 신호를 서로 다른 주파수로 변조하여 하나의 전송로를 통해 동시에 전송할 수 있다는 장점을 가진다.

반면에 전송로 상에 아날로그 신호가 전송되므로 각종 잡음, 왜곡에 민감하다는 단점을 가진다.

대표적인 장치로는 디지털 신호를 아날로그 신호로 바꾸어주는 모뎀(Modem)이 있다.

3) 전송부호

기저대역 전송방식에서 디지털 신호를 그대로 전송로를 통해 전송할 경우 각종 여러 가지 잡음에 의해 전송되는 신호의 파형이 본래의 파형에서 벗어난 왜곡 파형이 발생할 수 있는데, 이러한 왜곡 파형이 발생되는 것을 방지하기 위해 전송로 상에 적합한 특정 신호로 부호화하는 것을 전송부호라 한다.

즉, 전달되는 디지털 신호를 잡음에 강한 다른 형태의 펄스 부호로 변환시키는 것으로 디지털 신호의 0과 1을 다른 여러 형태의 펄스 파형으로 대응시키는 것을 의미한다.

결국 디지털 신호를 전송로 상에 전송할 때에는 전송 선로 특성에 적합한 특정 전송부호로 변환하는데, 여기서 전송부호가 갖추어야 할 조건을 고려하면 다음과 같다.

Reference

전송 부호가 갖추어야 할 조건

① 전송 부호는 DC(직류)성분이 포함되지 않아야 한다.
② 전송 부호에 동기 정보가 충분히 포함되어 있어야 한다.
③ 전송되는 주파수 대역폭이 작아야 한다.
④ 전송과정에서 발생할 수 있는 각종 에러 검출과 정정이 용이하여야 한다.
⑤ 전송 부호의 제작이 간단해야 하고, 부호 열이 짧아야 한다.
⑥ 전송부호 형태에 제한을 받지 않고, 투명성을 가져야 한다.

그렇다면 이번에는 전송부호에는 어떠한 것들이 있는지 알아보자.

일단 기저대역 전송방식에서 사용되는 대표적인 디지털 신호방식은 크게 두 가지로 구분할 수 있는데, 그 중 하나는 한 가지 극성만으로 신호를 구분하는 단류방식과 두 번째는 두 가지 극성(+극성, −극성)을 이용하여 디지털 신호를 구분하는 복류 방식이 있다.

우선은 단류 방식과 복류 방식에 대해서 한번 알아보자.

① **단류방식**

한 가지 극성만으로 디지털 신호를 표현하는 방식으로 디지털 신호에서 0은 전압 0[V]로 표현하고, 1은 (+)전압 또는 (−)전압으로 표현하여 신호를 전송하는 방식이다.

한 가지의 극성만으로 표현하여 단극 펄스 방식이라고도 부른다.

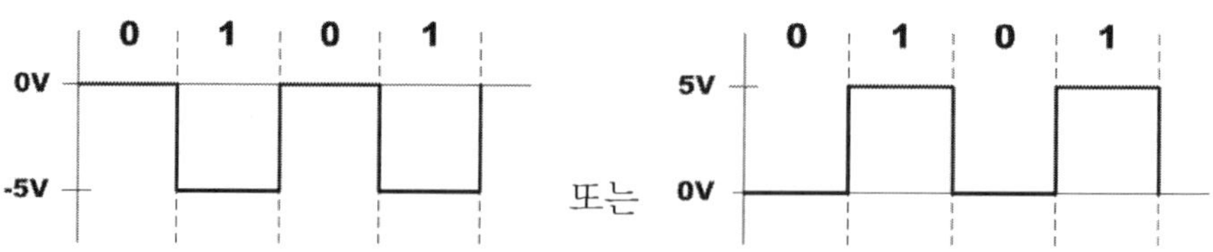

[그림 2-6] 단류방식

단류 방식은 디지털 신호에서 가장 단순히 표현하는 방식으로 펄스를 만들기 쉽게 시스템 구조가 간단하다는 장점은 가지나, 원거리 전송에 따른 각종 잡음의 영향에 민감하여 신호 Level의 변동에 약하고 신호의 감쇠에 대해 0과 1의 판정이 어렵다는 단점을 가진다.

그래서 단류 방식의 단점을 극복하기 위해서 나온 것이 0과 1을 각각 서로 다른 극성으로 대응시키는 복류 방식이다.

② 복류 방식

단류 방식의 단점을 보완한 방식으로서 디지털 신호의 0과 1에 대해 두 가지 극성(+극성, −극성)으로 대응시켜 신호를 전송하는 방식이다.

이 방식은 0은 −전압으로 1은 +전압으로 표현하거나 또는 0은 +전압, 1은 −전압으로 표현하므로 복극 펄스 방식이라고도 부른다.

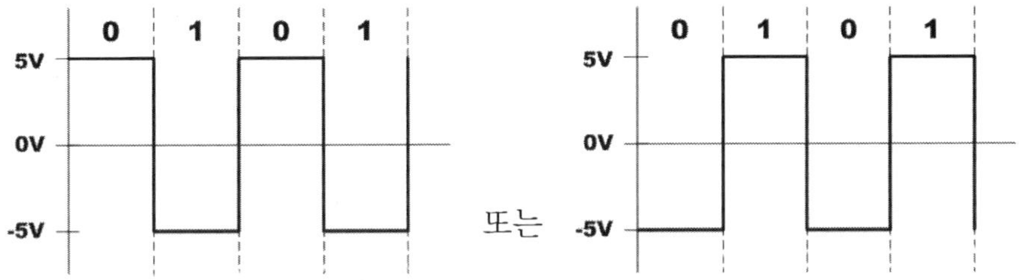

[그림 2-7] 복류 방식

이 방식은 극성이 두 가지로 표현되므로 단류 방식에 비해 시스템 구조가 다소 복잡하나, 잡음에 대하여 면역성이 강하며 신호 감쇠에 대한 0과 1의 펄스 구분이 용이하고 신호 Level 변동에도 강하다는 장점을 가진다.

그래서 일반적으로 디지털 통신에서는 단류 방식보다는 복류 방식을 주로 이용한다. 하지만 복류 방식도 잡음에는 강하지만, 그것 외에 한 가지 중요한 문제점을 가지고 있는데 그것이 바로 송 · 수신간의 동기 유지가 다소 용이하지 않다는 것이다. 즉 단말 간에 디지털 신호로 데이터를 송 · 수신 할 경우 0과 1의 bit 구분이 명확해야 하고 bit 펄스 주기도 정확히 일치하여야 하는데, 0이 일정기간 연속되거나 1이 연속될 경우에는 수신측에서 bit 펄스 간의 구분이 어려워진다는 것이다. 잘 이해가 되지 않는다면 다음 그림을 참조하기 바란다.

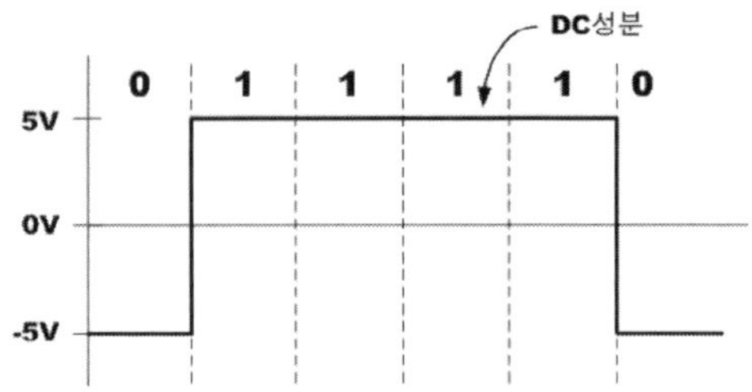

[그림 2-8] 직류(DC)성분

위의 그림 [2-8]을 보면 1의 개수가 일정 주기 동안 연속된다는 것을 알 수 있다. 이렇게 한 가지 bit가 연속되어서 나타날 경우 한 가지 극성만 연속되어 나타나게 되므로 직류 성분(DC성분)이 나타나게 된다.

이렇게 직류성분(DC성분)이 나타날 경우에는 수신측에서 bit 펄스 간의 구분이 되지 않아 문제를 발생시킬 수 있고, 또한 정확한 데이터 전달이 되지 않아서 통신 장애를 발생시킬 수 있다.

그래서 이러한 직류성분(DC성분)을 제거하고 동기화 문제를 해결하기 위해 여러 가지 전송부호가 사용되어지고 있다.

그렇다면 어떠한 전송부호 등이 있는지 이제부터 하나씩 알아보자.

③ RZ(Return to Zero)방식

RZ방식은 위에서 보던 복류 방식의 동기화 문제를 해결한 방식으로 각 디지털 bit 펄스 사이에 일정기간동안 반드시 0전위를 유지시킨 뒤 다음 신호를 보내는 방식이다.

즉 하나의 bit를 표현할 경우 한 bit전체 펄스 주기의 50%는 +전압 또는 −전압으로 표현하고, 나머지 50%의 주기 동안은 0전위로 되돌아가는 방식이다.

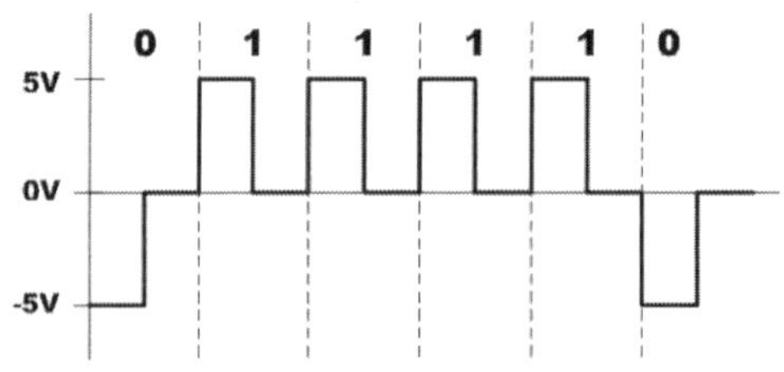

[그림 2-9] RZ방식

위의 [그림 2-9]를 보면 각 bit펄스마다 일정기간 0으로 다시 되돌아간다는 것을 볼 수 있다. 그래서 다시 0으로 돌아간다 하여 Return to Zero(RZ)라 불리 우는 것이다.

반면에 단순히 위에서 보았던 복류방식은 0으로 되돌아오지 않으므로 Non Return to Zero(NRZ)라 불리 운다.

이렇게 RZ방식은 한 가지 극성만으로 bit를 구분하는 NRZ방식에 비해 직류성분이 제거 되고, 동기 유지가 용이하다는 장점을 가지지만 반면에 전송 대역폭이 더 많이 필요하다는 단점을 가진다.

④ 바이폴라(Bipolar)방식

바이폴라 방식은 RZ방식을 변형시킨 형태로 RZ방식이 대역폭이 많이 필요하다는 단점을 보완하기 위해서 나온 방식으로 0(space)일 때에는 상태변화 없이 0V로 표현하지만, 1(Mark)일 때는 +전압과 −전압이 교대로 나타나는 방식이다.

즉 0일 때는 0V로 상태변화 없이 유지하지만, 1일 때는 한번은 +전압으로, 한번은 −전압으로 교대로 진입을 반전시켜 표현하는 형태이다.

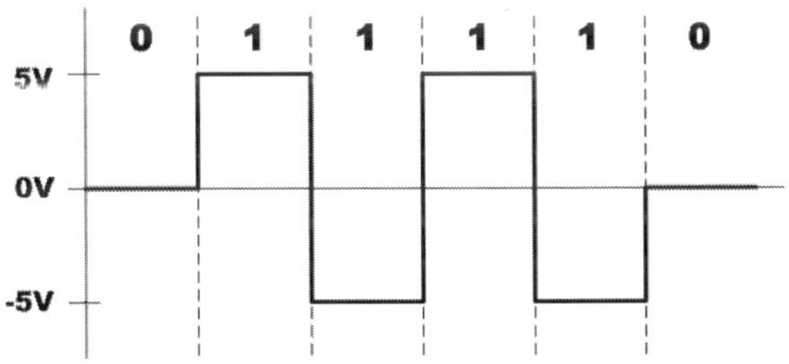

[그림 2-10] 바이폴라 방식

이 방식은 위 그림[2-10]에서 보다시피 1(Mark)일 때만 전압이 교대로 반전하므로 다른 말로는 AMI(Alternative Mark Inversion)라고도 불리 우며, 1부호에 대해 한 bit 에러 검출이 가능하고 동기 유지가 용이하며, RZ방식에 비해 필요 대역폭이 작다는 장점을 가지지만, 0부호에 대해서는 직류 억압기능이 없어서 0이 연속될 경우에는 동기유지가 어렵다는 단점을 가진다.

⑤ 맨체스터(Manchester)

맨체스터 방식은 바이폴라 방식이 0부호 직류 억압기능이 없어서 이를 보완하기 위해서 나온 방식으로 0은 +전압에서 −전압으로, 1은 −전압에서 +전압으로 극성을 변화시켜서 전송하는 방식이다.

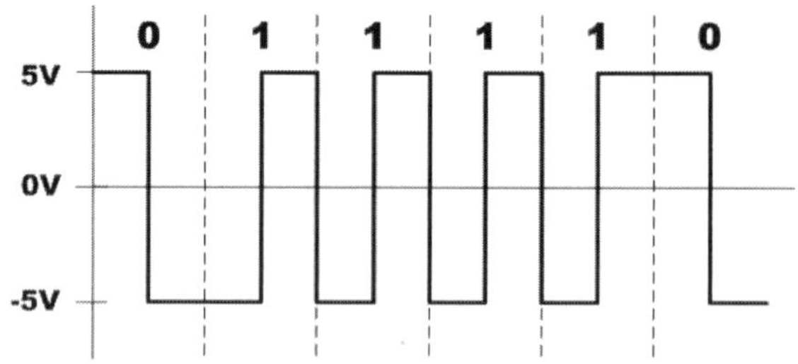

[그림 2-11] 맨체스터 방식

이 방식역시 RZ방식과 마찬가지로 각 bit펄스에 대해 직류성분을 제거시켰고, 동기유지도 용이하나 전송대역폭이 많이 필요하다는 단점을 가지고 있다.

⑥ CMI(Coded Mark Inversion)방식

CMI방식은 각 bit펄스에 대해 직류성분도 제거 시키고, 동기유지도 용이하면서 전송대역폭도 줄이기 위해 바이폴라 방식과 맨체스터 방식을 합쳐 놓은 형태로, 0부호는 맨체스터 방식으로 1은 바이폴라 방식으로 적용시켜 전송하는 방식이다.

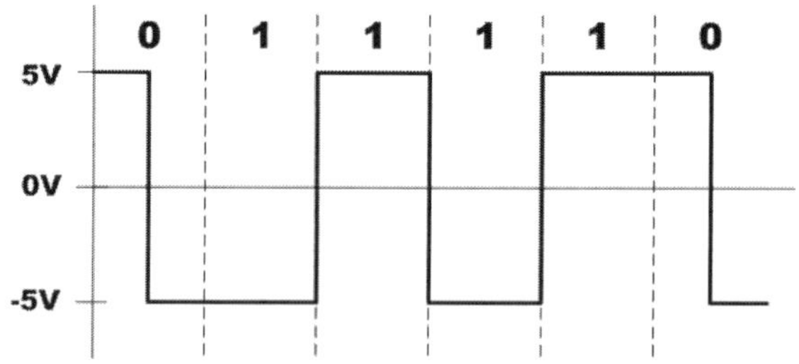

[그림 2-12] CMI방식

이 방식 또한 광섬유 매체를 이용한 고속 디지털 전송에 이용되는 방식이다.

⑦ **차동부호(Differential)방식**

차동부호 방식은 +전압, −전압 등 극성에 상관없이 상태 변화만을 가지고 판단하는 방식으로 극성의 변화가 있을 때는 0으로 극성의 변화가 없을 경우에는 1로 규정하여 전송하는 방식이다.

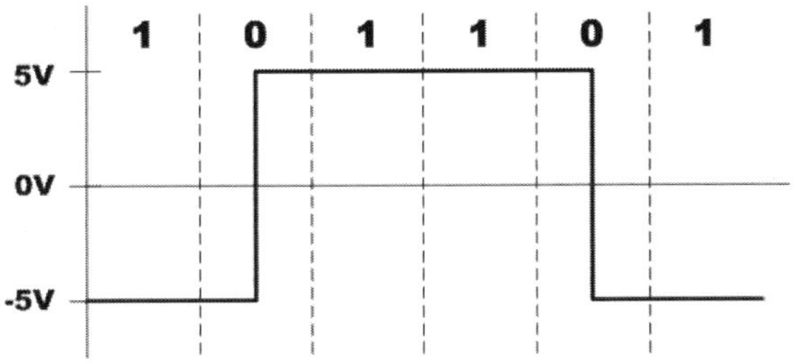

[그림 2-13] 차동 부호 방식

⑧ **다이코드(Dicode)부호 방식**

다이코드 방식은 bit 펄스의 변화만을 가지고 특정 극성으로 표현하는 방식으로 0에서 1로 부호가 변할 때는 +전압으로, 반대로 1에서 0으로 부호가 변할 때는 −전압으로 나타내고, 0에서 0부호로 또는 1에서 1부호로 변화가 없을 때는 0으로 하는 방식이다.

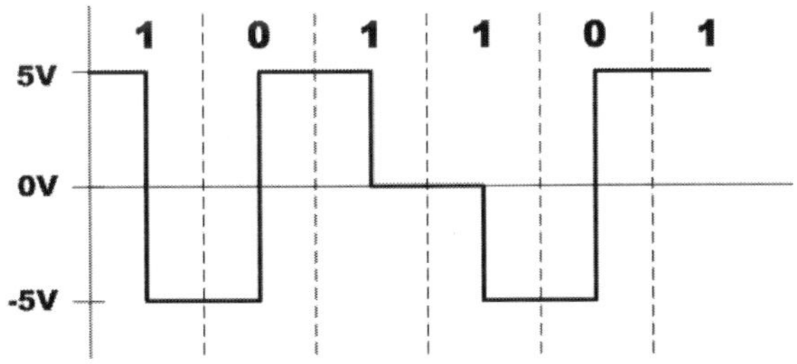

[그림 2-14] 다이코드 방식

(4) 동기식 전송과 비동기식전송

데이터 전송 시 송신측이 어떤 주파수로 신호를 전송할 때 수신측이 송신측과 같은 주파수가 아니면 송신측이 보낸 신호를 수신측에서 받아들일 수 없다. 특히 디지털 신호를 전송하는 경우에는 한 비트의 시간 간격을 송신측과 수신측이 정확히 인식하고 있어야 하며, 시간간격이 서로 맞지 않아 비트들이 어긋날 경우에는 에러가 발생한다. 따라서 송신측과 수신측이 정확하고 신뢰성 있는 데이터 전송을 하려면 서로 주파수를 맞추거나 시간 간격을 맞추어야하며 이러한 동작을 동기라 하고 데이터 전송 시 서로 동기를 맞추어 통신하는 방식을 동기방식, 서로 동기를 맞추지 않고 통신하는 방식을 비동기 방식이라 한다.

1) 비동기 전송(Asynchronous Transmission)

비동기 전송이란 송·수신 간에 서로 동기를 맞추지 않고, 수신측과는 무관하게 오로지 송신측의 클록 신호로 데이터를 송신하는 방법으로 송신할 정보가 있을 때마다 정보 전송의 시작을 알리는 start bit와 정보 전송의 끝을 알리는 stop bit를 수신측에게 알려 데이터를 전송하는 형태이다. 따라서 비동기 전송방식을 다른 말로 start－stop 전송방식이라고도 부르며 다음과 같은 특징을 가진다.

① 정보 전송형태는 문자단위로 이루어지며, 송신측과 수신측이 항상 동기 상태에 있을 필요가 없다.(이 방식은 문자단위 전송되며, start bit와 stop bit로 각각의 문자들을 구분 짓는다).

② 각 문자를 전송할 때 마다 1bit의 start bit와 1~2bit의 stop bit를 추가하여 bit 열을 구분한다.

㉠ start bit(스타트 비트)

데이터를 전송하기 위해 전단에 붙여 보내는 비트로 송신측에서 수신측으로 데이터를 보낸다고 알리는 신호로 사용한다.

채널 상에 '0'을 1비트 시간만큼 전송한다.

㉡ stop bit(스톱 비트)

전송된 데이터의 후단에 붙여 보내는 비트로 송신측에 수신측으로 데이터를 다 보낸다는 신호로 사용한다.

채널 상에 '1'을 1~2비트 시간만큼 전송한다.

③ 각 문자와 문자 사이에는 일정한 휴지시간이 있다.(휴지시간은 데이터 전송이 없는 시간을 의미하는 것으로 각 문자와 문자를 구분하기 위한 목적으로 사용

된다. 채널 상에 '1'상태를 유지한다).

④ 전송속도는 2000bps이하의 저속도 전송에 사용된다.

⑤ 전송 성능도 나쁘고, 대역폭도 넓게 차지한다.

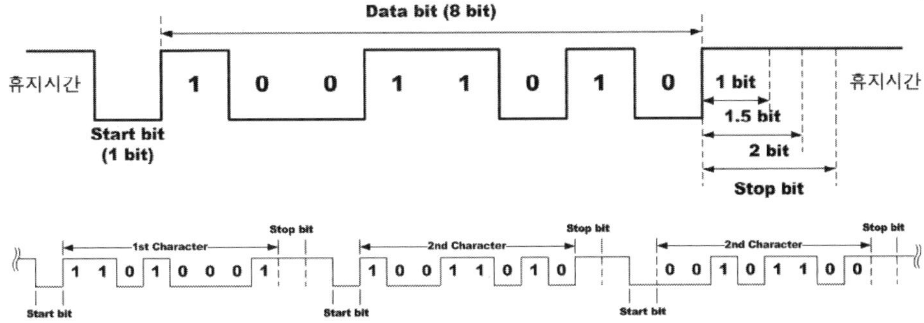

[그림 2-15] 비동기 전송방식

2) 동기 전송(Synchronous Transmission)

동기 전송이란 송신측에서 보낸 신호 중 동기 신호가 포함되어 있어 수신측에서는 2 신호를 읽어 들여 동기가 이루어지는 방식으로 송신측과 수신측이 항상 클록이 동기 되어 동작하는 형태이다.

이 방식은 비동기 전송과 달리 문자 단위로 전송하지 않고 미리 정해진 수만큼의 문자열을 묶어 하나의 블록으로 만들어서 전송하고 start bit와 stop bit가 필요 없다. 또한 송·수신측이 항상 동기 상태를 유지하여 각 비트의 정확한 출발과 도착시간을 예측 가능 하다.

① 정보 전송형태는 블록단위로 이루어지며, 송신측과 수신측이 항상 동기 상태에 있어야 한다.

② 각 블록과 블록 사이에는 start bit와 stop bit가 필요 없으며 휴지시간도 없다.

③ 송·수신측간 서로 동기를 맞추기 위한 동기 신호(문자동기 : SYN, 비트동기 : 01111110)가 필요하다.

④ 2000bps이상의 전송속도에서 사용한다.

⑤ 전송 속도가 빨라 수신측 단말기에는 버퍼(buffer)라는 임시 기억 장치가 필요하다.(송신측의 전송속도와 수신측의 처리속도의 차이를 완화하기 위해서)

⑥ 전송 성능도 좋고 전송 대역폭도 좁게 차지한다.

3) 혼합식 전송(비동기식 + 동기식 전송)

혼합식 전송방식은 비동기식 전송방식과 동기식 전송방식을 혼합한 형태로 비동기식 전송방식과 많이 흡사하지만 동기식 전송방식처럼 항상 동기 상태를 유지하며 다음과 같은 특징을 가진다.

① 정보 전송형태는 문자단위로 이루어지며, 송신측과 수신측이 항상 동기 상태에 있어야 한다.
② 비동기식과 같이 start bit와 stop bit가 사용된다.
③ 문자와 문자사에는 휴지시간 있다.
④ 비동기식 전송보다 속도는 빠르지만 전송성능도 좋지 않고, 비동기식과 동기식 전송방식에 비해 잘 사용되지 않는다.

(5) 신호변환 방법

실제 발생되는 정보를 표현하는 신호와 실제 통신회선을 통해 전달되는 신호가 다를 수가 있는데 이러한 서로 다른 신호를 적절히 변환하여 정확히 데이터를 전달 또는 신호 처리를 할 수 있게 해주는 전송 방법이 있다.

결국 단말장치를 통해 발생되는 신호를 통신 회선 상에 보내기 적합한 신호형태로 바꾸어 주는 기능을 수행하는 신호 변환장비인 것이다.

Reference

신호 변환장비

- 아날로그 신호를 아날로그 신호로 변환 → 교환기
- 아날로그 신호를 디지털 신호로 변환 → Codec(코덱)
- 디지털 신호를 아날로그 신호로 변환 → Modem(모뎀)
- 디지털 신호를 디지털 신호로 변환 → DSU(디지털 서비스 유닛)

Reference

DSU(Digital Service Unit)

디지털 신호인 0과 1을 그대로 전송하지 않고 전송로에 알맞게 다른 디지털 신호로 변환시켜 주는 장치

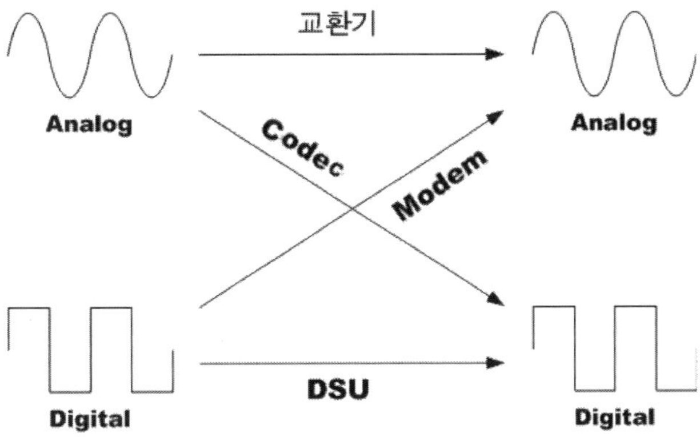

[그림 2-16] 정보 신호와 DCE장비

2.2 전송 속도

(1) 전송 속도

전송 속도란 단위시간동안 전송할 수 있는 데이터의 량을 나타내는 척도로서, 정보를 전송할 때 정보의 최소 단위인 bit를 정해진 시간동안 얼마나 많이 전송할 수 있는가를 의미한다.

이러한 전송 속도를 나타내는 방법으로는 변조속도와 데이터 신호 속도, 데이터 전송 속도 등이 이용된다.

1) 변조속도

변조속도란 단위 초당 전송할 수 있는 부호 단위의 수 또는 초당 디지털 신호 레벨(0,

1)이 변화는 속도로서 쉽게 말하면 초당 디지털 신호 0과 1이 몇 번 변하는 가를 나타내는 척도로서 보오(baud)라는 단위를 사용한다.

여기서 보오(baud)는 아날로그 신호에서는 주파수와 같은 개념으로 한 주기의 역수 즉 디지털 신호의 단위 펄스의 시간(T)에 반비례한다.

변조 속도를 구하는 공식은 다음과 같다.

$$B = \frac{1}{T}[baud]$$

여기서 T는 디지털 신호의 단위 펄스의 시간길이로서 디지털 신호 0과 1의 두 bit를 하나의 단위로 표현했을 때 한 단위당 걸린 시간을 의미한다.

그러므로 1초당 디지털 신호 0과 1이 한 번씩 변했을 경우 1보오[baud]가 되고, 초당 0과 1이 두 번씩 변했을 경우에는 2보오[baud]가 되는 것이다.

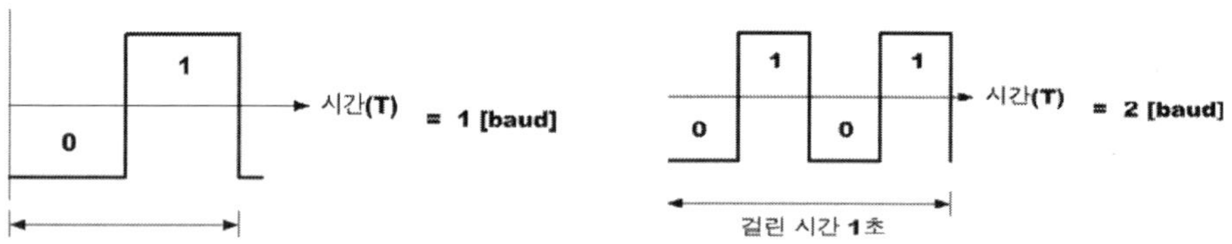

[그림 2-17] 변조 속도

결국 변조 속도가 증가하게 되면 사용자의 입장에서 시간당 전송할 수 있는 데이터의 량이 증가하게 되는 것이다.

또한 변조속도는 다음에 나올 데이터 신호 속도에 상당히 밀접한 영향을 준다.

예제

■ **주파수 변조방식에서 0또는 1를 나타내는 1bit분의 단위 펄스의 시간 길이가 2[ms]이면 이때의 데이터 변조속도는 얼마인가?**

[풀이] $B = \frac{1}{T} = \frac{1}{2 \times 10^{-3}} = \frac{1}{0.002} = 500[\text{baud}]$

■ **통신 속도 50보오[baud]인 전송 부호의 최단 펄스의 시간 길이는 몇 초인가?**

[풀이] $B=\frac{1}{T} \quad \therefore T=\frac{1}{B}=\frac{1}{50}=0.02$초

2) 데이터 신호 속도

데이터 신호 속도란 실제 데이터가 송신측 단말에서 수신측 단말까지의 속도를 나타내며, [bps]라는 단위를 사용한다. 즉, 초당 전송할 수 있는 최대 bit의 수를 나타낸다.

데이터 신호 속도는 디지털 신호에서 1과 0의 하나의 단위 펄스에 보낼 수 있는 최대 bit 수를 변조속도와 곱하여서 표현하며, 예를 들어 500[bps]인 경우에는 초당 500개의 bit를 전송할 수 있고, 64[kbps]인 경우에는 초당 64000개의 bit를 전송할 수 있음을 의미한다.

여기서 데이터 신호 속도를 구하는 공식을 알아보면

$$S[bps]=B[baud]\times n(\text{한번에 보낼 수 있는 } bit \text{ 수})$$

여기서 B는 변조 속도로서 $B-\frac{1}{T}$로 표현할 수 있고, n은 디지털 신호의 단위 펄스 동안에 전송 할 수 있는 bit수를 나타낸다.

결국 데이터 신호 속도의 공식에서 변조 속도 B대신 $\frac{1}{T}$이라는 공식을 적용하면 다음과 같다.

$$S=B\times n=\frac{1}{T}\times n=\frac{n}{T}$$

또한 한 번에 보낼 수 있는 bit 수(n)를 나타내는 식으로 $\log_2 M$ 관계를 적용하면 $S=B\times\log_2 M$이 되고, M이 2인 경우 즉 2진 변조인 경우에는 $\log_2 2=1$, $n=1$이 되므로 변조 속도와 신호 속도가 같아지게 되고, M이 4인 경우 즉 4진 변조인 경우에는 $\log_2 4=\log_2 2^2=2$, $n=2$되어 데이터 신호 속도가 변조속도의 2배가 된다.

결국 데이터 신호 속도와 변조 속도와의 관계에서 데이터 신호 속도는 변조속도와 한 번에 보낼 수 있는 bit수에 비례하지만, 변조 속도는 데이터 신호 속도에 비례하고, 한 번에 보낼 수 있는 bit수에 반비례 관계가 성립된다.

여기서 데이터 신호 속도를 이용한 변조 속도 구하는 공식을 알아보면

$$B = \frac{\text{데이터신호속도}}{\text{한번에 보낼 수 있는 } bit \text{ 수}} = \frac{S}{n}$$

가 된다.

예제

■ **통신 속도가 1200[baud]일 때 4상 위상 변조를 하면 데이터 신호 속도는 얼마인가?**

[풀이] $S = B \times n$ 여기서 n은 4위상 이므로 $\log_2 M$ 관계를 적용하면
$S = B \times \log_2 M = B \times \log_2 4 = 1200 \times 2 = 2{,}400[\text{bps}]$
변조 방식이 4위상인 경우 한 번에 보낼 수 있는 bit수가 2개 이므로 데이터 신호 속도는 변조 속도의 2배 이므로 데이터신호속도(S) = 2400[bps]가 된다.

■ **4상 PSK 변조 방식을 사용한 모뎀에서 데이터 신호 속도가 2400비트/초 일 때 변조속도는 얼마인가?**

[풀이] $B = \frac{\text{데이터신호속도}}{bit\text{수}} = \frac{S}{n}$
4상 변조 방식이므로 한 번에 보낼 수 있는 bit수가 2개 이므로
$B = \frac{\text{데이터신호속도}}{\text{bit수}} = \frac{2{,}400[\text{bps}]}{2} = 1{,}200[\text{baud}]$

■ **변조 속도와 데이터 신호 속도가 같아지는 변조 방식은?**

[풀이] 변조 속도와 신호 속도가 같아지는 경우는 한 번에 보낼 수 있는 bit의 수가 1bit인 경우 즉 2진 변조 방식인 경우 이므로 ASK, 2진 FSK, 2진 DPSK, 2진 PSK(BPSK) 등이 있다.

3) 데이터 전송 속도

데이터 전송속도란 전송매체를 통해 정해진 시간동안 최대 전송할 수 있는 문자(character), 블록(block), 워드(word)수를 의미하며, 단위는 [문자/초], [block/초], [word/초]로 나타낸다.

$$\text{데이터전송속도} = \frac{B}{m}$$

여기서 B는 변조속도를 나타내며, m은 한 문자를 구성하는 bit수를 의미한다.

예제

■ B=100[baud] 한 문자의 구성은 8bit로 구성된 정보를 1분간 전송할 경우 최대 전송 가능한 문자의 수는 몇 문자인가?

[풀이] 데이터 전송속도 $= \dfrac{B}{m}$

여기서 한 문자의 총 8bit로 구성되고, 1분(60초)동안 전송하므로

최대 전송 가능한 문자 수 $= \dfrac{B}{m} \times second(초) = \dfrac{100}{8} \times 60 = 750$문자

4) 베어러 속도

기저대역 전송방식에서 데이터 통신장치(DSU)를 통해 전송매체로 전달되는 전송속도를 나타내는 것으로 DTE에서 발생된 데이터 이외의 동기신호, 상태 신호를 포함하는 전송속도를 의미한다.

즉, DTE에서 전송한 신호(6bit)와 DCE(여기서는 DSU장치를 의미)에서 동기를 위한 1bit, 상태를 나타내는 1bit를 추가하여 전송하는 엔벨로프(Envelope)형식의 전송 속도를 의미한다.

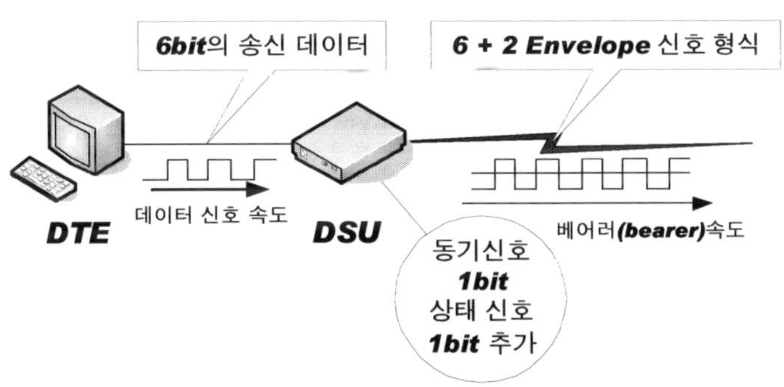

[그림 2-18] 베어러 속도

[그림 2-19] 6+2bit Envelope 형식

따라서 6+2 신호 형식으로 전송되는 전송매체상의 베어러(Bearer) 속도를 구하는 공식은 다음과 같다.

$$\text{베어러}(bearer)\text{속도} = S \times \frac{8}{6}$$

여기서 S는 데이터 신호 속도를 의미한다.

5) TRIB(Transfer Rate of Information Bits)

미국 표준협회(ANSI)에서 정의하고 권고한 시스템 효율을 측정하기 위한 정보 수단으로서, 순수 정보만을 전달할 수 있는 속도를 의미한다.

즉, 데이터 전송에서 송·수신측간에 안정적이고, 신뢰성 있는 데이터 전송을 위해 오류 제어방법을 사용하게 되는데, 오류제어방법을 사용하게 되면 그에 따른 오버헤드가 생겨나 정보 발생원(단말장치)과 정보 처리 원 사이에 데이터 전달 속도가 감소하게 된다. 따라서 TRIB는 정보 발생원과 처리 원 사이에서 발생되는 오류 제어 신호를 포함한 각종 제어 신호와 관련된 오버헤드를 제외하고, 순수 정보 데이터 bit만을 전달 할 수 있는 순수 정보 전달 속도를 나타내며, 우리말로는 정보 비트 전송속도라고 부른다.

여기서 TRIB(정보 비트 전송속도)를 구하는 공식을 알아보면 다음과 같다.

$$TRIB = \frac{\text{정보 처리원이 수신한 정보 } bit \text{ 수}}{\text{수신정보 } bit\text{를 획득하는데 소요되는 총시간}}$$

(2) 채널 용량

채널 용량이란 송신지에서 수신지까지 물리적인 통로인 전송매체를 통해서 전송할 수 있는 최대 전송용량을 의미한다. 또한 데이터 전송에 사용되는 전송매체가 수용할 수 있는 정보의 최대 전송 능력이라고도 하며, 단위는 [bps]를 사용한다.

따라서 전송매체를 통해 전송되는 데이터의 량은 그 매체의 대역폭에 비례하며, 가능한 주어진 대역폭을 최대한 활용하여 많은 량의 데이터를 전송하기 위해서는 데이터 전송에 따르는 에러를 줄이고 데이터 전송 속도를 높여야 한다.

여기서 채널 용량을 구하는 공식은 크게 두 가지 방식이 존재하며, 그중 하나는 채널상에 백색잡음이 존재한다는 가정 하에 채널 용량을 구하는 샤논(shannon)의 정리와 또 하나는 잡음이 없는 채널을 가정하고 채널 용량을 구하는 나이키스트(Nyquist) 정리이다.

1) 샤논(shannon)의 정리

샤논의 정리는 전송 매체 상에 백색잡음이 존재한다는 가정 하에 채널 용량을 구하는 공식으로 여기서 잡음은 실제로 존재하는 여러 가지 잡음을 고려하지 않고, 일정한 레벨을 가지는 잡음(백색 잡음 또는 열잡음)만을 고려하여 채널을 통한 최대 전송용량을 구한다.

따라서 샤논의 정리를 통해 채널용량을 구하는 공식은 다음과 같이 정의된다.

$$\text{채널용량}(C) = B\log_2(1+\frac{S}{N})[bps]$$

여기서 B는 전송 대역폭을 의미하며, $\frac{S}{N}$는 신호 대 잡음비를 나타낸다.

결국 샤논(shannon)의 정리에 따라 전송매체를 통한 전송용량을 크게 하려면 전송 대역폭을 증가시키거나, 신호의 크기는 크게 하고 반면에 잡음은 감소시켜 $\frac{S}{N}$(신호 대 잡음비)를 증가시켜 주면 된다.

하지만 실제로는 백색 잡음을 제외한 여러 가지 잡음요소(충격성 잡음, 지연왜곡, 감쇠)등으로 인해 이보다 더 낮은 전송용량을 가지게 된다.

예제

■ **채널 대역폭이 1KHz, 신호 대 잡음비(S/N)가 30[dB]일 때 채널 용량은?**

[풀이] 여기서 신호 대 잡음비(S/N)를 숫자로 고치면

$$30[dB] = 10\log_{10}\frac{S}{N} = 10\log_{10}10^3$$

$$\therefore \frac{S}{N} = 10^3 = 1000$$

따라서 채널용량 $C = B\log_2(1+\frac{S}{N})$[bps]에 대입시키면

$$1{,}000 \times \log_2(1+1{,}000) \fallingdotseq 1{,}000 \times 9.97 = 9{,}970[\text{bps}]$$

2) 나이키스트(Nyquist) 정리

나이키스트 정리는 샤논의 정리와 달리 전송매체 상에 잡음이 존재하지 않는다는 가정하게 채널 용량을 구하는 공식으로 채널상의 잡음은 고려하지 않는 대신에 지연 왜곡에 의한 ISI에 근거하여 채널을 통한 최대 전송용량을 구한다.

여기서의 지연왜곡이란 서로 다른 주파수 성분을 가지는 신호들이 하나의 전송매체를 통해 전송될 때 각 주파수 성분들이 전파 속도가 다르면 상호 영향을 주어, 수신측에서 원래 신호와 다른 왜곡된 신호를 받게 되는 현상을 의미한다.

따라서 나이키스트 정리를 통해 채널 용량을 구하는 공식은 다음과 같이 정의된다.

$$\text{채널용량}(C) = 2B\log_2 M[\text{bps}]$$

여기서 B는 전송 대역폭을 의미하며, M은 진수 즉 서로 다른 신호 성분의 수를 나타낸다.

결국 나이키스트(Nyquist) 정리에 의하면 데이터 전송 용량은 단지 그 채널의 대역폭에만 제한을 받게 되며, 대역폭이 B로 주어진 경우 전송이 가능한 최대 대역폭은 $2B$가 된다.

예제

■ **2진 FSK변조 방식을 사용하고, 채널의 대역폭이 3,300[Hz]일 때 채널 용량은?**

[풀이] $\text{채널용량}(C) = 2B\log_2 M[\text{bps}]$

2진 FSK 변조 방식이므로 M은 2^1

$C = 2 \times 3{,}300 \times \log_2 2^1 = 6{,}600[\text{bps}]$

Reference

S/N(Signal-to-Noise) 신호 대 잡음비

하나의 신호에 잡음이 얼마나 존재하는가를 나타낸 식으로 통신 시스템에서 성능을 평가하는 수단이 된다. 일반적으로 수신측에서 측정하게 되며, 단위는 데시벨[dB]로 나타낸다.

$$(S/N)_{dB} = 10\log_{10}(S/N)$$

여기서 S는 Signal의 약자로 신호의 크기를 전력량으로 나타내며, N은 Noise의 약자로 잡음세력을 전력량으로 나타낸다.

2.3 변조방식

(1) 정보신호의 종류 및 변환

신호란 정보 발생지(단말기)에서 송출된 일련의 자료를 정보통신 시스템을 통해 전송 형태로 바꾸어 놓은 것을 의미한다.

신호는 크게 연속적인 물리량을 나타낼 수 있는 아날로그(Analog)신호와 논리적으로 '0'과 '1' 두 가지 상태만을 나타내는 이산적신호인 디지털(Digital)신호로 구분할 수 있다.

1) 아날로그 신호(Analog Signal)

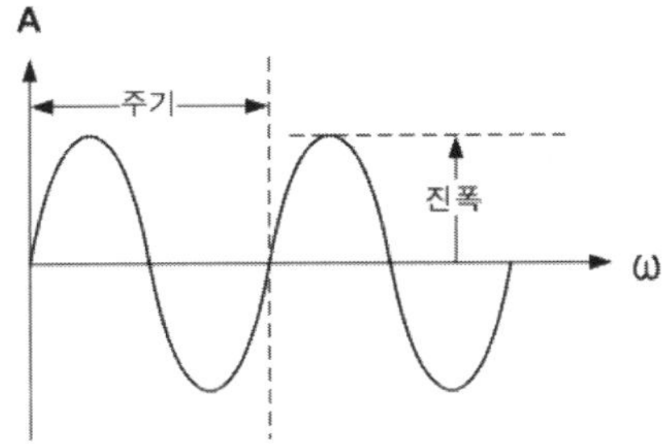

[그림 2-20] 아날로그 신호의 형태

아날로그 신호는 주어진 전기적인 신호가 연속적으로 변하는 형태의 물리량을 표현하는 신호로서 전류, 전압등과 같은 값을 표현 하거나 측정하는데 사용한다.

방송이나 전화는 전통적으로 아날로그 신호를 사용해 왔으며 컴퓨터의 디지털 신호를 전화선을 통하여 데이터를 보내려면 컴퓨터의 디지털 신호를 아날로그로 바꾸어 전송하고 다시 수신 단에서는 아날로그 신호를 디지털 신호로 바꾸어 주는 모뎀(MODEM)이 필요하다.

아날로그 신호를 [그림 2-20]에서 보는 바와 같이 진폭(Amplitude), 주기(Interval), 주파수(Frequency), 위상(Phase)으로 구성되며 각각의 특성은 다음과 같다.

① 진폭(Amplitude)

진폭은 어떤 파의 전기적인 신호의 높이를 의미하는데 보통은 전압(Volt)을 표현할 때 사용되며 단위는 없다.

② 주기(Interval)

주기는 어떠한 신호가 한 사이클을 완성하는데 걸리는 시간을 의미하며 단위는 초(second)이다.

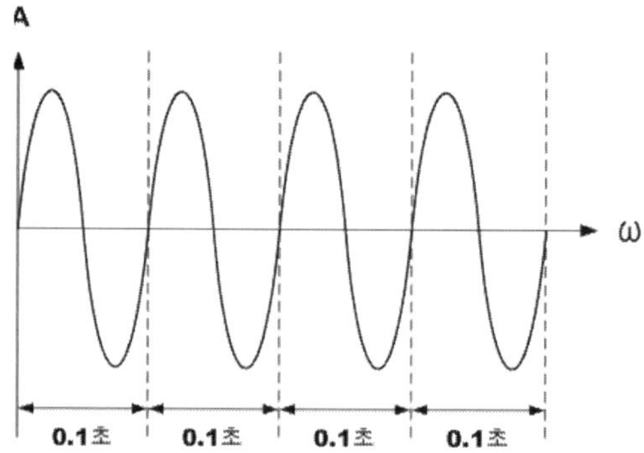

[그림 2-21] 아날로그 신호의 주기

예를 들어 [그림 2-21]에서 보면 신호가 한번 시작해서 원래 상태로 되돌아 오는데 걸리는 시간이 0.1초이다. 그러면 주기가 0.1초가 되는 것이다.

③ 주파수(Frequency)

주파수는 1초 동안에 신호가 반복되는 횟수를 의미하는데 단위는 Hz(헤르츠)이다. 즉, 신호가 1초 동안에 몇 번 진동했는가를 나타내는 것으로 예를 들어 [그림2-21]를 보면 신호가 한번 진동하는데 0.1초씩 걸렸다 그렇다면 1초 동안에는 똑같은 신호가 몇 번 반복해서 진동했겠는가? 아마도 10번은 진동해야 1초가 될 것이다. 결국 1초 동안에 신호가 10번 반복되므로 10㎐라고 표현할 수 있는 것이다.
그렇다면 주파수를 구하는 공식이 있지 않을까?

주파수는 보통 frequency의 약자를 따서 f 라고 표기하며 $f = \frac{1}{T}$로서 구할 수 있다.

여기서 T는 주기를 의미하며 결국 주기와 주파수는 반비례 관계가 성립된다.

④ 위상(Phase)

위상은 시간 축을 따라서 앞 또는 뒤로 이동될 수 있는 양을 말하며 각도나 라디안을 단위로 사용한다. 예를 들어 360도 만큼 위상을 이동하면 원래의 신호와 같은 신호가 1주기 이동되는 것이고, 180도 만큼 위상을 이동하면 원래 신호의 반전된 신호가 반주기 이동되는 것이다.

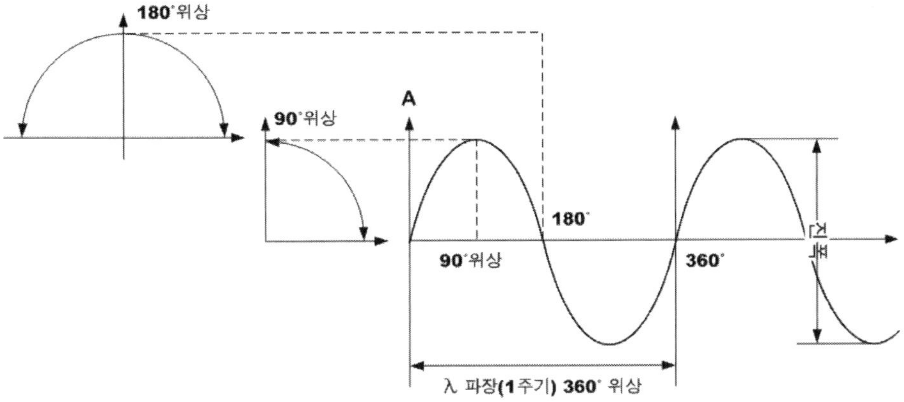

[그림 2-22] 아날로그 신호의 위상

2) 디지털 신호(Digital Signal)

디지털 신호는 이산적인 값으로 0과 1의 두 가지 상태만을 가지고 보통은 숫자로 표현한다.

디지털 신호로 전송되거나 저장되는 데이터는 0과 1이 연속되는 하나의 스트링으로 표현하며 주기 대신 비트 간격을 사용하며 주파수 대신 비트 율을 사용한다.

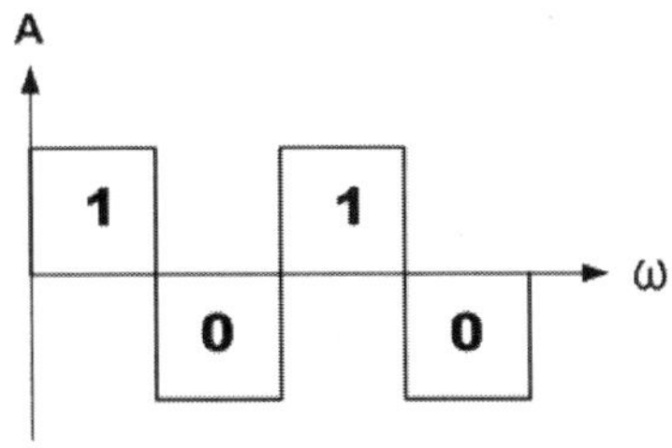

[그림 2-23] 디지털 신호

① 비트 간격 : 하나의 bit를 전송하는데 걸리는 시간

② 비트 율 : 초당 비트 간격의 수를 의미한다.

(2) 변 조

1) 변조의 의미

변조란 정보의 송신지에서 보내고자 하는 데이터를 신호로 표현하여 반송파라는 고주파(높은 주파수)의 진폭(Amplitude), 주파수(Frequency), 위상(Phase) 등에 실어 보내는 전송방식을 말하는 것으로서 신호의 주파수 스펙트럼을 높은 쪽으로 옮기는 조작이라 할 수 있다.

즉, 원래의 **신호(원 신호)를 전송로(통신회선)상에 보내기 적합한 신호로 변환시키는 과정**을 말하는 것이다.

2) 변조의 목적

① 원거리 전송을 하기 위함

음성 그 자체로는 파가 멀리가지 못하므로 주파수가 높은 반송파에 포함시켜 변조할 경우 높은 주파수로 신호가 바뀌어 원래의 신호보다 좀 더 빠르게 멀리까지 신호를 전달 할 수 있다.

② 각종 잡음과 간섭을 줄이기 위함

원래의 신호는 주파수가 낮아 잡음에 상당히 약하지만 변조를 할 경우에는 주파수가 높아지므로 각종 잡음과 간섭의 영향을 덜 받게 되어 S/N비가 향상될 뿐 아니라 회로 소자가 단순화되고 시스템이 소형화된다.

③ 주파수 분할 다중화를 하기 위함

주파수가 높을수록 대역폭이 넓어져서 좀 더 여러 음성신호를 다중화 시켜 전송하는 것이 가능하게 된다.

④ 송 · 수신 안테나의 길이를 해결하기 위함

보통 무선을 이용하여 신호를 전달 할 경우 안테나를 이용하게 되는데, 안테나의 길이는 파장(파의 길이)에 비례한다. 하지만 파장은 주파수와 반비례하여 주파수가 낮을수록 파장이 길어지고 주파수가 높을수록 파장이 짧아진다.

결국 변조를 하게 되면 신호의 주파수가 높아져 안테나의 길이를 줄일 수 있다.

3) 변조의 종류

변조라 함은 앞장의 변조의 의미에서 알아보았듯이 원래의 신호를 고주파인 반송파에 실어 보내는 것을 변조라 하였다.

변조된 신호파(피변조파)=원래의 신호(예 음성)+반송파라고 말할 수 있다.

여기서 원래의 신호를 변조할 때 사용하는 반송파 신호를 어떠한 신호로 사용하느냐에 따라서 변조의 종류가 달라진다.

즉, 반송파 신호를 연속적 신호인 연속함수로 사용하느냐 아니면 이산적신호인 펄스함수로 사용하느냐에 따라서 반송파를 연속함수로 사용하면 연속변조(Continuos Modulation)라 하고 펄스함수로 사용하여 변조하면 펄스변조(Pulse Modulation)라 한다.

[표 2-1] 변조의 종류

반송파 \ 원래의 신호	아날로그 신호	디지털 신호
연속함수 (연속 변조)	아날로그(Analog)연속 변조	디지털(Digital)연속 변조
	• AM(진폭 변조) • FM(주파수 변조) • PM(위상 변조)	• ASK(진폭 천이 변조) • FSK(주파수 천이 변조) • PSK(위상 천이 변조) • QAM(직교 천이 변조)
펄스함수 (펄스 변조)	아날로그(Analog)펄스 변조	디지털(Digital)펄스 변조
	• PAM(펄스 진폭 변조) • PWM(펄스 폭 변조) • PFM(펄스 주파수 변조) • PPM(펄스 위치 변조)	• PCM(펄스 부호 변조) • PNM(펄스 수 변조) • DPCM(차분 펄스 부호 변조) • DM(델타 변조)

(3) 아날로그 연속변조

1) AM(Amplitude Modulation : 진폭변조)

반송파의 진폭에 신호 파를 실어 보내는 방식으로 전파통신이나 중파라디오 방송 등에 사용된다.

① **DSB-LC(Double Sideband－Large Carrier)** : 양측파대 방식

3극 진공관의 개발과 함께 최초로 정립된 변조이론으로써 흔히 AM을 대표하는 방식이다. 피 변조 신호의 대역폭이 변조파의 대역폭의 두 배가 되는 양측파대 변조이고 높은 전력의 반송파를 가지고 있다. DSB방식은 상 · 하 측파대 성분과 반송파 성분을 모두 전송하기 때문에 전력소모량이 크다는 단점과 송 · 수신 설비가 간단하고 검파하기가 쉽다는 장점을 가지고 있다.

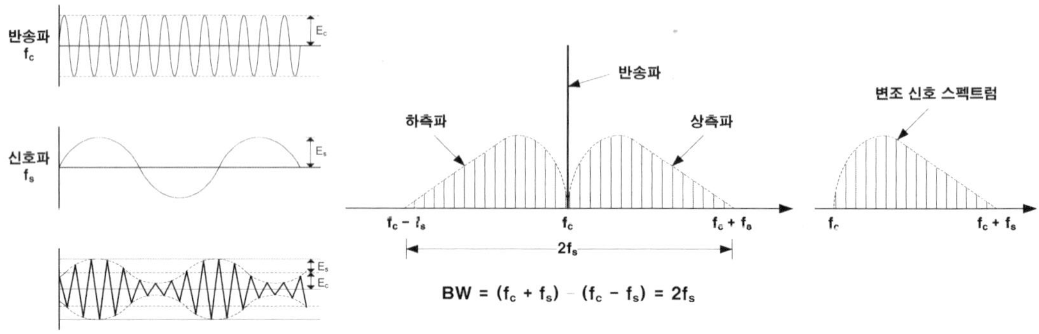

[그림 2-24] 진폭변조

- 신호파 : $e_s(t) = E_s \cos \omega_s t$
- 반송파 : $e_c(t) = E_c \cos \omega_c t(\omega_c \gg \omega_s)$
- 피변조파 : $e_{AM} = (E_c + E_s(t)) \cos\omega_c t$

$$= E_c(1 + m_a \cos\omega_s t)\cos\omega_c t, \quad \text{여기서 } m_a(\text{변조도}) = \frac{E_s}{E_c}$$

$$= E_c \cos\omega_c t + \frac{m_a E_c}{2}\cos(\omega_c + \omega_s)t + \frac{m_a E_c}{2}\cos(\omega_c - \omega_s)t$$

- 피변조파의 대역폭 : $(f_c + f_s) \sim (f_c - f_s) = 2f_s$
- 피변조파의 평균전력 : $P_{DSB-LC} = P_c + P_{USB} + P_{LSB}$

$$= \left(\frac{E_c}{\sqrt{2}}\right)^2 / R + \left(\frac{m_a E_c}{2\sqrt{2}}\right)^2 / R + \left(\frac{m_a E_c}{2\sqrt{2}}\right)^2 / R$$

$$= \frac{E_c^2}{2R}\left[1 + \frac{m^{2_a}}{4} + \frac{m_a^2}{4}\right]$$

$$= P_c\left(1 + \frac{m_a^2}{2}\right)$$

② SSB-SC(Single Sideband-Suppressed Carrier) : 단 측파대 방식

평형변조기를 이용하여 출력 피변조신호의 반송파 성분을 억압해서 대역통과필터(BPF)를 이용하여 한쪽 측파대 성분만을 추출하여 전송시키는 방식으로 피변조파의 점유 주파수 대역폭을 좁혀줌으로써 상대적으로 주파수 이용효율을 향상시키고 소비전력이 줄어든다는 장점이 있다. 한편 한쪽 측파대만을 추출하여 전송시키는 방식으로 효과적인 측파대분리를 위하여 다단변조를 하여야하고 수신측에서는 반송파를 발생시켜주기 위한 국부발진기를 따로 설치해야함으로 송 · 수신기가 복잡해진다는 단점을 가진다. SSB방식은 FDM 다중화를 이용하는 일반 전화망에서 주로 사용되며 채널 간 간섭을 줄여주는 효과가 있다.

③ VSB(Vestigial Side Band)

SSB 변조 시 사용되는 이상적인 대역통과 필터(BPF)가 만들기 어려워서 한쪽 측파대의 일부를 남겨놓은 SSB를 사용하여 대역폭을 줄이고, 검파하기 용이하게 하기 위해 DSB-LC 방식을 절충한 방식이다. 원 신호에 가장 가깝게 복조할 수 있는 변조방식으로 TV영상신호 전송에 흔히 쓰인다.

2) FM(Frequency Modulation : 주파수 변조)

반송파의 주파수에 신호 파를 실어 보내는 방식으로 저주파 신호의 크기에 따라 반송파의 각 주파수를 변화시키는 것이다. FM 방식은 일반적으로 넓은 대역폭이 필요하다는 단점과 잡음 및 혼신에 강하다는 장점을 가지고 있다.

- 신호파 : $e_s(t) = E_s \cos \omega_s t$,
- 반송파 : $e_c(t) = E_c \sin \omega_c t$ ($\omega_c \gg \omega_s$)
- 피변조파 : $e_c(t) = E_c \sin(\omega_c + k\int_0^t e_s(\tau)\, d\tau)$

$$= E_c \sin(\omega_c t + kE_s\int_0^t \cos\omega_s \tau\, d\tau)$$

$$= E_s \sin\left(\omega_c t + \frac{\Delta\omega}{\omega_s}\sin \omega_s t\right)$$

$$= E_c \sin(\omega_c t + m_f \sin \omega_s t)$$

($\Delta\omega = kE_s$, 변조지수(m_f) = $\frac{\Delta\omega}{\omega_s}$)

- 대역폭 : $B = 2\Delta f = 2(\Delta f + f_s)$

3) PM(Phase Modulation : 위상 변조)

반송파의 위상에 신호 파를 실어 보내는 방식으로 저주파 신호의 진폭에 따라 반송파의 위상각을 변화시키는 방식으로 아날로그 변조 방식 중 가장 고속도 전송을 행할 수 있다.

- 신호파 : $e_c(t) = E_c \sin \omega_c t$
- 반송파 : $e_c = E_c \sin \omega_c t \ (\omega_c \gg \omega_s)$
- 피변조파 : $e_c = E_c \sin(\omega_c t + k e_s(t))$

$$= E_c \sin(\omega_c t + kE_s \cos\omega_s t)$$
$$= E_c \sin(\omega_c t + \Delta\theta \cos\omega_s t)$$
$$= E_c \sin(\omega_c t + m_p \cos\omega_s t)$$

($\Delta\theta = kE_s$: 최대위상편이, $m_f = \Delta\theta$: 변조지수)

(4) 디지털 연속변조

디지털 변조란 아날로그 신호인 반송파의 진폭, 주파수, 위상을 원신호인 디지털 신호의 0과 1에 대하여 변화시켜서 변조방식으로 디지털 연속변조라고도 부르며 대표적으로 반송대역 전송방식(Broadband Transmission)에서 사용되는 전송방식이다.

여기서 디지털 변조 방식으로 사용되는 형태로는 크게 두 가지 변조 방식이 있으며, 그 중 하나는 한 bit의 디지털 bit(0 또는 1)를 전송하기 위해 두 가지 상태 변화를 이용하여 변조하는 2진 변조 방식과 다른 하나는 여러 개의 디지털 bit를 한 번에 전송하기 위해 여러 가지 상태 변화를 이용하여 변조하는 다원 변조 방식이 그것이다.

그리고 2진 변조 방식으로 사용되는 대표적 변조방식으로는 ASK, 2진 FSK, 2진 PSK 등이 있으며, 다원 변조 방식으로는 4진 PSK, QAM 등이 있다.

1) ASK(Amplitude Shift Keying)

ASK방식은 디지털 신호인 0과 1에 대하여 반송파의 진폭을 변화시키는 방식으로 디지털 신호로 1인 경우에는 반송파의 신호를 송출하고, 0인 경우에는 반송파의 신호를 송출하지 않는 방식이다.

또한 이 방식은 디지털 신호에 따라 반송파 신호를 On 또는 Off 시키는 방식이라 다른 말로는 OOK(On-Off Keying)라고도 부른다.

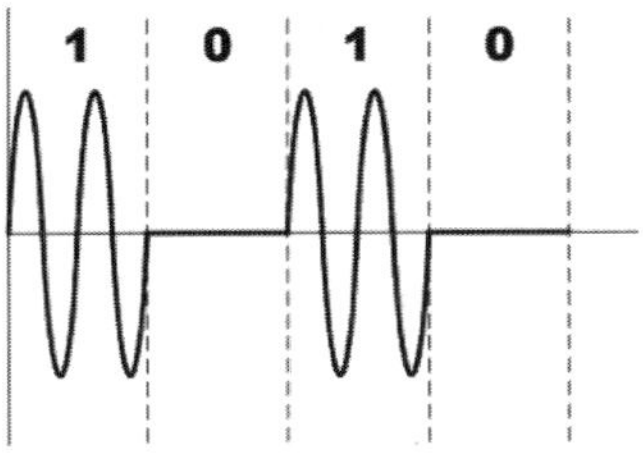

[그림 2-25] ASK방식

이 방식은 디지털 신호에 따라 반송파의 진폭을 변화시키는 방식이라 각종 잡음에 민감하며, 에러가 많고 각종 신호 Level 변동에도 약하다는 단점을 지니며, 초창기 통신 방식에서 사용되던 방식이라 속도도 300bps이하의 저속도 전송에 사용되는 방식이다.

또한 한 번에 여러 개의 디지털 bit를 전송할 경우 수신측에서 진폭 구분이 어려워서 한 번에 한 bit만 전송 가능한 2진 변조 방식이다. 그래서 따로 2진 ASK라 부르지 않고, 단순히 ASK로만 불리 운다.

2) FSK(Frequency Shift Keying)

FSK방식은 디지털 신호(0과 1)에 따라서 반송파의 주파수를 변화시키는 방식으로 디지털 신호에 따라 주파수를 변화시켜 1인 경우에는 높은 주파수로, 0인 경우에는 낮은 주파수로 반송파를 송출하여 전송하는 방식이다.

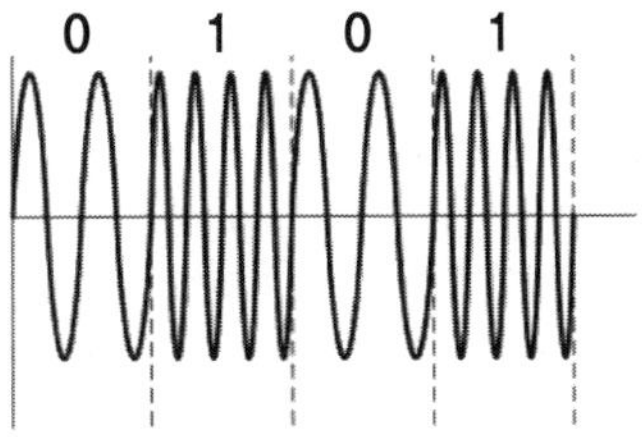

[그림 2-26] FSK방식

이 방식은 반송파의 주파수를 변화시키는 방식이라 진폭과는 무관하므로 각종 잡음에 강하며, 에러가 적고 신호 Level변동에 강하다는 장점을 가지나, 한 번에 여러 개의 bit

를 전송 할 경우에는 전송에 필요한 최소 주파수 대역이 크게 증가하게 되고 spectrum 효율이 나쁘기 때문에 주로 1bit 전송(2진 FSK)에만 사용된다.

또한 주파수의 급변하는 속도를 따라가지 못해 1200bps 이하의 저속도 전송속도를 가진다.

3) PSK(Phase Shift Keying)

PSK방식은 디지털 신호(0과 1)에 따라 반송파의 위상을 변화시켜 전송하는 방식으로 반송파 신호의 한 주기 위상을 여러 개의 위상으로 분할시키므로 여러 개의 위상이 나타날 수 있으며, 그에 따라 여러 개의 bit를 한 번에 전송할 수 있는 다원변조 방식이다.

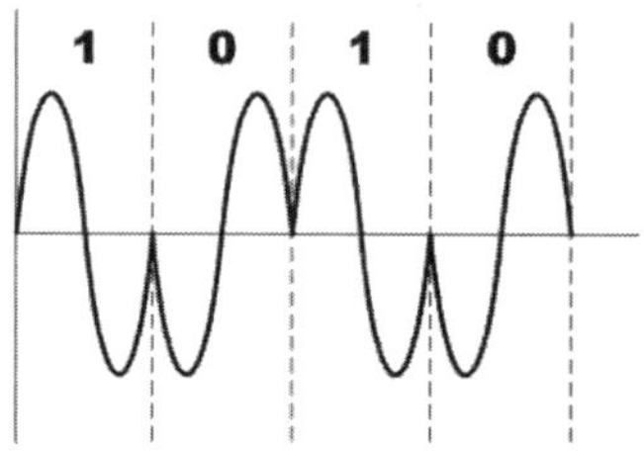

[그림 2-27] PSK방식

이 방식은 반송파의 한 주기 위상을 $\frac{2\pi}{M}$(여기서 M은 진수)개의 위상으로 분할시켜 변조하는 방식으로 M진 PSK라 하며 대표적으로 2진, 4진, 8진 PSK 등이 사용된다.

① **2진 PSK(BPSK : Binary Phase Shift Keying)**

한 번에 1bit를 전송하는 형태로서 디지털 신호에 따라 반송파의 위상을 2가지로 구분하여 변조하는 방식이다.

위상을 $\frac{2\pi}{M}$로서 분할 할 경우 $M = 2$진 이므로 $\frac{360}{2} = 180$이 되고, 각 bit펄스 마다 180도의 위상차를 가지며 각 위상은 서로 같은 주파수를 가진다.

② **4진 PSK(QPSK : Quadrature Phase Shift Keying)**

한 번에 2bit 전송이 가능한 전송방식으로 반송파의 위상을 4가지로 구분하여 변조하고, 각 bit 펄스 당 위상차는 $\frac{2\pi}{M} = \frac{2\pi}{4} = \frac{\pi}{2}(M = 4진)$가 되므로 90도의 위상차를 가진다.

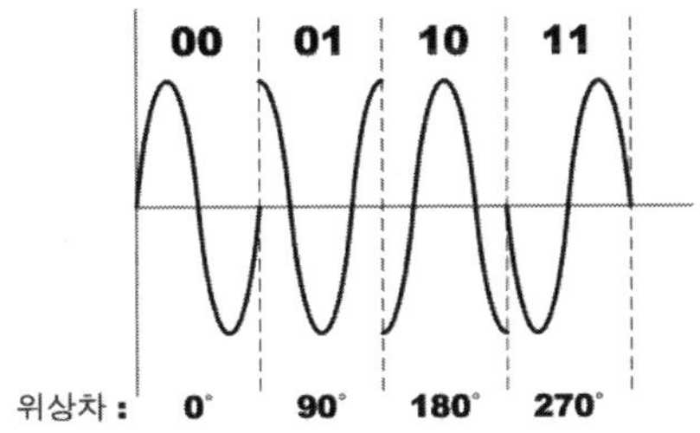

[그림 2-28] 4진 PSK방식

가장 일반적으로 사용되는 방식이다.

③ 8진 PSK(8-Array Phase Shift Keying)

8진 PSK방식은 한 번에 4bit 전송이 가능한 전송방식으로 위상을 8가지로 구분하며, 각 bit 펄스 당 45도의 위상차를 가지고 전송하는 방식이다.

[표 2-2] 8진 PSK의 위상차

비 트	위상차
000	0˚
001	45˚
010	90˚
011	135˚
100	180˚
101	225˚
110	270˚
111	315˚

M진 PSK방식은 이론상 16진, 32진 PSK방식도 가능하나, 위상을 너무 많이 구분할 경우 수신측에서 위상 구분이 어려워지고 에러 확률도 증가하게 되어 16진 PSK 이상은 잘 사용되지 않는다.

또한 PSK방식의 전송속도로는 2400bps ~ 4800bps정도의 전송 속도를 가진다.

4) QAM(Quadrature Amplitude Modulation)

QAM방식은 디지털 데이터의 효율적인 전송과 낮은 에러율, 전송 대역폭의 효율적 활용성을 얻기 위해 ASK방식과 PSK방식을 결합한 방식으로 직교편이변조 또는 APK(Amplitude Phase Keying)라고도 부른다.

이 변조 방식은 ASK의 진폭 편이변조와 PSK의 위상 편이변조를 혼합한 형태로 디지털 신호를 위상과 진폭으로 나누어 변조하고, 수신기에서 두 개의 진폭과 위상을 복조시켜 원 신호인 디지털 신호를 만들어 낸다.

그러므로 QAM은 동시에 16진, M진 QAM전송이 가능하고, 전송 속도도 9600bps 이상의 고속도 전송이 가능하다.

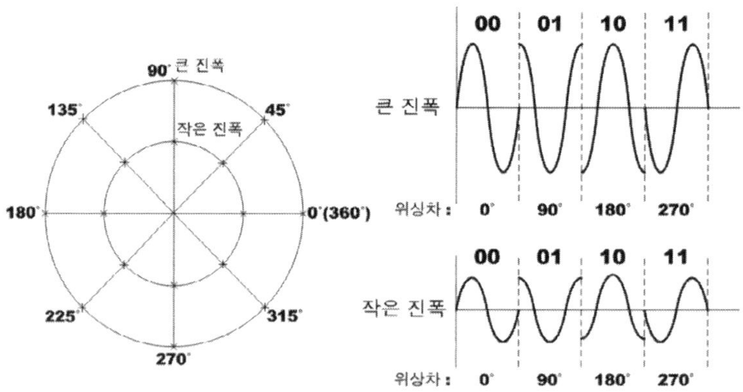

[그림 2-29] QAM방식

실제로 QAM방식은 ADSL(비대칭 가입자 회선)와 몇몇 무선 방식의 데이터 전송에 사용되며, 4진 QAM부터 무한 M진 QAM까지 한 번에 많은 bit의 전송이 가능하다.

(4) 디지털 연속변조의 비교

1) 에러 확률

위에서 배운 디지털 변조 방식의 에러 확률 관계를 알아보면 다음과 같다.

[표 2-3] 디지털 변조 방식의 비교

ASK	FSK	DPSK	PSK	QAM
2진 ASK	2진 FSK	2진 DPSK	2진 PSK	
		4진 DPSK	4진 PSK	4진 QAM
		8진 DPSK	8진 PSK	8진 QAM
				16진 QAM
				M진 QAM

← 에러 확률 증가

위의 에러 확률 관계 표를 참고하면 ASK방식이 가장 에러에 민감하고, 반면에 QAM 방식이 가장 에러 확률이 적다는 것을 알 수 있다.

또한 같은 디지털 변조 방식 중에서는 한 번에 보낼 수 있는 bit수가 적을수록 에러확률이 감소한다.

예를 들어 2진 PSK(BPSK)방식은 4진 PSK(QPSK)에 비해서 에러 확률이 $\frac{1}{2}$이며, 4진 DPSK, 4진 PSK, 4진QAM의 에러 확률을 비교해 보면 4진 DPSK보다 4진 PSK 방식이 에러 확률이 적으며, 4진 PSK방식 보다 4진 QAM방식이 에러 확률이 적음을 알 수 있다.

결국 디지털 변조 방식에서 가장 에러가 많은 방식은 ASK방식이며, 같은 방식에서는 한 번에 많은 bit를 전송하는 방식이 에러 확률이 증가한다.

그러므로 가장 에러가 적은 방식은 2진 QAM이겠지만 QAM방식에서는 4진부터 사용되므로 4진 QAM방식이 가장 에러가 적은 것을 알 수 있다. 하지만 실제로 가장 에러 확률이 적은 방식은 4진 QAM이 아니고 MSK방식이다.

■ MSK(Minimum Shift Keying)

MSK방식은 잡음에 강한 방식인 FSK방식을 변형시킨 방식으로 QAM보다 에러 확률이 적으며 디지털 변조 방식 중에서 가장 에러 확률이 적다.

이 방식은 기존 FSK가 가지는 문제점인 한 주파수에서 다른 주파수로 급변 시키는 스위칭으로 인한 위상의 불연속성으로 비교적 넓은 대역을 차지한다는 것을 해결하기 위한 방식이다.

기존 FSK방식에 2개의 반송파 주파수를 최소 간격으로 할당하고, 2개의 반송파 주파수가 만나는 부분에서의 연속적인 위상 변화가 유지되게 하며, 복조(검파)시 신호가 겹치지 않도록 최소 주파수 편이 비(h)를 0.5로 만족시킨 FSK를 MSK 또는 FFSK(Fast FSK)라 한다.

2) 전송 대역폭

전송 대역폭이란 전송로의 용량과 유사한 개념으로 전송매체를 통해 얼마나 많은 량의 데이터를 전송할 수 있는가를 의미하는데 디지털 통신 방식과 전송 대역폭과의 관계는 한 번에 보낼 수 있는 bit의 수가 같을 경우 변조 방식(ASK, FSK, PSK, QAM,)에 관계없고, 단지 bit수에 의해서만 결정된다.

즉 ASK방식을 사용하나 BPSK방식을 사용하나 전송 대역폭은 동일하지만, 한 번에 보낼 수 있는 bit수가 다를 경우 BPSK방식이 QPSK방식보다 전송 대역폭이 $\frac{1}{2}$로 감소한다.

결국 2진 변조 방식보다는 4진 변조방식이, 4진 변조 방식보다는 8진 변조 방식이, 8진 변조 방식 보다는 M진 변조 방식이 전송 대역폭이 증가한다는 것이다.

(5) 디지털 통신 방식의 복조(검파)

디지털 신호를 반송파에 따라 변조하는 방식이 다르듯이 수신측에서의 복조 방식도 다르며, 복조 방식으로는 크게 다이오드를 이용한 잡음 제거 기능이 없는 비동기식 검파 방식과, 잡음 제거 기능이 있는 정합 필터를 이용한 동기식 검파 방식이 있다.

1) 비동기식 검파 방식(Non-Coherent Detecting)

비동기식 검파 방식은 다이오드를 이용한 포락선 검파기를 사용하며, 변조 시 사용된 캐리어 신호(반송파)를 알 필요 없어 시스템 구조가 단순하고 잡음 제거 기능이 없다.

주로 ASK와 FSK방식에 사용되며, 가격이 저렴하고 시스템 구조가 단순한 반면에 다이오드를 이용하므로 비 직선 왜율이 발생하고 효율이 떨어진다는 단점을 가진다.

FSK방식은 잡음에 강한 특성이 있어 비동기식 검파방식을 사용해도 큰 무리가 없지만, PSK방식은 전송속도가 빠른 반면에 잡음에 약하므로 비동식기 검파방식을 사용할 수 없다.

2) 동기식 검파 방식(Coherent Detecting)

동기식 검파 방식은 변조 시 사용된 캐리어 신호(반송파)를 이용하여 검파하는 방식으로 동기 검파기로는 정합 필터 또는 PLL을 사용하며 신호는 키우고 잡음은 감소시키는 잡음 제거 기능이 있다.

주로 잡음에 약한 PSK방식에 사용되며, 시스템 구조가 복잡하고 가격이 고가라는 단점을 가진다.

그래서 잡음제거 기능이 있는 정합필터를 사용하지 않고, 검파 할 수 있는 방식이 필요하게 되었는데 그것이 DPSK방식이다.

■ DPSK(Differential PSK)

잡음에 약한 PSK방식을 검파하기 위해 잡음 제거 기능을 지니는 정합필터를 사용해야 하는 단점을 보완한 방식으로 1구간(T초)전의 PSK신호를 기준파로 사용하여 차동신호를 발생 검파하는 차동 위상 검파 방식이다.

차동위상검파 방식인 DPSK방식은 동기식 검파 방식에 비해 기준 빈송파가 필요 없고, 정합필터를 사용하지 않아 시스템 구조가 간단하고 가격이 저렴하다는 장점을 가지나, 2진 PSK(BPSK)방식보다 효율이 떨어진다는 단점을 가진다.

즉, DPSK방식은 동기 검파 방식을 사용하지 않고, 차동위상 검파 방식을 사용한다.

2.4 통신회선

통신회선이란 데이터 통신 시스템에 있어서 송 · 수신 시스템간의 물리적인 데이터 전송로, 즉 신호가 전달되기 위한 모든 통로를 말하며 유선통신에서 사용되는 유선매체와 무선통신에서 사용되는 무선매체 등으로 구분된다.

여기서, 유선매체는 유선전송방식에서 각 통신 시스템 간에 전기적인 신호를 전달하기 위한 물리적인 채널 즉 케이블을 의미하며, 유선매체의 종류로는 평형 2선식, 동축 케이블, 광케이블 등이 존재한다.

무선매체는 무선전송방식에서 각 통신 시스템의 안테나에서 발생되는 전파라는 매질을 전달하기 위한 매개체(해수면, 공기 등)를 말하며, 무선매체에 대한 구분은 LF(Low Frequency), MF(Medium Frequency), HF(High Frequency), VHF(Very High Frequency), UHF(Ultra High Frequency) 등과 같이 전송 주파수 대역의 구분에 의해 이루어진다.

(1) 전송량의 단위

전송량의 단위란 신호의 감쇠나, 이득을 표현하기 위한 단위로서 직접 비(ratio)로 표현하면 너무 큰 값이 생성되므로 [dB]나 [neper]등을 사용한다.

1) 데시벨(Decibel) 단위 : [dB]

[dB]라는 단위는 일반적으로 이득과 감쇠를 나타낼 때 사용하는 단위로 신호의 상대적인 크기 즉 신호나 잡음의 전력레벨 또는 전압레벨을 표현하거나 비교할 때 많이 사용되는 단위이다.

$$dB = 10\log_{10}\frac{P_2}{P_1}$$

여기서 P_1은 기준 신호 전력, P_2는 피 측정 신호전력(측정하고자 하는 신호 전력)을 나타낸다.

2) 네퍼(neper) 단위 : [neper]

데시벨과 같은 개념으로 유럽에서 많이 사용되는 단위이다. [dB]는 밑이 10인 상용로그를 사용하는데 반해 [neper]는 밑이 e인 자연로그를 사용하여 표현한다.

$$[\text{neper}] = \frac{1}{2}\log_e\frac{P_2}{P_1}$$

P_1은 기준 신호 전력, P_2는 피 측정 신호전력(측정하고자 하는 신호 전력)을 나타낸다.

여기서 [dB]와 [neper]와의 관계를 살펴보면

$$1[\text{neper}] \fallingdotseq 8.686[\text{dB}]$$

$$1[\text{dB}] \fallingdotseq 0.115[\text{neper}]$$

관계를 가진다.

3) dB의 종류

① 절대 레벨[dBm]

기준 신호 전력 1[mW]에 대한 측정 신호 전력 레벨을 표시하는 단위로 신호나 잡음의 절대 전력 값을 나타낸다.

$$[\text{dBm}] = 10\log_{10}\frac{\text{P}}{1[\text{mW}]}$$

여기서 P는 피 측정 신호 전력, 1[mW]는 기준 신호 전력을 나타낸다.

② dBW

기준 신호 전력 1[W]에 대한 측정 신호 전력 레벨을 표시하는 단위

$$[\text{dBW}] = 10\log_{10}\frac{P}{1[W]}$$

③ dBmV

기준 신호 전압 1[mV]데 대한 측정 신호 전압의 크기를 나타내는 단위로 $20\log_{10}$전압비로 표현한다.

$$[\text{dBmV}] = 20\log_{10}\frac{\text{V}}{1[\text{mV}]}$$

④ dBμV

주로 이동통신 단말기의 수신 전계강도 등을 측정하는데 사용하는 단위

$$[\text{dB}\mu\text{V}] = 20\log_{10}\frac{\text{V}}{1[\mu\text{V}]}$$

⑤ 상대 레벨 [dBr]

전송로상의 여러 지점에서의 신호나 잡음 전력을 비교하기 위한 단위로 전송로상의 임의의 어떤 지점에서의 전력 P_0를 기준으로 정하고, 다른 지점에서의 전력 P의 크기를 기준 전력과 비교하여 상대 전력크기를 나타낸다.

(2) 선로의 정수 회로

선로의 정수회로란 전송선로를 특정 전기회로로 나타낸 것으로서 전송 선로는 저항(R), 인덕턴스(L), 정전용량(C), 누설 컨덕턴스(G)가 균일하게 분포되어 있는 전기회로이다.

1) 집중 정수 회로

전송선로 상에 존재하는 인덕턴스, 정전용량, 저항성분등이 모두 한곳에 집중되어 있는 개념을 적용하여 회로를 등가적으로 해석한 것으로서 분포 정수 회로에 비해 회로의 해석은 쉬우나 전송선로의 길이가 길거나, 전송로를 통해 전달되는 신호의 주파수가 높은 경우에는 사용할 수 없다.

2) 분포 정수 회로

집중 정수 회로의 상대되는 것으로서 고주파 선로에서 인덕턴스, 정전용량, 저항성분등이 한 곳에 집중적으로 모여 있지 않고, 선로를 따라 골고루 분포되어 있는 개념을 적용한 회로로서, 전송선로 상에 고주파 신호가 흐르는 경우 저항성분들이 한 곳에 집중적으로 분포하고 있는 집중 정수회로의 개념을 적용할 수 없으므로 선로의 저항 성분들이 선로의 단위 길이 당 균일하게 분포되어 있는 분포 정수 회로를 적용하여 해석할 수 있으며 정수에는 1차 정수 R, L, C, G와 2차 정수 Z_o, γ, α, β가 있다.

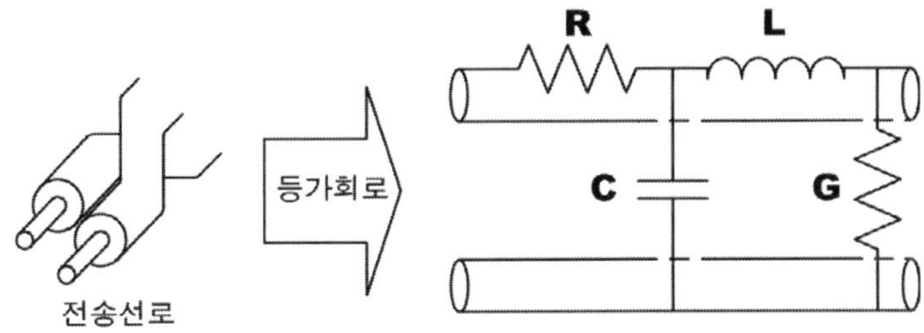

[그림 2-30] 선로의 분포 정수 회로

3) 분포 정수 회로의 2차 정수

① 특성 임피던스(Z_0)

특성 임피던스는 전송 선로상의 특정 한 점에서의 저항성분으로 전송로 상에 교류 신호가 전송될 경우 전압에 영향을 주는 직렬 저항 외에 전류에 영향을 미치는 병렬저항성분이 합쳐져서 전송로에 흐르는 신호를 방해하게 된다. 이러한 직렬 저항과 병렬저항성분의 종합적인 저항성분을 임피던스라 하며, 전압 대 전류의 비로 표현한다.

$$Z = \frac{V}{I}$$

여기서 Z는 임피던스를 의미하며, V는 인가된 교류 전압, I는 흐르는 교류 전류이다.

따라서 전송선로에서의 특성임피던스는 교류 신호가 흐르는 무한정 선로에서 임의의 지점에 대한 전압과 전류의 비로써 크기와 방향을 가지는 벡터 량이며, 기호는 Z_0이고 단위는 $[\Omega]$를 사용한다. 그리고 전송선로를 분포정수회로로 간주하고 전송되는 신호의 주파수에 따라 1차 정수의 값이 변하지 않는다는 전제하에 특성 임피던스를 1차정수를 이용하여 수식으로 표시하면 다음과 같다.

$$Z_0 = \sqrt{\frac{\text{직렬저항}}{\text{병렬저항}}}$$

여기서 직렬 저항은 전압에만 영향을 주므로 직렬 저항끼리 더하여 임피던스 Z라 하고,

$$Z = R + jwL$$

병렬 저항은 전류에만 영향을 미치므로 병렬 저항끼리 더하여 어드미턴스 Y로 표현하면

$$Y = G + jwC$$

결국 특성임피던스의 Z_0의 기본 수식은 다음과 같다.

$$Z_0 = \sqrt{\frac{\text{직렬저항}}{\text{병렬저항}}} = \sqrt{\frac{Z}{Y}} = \sqrt{\frac{R + jwL}{G + jwC}}$$

한편 위의 특성임피던스의 기본 수식에서 전기저항(R)과 누설 컨덕턴스(G)는 전달되는 신호의 크기(진폭)에만 관여하므로 임의로 R과 G성분을 0으로 만든다면 신호의 크기는 줄어들지 않는다. 즉, 전달되는 파의 손실이 없다는 결론이 나온다. 따라서 위와 같은 조건을 만족하는 것을 **무 손실 조건**이라 하고 무 손실 조건을 만족하는 전송매체를 무 손실 전송로라고 한다.
여기서 무 손실 조건을 만족하기 위해서는

㉠ $R = 0$, $G = 0$ 그러므로 $Z_0 = \sqrt{\frac{R + jwL}{G + jwC}} = \sqrt{\frac{L}{C}}$

$\therefore\ Z_0 = \sqrt{\frac{L}{C}}$

하지만 R과 G성분은 선로 상에서 스스로 생성되는 성분으로 임의적으로 0을 만들 수가 없다. 그렇지만 선로 상에서 임의로 조정할 수 있는 성분은 w가 있다. 즉 $w = 2\pi f$이므로 사용주파수는 임의로 변경할 수 있으므로 사용 주파수를 높이게 되면 f값이 커지게 되고 그에 비례하는 w값도 커지게 된다. 따라서 사용 주파수(f)를 높여서 w값을 키우면, 작은 값인 R과 G성분은 무시할 수 있게 된다.
결국 무 손실 조건을 만족하기 위한 두 번째 조건은 전송매체에 높은 주파수의 신호를 전송하는 것이다.

㉡ 전송로의 고주파 선로화

$wL \gg R$

$wC \gg G$

또 한편 위의 특성임피던스의 기본 수식에서 $Z_0 = \sqrt{\frac{R+jwL}{G+jwC}}$ 을 근사화 시키면 다음과 같다.

$$Z_0 = \sqrt{\frac{R+j\omega L}{G+j\omega C}} \approx \sqrt{\frac{L}{C}}\left[1+j\left(\frac{G}{2wC}-\frac{R}{2wL}\right)\right]$$

위의 수식에서 전달되는 신호의 주파수를 높이게 되면 R과 G는 무시할 수 있어 신호의 손실은 없어지지만 파의 위상변화를 일으키는 L과 C로 인한 파의 왜곡은 줄일 수 없다. 그리하여 L과 C는 전송선로 상에 스스로 생기는 성분이므로 각각 0으로 만들 수는 없지만, 특성 임피던스(Z_0)를 나타내는 위의 수식에서 $\frac{G}{2wC}-\frac{R}{2wL}$을 잘 조합하면 L과 C로 인한 파의 왜곡을 0으로 만들 수가 있다. 즉 $\frac{G}{2wC}=\frac{R}{2wL}$ 한다면 파의 왜곡이 없게 된다.

따라서 위와 같은 조건을 무왜 조건이라 하고, 무왜 조건을 만족하는 전송매체를 무왜 전송로라고 한다.

여기서 무왜 조건을 만족하기 위해서는

$$\frac{G}{C}-\frac{R}{L}, \qquad LG=RC$$

결국 전송선로 상에 무 손실 조건과 무왜 조건을 모두 만족하면 전달되는 신호의 세기와 왜곡이 없게 전달된다.

② 전파정수(γ)

전파정수란 전송선로 상에 단위 길이1[m]당 파가 얼마만큼 감쇠되는가를 나타내는 감쇠정수(α)와 위상의 변화가 얼마만큼 일어나는가를 나타내는 위상정수(β)를 연관시켜 나타내는 것으로서, 전파 정수는 다음과 같이 표현할 수 있다.

$$\gamma = \alpha + j\beta$$

위의 식에서 α는 감쇠정수를 나타내며 β는 위상정수를 나타낸다. 따라서 전파 정수의 기본 수식은 다음과 같다.

$$\gamma = \sqrt{Z \cdot Y} = \sqrt{(R + jwL)(G + jwC)}$$

위의 전파정수 정의 식을 근사 화 시키면 다음과 같다.

$$\gamma \approx \frac{1}{2}\sqrt{LC}\left(\frac{R}{L} + \frac{G}{C}\right) + jw\sqrt{LC}$$

여기서 감쇠정수 α는 $\frac{1}{2}\sqrt{LC}\left(\frac{R}{L} + \frac{G}{C}\right)$되고, 단위는 [neper/m]를 사용하며, 또한 β는 $w\sqrt{LC}$되며, 단위는 [rad/m]를 사용한다.

4) 전송로 상에서 발생되는 손실

전송선로 상에는 여러 가지 저항 성분이 존재한다. 하지만 전송로에 전달되는 신호의 주파수가 높아지면 오히려 저항 성분이 커지는 저항이 있고, 반대로 저항 성분이 작아지는 저항도 있다. 이중에서 사용 주파수가 높아지면 저항 값이 커지는 저항으로는 근접작용, 표피작용, 와류 작용, 타 도체와의 반작용 등이 해당된다.

① 표피 작용(Skin Effect)

전송로 상에 교류 신호가 흐르면 그에 따라 직각 방향으로 자계성분이 생성되고, 이렇게 발생된 자계는 전류를 끌어당기는 힘이 있어 그 힘에 이끌려 전류가 도체 표면에 집중되는 현상으로 주파수가 높아지면 표피 작용이 심하게 발생하여 전송로의 손실이 증가하게 된다.

② 근접 작용(Proximity Effect)

평행하게 존재하는 두 도체의 전류가 동일 방향이면 서로 반발하고, 반대 방향이면 끌어당기는 현상으로 평행한 왕복 도체에 흐르는 전류가 한쪽 끝으로 집중되는 현상으로 주파수가 증가함에 따라 전류 밀도가 도체의 한쪽 끝에서 계속적으로 증가하는 현상

③ 와류 작용(Eddy Loss)

도체 내부에서 만들어지는 전류로서 도체 전체가 아닌 일부분에 소용돌이 모양으로 닫힌 통로를 말한다. 즉 도체 내부에 흐르는 전류의 직각방향으로 형성되는 자계의 성분으로 인하여 생기는 맴돌이 전류로서, 이 맴돌이 전류가 도체에 흐르는 전류의 흐름을 방해하게 되는 현상

(3) 전송매체의 종류

1) 평형 케이블(TP 케이블 : Twisted Pair Cable)

가장 저가이면서 가장 널리 쓰이는 유도 전송매체이다.

① 물리적 구조

평형 케이블은 절연된 두 가닥의 구리도선이 균일하게 서로 감겨있는 행태로서 일반적으로 여러 개의 쌍이 다발로 묶여져 하나의 케이블을 형성한다. 장거리용으로는 수백 개의 쌍으로 이루어진 케이블이 사용되며, 아날로그 신호 및 디지털 신호 모두 전송할 수 있으며 대역폭, 거리, 데이터 전송률에 많은 제한을 받으며 간섭 및 잡음에 민감하다. 따라서 인접한 다른 구리도선들과의 누화, 간섭 현상을 최소화하기 위해 각각의 쌍들은 서로 감겨져 있다.

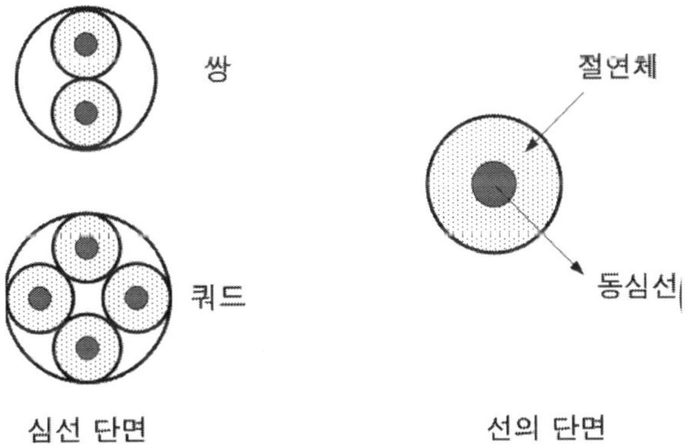

[그림 2-31] 평형 케이블의 구조

② 용 도

평형 케이블은 전화 시스템의 근간을 형성하고 있을 뿐만 아니라, 건물 내의 통신 수단으로도 유용하게 사용되고 있다. 전화 시스템의 경우 다수의 가입자들과 전화 국내의 전화 교환기 또는 전화국과 국간 연결, 건물 내에서의 경우에는 사설 전화 교환기(PBX)에 의한 여러 대의 전화기를 교환해 줄 수 있는 구내전화 내선 망 형태로 사용되어 진다.

③ 전송 특성

평형 케이블은 디지털 아날로그신호 모두를 전송할 수 있으며, 디지털 전송일 경우에는 2~3km마다 중계기가 아날로그 전송일 경우에는 5~6km마다 증폭기가 필요하다.

전자기장과 쉽게 결합될 수 있는 특성을 지니며, 간섭이나 잡음에 매우 민감하다. 또한 충격잡음에 쉽게 영향을 받는다.

④ 특성 임피던스(Z_0)

일반적인 전송선로에서의 특성 임피던스 Z_0는 $\sqrt{\dfrac{L}{C}}$ 값을 가지며, 여기서 평형 케이블의 인덕턴스(L)값은 $\dfrac{\mu_0}{\pi}\log_e\dfrac{2D}{d}$[H/m], 정전용량($C$)는 $\dfrac{\pi\varepsilon_0\varepsilon_s}{\log_e\dfrac{2D}{d}}$[F/m] 값을 가지므로 각각 평형 케이블의 L과 C를 대입하여 Z_0를 구하면 다음과 같다.

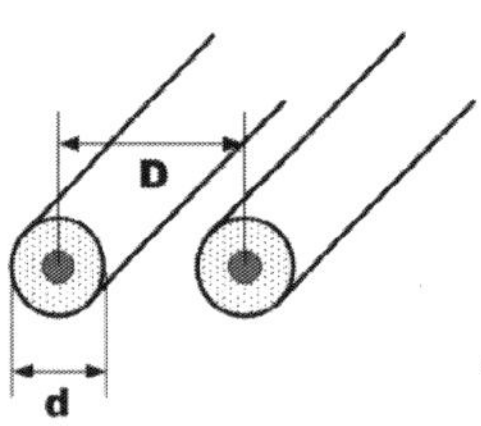

$$Z_0 = \frac{120}{\sqrt{\varepsilon_s}}\log_e\frac{2D}{d} = \frac{276}{\sqrt{\varepsilon_s}}\log_{10}\frac{2D}{d}\ [\Omega]$$

[그림 2-32] 평형 케이블

따라서 평형 케이블의 도선 중심 간의 거리를 D라고 하고, 심선의 지름을 d라 했을 때 평형 케이블의 특성 임피던스(Z_0)는 두 도선사이의 거리에 비례하고, 도선의 두께에 반비례한다. 즉 두 도선사이의 거리가 멀고, 도선의 두께가 작을수록 특성 임피던스(Z_0)커진다.

또한 평형 케이블에 고주파 신호를 전달 할 경우 감쇠정수(α)$\propto\sqrt{f}$, 위상정수(β)$\propto f$ 비례하며, 저주파 신호를 전달 할 경우에는 감쇠정수(α), 위상정수(β) 모두 $\propto\sqrt{f}$ 비례한다.

⑤ 평형 케이블의 특징

평형 케이블은 초창기 케이블이라서 여러 가지 제한을 받으며 단점이 많다.

㉠ 다른 전송매체(동축 케이블, 광섬유 케이블)에 비해서 전자기장과 쉽게 결합될 수 있으며, 간섭이나 잡음에 매우 민감하다.

㉡ 거리, 대역폭, 전송률에 있어서 상대적으로 많은 제한을 받으며, 유도 방해에 약하다. 따라서 송·수신 신호가 서로 다르면 영향을 많이 받아 송·수신 신호의 진폭과 위상을 동일하게 해서 전송한다.

㉢ 충격성 잡음에 쉽게 노출되며, 누화, 혼선현상이 크다. 그래서 근접한 도선끼리는 각각 전선을 꼬는 길이를 다르게 함으로서 누화현상을 감소시킨다.

㉣ 누설 전류가 많으며, 복사(방사)손실이 크다.

㉤ 일반적으로 다른 전송매체에 비해 가격이 저렴하고, 고 전력 전송에 유리하다

2) 장하 케이블(Loading)

평형 케이블에 인덕턴스(L)을 삽입시킨 케이블

① 정 의

일반적으로 전송선로에 흐르는 신호는 왜곡이 생겨서는 안 된다. 그래서 무왜 조건 $LG=RC$를 만족시켜서 신호를 전송하지만, 평형 케이블은 도선간의 거리가 매우 근접하여 다른 전송매체에 비해 정전용량(C)값이 크다. 그래서 결국 $LG \ll RC$가 되어 전달되는 신호에 왜곡이 생긴다.

따라서 $LG=RC$를 만족시키기 위해서는 인덕턴스(L)이나 누설 컨덕턴스(G)를 크게 하거나, 또는 전기저항(R)값을 작게 만들어야 한다.

하지만 R값은 동선 자체적으로 가지고 있는 저항 성분으로서 작게 만들 수 없고, 또한 G값은 누설 전류로 인한 성분으로 절대 키워서는 안 된다. 결국 인덕턴스(L)을 증가시키는 방법이 사용되며, 이와 같이 전송로 상에 L을 삽입한 케이블을 장하 케이블이라 한다.

② 종 류

㉠ 연속 장하(평등 장하)

장하 코일을 전송 선로 상에 균일하게 감아주는 장하 방식을 말한다.

㉡ 집중 장하(코일 장하)

일정 간격 (약 1.831km)마다 집중적으로 코일을 삽입시킨 형태로서 반 구간 방식과 반 코일 방식이 있다.

③ 특 징

전송선로 상에 인덕턴스(L)를 삽입하여 무왜 조건($LG = RC$)를 만족시킴으로서 음성 급 저주파 신호 전송에 대한 감쇠와 왜곡이 감소하지만, 고주파 신호를 전송할 경우에는 장하 코일에 의한 저항 값이 증가하여 신호 의 감쇠가 커지며, 전파 속도 $V = \frac{1}{\sqrt{LC}}$에 대해서 L값이 증가 되므로 속도가 현저히 느려져 장거리 데이터 전송방식에는 부적합하다. 따라서 단거리 시내 전화 케이블로만 사용된다.

3) 동축 케이블(Coaxial Cable)

① 물리적 구조

동축케이블은 긴 원통모양의 외부도체와 그 중심축에 놓인 1개의 내부도체로 이루어져 있고, 외부도체와 내부도체 사이에는 절연체로 구성되어 있는 전송선로로서 선로의 단면은 외부도체와 내부도체가 동심원을 이루고 있다. 동축 케이블은 불평형 선로로 내부 도체와 외부 도체에 흐르는 신호가 서로 다르며, 일반적으로 외부 도체는 접지해서 사용한다. 따라서 평형 케이블에 비해 누화와 간섭의 영향이 적어 직류를 포함한 저주파에서 수십 MHz의 고주파까지 다양한 신호를 전송할 수 있다.

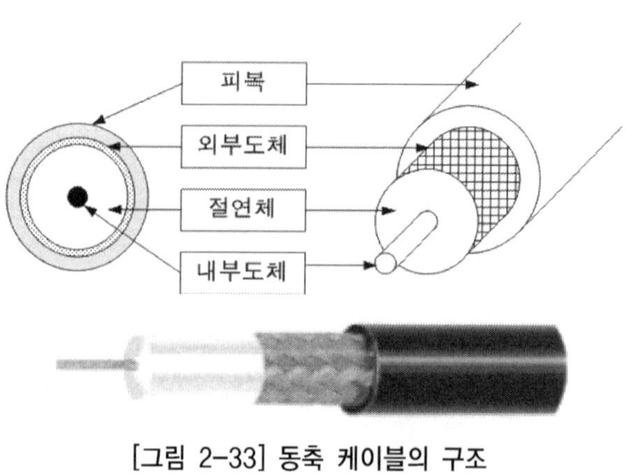

[그림 2-33] 동축 케이블의 구조

② 용 도

동축케이블은 근거리 통신망(LAN), 원거리 전화망, 케이블 TV 신호 분배기, 광대역 전송로로 사용되거나 단거리 시스템 링크뿐만 아니라 baseband, broadband 전송 모두에 이용된다.

③ 전송 특성

동축 케이블은 구조적 특성으로 외부와의 차폐성이 좋아 간섭현상이 적으며 평형 케이블보다 뛰어난 주파수 특성으로 인해 높은 주파수에서 빠른 데이터 전송이 가능하다. 또한 아날로그, 디지털 신호 전송이 모두 가능하며, 아날로그 신호의 경우 수 km 마다 증폭기가 사용되고, 주파수가 높아질수록 증폭기간의 간격은 좁아진다. 사용 가능한 주파수 스펙트럼은 500MHz까지 확장 될 수 있다. 디지털 신호 전송에서는 대략 1km마다 중계기가 필요하며 역시 데이터 전송률이 높을수록 그 간격 또한 좁아진다.

④ 특성 임피던스(Z_0)

동축 케이블에서 인덕턴스(L)는 $\frac{\mu_0}{2\pi}\log_e\frac{D}{d}$[H/m], 정전용량($C$)은 $\frac{2\pi\varepsilon_0\varepsilon_s}{\log_e\frac{D}{d}}$[F/m]을 가진다. 따라서 특성 임피던스 $Z_0=\sqrt{\frac{L}{C}}$ 가지므로 각각 L, C를 대입하여 나타내면 다음과 같다.

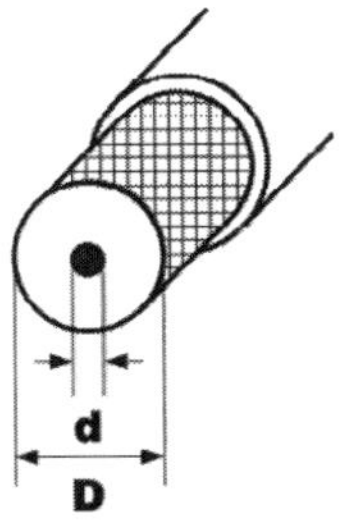

$$Z_0=\frac{60}{\sqrt{\varepsilon_s}}\log_e\frac{D}{d}=\frac{138}{\sqrt{\varepsilon_s}}\log_{10}\frac{D}{d}\,[\Omega]$$

[그림 2-34] 동축 케이블

여기서 d는 동축 케이블의 내부도체의 외경을 나타내고, D는 외부 도체의 내경을 나타내며, 따라서 동축 케이블의 특성 임피던스는 내부도체의 외경에 반비례하고,

외부 도체의 내경에 비례한다. 즉, 내부 도선의 바깥 두께가 작을수록 외부 도체의 안쪽 두께가 클수록 특성 임피던스(Z_0)커진다.

한편 동축 케이블의 내부 도체와 외부 도체의 두께를 적절히 조절하였을 때 가장 감쇠가 적은 최적의 상태를 최적 비라 하며, 동축 케이블의 최적 비는 가장 감쇠가 적은 내부 도체와 외부 도체의 비($\frac{D}{d}$)를 의미하는 것으로 약 3.6일 때가 가장 감쇠가 적다.

$$\frac{D}{d} \fallingdotseq 3.6(\text{가장 감쇠가 적은 최적의 상태})$$

하지만 동축 케이블을 제작할 때 모든 케이블에 최적 비 상태를 맞추어서 제작하므로 이제는 더 이상 $\frac{D}{d}$는 동축 케이블의 특성 임피던스(Z_0)의 변수가 될 수 없다. 그러므로 특성 임피던스(Z_0)를 결정할 수 있는 것은 절연체의 비유전율(ε_s)이다. 실제로 절연체는 공기를 이용한 것과 폴리에틸렌을 이용한 경우 두 가지를 사용되며, 공기를 채우는 경우에는 $\varepsilon_s = 1$이 되며, 폴리에틸렌을 채우는 경우에는 $\varepsilon_s = 2.26$(약 2.3)이 된다.

결국 특성 임피던스(Z_0)는 절연체를 폴리에틸렌으로 채울 경우 50Ω이 되며 절연체를 공기로 채울 경우 75Ω이 된다.

따라서 동축 케이블은 특성 임피던스가 50Ω인 동축 케이블과 특성 임피던스가 75Ω 동축 케이블 두 가지 종류로 나누어지며, 이 중에서 고주파 신호를 전송할 경우에는 폴리에틸렌이 공기보다 고주파 특성이 우수하여 50Ω 동축 케이블이 많이 사용되고 있다.

또한 동축 케이블에 고주파 신호를 전달 할 경우 감쇠정수(α)$\propto \sqrt{f}$, 위상정수(β)$\propto f$ 비례한다.

⑤ 동축 케이블의 특징

동축 케이블은 평형 케이블 비해 구조적 특성으로 인해 많은 장점을 가진다.

㉠ 동축 케이블은 외부와의 차폐성이 좋아 간섭, 누화현상이 적다.

㉡ 평형 케이블보다 높은 주파수에서 빠른 데이터 전송이 가능하며, 광대역 다중

화 전송에 이용된다.

ⓒ 아날로그 신호와 디지털 신호 모두 전송가능하며, 감쇠가 적어서 신호 증폭, 재생 장치인 증폭기와 중계기간 거리가 멀어도 된다.

ⓔ 내부 도체와 외부 도체 사이의 절연이 극히 좋아 전력 전송도 가능하다. (신호 증폭기나 중계기의 동작 전원을 공급할 수 있다).

ⓜ 선로의 연결 단에서 임피던스가 서로 맞지 않으면 신호의 반사 현상이 일어난다. 따라서 케이블 종단에는 필히 임피던스 매칭을 위한 종단 저항을 달아준다.

ⓗ 저주파에서는 표피효과와 근접 작용의 영향이 감쇠되어 외부 도체에서도 전류가 흘러 누화를 야기 시킬 수 있으므로 60KHz 이하에서는 사용하지 않는다.

4) 광섬유 케이블(Fiber Optical)

① 물리적 특성

광섬유 케이블은 빛을 이용한 통신매체로서 원통형으로 빛(광)을 전파하는 코어(core)와 빛이 밖으로 세어 나가지 못하도록 절연체 역할을 하는 클래드(clad), 광섬유 케이블을 외부로부터 보호하기 위한 자켓(jacket)의 세 부분으로 구성되며, 코어와 클래드 사이의 인터페이스는 반사면 역할을 함으로써 코어 안으로만 빛이 지나가도록 가두는 역할을 한다.

또한 광섬유 케이블은 다른 전기적인 전송매체에 비해서 매우 가늘고 유연성이 뛰어나며, 빛(광선)을 투과 시킬 수 있는 능력이 있어 데이터 전송률이 매우 높은 특성을 가진다.

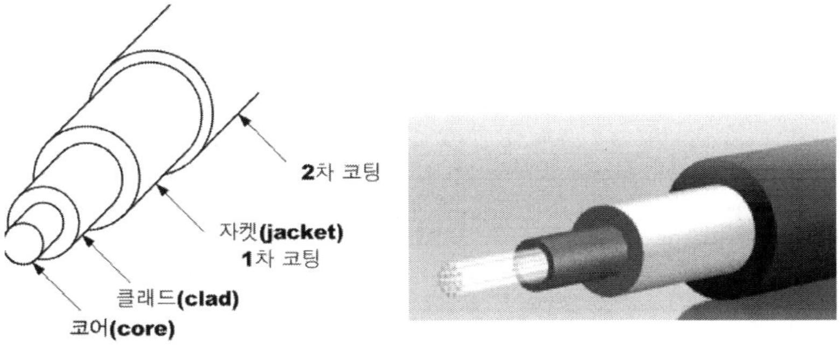

[그림 2-35] 광섬유 케이블의 구조

② 빛의 전파 원리

광섬유 케이블은 입사되는 빛(광)을 코어(core)내부에 반사시켜 전파하는데 여기서 빛이 전파되는 원리를 알아보면, 먼저 빛은 계속 앞으로만 나아가는 직진성을 가지며, 서로 다른 물질을 만나게 되면 굴절하는 굴절성을 가진다. 또한 빛은 굴절도 하지만 일부 반사되어 나아가는 일부 반사파도 생기는 반사성도 가진다.

또한 자유공간에서의 빛의 속도를 C, 매질내의 속도를 V라고 했을 때 두 속도간의 관계식은 $\frac{C}{V}$인 관계가 있으며, 이 관계식을 굴절률 n이라고 하면 $n=\frac{C}{V}$가 된다.

여기서 굴절률 n_1을 가지는 매질을 전파한 빛이 굴절률 n_2의 매질에 부딪쳤을 때의 각도를 입사각 θ_1하고, 굴절률 n_2의 매질로 굴절되었을 때의 각도를 굴절각 θ_2했을 때 입사각 θ_1과 굴절각 θ_2와의 관계를 관계식으로 표현하면 다음과 같다.

$$\frac{n_1}{n_2}=\frac{\sin\theta_1}{\sin\theta_2}$$

위의 관계식을 스넬의 법칙(*Snell of Law*)이라 하며, 스넬의 법칙은 위에서 보다시피 빛이 서로 다른 매질의 경계면에 입사하여 통과할 때의 입사각과 굴절각의 관계를 표현한 법칙을 말한다.

따라서 광섬유에 대한 빛의 전파 원리는 스넬의 법칙을 이용하며, 매질 1의 굴절

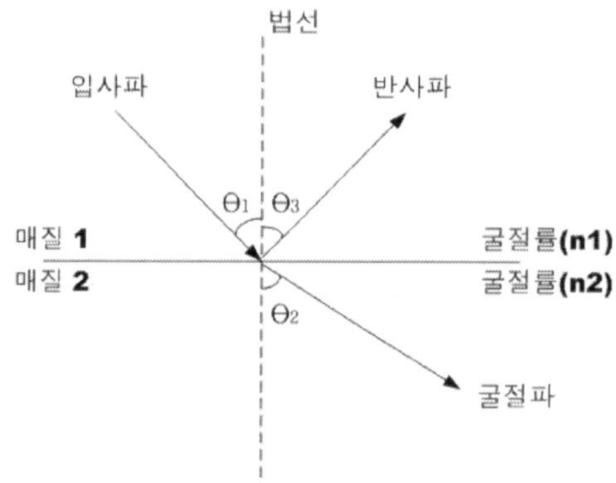

[그림 2-36] 스넬의 법칙

률 n_1이 매질 2의 굴절률 n_2보다 커야 한다. 그리고 빛이 큰 굴절률의 매질에서부터 낮은 굴절률의 매질로 입사되는 입사각이 작을 경우에는 굴절되는 파가 많아지고, 반대로 입사각이 클 경우에는 굴절파 보다 반사파가 많아진다.
그러므로 입사각이 어느 정도의 큰 각을 이루고 입사하게 되면 빛의 전반사가 일어나는데 이때의 입사각을 임계각이라 한다.
여기서 임계각(Critical Angle, θ_c)은 빛의 전반사가 일어나기 위한 빛(광)의 최소 입사각을 의미하며, 다음과 같은 관계식을 가진다.

$$\theta_c = \sin^{-1}\frac{n_2}{n_1} \quad \text{단}(n_1 > n_2)$$

결국 광통신은 보내려는 신호의 빛을 임계각과 같거나 크게 하여 굴절률이 높은 매질내로 입사광을 가두어 전반사가 일어나도록 해서 빛을 전파시키는 방법을 이용한다.

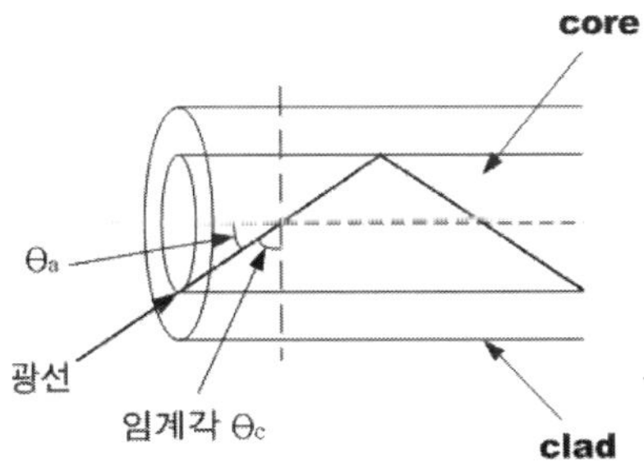

[그림 2-37] 광섬유 케이블의 전반사

③ 광섬유 파라미터(Parameter)

광섬유 파라미터는 광섬유의 특성 평가를 위한 방법으로 광전송에 중요한 의미를 갖는 굴절률에 관계되는 광학 파라미터와 광섬유의 구조를 나타내는 구조적 파라미터로 구분된다.
광학 파라미터에는 광섬유의 광의 입사상태를 나타내는 수광각과 개구수, 코어와 클래드 굴절률의 차이를 나타내는 비굴절률 차, 코어의 굴절률 분포상태를 나타내는 굴절률 분포계수와 규격화 주파수 등이 있으며 구조적 파라미터에는 코어와 클래드의 직경, 이상적인 동심원을 평가하는 비원율과 편 심율 등이 있다.

㉠ 광학 파라미터

ⓐ 수광각

광을 광섬유의 코어 내에 전달하기 위한 최대의 입사 각도로서 코어의 중심축을 수직축으로 하여 입사되는 빛과 수직축과의 각을 θ_a라고 했을 때 광의 입사각이 θ_a보다 작아야 하며, θ_a보다 클 경우에는 코어와 클래드의 경계면에서 굴절이 일어나 누설되는 광이 있을 수 있다.
따라서 수광각은 θ_a의 2배에 해당되는 각을 말한다.

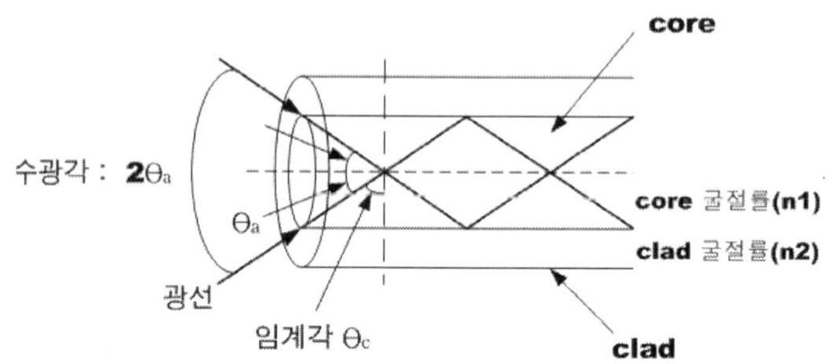

[그림 2-38] 최대 수광각

결국 광이 광섬유 코어 내를 전반사하려면 위의 그림과 같이 수광각 $2\theta_a$의 범위의 각도로 입사해야 하며, 광섬유로부터 출사되는 광 역시 수광각의 범위 내에 있어야 한다.
여기서 θ_a는 다음 식으로 구해지며, 최대 수광각 $2\theta_a$는 다음의 근사치 값을 얻어낼 수 있다.

$$\text{최대 입사각 } \theta_a = \sin^{-1}\sqrt{2\frac{n_1^2 - n_2^2}{n_1^2}}$$

$$\text{최대 수광각 } 2\theta_a = \sin^{-1}2n_1\sqrt{2\frac{n_1^2 - n_2^2}{n_1^2}}$$

ⓑ 개구수(Numerical Aperture)

개구수란 광학 렌즈의 성질을 나타내는 척도의 하나로서 렌즈에 평형 광선을 입사시키면 렌즈를 통과한 광은 하나의 초점으로 집광되는데, 이때 초점에서 렌즈의 중심까지의 각을 θ라 하면 이것의 정현 값을 개구수라 한다. 즉, 입사광에 대해 받아들일 수 있는 최대 수광각 으로서 광을 모을 수 있는 최대 능력을 나타낸다.

광섬유 내에 전반사 할 수 있는 광을 입사시키기 위해서 광섬유의 개구수와 같은 개구수의 렌즈를 사용하여 집광하여 코어내로 입사 시킬 수 있다.

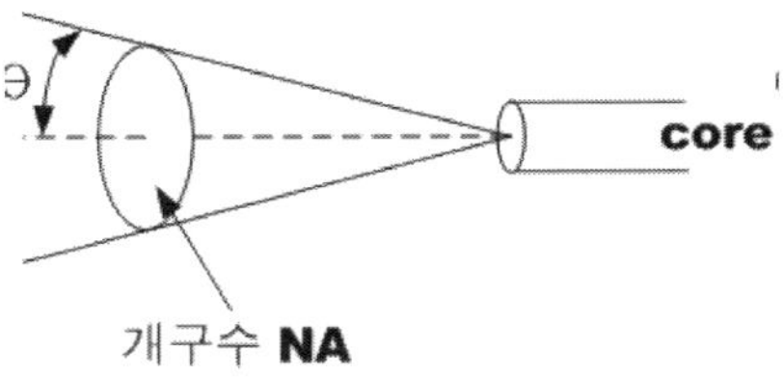

[그림 2-39] 개구수

광섬유에서 개구수는 NA로 나타내며 NA는 다음 식으로 표현된다.

$$NA = \sqrt{n_1^2 - n_2^2}$$

여기서 n_1 : 코어의 굴절률, n_2 : 클래드의 굴절률을 나타내며 이 값이 클수록 넓은 각도에서 광을 입사할 수 있어 작은 각도에서 광을 입사하는 것보다 많은 광을 광섬유의 코어내로 입사시킬 수 있다.

따라서 개구수(NA)는 광섬유의 수광 가능한 최대의 각을 표시하는 중요한 파라미터로서 다중 모드 광섬유의 전송대역과 밀접한 관련이 있으며 대표적으로 단일모드 광섬유의 경우 0.1정도의 값을 가지며, 다중모드 광섬유의 경우에는 0.18~0.3정도의 값을 가진다.

ⓒ 규격화 주파수(normalized frequency)

규격화 주파수는 광섬유가 단일모드 광섬유인지 다중모드 광섬유인지를 구별하는 요소로서 정규화 주파수 또는 V값(V-parameter 또는 parameter value)으로 불리며 다음 식으로 표현된다.

$$V = \beta\alpha\sqrt{n_1^2 - n_2^1}$$

여기서 β : 위상정수 $\frac{2\pi}{\lambda}$를 나타내며 $\lambda = \frac{c}{f}(c = 3\times10^8)$, a : 광섬유의 반지름을 나타낸다.

이 식에서 V값이 2.405보다 크면 다중모드 광섬유이고, V값이 2.405보다 작으면 단일모드 광섬유가 된다.

예를 들어 단일모드 광섬유의 코어 반경이 3[μm]이고 개구수(NA)가 0.1, 파장(λ)이 0.85[μm]의 단파장이라면 $V = 2.21$정도가 된다.

ⓓ 비 굴절률의 차(core-cladding index difference)

비 굴절률의 차는 코어(core)의 굴절률과 클래드(clad)의 굴절률의 차이 정도를 나타내는 파라미터로서 Δ로 표시하며, 다음 식으로 정의된다.

$$\Delta = \frac{n_1 - n_2}{n_1}$$

비 굴절률의 차는 일반적으로 1에 비하여 극히 작은 값이므로 보통 100배하여 [%]로 표시하며, 이 굴절률의 차가 크면 코어(core)의 굴절률이 크다는 의미가 되어 광을 코어(core)내에 전파하기 쉬워진다.

통상 코어(core)와 클래드(clad)의 굴절률은 1.5보다 조금 작은 값으로서 굴절률의 차는 0.01정도의 값을 가진다.

ⓛ 구조적 파라미터

ⓐ 코어 직경(내경)

코어의 직경(core diameter)은 광섬유에서 광을 전송할 때 광을 가두어 두는 코어의 크기를 나타내는 것으로, 광섬유의 안쪽 지름(내경)이라고도 부른다.

이상적인 광섬유에서의 코어 직경은 원의 지름으로 나타낼 수 있으나 실제의 광섬유에서는 코어의 직경을 정의하기는 어렵다.

일반적으로 [그림 6-11]과 같이 코어의 최소 내접원(d_{min})의 직경과 최대 내접원(d_{max})의 직경의 평균으로 나타낸다.

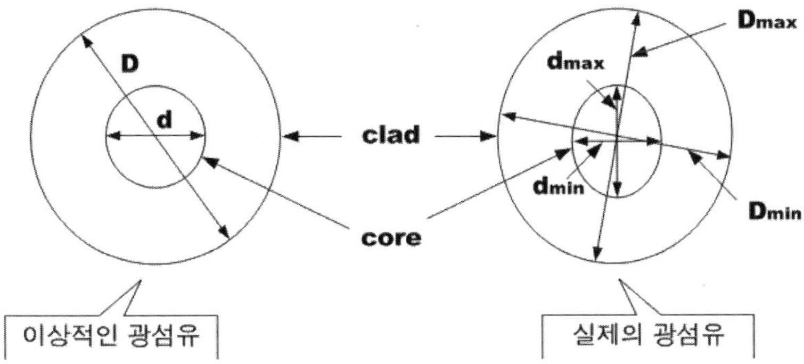

[그림 2-40] 광섬유의 단면 구조도

$$\text{코어의 직경} : d = \frac{d_{max} + d_{min}}{2}$$

ⓑ 클래드 직경(외경)

클래드의 직경(clad diameter)은 코어 내를 전반사하여 전파하는 광이 누설되지 않도록 코어를 감싸고 있는 클래드의 두께(굵기)를 나타내는 것으로 광섬유의 바깥지름(외경)이라고도 부른다. 코어의 직경과 같이 광섬유의 설계 및 접속특성을 평가하는데 중요한 파라미터로 사용된다.

$$\text{클래드의 직경(외경)} : D = \frac{D_{max} + D_{min}}{2}$$

ⓒ 비원률

실제의 광섬유의 코어 직경(내경)과 클래드의 직경(외경)이 이상적인 광섬유의 직경(완전한 원의 형태)으로부터 얼마만큼 벗어났는가를 나타내는 파라미터로서 코어의 비원률과 클래드의 비원률 이 있다.

$$\text{코어의 비원률} : e = \frac{d_{max} - d_{min}}{2} \times 100[\%]$$

$$\text{클래드의 비원률} : D = \frac{D_{max} - D_{min}}{2} \times 100[\%]$$

ⓓ 편심률

실제의 광섬유에서 코어 중심과 클래드 중심은 같은 점이 되지 않는데 이렇게 코어의 중심과 클래드의 중심축과의 차이를 편심률이라 한다.

$$\text{편심률} : \frac{c}{d} \times 100[\%]$$

여기서 c : 코어의 중심과 클래드 중심축과의 간격, d : 코어의 직경(내경)을 나타낸다.

④ 광섬유 케이블의 종류

㉠ 전송되는 모드에 따른 분류

ⓐ 단일 모드 광섬유(SMF : Single Mode Fiber)

단일 모드 광섬유는 광을 코어 내에 적당한 임계각으로 하나만 전파하는 광섬유로서 주로 광통신에서 백본용으로 사용되며 다음과 같은 전파특성을 갖는다.

- 하나의 모드로만 광을 전달할 수 있도록 제작된 케이블이다.
- 비교적 수십 km까지의 장거리 전송이 가능하고 전파 손실이 적게 발생한다.
- 고속 대용량 데이터 전송에 적합하다.
- 모드 간 분산이 없다.
- 코어의 직경이 9~10μm로 매우 작아 케이블의 제조 및 접속이 어렵고 고도의 기술이 필요하다.

ⓑ 다중 모드 광섬유(MMF : Multi Mode Fiber)

다중 모드 광섬유는 광을 코어 내에 2개 이상 전파하는 광섬유로서 단일모드 광섬유에 비해 전파속도가 느려 비교적 근거리 광통신용으로 사용된다.

- 코어 내에 전파하는 빛의 모드가 여러 개의 모드로 전달된다.
- 각각 모드간의 속도차로 인하여 속도가 느리고, 전파손실이 크다.

- 모드 간 분산이 존재한다.
- 근거리 전송에 사용된다.
- 코어의 직경이 60~85μm로 크기 때문에 케이블의 제조 및 접속이 용이하다.

ⓛ 굴절률에 따른 분류

ⓐ 계단 형 광섬유(SIF : Step Index Fiber)

계단 형 광섬유란 코어의 굴절률(n_1)과 클래드의 굴절률(n_2)의 차이가 코어와 클래드의 경계면에서 급격하게 변하는 형태의 광섬유를 말한다.

- 모드 분산에 의해 전송속도가 제한되며 전송 대역폭도 수십MHz으로 비교적 좁다.
- 주로 근거리 단파장용으로 사용된다.
- 제조가 용이하며 가격이 저렴하다.

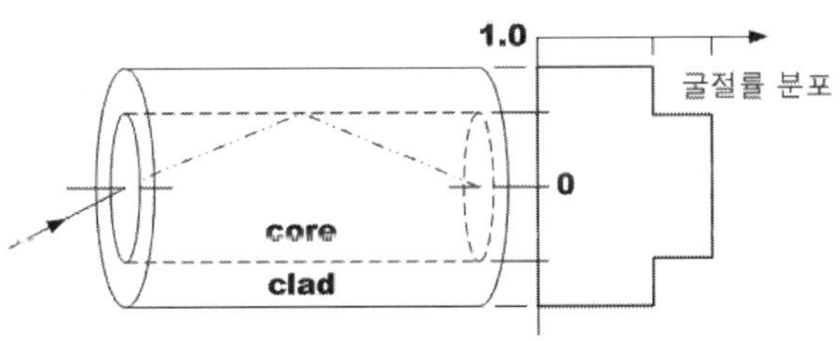

[그림 2-41] 계단 형 광섬유

ⓑ 언덕 형 광섬유(GIF : Graded Index Fiber)

언덕 형 광섬유란 코어 중심의 굴절률이 가장 크고 클래드 쪽으로 갈수록 굴절률이 완만하게 줄어드는 형태로서 굴절률 분포가 마치 언덕처럼 둥그스름하게 되어 있는 광섬유를 말한다.

- 모드 간 전파 속도차가 적어 모드 간 분산을 줄일 수 있다.
- 모드 분산이 적어 전송속도가 증가하고, 광대역 전송이 가능하다.
- 제조가 어렵고 가격이 비싸다.

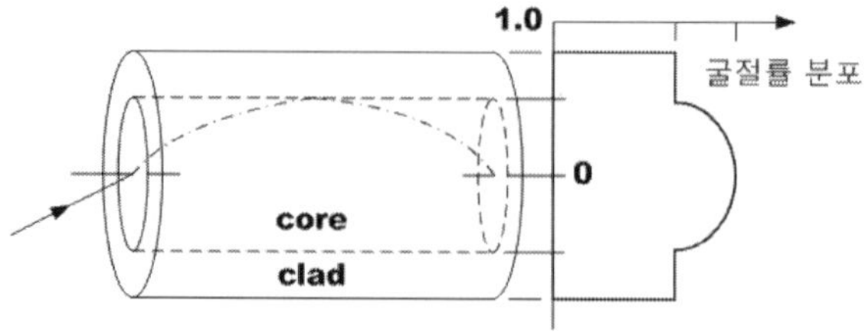

[그림 2-42] 언덕 형 광섬유

ⓒ 삼각 형 광섬유(TIF : Triangular Index Fiber)

언덕 형 광섬유는 제조상 고 정밀도의 제어가 요구되며 가격이 고가이어서 언덕 형과 비슷한 형태로 코어 중심의 굴절률이 가장 크고 클래드 쪽으로 갈수록 굴절률이 비례적으로 줄어드는 형태로서 굴절률 분포를 마치 삼각 형 형태로 만든 광섬유이다.

⑤ 광섬유의 분산과 전송 손실

㉠ 분산(Dispersion)

분산이란 광섬유에서 광을 전송하는 과정에 광의 속도 차로 인해 파가 퍼져 이웃하는 광 펄스에 서로 영향을 줌으로서 광섬유의 전송대역이 제한되는 현상으로 장거리를 지나면서 각각의 펄스들이 변형되고 폭이 증가되어 이웃하는 다른 광 펄스와 서로 겹쳐지게 된다. 이러한 현상은 수신 단에서 검출되는 신호의 에러를 증가시킴으로서 광섬유의 정보 전송용량을 제한하게 된다.

- 광 펄스가 퍼지면 신호 간구별이 어렵기 때문에 분산 특성은 손실과 더불어 광전송에 많은 영향을 미친다.
- 분산은 크게 모드 내 분산과 모드 간 분산이 있다. 이중에서 단일 모드 광섬유의 경우에는 전파하는 모드가 하나뿐이므로 모드 간 분산은 존재하지 않고, 다중 모드 광섬유는 주로 모드 간 분산이 문제가 된다.

ⓐ 모드 내 분산(색 분산)

광섬유의 코어 내에 입사하는 광은 인입 각도에 따라 서로 다른 거리를 이동하게 되고 따라서 파장이 서로 달라진다. 이렇게 파장에 따른 전파 속도 차에 의해서 생기는 분산으로 모든 광섬유에서 발생한다. 다른 말로는 색 분산 이라고도 부르며, 재료 분산과 구조 분산 등이 있다.

• 재료 분산

광섬유의 도파 로를 구성하는 재료의 불순물(Cu, Fe 등)로 인한 굴절률이 파장에 따라 변화함으로서 생기는 분산으로 예를 들어 굴절률 n이 파장에 따라 다른 경우 어떤 파장 폭을 가지는 광 펄스가 입사하면 광의 전파속도가 파장에 의해 달라지므로 도달 시간에 차가 생기고 파형이 벌이지게 된다.

• 도파로 분산(구조 분산)

광섬유의 구조 변화로 인하여 광이 광섬유 축과 이루는 각이 파장에 따라 변화하게 되면 실제 경로의 길이에도 변화가 생기게 되고 이에 따라 도착시간이 변화하게 됨으로써 생기는 분산

ⓑ 모드 간 분산

모드 간 분산은 다중모드 광섬유에서만 존재하는 분산으로 다중 모드 광섬유에서 각 모드의 전파 경로가 달라져 수신 단에서 도달되는 시간이 다름에 의해 발생되는 현상으로 모드사이의 진파 속도 차에 의해서 생기는 분산이다.

다중모드에서는 나타나는 주된 분산으로 언덕 형 광섬유를 사용하여 모드 간 분산 현상을 줄일 수 있다.

㉡ 전송 손실

광섬유로 전파되는 광은 도파로의 불균일성, 마이크로 밴딩 등 구조적 불안정에 의한 구조 손실과 산란, 흡수 등 재료 손실이 있다.

ⓐ 구조 손실

• 구조 불안전에 의한 손실

코어와 클래드의 경계면의 미소한 구조상의 변동이나 광섬유 내의 광 도파로 구조의 불 균일에 의해서 생기는 손실

• 마이크로 밴딩(micro bending) 손실

광섬유 제조 후 광섬유의 측면에 불균일한 압력이 가해졌을 때 광섬유의 축이 미세하게 구부러지기 때문에 생기는 손실

ⓑ 재료 손실

• 산란손실

입사되는 광의 파장보다 미소한 굴절률의 흔들림에 의해 일어나는 Rayleigh산란과 물질에 일정한 주파수의 광을 주사한 경우 분자의 고유한 진동이나 결정의 격자 진동 에너지만큼 벗어난 주파수의 빛이 산란되는 Raman산란, 재료의 구조적 불완전성 때문에 생기는 Brillouin산란 등이 있다.

• 흡수 손실

광섬유에 포함된 철, 구리, 코발트, 망간 등과 같은 불순물에 의해 일어나는 손실로 광 출력이 광섬유 내에서 일부 열로 유실되는 현상이다.

• 회선 손실

광섬유를 영구 접속 또는 임시 접속으로 연결 시 발생하는 접속손실과 광원과 광섬유 결합 시 발생하는 결합손실이 있다.

⑥ 광섬유의 특징

㉠ 장 점

ⓐ 가요성 : 광 섬유의 주재료는 유리이지만 플라스틱성분을 첨가하여 유연성을 가미하였다.

ⓑ 무 도성 : 광 통신은 빛을 이용함으로 주변 장치의 전기적 신호에 대해 전혀 영향을 받지 않는다.

ⓒ 광 대역성 : 넓은 주파수 범위의 신호를 전송한다.

ⓓ 고속성 : 기존의 구리선을 사용하는 전송로보다 데이터 손실이 적고 전송속도가 빠르다.

ⓔ 경제성 : 광 섬유의 주재료인 유리는 자원이 풍부하여 제조 단가를 낮출 수 있어 경제적이다.

ⓕ 세경성 : 미세 가공이 가능하므로 적은 부피로 많은 회선구성이 가능하다.

ⓖ 경량성 : 비교적 가볍다.

㉡ 단 점

ⓐ 미세가공으로 인해 제조가 어렵고 유지, 보수비용이 많이 든다.

ⓑ 회선의 접속이 어렵고, 케이블의 복구 시간이 많이 들며 접속 장비 또한 고가이다.

ⓒ 광섬유에서만 존재하는 분산현상으로 인해 많은 제약을 받는다.

ⓓ 비 전도체로 중계기에 전원 공급을 위한 별도의 급전선이 필요하다.

ⓔ 충격에 약하고, 전송 장애가 발생할 경우 전체 회선에 영향을 줄 수 있다.

ⓕ 입/출력 단에 전기를 광으로 광을 전기신호로 변환시켜 주는 장치가 따로 필요하다.

⑥ 광통신 시스템

광통신이란 레이저 빛을 광섬유를 통해 전반사의 원리를 이용하여 정보를 주고받는 통신방식을 광통신이라 한다.

㉠ 광통신 시스템 구성도

송신하고자 하는 음성 및 영상 등을 우선 전기신호로 바꾸고 이 전기 신호를 발광 소자(LD, LED 등)의 발광 강도를 변화시켜 이를 광섬유에 의해 보다 멀리 전송하고, 수신 측에서는 이 광의 세기를 광 검출기(수광 소자 : PD, APD 등)에 의해 검출하고 다시 전기 신호로 변환하여 송신측과 같은 음성 및 영상을 얻는다.

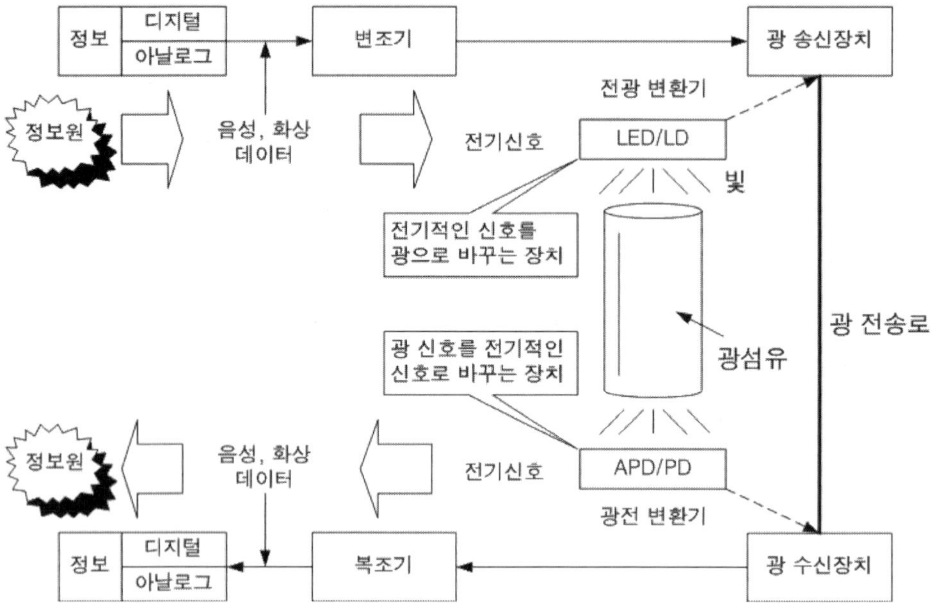

[그림 2-43] 광통신의 기본 구성도

ⓛ 광원과 광 검출기

ⓐ 광원(발광 소자)

전기 신호를 광신호로 변환시켜 주는 전광소자로서 발광다이오드(LED)와 레이저 다이오드(LD)가 있다.

- 발광 다이오드(LED : Light Emitting Diode)

  위상이 무질서한 incoherent 광으로 자연 방출을 이용한 것으로 저속 전송(100Mbps 이하)에 사용된다.

  LED는 값이 싸고 넓은 온도 범위에서 동작하며, 수명도 길다.

- 레이저 다이오드(LD : Laser Diode)

  반도체의 유도 방출을 이용한 coherent 광으로 LED보다 구조가 복잡하나 더욱 고속 데이터 전송(Gbps)에 사용된다.

  광섬유에서 대부분 근거리인 경우에는 850-nmLED 광원을 사용하고, 조금 더 먼 거리에서는 1300-nmLED, 1500-nmLED등이 사용된다.

ⓑ 광 검출기(수광 소자)

광 신호를 전기 신호로 변환시켜 주는 광전소자로서 PD와 레이저 APD등이 있다.

- PD(Photo Diode)

  값이 저렴하고 소 용량 및 저속의 간단한 시스템에 적합하며, S/N비가 낮고 출력 전력도 낮아 증배 작용이 없다.

- APD(Avalanche Photo Diode)

  높은 바이어스 전압이 필요하지만 avalanche 증배에 의해 큰 출력을 얻을 수 있고, S/N비를 향상시킬 수 있어 장거리 및 대용량 고속 광전송에 적합하다.

㉢ 광변조 방식

ⓐ 광변조 방식

- IM(Intensity Modulation)

  전송하고자 하는 정보 신호를 부호화하여 1과 0의 Digital 전기 펄스를 만든 다음 이것에 따라 광원을 On/Off 하여 광 펄스를 전송하는 방식으로 incoherent 방식이라고도 부른다.

- coherent 방식

  광의 강약에 의해 신호를 전송하는 것이 아니고, 일반적인 전파와 같이 전송하고자 하는 정보신호에 따라 광파의 위상이나 주파수를 변화시켜 신호를 전송하는 방식

ⓑ 광 검출 방식

광 신호를 검출하는 방식으로는 광 신호의 크기를 직접 검출하는 DD(Direct Detection)방식을 사용한다.

현재 우리나라에서는 광변조 및 광 검출방식으로 IM/DD방식이 이용되고 있다.

(3) 무선 전송매체

무선 전송매체는 공중(공기), 해수면(물)등과 같은 매체를 통하여 정보를 전송하는 방법으로 단순히 무선 전송이라고도 부른다.

무선 전송매체는 사용하는 주파수 대역에 따라 VLF(Very Low Frequency), LF(LOW F), MF(Medium), HF(High), VHF(Very High), UHF(Ultra High), EHF(Extreme High)등으로 분류할 수 있으며, 통신방식에 따라서는 지상 마이크로파 통신, 위성 마이크로파 통신, 이동 통신 등이 있다.

1) 사용하는 주파수 대역에 따른 분류

명 칭	약 어	주파수 대역	자유 공간에서의 파장
초장파(Very Low Frequency)	VLF	3KHz~30KHz	10km - 1km
장파(Low Frequency)	LF	30KHz~300KHz	1km - 100m
중파(Medium Frequency)	MF	300KHz~3MHz	100m - 10m
단파(High Frequency)	HF	3MHz~30MHz	10m - 1m
초단파(Very High Frequency)	VHF	30MHz~300MHz	1m - 100cm
극초단파(Ultra High Frequency)	UHF	300MHz~3GHz	100cm - 10cm
초고주파(Super High Frequency)	SHF	3GHz~30GHz	10cm - 1cm
밀리미터파(Extremely High Frequency)	EHF	30GHz~300GHz	1cm - 10mm

이중에서 UHF와 SHF사이의 주파수대역(1GHz~30GHz)을 마이크로파라고 부르며, 실제 마이크로웨이브 통신방식에서 사용되어지고 있다.

2) 지상 마이크로웨이브 통신(Terrestrial Microwave)

마이크로웨이브(M/W : Microwave)통신이란 1GHz~30GHz의 UHF와 SHF사이의 주파수 대역을 이용하여 주로 가시거리 통신을 수행하는 통신방식이다.

FDM/FM에 의한 아날로그 전송방식이나 TDM/QPSK 또는 TDM/QAM에 의한 디지털 전송방식으로 운영되고 있으며, 하나의 무선 회선을 이용하여 수백~수천 개의 채널을 전송할 수 있어 장거리 전화, TV 신호 중계, 레이더 및 고속 데이터 통신 등에 많이 이용되고 있다.

① 지상 마이크로웨이브 통신 방식의 특징

마이크로웨이브 통신은 마이크로파 주파수 대역을 사용하므로 일반적으로 파장이 짧고 직진성이 좋으나 반사, 굴절, 간섭 등의 성질이 빛과 유사하여 건물이나 산과 같은 장애물이나 나쁜 기후조건에 영향을 많이 받을 수 있다. 하지만 장애물이 없는 지역에서는 지구 대기를 통해서 50km를 초과하는 거리에도 신뢰성 있는 통신이 가능하다. 따라서 전파통로 상의 장애물이 없는 직통 중계가 가능한 지역에서 많은 이점을 가지며, 다음과 같은 특징이 있다.

㉠ 일반적으로 접시 형 안테나(바라볼라 안테나)를 사용하며 장애물이 없는 직통 중계가 가능하여야 하므로 주로 높은 지역에 중계기를 위치한다.

㉡ 장거리 통신 서비스에 대해 신뢰성 높은 데이터 전송률을 제공하며, TV신호 중계 시 동축 케이블 대용으로 사용할 수 있다.

㉢ 동축 케이블에 비해 훨씬 적은 증폭기와 Repeater가 필요하며, 지구 대기를 통한 가시거리 통신은 50km초과하여 통신이 가능하다.

㉣ 높은 구조물이나 산과 같은 장애물, 기상 변화에 영향을 받는다.

② 지상 마이크로웨이브 중계 방식

지상 마이크로웨이브 통신의 중계방식으로는 직접 중계 방식, 헤테로다인 중계방식, 검파중계 방식, 무 급전 중계방식 등이 있다.

㉠ 직접 중계 방식

직접 중계방식이란 수신한 M/W 전파를 단순히 그대로 증폭한 다음 다시 송신하여 중계하는 방식으로 중계소에서 검파 조작을 하지 않으므로 장치가 간단하고 가격이 저렴한 반면 전파 손실 보상 및 잡음 방지기능이 없어 원거리 전송에 부적합 하며, 통화로의 삽입 및 분기가 곤란하다는 단점이 있다.

㉡ 헤테로다인 중계 방식

수신한 M/W 전파를 일단 증폭하기 쉬운 중간 주파수(IF)대로 변환하여 중간 주파수 증폭기로 필요한 만큼 증폭한 후 다시 M/W 전파로 변환하여 다음 중계기나 수신기로 송신하여 중계하는 방식으로 중계기에서 변복조를 하지 않기 때문에 변복조에 의한 특성의 열화가 적어 중계기가 많은 장거리 무선 통신에 많이 사용된다.

ⓐ 통화로의 삽입 및 분기가 어렵다.

ⓑ 변복조 장치가 부가되어 있지 않으므로 특성 열화(변복조에 의한 신호 파형 변형)가 생기지 않고 장치 구조가 간단하다.

ⓒ 동일한 중간 주파수를 사용하면 다른 회선과도 접속이 가능하다.

ⓔ 장거리 전송이 가능하다.

㉢ 검파중계 방식

수신한 M/W 전파를 한번 복조하여 원 신호로 회복시킨 후 에러를 수정하고 신호를 증폭하여 다시 변조 된 M/W 전파로 바꾸어 송신하는 중계방식으로 증폭은 다른 중계방식에 비해 쉬우나 변복조 과정에서 원 신호 파형의 변형이 생겨 중계소가 많은 장거리 전송에는 부적합하다.

ⓐ 통화로의 삽입 및 분기가 간단하다.

ⓑ 변복조 장치가 부가되어 있어 구조가 복잡하고, 변복조에 따른 신호파형 변형이 생긴다.

ⓒ 근거리 통신에 사용된다.

㉣ 무 급전 중계방식

무 급전 중계방식이란 금속판이나 급속 망과 같은 반사판을 이용하여 M/W전파의 진행 방향을 변경시켜 중계하는 방식으로 중계소간 거리가 그다지 멀지 않은 구간에서 사용된다.

ⓐ 중계소간 거리가 가까울수록, 반사판의 크기가 클수록 손실이 적다.

ⓑ 반사 각도가 직각에 가까울수록 손실이 적다.

ⓒ 전파 경감시키기 위해 송 · 수신 안테나의 이득은 크게, 송 · 수신 거리는 짧게 하고 반사각은 직각에 가깝게 한다.

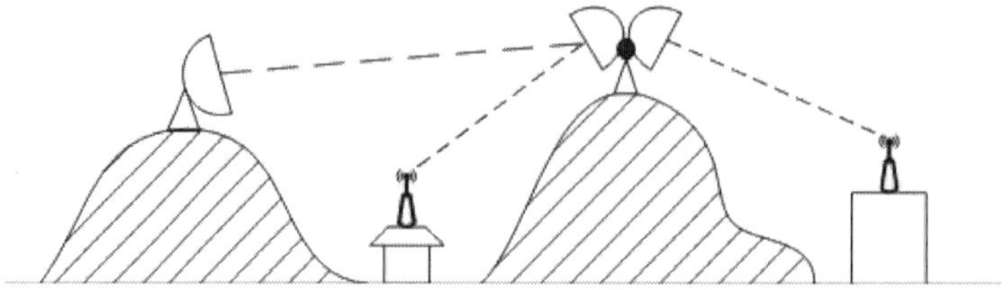

[그림 2-44] 무 급전 중계 방식

③ 지상 마이크로웨이브의 특징

㉠ 지향성과 이득이 큰 안테나를 소형으로 만들 수 있다.

㉡ 반송파의 주파수가 높아 광대역 고속 전송이 가능하다.

㉢ 주파수대역이 높아 외부 잡음의 영향이 적어 잡음 특성이 양호하고 S/N비를 크게 할 수 있다.

㉣ 전파 손실이 적으며 안정된 전파 특성을 가진다.

㉤ 회선 구성에 융통성이 있고, 회선 건설 기간이 짧다.

㉥ PTP(Point To Point)통신이 가능하다.

㉦ 유지보수에 어려움이 있다.

㉧ 무선통신방식이므로 보안에 취약하다.

㉨ 비, 구름, 안개등에 의해 전파가 흡수 감쇠되거나 산란되기 때문에 기상상태에 따라 전송 품질이 변한다.

㉩ 수신측에 불필요한 전파가 유입되어 원하는 신호의 수신을 방해하는 간섭현상이 발생할 수 있다.

㉪ 장거리 통신을 하기 위해서는 중계기가 많이 소요되어 비용이 증가된다.

2.5 펄스 변조 방식

(1) PAM(Pulse Amplitude Modulation : 펄스 진폭 변조)

반복주기가 일정한 펄스의 진폭을 신호 파에 대응시켜서 변화시키는 변조 방식으로 변조와 검파가 간단한 이점이 있으나 비 직선 변형을 쉽게 일으키고 잡음이나 페이딩의 영향을 받기가 쉬운 단점이 있다.

(2) PFM(Pulse Frequency Modulation : 펄스 주파수 변조)

신호파의 레벨에 맞추어 펄스의 반복 주파수를 변화시키는 변조 방식으로 보통 FM변조 방식과 같이 신호파의 +, −에 따라 펄스 파를 소와 밀로 표현한다.

(3) PWM(Pulse Width Modulation : 펄스 폭 변조)

펄스의 진폭과 주기는 일정하나 펄스의 폭을 신호 파에 대응해서 변화시키는 방식이다. 수신측에 리미터 사용이 가능해서 페이딩이나 잡음 등에 영향을 제거 할 수 있는 장점이 있으나 전력소모가 크다는 단점으로 일반적으로는 통신에 많이 사용되지 않는다.

(4) PPM(Pulse Position Modulation : 펄스 위치 변조)

펄스의 진폭은 일정하고 펄스의 위치를 신호 파에 대응시켜서 변화시키는 방식이다. 수신측에 리미터 사용이 가능하기 때문에 PAM에 비해서 S/N비가 개선되고, PWM 방식과 비교해서 전력소모가 적다.

(5) PCM(Pulse Code Modulation : 펄스 부호 변조)

음성정보와 같은 Analog신호를 Digital신호인 Pulse Code로 변환하여 전송하고, 수신 단에서는 전송된 Digital 신호를 다시 음성정보와 같은 Analog신호로 되돌리는 방식이다.

Analog신호가 Digital신호로 변환되기 위해서는 표본화(Sampling), 압축(Compression), 양자화(quantization), 부호화(Encoding)과정을 거치게 되는데 그 중 **표본화**, **양자화**, **부호화**를 PCM의 3단계라 부른다.

[송신기]

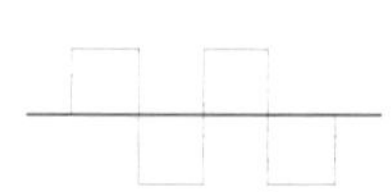

디지털 전송로

디지털 전송로를 통해 원거리 전송을 행한다.

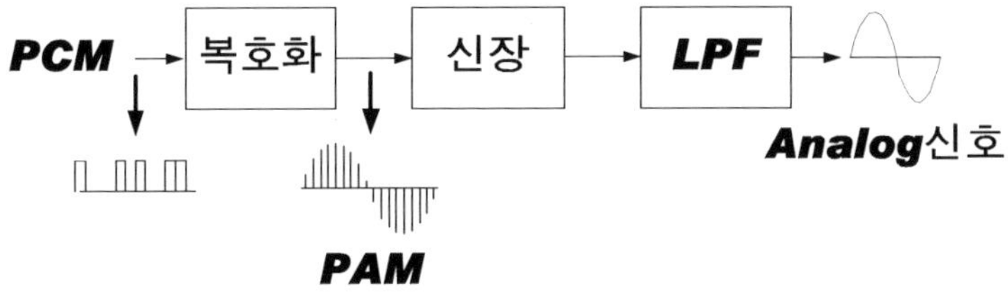

수신기

[그림 2-45] PCM 구성도

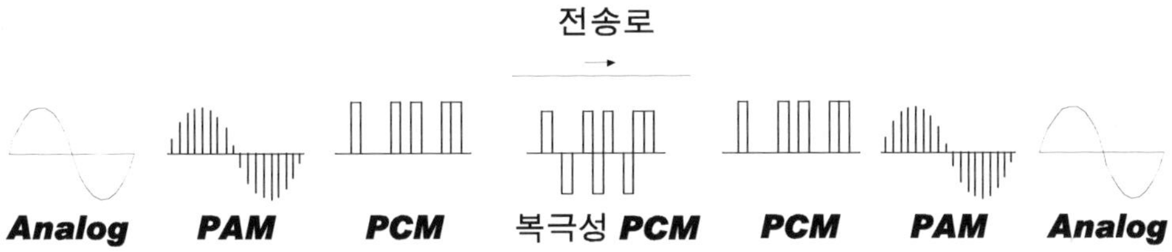

[그림 2-46] PCM방식의 신호 형태

PCM은 위의 그림[2-45]과 그림[2-46]에 보는 바와 같이 송신기에 입력되는 Analog신호를 LPF(Low Pass Filter)를 거쳐서 잡음을 억제하고, 표본화 과정을 거치 PAM신호를 만들게 된다.

이렇게 만들어진 PAM파는 양자화 과정을 거쳐 계단형태의 근사파형을 생성하고, 부호화 과정을 거쳐서 완전한 2진 부호 형태의 Digital Pulse Code로 생성한다.

이렇게 만들어진 Digital Pulse Code는 오차가 적은 그레이(Gray)코드로 변환하여 Digital 전송로를 통해 원거리 전송하고, 수신측에서는 전송된 PCM신호를 복호화 하여 원래의 신호인 Analog신호를 얻어낸다.

1) 표본화(Sampling)

표본화는 연속적으로 변화하는 아날로그 신호의 파형을 일정 주기의 펄스파의 진폭으로 대표시키는 과정으로 입력신호를 대표 할 수 있는 대표 값을 뽑아내는 과정을 말한다.

다음 [그림 2-47] 표본화 파형을 참고하기 바란다.

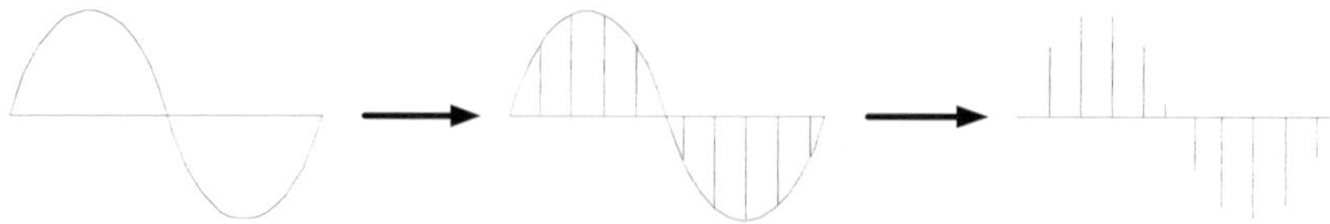

[그림 2-47] 표본화 파형

① **표본화 정리(Sampling 이론)**

특정 신호가 가지고 있는 최고 주파수(f_m)으로 대역 제한된 신호 $f(t)$가 있을 때 이 $f(t)$신호를 $T_s(T_s \le \frac{1}{2f_m})$초 간격으로 발췌하여 전송하여도 원래의 신호 $f(t)$가 가지고 있는 정보 전달에는 이상이 없으며 주어진 원래의 신호를 정확히 복원할 수 있다는 이론이다.

이 이론은 Nyquist에 의해서 정리되었다 하여 Nyquist 이론이라고도 부른다.

예를 들어 음성 신호는 300Hz~3,400Hz의 주파수 대역을 가지고 있다. 여기서 $f(t)$ 신호는 음성이 되고 최고 주파수(f_m)는 3,400Hz가 된다.

T_s는 Sampling 주기 또는 Nyquist 주기라고 부르며 2배의 f_m분의 1로서 구할 수 있다.

즉 $T_s \le \frac{1}{2f_m}$ 되고, 여기서 $2f_m$은 Sampling 주파수 또는 Nyquist 주파수라 하고 f_s라 표현한다면 $f_s \ge 2f_m$ 되어야 한다. 결국 음성의 경우 $f(t)$=음성, f_m= 3,400Hz가 되고 $f_s \geqq 2\times 3,400\text{Hz} = 6,800\text{Hz}$, $T_s \le \frac{1}{2f_m} = 1/6,800\text{Hz} = 147$ [μs]이므로 대표 값은 최소 147μs 간격으로 발췌하고, 1초 당 sampling은 6,800번 이상 되어야 주어진 원래의 음성신호를 정확히 복원할 수 있다는 의미이다. 하지만 실제 음성신호의 sampling 주파수(f_s)는 8,000Hz를 사용하고 있으며 sampling 주기(T_s)는 125μs($T_s = 1/8,000\text{Hz}$)간격으로 sampling한다.

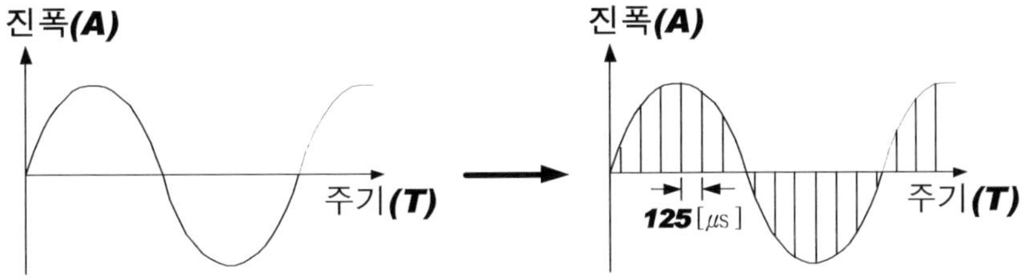

[그림 2-48] sampling 파형

② **표본화 오차**

원래의 신호를 일정한 간격으로 대표 값을 뽑아내는 과정에서 정확히 sampling 되지 않고 약간의 오차가 발생할 수 있다. 이러한 오차를 표본화 단계에서 발생한 오차라 하여 표본화 오차라 한다.

그렇다면 표본화 오차에는 어떤 것들이 있는지 알아보자.

㉠ Aliasing(엘리어싱)오차

아날로그 신호를 T_s간격으로 표본화 할 때 spectrum이 겹쳐져서 발생하는 오차(잡음)으로 f_s가 Nyquist 주파수 $2f_m$보다 작은 경우에 발생한다.

즉 표본화 정리에서 $f_s \geq 2f_m$이 되어야 하는데 이 조건을 만족하지 않아 Nyquist 주기(T_s)의 간격이 넓어져서 spectrum이 중첩되어 원래의 spectrum에 왜곡이 생기는 현상을 말한다.

만약 $\frac{2\pi}{T_s}$간격이 넓으면 상관없지만. $\frac{2\pi}{T_s}$간격이 좁으면 impulse함수 간의 spectrum이 겹치는 현상이 생기게 되고, 따라서 파를 따로 Filtering하는데 있어서 파의 왜곡이 생기게 된다.

이러한 오차(잡음)을 Aliasing(엘리어싱)이라 한다.

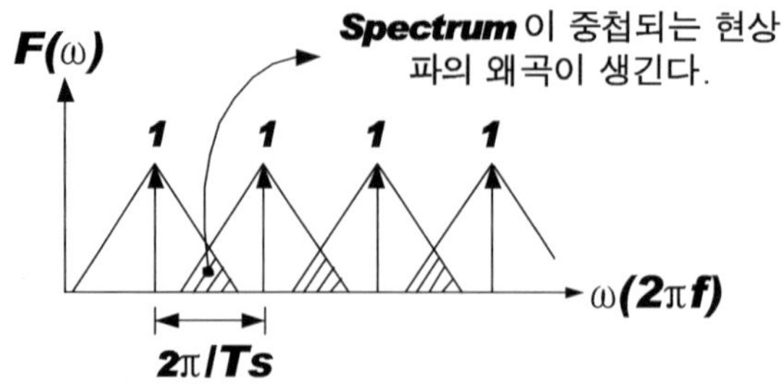

[그림 2-49] Aliasing(엘리어싱)현상

㉡ 절단오차

표본화의 전제조건은 표본 값이 무한한 시간에 걸쳐 발생하나 실제 system에서 취급하는 신호는 유한한 것이기 때문에 생기는 오차를 말한다.

㉢ 반올림 오차

연속적인 신호를 표본화를 통해 PAM신호로 만드는 과정에서 생기는 오차로서 표본화를 하기 위해 impulse함수를 이용하여 순간적으로 뽑아내면(순시 표본화라 한다) 아주 이상적인 PAM파를 만들 수 있다. 하지만 실제로 가장 이상적인 impulse를 함수를 만들 수 없으므로 가장 이상적인 PAM파는 이론상만 존재한다.

그래서 순간적으로 impulse함수를 발생시킨 다음 파의 끝에서 한동안 Hold시켜 impulse함수가 일정 주기를 갖도록 하는 flat top 방식이 실제로 사용되고 있다.

flat top방식을 이용할 경우 sampling된 파의 진폭을 일정시간 Hold시켜 일반적인 Digital Pulse파형과 비슷하게 만들게 되는데 이때 발생되는 오차를 반올림 오차라 한다.

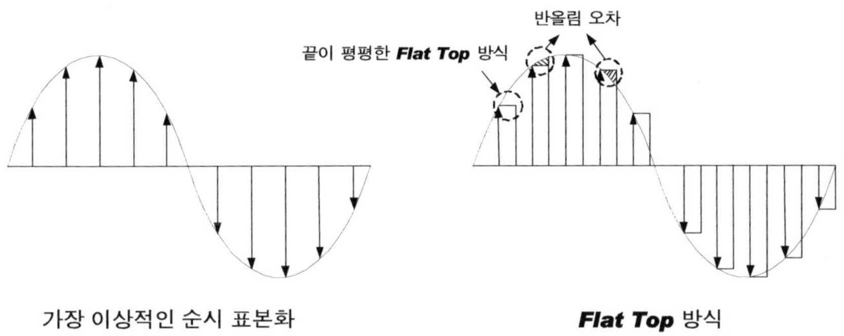

[그림 2-50] 반올림 오차

이러한 반올림 오차는 표본화 하는 과정에서 어쩔 수 없이 발생하는 오차(잡음)로써 이 잡음을 방지하기 위해서는 impulse함수를 가한 후 Hold시키지 않고 자연스럽게 원래의 입력신호를 따라가게 하는 Natural방식을 이용 할 수 있으나, 시스템 구성이 복잡해지고 고도의 기술이 요구된다.
이러한 방식을 이용해서 표본화 과정을 거치게 되면 PAM파가 생성된다.

2) 양자화(Quantization)

PCM과정의 표본화 단계를 통해 발생된 PAM파의 진폭을 이산적 신호인 디지털 양으로 변환하기 위하여 계단 모양의 양자화 레벨(2^n)에 근사화 시키는 과정으로서 PAM파의 진폭의 최저 레벨과 최고 레벨 사이를 양자화 레벨(2^n)로 등분하여 계단 모양의 근사파형으로 만드는 과정을 말한다.

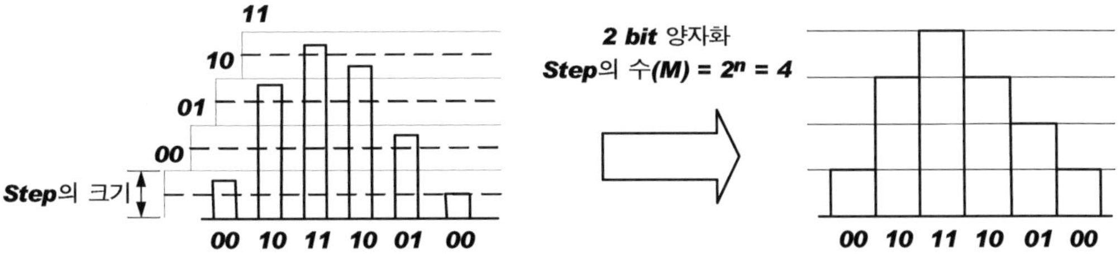

[그림 2-51] 양자화 파형

여기서 양자화 레벨(2^n)은 계단 모양의 근사파형에서 Step의 수를 의미하며, n은 양자화 시 사용되는 bit수를 말한다.

양자화 스텝(Step) 수(M)=2^n (n : 양자화 시 사용된 bit 수)

예를 들어 [그림 2-11]에서 보면 양자화 스텝(Step)의 수 즉 계단의 수는 $2^n = 4$가 되고, n이 양자화 시 사용된 bit수 이므로 2bit 양자화 한 셈이다.

① 양자화 방법

㉠ 선형 양자화(Linear Quantization)

입력되는 신호의 크기에 관계없이 양자화 스텝의 크기를 항상 일정하게 양자화 하는 방식으로 입력신호의 크기가 일정한 경우에 사용하는 방식이다.

㉡ 비선형 양자화(Non-Linear Quantization)

입력되는 신호의 크기에 따라서 양자화 스텝의 크기를 달리하는 방식으로 입력 신호의 진폭이 큰 경우에는 스텝의 크기를 크게 하고, 진폭이 작은 경우에는 스텝의 크기를 작게 하여 전 입력 신호에 걸쳐 신호 대 잡음비(S/N)를 균일하게 할 수 있는 방식이다.

② 양자화 오차

양자화 오차는 표본화 과정을 거쳐 나온 PAM파의 진폭을 양자화 레벨(2^n)에 근사화 시키는 과정에서 PAM의 진폭의 크기가 특정 양자화 레벨에 근접하지 않을 경우 약간의 오차가 발생할 수 있는데, 이 때 발생하는 오차를 양자화 오차라 한다.

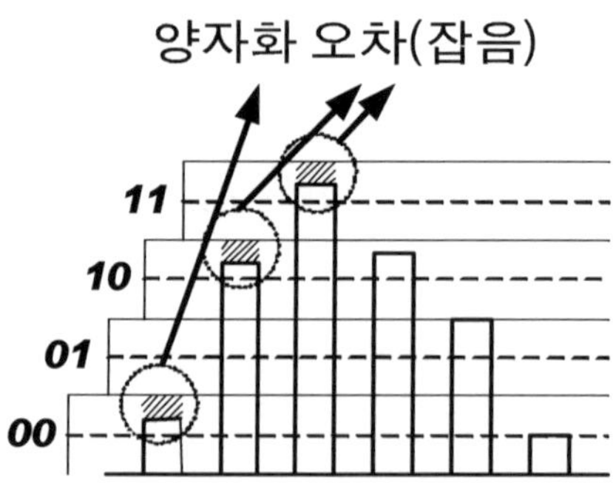

[그림 2-52] 양자화 오차

※ 양자화 시 생기는 오차를 줄이는 방법(잡음 개선책)

㉠ 양자화 시 스텝(Step)의 수를 증가시킨다.

단순히 생각하면 양자화 시 사용되는 bit수를 늘려서 스텝(Step)의 수를 늘리면 그만큼 오차를 줄일 수 있다. 하지만 양자화 시 사용되는 bit수를 늘리게 되면 전송해야할 정보량이 많아져서 효율적이지 못하다.

그러므로 양자화 시 사용할 bit의 수는 입력되는 신호에 맞게 적절히 지정되어야 한다.

예를 들어 음성신호를 3bit에서 4bit로 양자화 하면 양자화 잡음이 반(1/2)로 감소된다.

㉡ 비선형 양자화를 한다.

㉢ 양자화 전단에 압신 기를 사용한다.

양자화 잡음과 양자화 step수와의 관계를 알아보기 위해 양자화 잡음을 전력으로 표시하면 양자화잡음전력$(P)=\dfrac{S^2}{12}$ 가 된다. 여기서 S는 스텝(step)의 크기를 나타내며, ΔV로도 표시한다.

$$P=\frac{S^2}{12}=\frac{(\Delta V)^2}{12}$$

위의 양자화 잡음 전력 공식에서도 볼 수 있듯이 양자화 잡음은 step의 크기의 제곱에 비례하다는 것을 알 수 있다. 반대로 스텝(step)의 크기를 작게 하면 양자화 잡음도 적어진다. 그러므로 양자화 시 사용되는 bit수를 늘리면 스텝(step)의 간격은 줄어들게 되고, 결국 양자화 시 발생하는 잡음을 줄일 수 있는 것이다.

실제로 양자화시 사용되는 bit수를 한 bit씩 증가시킬 때 마다 S/N비는 약 6[dB]씩 개선된다.

3) 부호화(Encoding)

양자화를 거쳐 나온 0과 1의 부호 열 신호를 전송로 상에 보내기 알맞은 Digital Pulse부호로 바꾸는 과정으로 오차가 적은 그레이 코드(Gray Code)를 이용한다.

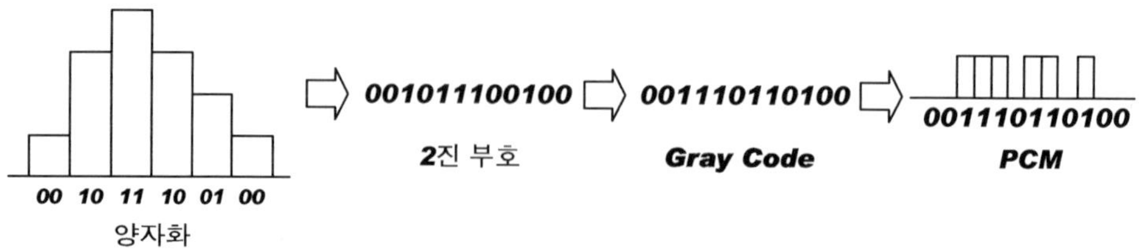

[그림 2-53] 부호화 과정

부호화 과정을 거쳐서 나온 Digital 신호는 전송로를 따라 목적지로 전달된다.

한편 수신측에서는 수신된 Digital 신호를 부호화의 반대 과정인 복호화 과정을 거쳐 PAM펄스로 만들고, 다시 아날로그 신호로 재생시킨 후 LPF(Low Pass Filter)를 거쳐서 원래의 신호로 복원 시킨다.

4) 디지털 중계기의 3R 기능

PCM전송에 있어서 전송로 상에는 Digital Pulse 부호 열이 전송되는데, 이렇게 전달된 신호는 전송로상의 각종 잡음, 감쇠, 누화, Jitter(위상의 흔들림)등으로 인하여 전송되는 신호에 손상을 입히게 되는데, 신호가 심한 손상을 받기 전에 일정한 간격으로 중계기를 설치하여 신호를 원래의 Digital Pulse파형으로 재생시킴으로서 송신측에서 송출된 최초의 파형을 그대로 목적지까지 전송할 수 있게 된다. 이렇게 전송로 상에는 감쇠와 여러 가지 잡음들이 존재하는데 이러한 잡음들을 제거하기 위하여 일정 거리마다 중계기를 두게 되는데, 아날로그 전송로에는 아날로그 중계기를 디지털 전송로에는 디지털 중계기가 사용된다.

그럼 아날로그 중계기와 디지털 중계기의 차이점을 고려하면, 아날로그 중계기는 약해진 신호를 증폭, 중계만을 하는데 반해 디지털 중계기는 신호의 증폭, 중계뿐만 아니라 파형을 재생시키는 역할도 담당한다.

즉, 아날로그 중계기에 없는 재생기능이 존재하는데, 재생기능에는 파형재생(Reshaping), 식별재생(Regeneration), 타이밍 재생(Retiming)재생 등이 있다.

이렇게 3가지 재생기능이 모두 영문자 R로 시작한다고 하여 3R 기능이라고도 한다.

① 재생기능(3R 기능)

㉠ 파형 재생(Reshaping)

각종 잡음과 감쇠에 의해서 왜곡된 파형을 다시 재생시켜주는 기능을 제공한다.

ⓛ 식별 재생(Regeneration)

송신된 Digital Pulse 신호의 0과 1을 식별하여 송신 신호와 같은 크기로 증폭, 재생하는 기능

ⓒ 타이밍 재생(Retiming)

전송되는 신호의 bit 구분을 명확히 하기 위한 동작으로서 전송되는 디지털 신호로부터 clock을 추출한 후 다시 타이밍 파를 만들어 신호의 위상을 재생하는 위상재생을 말한다.

만일에 신호의 동기가 맞지 않으면 bit열의 구분이 명확하지 않아 타이밍이 맞지 않게 되고 이런 현상이 누적되면 펄스열의 왜곡으로 타이밍회로의 동조가 부정확하여 위상의 흐트러짐이 생겨 잡음이 발생하는데 이를 **타이밍 편차 또는 Jitter잡음**이라 한다.

이렇게 디지털 신호가 전송되는 디지털 전송로에는 아날로그 중계기가 가지지 않는 재생기능이 디지털 중계기에는 존재하여 아날로그 전송에 비해 훨씬 더 잡음에 강하다는 것을 알 수 있다.

5) PCM의 특징

① PCM방식의 장점

㉠ PCM방식은 디지털 신호를 전송하는 방식으로서 각종 잡음에 강하며 S/N가 우수하다.

ⓛ 누화나 혼선에 강하다.

ⓒ 전송로 상에 존재하는 각종 잡음에 강하므로 저질의 전송로에서도 신호 전송이 가능하다.

㉣ 디지털 중계기의 재생기능으로 인하여 전송구간에 각종 잡음이 누적되지 않는다.

② PCM방식의 단점

㉠ 채널 당 점유 주파수 대역폭이 넓다.

ⓛ PCM고유의 잡음인 표본화, 양자화 잡음 등이 발생한다.

2.6 PCM과 관련된 변조방식

PCM과정에서 양자화 단계는 표본화를 통해서 만들어진 PAM파의 진폭을 이산적 신호인 디지털 양으로 변환하기 위하여 계단 모양의 양자화 레벨(2^n)에 근사화 시키는 과정으로서 PAM의 진폭의 크기가 특정 양자화 레벨에 근접하지 않을 경우가 발생하게 되는데 이것이 양자화 잡음이라 하였다.

그렇다면 이렇게 양자화 시 발생하는 잡음을 경감시키는 방법은 무엇이 있을까? 그것은 우리가 앞단에서 배웠듯이 양자화 시 사용되는 bit수를 늘려서 스텝(Step)의 수를 증가시키는 방법이었다. 하지만 이 방법은 양자화 시 발생하는 오차는 경감시킬 수 있지만 보내야할 정보량이 많아지게 된다.

그래서 보낼 정보량도 줄이면서 양자화 오차도 늘어나지 않는 방법이 필요하다는 것이다.

그것이 바로 PCM과 관련된 또 다른 변조 방식이다.

PCM과 관련된 변조방식에는 대표적으로 DPCM과 DM방식이 있고, DPCM과 DM에 적응기를 사용한 ADPCM과 ADM등이 있다.

(1) DPCM(Differential PCM : 차동 펄스 부호 변조방식)

DPCM방식은 표본 값과 그 다음 표본 값의 차이만을 양자화 하는 방식으로 어떤 표본 값이 있으면 그 다음의 표본 값을 예측하여 그 예측 값과 그 다음의 실제 표본 값의 차이를 양자화 하는 방법이다. 즉 이전의 표본 값을 기준으로 입력된 신호를 예측하고, 예측된 표본 값과 실제 표본 값의 오차를 부호화 하므로 정보량이 감소된다.

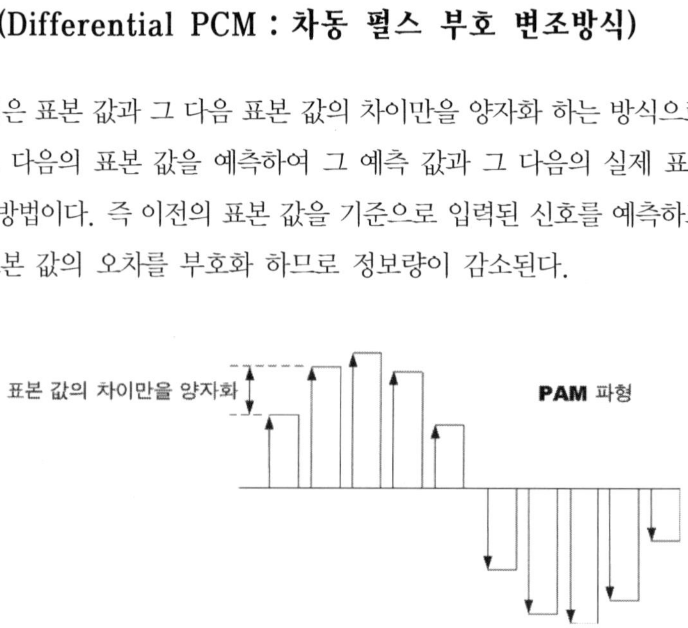

[그림 2-54] DPCM 원리

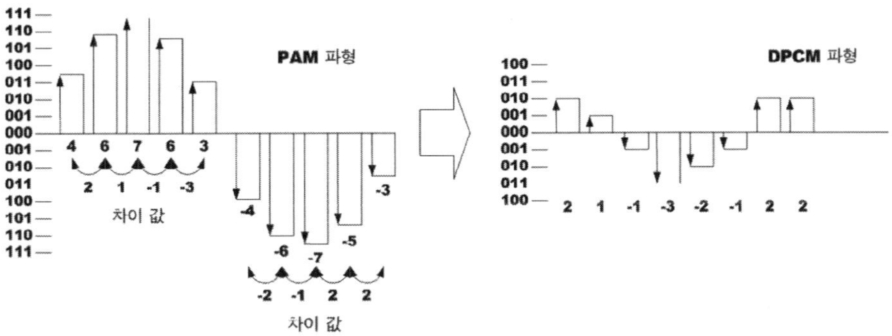

[그림 2-55] DPCM 방식

DPCM방식은 5bit 양자화를 수행하므로 앞으로 배울 DM에 비해 신호 대 잡음비(S/N)는 개선되며, 정보 전송량도 PCM방식(8bit 양자화)에 비해 감소되어 전송속도를 향상시킬 수 있다.

(2) DM(Delta Modulation : 델타 변조방식)

DM은 양자화 시 사용되는 bit수를 대폭 줄인 방식으로 1bit만으로 양자화를 수행한다. 즉 현재의 표본 값과 예측 치와의 차이를 비교하여 예측 값이 전의 표본 값 보다 크면("+")이면 1로 하고, 예측 값이 작으면("−")이면 0으로 1bit로 하여 전송하는 방식이다.

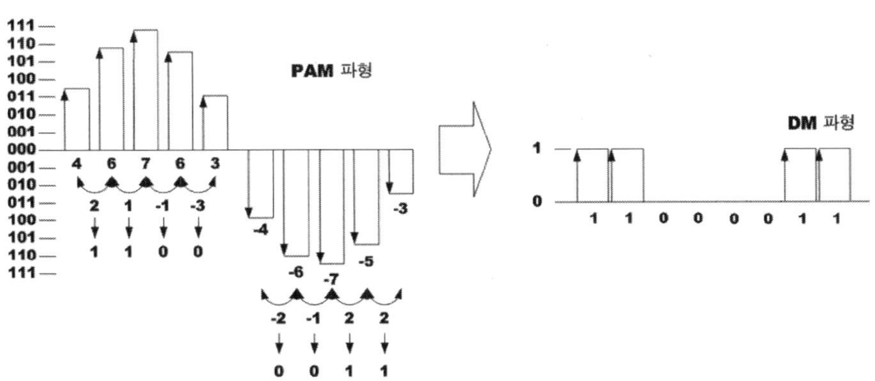

[그림 2-56] DM 방식

따라서 DM은 표본 값의 차이만을 1bit로 하여 전송하므로 정보 전송량이 가장적은 방식으로 회로 구성이 간단하고, 가격도 저가이다. 하지만, DPCM방식과 PCM방식에 비해 신호 대 잡음비(S/N)가 감소하여 에러발생률이 높다.

또한 DM은 아날로그 신호가 급격이 변하는 경우 그 변화를 따라가지 못하여 경사 과부하 잡음(slope over load noise)이 발생하고, 반대로 아날로그 신호의 변화가 거의 없어 완만하게 신호가 발생할 경우 Granular 잡음이 발생할 수 있다.

그러므로 PCM과 DPCM가 DM의 신호 대 잡음비(S/N)의 관계를 보면 PCM방식이 가장 S/N비가 우수하고, DM이 가장 적으므로 다음과 같이 나타낼 수 있다.

S/N비 : PCM > DPCM > DM

결국 양자화 시 사용되는 bit수를 늘릴수록 양자화 오차(잡음)를 줄일 수 있고, 원 신호 회복이 좋다는 것이다.

하지만 전송해야할 정보량이 많아진다는 단점을 가지고 있다.

그 다음으로 PCM과 DPCM과 DM의 전송 대역폭의 관계를 보면 PCM이 8bit로 가장 많은 대역폭이 필요하고, 반면에 DM이 1bit로 가장 적은 대역폭이 사용된다.

전송 대역폭 : PCM > DPCM > DM

DM이 가장 적은 대역폭이 필요하지만 에러(잡음)이 발생할 확률이 가장 높은 방식이다.

(3) ADM(Adaptive Delta Modulation : 적응형 델타 변조방식)

ADM 변조 방식은 기존의 DM(델타 변조)방식에 적응기를 이용한 방식으로 양자화의 스텝 크기를 입력신호에 따라 변화시키는 변조방식이다.

즉, DM(델타 변조)방식 사용할 경우 다음 [그림 2-57]과 같이 입력신호가 급격이 변화하는 경우 그 신호를 따라가지 못해 발생하는 경사 과부하 잡음(Slope Over Load Noise)과 입력 신호의 변화가 거의 없이 완만하게 변화는 경우 Granular 잡음이 발생한다.

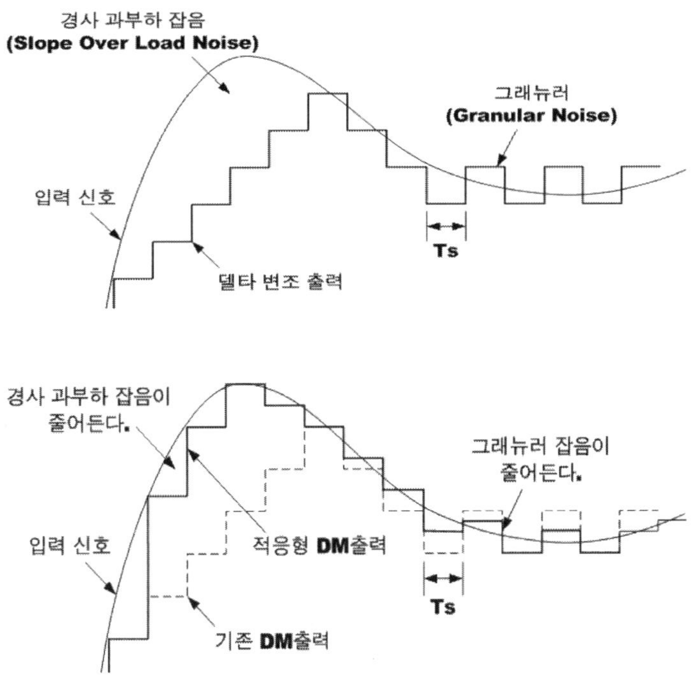

[그림 2-57] DM방식에서의 잡음

이에 따라 입력신호의 기울기가 급격하게 변화하는 경우 양자화 스텝의 크기를 증가시켜 경사 과부하 잡음(Slope Over Lord Noise)을 감소시키고, 입력신호가 서서히 변화하거나 변화가 거의 없을 경우에는 양자화 스텝의 크기를 감소시켜 Granular잡음을 감소시키는 방식이 ADM(Adaptive DM)이라 한다.

양자화의 계단의 크기를 적응적으로 변화시켜서 잡음을 감소시키는 방법이다.

(4) ADPCM(Adaptive Differential Pulse Code Modulation : 적응형 차분 부호 변조)

ADM 방식은 양자화 스텝 크기를 적응적으로 변화시키는 적응 양자화 방법을 사용하는 방식이며, DPCM에서는 예측기를 사용한 예측 부호화 방법을 사용 하므로 이들의 기본적인 개념을 조합하여, 적응 양자화와 예측 부호화 개념을 동시에 사용하는 방식이 적응 차분 펄스변조(ADPCM)이다.

ADPCM의 예측 부호와 방식은 음성 신호의 경우 서로 상관성이 큰 특성을 이용하여 음성신호를 직접 양자화 하지 않고, 예전의 음성 신호의 sample를 기준으로 하여 다음에 들어올 신호의 크기를 예측하고 실제 입력되는 신호로부터 빼줌으로서 오차 신호를 양자화 하는 방식이다.

보통 오차 신호의 진폭은 입력 음성 신호의 진폭에 비해 훨씬 더 작기 때문에 그 만큼 양자화 레벨의 수도 감소되어 동일한 성능을 갖게 될 경우 전송속도를 PCM에 비해 약 1/3 정도로 감소시킬 수 있다.

따라서 ADPCM특성을 요약하면

① 기존 64Kbps PCM과 직접 연결이 가능하다.

② 음성속도가 32Kb/s로서, 기존PCM(64Kbps)에 비해 1/2로 감소되어, PCM에 비해 2배 정도의 정보 운반이 가능하다.

③ 음성 정보 이외의 음성 대역 데이터 및 Tone 신호까지도 부호화 할 수 있다.

④ 시스템 구조는 복잡하지만 정보 전송량이 적고, 신뢰도가 높아 파형 부호화의 효율이 매우 좋은 방식이다.

정보통신 단말장치

(DTE : Data Terminal Equipment)

Chapter 3

Data Communication Instruments

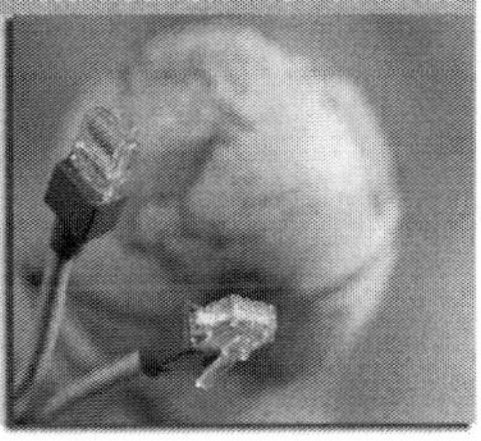

정보통신 단말장치

(DTE : Data Terminal Equipment)

3.1 정보통신 단말장치의 개념

디지털 전송로에서 제일 마지막으로 신호를 보내거나 받는 역할을 담당하는 장치이다.

(1) 정보통신 단말장치의 해석

① 정보시스템에서 통신회선을 통해서 PC 시스템을 연결하여 각종의 형식으로 표현되는 데이터를 입력하거나 출력해주는 장치를 말한다.

② 데이터 통신을 할 때 인간과 시스템 또는 인간과 인간 그리고 시스템과 시스템을 연결시켜주는 인터페이스를 말한다.

③ 특 징

㉠ 취급이 용이하다.

㉡ 소형이며 경량이다.

㉢ 신뢰성이 높다.

㉣ 가격이 저렴하다.

(2) 정보통신 단말장치의 구성요소

전송제어장치와 입 · 출력 장치로 나누어진다. 전송제어장치는 회선 접속부, 회선 제어부, 입 · 출력제어부로 나누어진다.

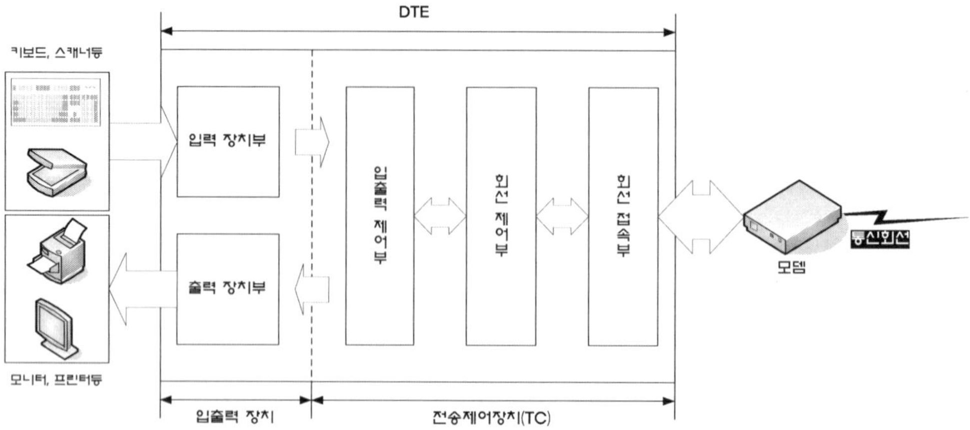

[그림 3-1] 단말장치 구성요소

1) 전송제어장치(TC : Transmission Control(= TCU : Transmission Control Unit))

① 회선 접속부

정보 단말기와 물리적인 통신회선을 연결해주는 역할을 담당하고 있고, 단말기 내부의 전기적인 신호와 전송회선의 신호레벨을 상호 변환시켜준다.

② 회선 제어부

회선 접속 부를 통해서 온 데이터의 문자 조립이나 직 · 병렬 변환 그리고 데이터의 버퍼링 기능을 수행한다. 또한 전송선로에서 온 신호 중 약속된 부호를 검출하여 에러를 제어한다.

③ 입 · 출력 제어부

입력 장치에서 오는 신호를 검출해서 회선 제어부로 데이터를 보내거나 회선제어부에서 오는 데이터를 출력장치로 넘기는 경우에 직접적으로 제어하거나 상태를 감시한다.

2) 입 · 출력장치

① 입력장치

인간이 컴퓨터에게 직접 또는 간접적으로 처리 가능한 신호를 전기적인 신호로 바꾸어 주는 장치이다. 대표적인 입력장치로는 키보드, 마우스, OMR, OCR 등이 있다.

② 출력장치

컴퓨터에서 얻어진 결과를 인간이 볼 수 있도록 만든 장치를 말한다. 즉, 2진수에서 10진수로 바꾸는 장치이다. 대표적인 출력장치로는 모니터, 플로터 등이 있다.

3.2 정보통신 단말장치의 기능요소

정보통신 단말장치의 기능요소는 디지털 데이터를 전송시스템에서 입력된 데이터를 잘 전송하고 전송 선로에서 온 데이터를 출력장치에 잘 보낼 수 있도록 입 · 출력 변환 기능과 전송제어 기능이 있는데 전송제어기능은 입 · 출력 제어기능, 송 · 수신 전송제어 기능, 에러제어기능으로 구분된다.

[그림 3-2] 단말장치의 기능 요소

(1) 입 · 출력변환기능

입력 장치에서 입력된 신호인 10진수를 데이터 장치가 처리할 수 있는 2진 신호로 변환하고 통신장치에서 온 2진 신호를 출력장치에 10진수의 데이터로 변환해서 사람이 식별 가능하도록 만드는 기능을 말한다.

(2) 전송제어기능

1) 입 · 출력 제어기능

입력신호를 단말기가 검출해서 데이터를 입력하거나 출력하는 기능

2) 송 · 수신 제어기능

통신 규약으로 미리 정해진 데이터를 송신하고 수신하도록 제어하는 기능

3) 에러제어기능

통신장치 간에 데이터 입 · 출력 시 미리 정해진 규약에 따라서 에러를 검출하거나 정정하고 대조해서 재송신을 요구하는 기능

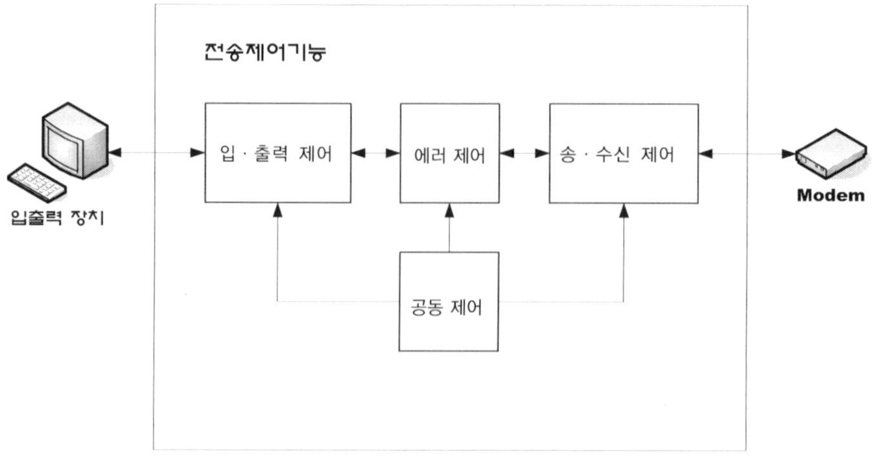

[그림 3-3] 전송제어기능장치

3.3 정보통신 단말장치의 분류

정보통신 단말장치는 동작원리와 상태에 따라서 분류되고 크게는 인쇄 장치와 표시장치 그리고 인식 및 판독장치, 작도 장치 등으로 분류할 수 있다.

(1) 동작원리와 상태에 따른 분류

- 단말장치
  - 범용단말장치
    - 인쇄장치
      - 임팩트 라인 프린터
      - 논 임팩트 라인 프린터
      - 임팩트 시리얼 프린터
      - 논 임팩트 시리얼 프린터
    - 표시장치
      - LCD(Liquid Crystal Display)
      - PDP(Plasma Display Panel)
      - CRT(Cathode Ray Tube)
    - 인식장치
      - OCR(Optical Character Reader)
      - OMR(Optical Mark Reader)
      - MICR(Magnetic Ink Character Recognition)
    - 판독/천공/기록장치
      - 종이테이프 장치
      - 종이 카드장치
      - 자기 카드장치
      - 자기 카세트 장치
      - 자기 기록장치
    - 작도장치
      - X-Y 플로터
  - 전용단말장치 — 교육용, 금융용, 의료용, 생산 관리용, 증권용, 교통용, 사무용
  - 복합단말장치 — 원격 일괄 단말기, 지능형 단말기

1) 인쇄장치

① 라인 프린터

행을 한 번에 인쇄하는 단말장치이다. 고속인쇄 할 때 사용되며 최근에는 모두 이 프린터를 사용한다.

② 시리얼 프린터

좌에서 우로 한 글자씩 인쇄하는 단말장치이다. 종류는 도트 충격식 프린터, 감열 프린터, 잉크젯프린터, 열전사 프린터가 있다.

③ 충격식(Impact) 프린터

글자를 해머가 묻어있는 잉크로 때려 인쇄하는 방식이다. 인쇄 시에 동작 음이 크다는 단점이 있지만 값이 저렴하다는 장점을 가지고 있다. 종류로는 타이프라이터와 도트매트릭스가 있다.

㉠ 타이프 라이터 : 활자의 형을 두들겨서 인쇄한다.

㉡ 도트 매트릭스 : 가는 도트(점)들의 집합으로 해머로 두들겨서 인쇄한다.

④ 비충격식(Non Impact) 프린터

종이에 충격을 가하지 않고 높은 압력으로 잉크를 분사시키거나 레이저 토너라는 잉크가루를 분하하여 종이에 고밀도로 인쇄하는 방식을 말한다.

㉠ 레이저 프린터 : 토너 가루를 미세한 레이저 빔을 이용해서 종이에 정밀하게 분해하는 방식

㉡ 버블젯 프린터 : 미세한 잉크 방울을 만들어 종이에 잉크 방울이 묻도록 하는 방식

㉢ 잉크젯 프린터 : 잉크를 높은 압력으로 종이에 뿌려서 인쇄하는 방식

2) 표시장치

① LCD(Liquid Crystal Display)

인가전압에 따른 액정의 투과도 변화를 이용하여 각종 장치에서 발생되는 여러 가지 전기적인 정보를 시각정보로 변화시켜 전달하는 전기소자이다. 자기발광성이 없어 후광이 필요하지만 소비전력이 적고, 휴대용으로 편리해 널리 쓰이는 평판 디스플레이의 일종이다.

② PDP(Plasma Display Panel)

PDP(Plasma Display Panel)는 미래형 디지털 영상 디스플레이로서, 다양한 입력 신호(PC, Video, HDTV등)와 연결되어 기존 영상 디스플레이 장비보다 밝고 선명한 고화질의 영상을 재현 할 수 있는 미래형 멀티미디어 디스플레이 시스템이며 특히 40인치 이상의 대형화면을 10cm 이하의 얇은 두께로 구현할 수 있어 공간 활용 및 미적 디자인 면에서 매우 큰 장점을 지니고 있다.

③ CRT(Cathode Ray Tube)

일반적인 아날로그 TV의 브라운관을 말한다. Cathode Ray Tube의 약자로 전기 신호를 전자빔의 작용에 의해 영상이나 도형, 문자 등의 광학적인 상(象)으로 변환하여 표시하는 특수진공관으로 음극선관(CRT)이라고 말한다. CRT관은 흑백용과 컬러용으로 나눌 수 있는데, 흑백은 거의 사용되지 않고 있다. 컬러용 브라운관은 적색 · 녹색 · 청색으로 발광하는 발광체가 모자이크 형으로 규칙적으로 도포되어 있는 형광면과 3개의 전자빔을 발생시키는 전자총으로 구성되어 있는 섀도우 마스크 형이 일반적으로 사용되고 있다.

3) 인식장치

① OCR(Optical Character Reader)

광학 문자판독 장치로 인쇄되거나 문자, 기호, 손으로 쓴 글씨를 컴퓨터가 광학적으로 인식하는 장치이다.

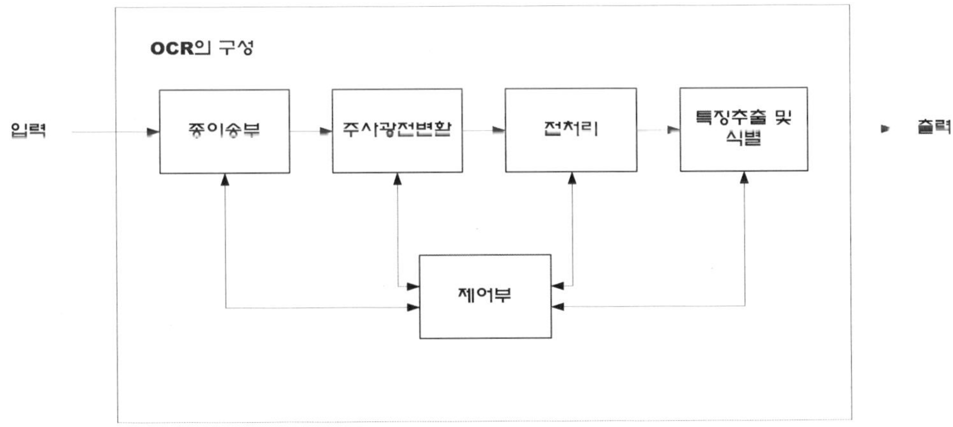

[그림 3-4] OCR의 구성요소

② OMR(Optical Mark Reader)

광학기호 판독장치를 말한다. OMR의 원리는 미리 지정된 위치 중 어느 부분이 까맣게 색깔이 칠해져 있고, 어느 부분이 그대로 남겨져 있는지를 빛을 쪼여서 읽어 들이는 방식이다. 즉 답안의 위치인 1, 2, 3, 4 부분에 빛을 쪼이면 검은색

부분은 빛을 흡수하기 때문에 반사광이 거의 없고, 나머지 흰 부분에서는 거의 대부분의 빛이 다시 반사된다.

③ MICR(Magnetic Ink Character Recognition)

자기 잉크 문자 판독장치이다. 자기 특성을 가진 잉크로 특별히 디자인된 문자체를 인쇄하여 판독하는 기술로서 정보는 사람의 눈으로도 읽혀질 수 있으나 전용 자기 판독기로 읽혀진다. 자기 기술의 특성상 판독기는 문자와 접촉하여 읽고 있다. 이 기술은 은행의 수표나 어음에 이용되고 있으나 특별한 잉크와 장비의 복잡성으로 인해 타 산업에서 이용되기는 부적절하다.

4) 작도장치

① X-Y 플로터

컴퓨터의 출력 정보에 따라 용지와 펜의 상대위치를 X방향과 Y방향으로 각각 이동시켜서 작도하는 장치이다. 펜을 짧은 시간 간격으로 계속해서 점을 찍어 그리는 방식과 연속적으로 펜 선을 그리는 두 가지 방식이 있는데 주로 건축 설계나 회로 설계를 할 때 사용한다.

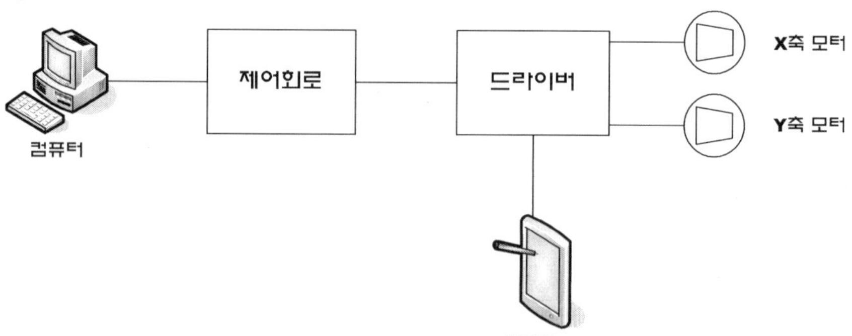

[그림 3-5] 플로터의 구성요소

(2) 기능상의 분류

1) 입력 전용단말장치

인식장치와 판독/천공/기록 장치를 말한다.

2) 출력 전용단말장치

표시장치와 인쇄 장치 그리고 작도 장치를 말한다.

3) 입 · 출력 공용단말장치

양방향 통신이 가능해 지면서 CRT와 프린터를 말한다. 근래에는 TSS(Time Sharing System)방식을 사용한다.

(3) 내장된 프로그램 유무에 따른 단말장치 분류

1) 더미(Dummy) 단말장치(=비 지능형 단말장치)

단말장치 내에 프로그램이 내장되지 않아서 모든 일의 처리를 중앙처리장치(CPU)에 무조건 의존하는 방식을 말한다. 재래식 단말기라고도 하는데 마이크로프로세서가 개발되기 선까지는 이 방식을 사용하였다.

2) 지능형(Intelligent) 단말장치

단말장치 내에 프로그램을 단독으로 내장하여서 분산처리가 가능한 방식을 말한다. 마이크로프로세서가 막 개발되었을 때는 엄청난 가격이었지만 기술의 발달로 인해서 가격이 급락하였다. 요즘에는 가정용 단말기도 모두다 지능형 단말장치라 할 수 있다.

(4) 그래픽 단말기

도표나 그림 등을 자유자재로 입 · 출력할 수 있는 장치로서 입력기기로는 마우스, 키보드, OCR, 디지타이져, 디스크, 스캐너 등이 있으며, 출력기기로는 CRT, 플로터 등이 있다. 화면출력 방법은 스토레지 튜브(Storage Tube)방식, 레스터 리플레쉬(Raster Refresh)방식, 랜덤스캔(Random Scan)방식, 플라즈마(Plasma)등이 있다.

1) 입력기기

① 마우스

쥐 모양으로 생겨서 붙여진 이름으로 키보드를 대신해서 보다 편하고 쉽게 명령을 내릴 수 있는 가장 대표적인 입력기기이다. 평면 위를 좌우전후로 이동시켜서 이동방향과 이동거리를 검출하도록 되어 있고 이 조작은 디스플레이 화면위에서 동작 상태를 확인해서 커서를 이동 시킬 수 있다.

② 키보드

가장 오래된 입력기기로서 1문자씩 손가락으로 키를 눌러 전기적인 신호를 만들어서 입력하는 방식이다.

③ 디지타이져

그림이나 차트, 도표 등의 설계도면을 읽어서 컴퓨터에 맞게 입력시키는 자료입력기기이다. 능동형과 수동형으로 나누어진다.

㉠ 능동형 : 광전 펜(Light Pen)

㉡ 수동형 : 타블렛(Tablet)

④ 스캐너

사진이나 그림을 빛을 쬐여서 그대로 컴퓨터에 입력시키는 장치로서 근래에 가장 대중적인 입력기기로 사용되고 있다.

2) 화면출력방식

① 스토레지 튜브(Storage Tube)방식

전자 빔으로 CRT에 영상을 나타내는 방식으로서 기억 용량이 많아지거나 다중 컬러화는 나타내기 어렵지만 밀도가 높아서 복잡하거나 세밀한 그림을 나타내기에 아주 좋다.

② 레스터 리플레쉬(Raster Refresh)방식

일정 시간마다 재충전해 주어야 하는 방식으로 일반 TV같은 CRT방식을 사용하며 단순한 그림을 나타낼 때 사용한다.

③ **랜덤스캔(Random Scan)방식**

전기적인 방식을 사용해서 그림을 화면에 나타내는데 기억 용량이 아주 커서 해상도가 뛰어나다.

(5) CAD와 CAM방식

1) CAD(Computer Aided Design)

컴퓨터를 이용해서 설계하는 것으로 사람이 도형 정보를 컴퓨터에 입력하면 화면이나 출력장치로 나타내는 방식

2) CAM(Computer Aided Manufacturing)

컴퓨터를 제조 공정에 이용하는 것으로 입력된 데이터베이스에 의해 자동으로 공정을 제어하는 방식이다. 이런 방식을 컴퓨터 이용 경영생산 방식이라고도 한다.

(6) 마이크로 그래픽 단말장치

문자나 도형, 그림 등으로 구성된 정보를 보관해서 검색하거나 작은 면적에 대량의 정보를 담아 보관할 수 있는 기술이다. 그리하여 필요한 시점에 보관된 정보를 검색할 수 있도록 한 단말장치이다. 종류로는 마이크로필름을 제작하는 COM과 제작된 마이크로필름을 찾아서 읽는 CAR이 있다.

1) COM(Computer Output Microfilm)

① 중앙에서 처리된 자료들을 인간이 볼 수 있는 형태로 정보를 작은 면적에 기록하는 기술이다. 기록밀도는 자기테이프나 자기 디스크보다 50 ~ 100배 정도 더 정밀하게 기록이 가능

② 보관은 마이크로필름의 릴 형태와 카세트 형태 그리고 카트리지 형태로 보관한다.

③ 외관상으로는 저장 및 처리부분, 촬상부분, CRT부분으로 구성되고 기능상으로는 입력부분, 표시부분, 필름조작부분, 전환부분 등으로 구분된다.

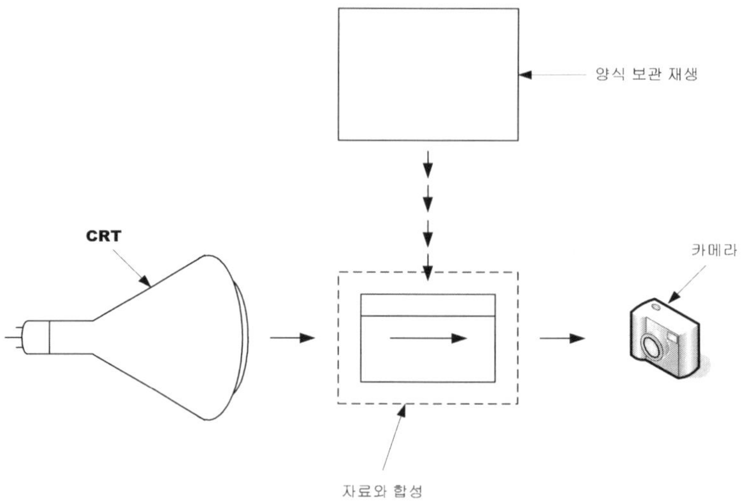

[그림 3-6] COM(Computer Output Microfilm)의 기본 구성

2) CAR(Computer Assisted Retrival)

COM에서 제작된 마이크로필름을 찾아 컴퓨터 출력장치에 출력하는 것을 말한다.

① 종 류

㉠ 스탠드 어론 시스템

㉡ 오픈루프 시스템

㉢ 클로즈루프 시스템

3.4 컴퓨터(정보 처리계)의 구성과 기능

정보통신 시스템에서 가장 핵심적인 역할을 담당하고 있는 구성부분을 중앙처리 장치라고 하는데 이는 연산장치, 기억장치, 제어장치로 구성된다. 입력장치와 출력장치 그리고 보조기억장치 모두를 합하여 주변장치라고 한다. 즉, 컴퓨터는 중앙처리장치와 주변장치로 구성된다.

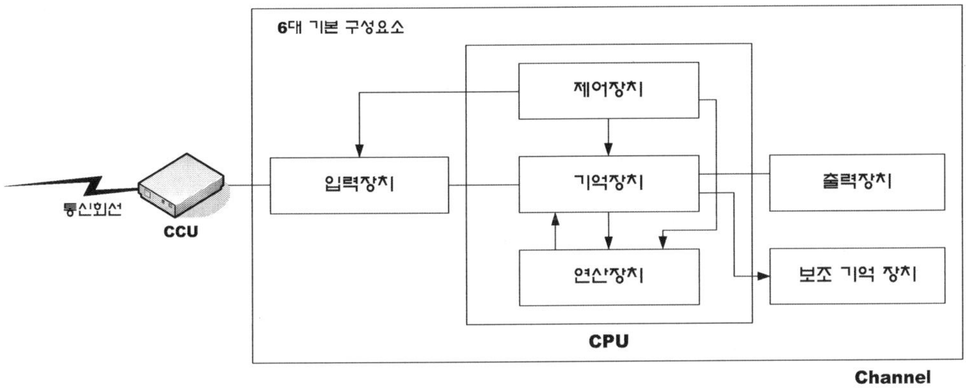

[그림 3-7] 컴퓨터(정보처리 계)의 구성도

- 컴퓨터
  - 중앙처리장치
    - 연산 장치 : 논리 연산이나 산술연산을 수행
    - 주 기억 장치 : 연산을 위산 데이터나 프로그램 기억
    - 제어 장치 : 기억장치 동작을 위한 명령을 하고 감독
  - 주변장치
    - 입력 장치 : 키보드, 마우스, 스캐너 등
    - 출력장치 : CRT, LCD, PDP, 프린터, 플로터 등
    - 보조 기억장치 : 자기테이프, 자기디스크, 자기드럼 등

(1) 중앙처리장치(CPU : Central Process Unit)

1) 연산장치(ALU : Arithmetic Logical Unit)

계산과 판단을 하며 가산기가 가장 중심이 되어서 뺄 때는 보수기가 사용된다. 판단은 비교로 하고 지정된 연산을 수행하는 장치이다. 전가산기, 레지스터, 보수기, 논리회로로 구성된다.

2) 주기억장치

프로그램과 데이터, 연산결과를 기억하는 장치로서 최종결과를 기억한다. 종류로는 크게 주기억장치와 보조기억장치가 있는데 주기억장치는 반도체 소자인 ROM(Read Only Memory)와 RAM(Random Access Memory)로 구분되고, 자기코어, 자기박막, 조셉슨소자로 나누어진다. 보조기억장치는 자기드럼, 자기테이프, 자기디스크와 광디스크로 나누어지고, 캐시메모리와 연관 메모리가 있다.

① ROM

㉠ Masked ROM

제조업체에서 대량 생산을 위해 프로그램을 입력시켜 놓은 ROM을 말하며 수정이 불가능하다.

㉡ Programmable ROM(PROM)

사용자가 데이터를 한번 정도는 써 넣을 수 있도록 설계된 ROM

㉢ Erasable and Programmable ROM(EPROM)

PROM과 같은 종류로서 프로그램을 자외선을 쬐여서 몇 번이고 지워서 다시 사용할 수 있는 ROM(UV-ROM)

㉣ Electronics Erasable and Programmable ROM(EEPROM)

EPROM과 약간 다르게 전기적인 방식으로 프로그램을 몇 번이고 지워서 다시 사용할 수 있는 ROM

② RAM

㉠ Static RAM(SRAM : 정적 램)

전원을 끄지 않는 한 기억된 내용이 지워지지 않는 RAM

㉡ Dynamic RAM(DRAM : 동적 램)

수 ms마다 데이터를 기억시켜야지만 기억된 내용이 소멸되지 않는 RAM으로서 콘덴서로 구성되어 있고, 신호를 계속해서 재충전(reflash) 해주어야 한다.

3) 제어장치

주기억장치의 명령을 해독해서 모든 동작을 지시하고 데이터의 모든 흐름을 제어한다. 명령레지스터, 명령해독기, 신호발생기로 구성된다. 명령레지스터는 주기억장치에서 호출된 명령어를 일시 보존한다. 명령해독기는 신호를 변환해주는 디코더 형태를 가지며 명령어를 해독해서 실행 시키는데 필요한 각종 제어신호를 보내준다. 신호발생기는 제어신호와 타이밍을 조절해서 최종제어신호를 출력한다.

4) 중앙처리장치 실행 5단계

① 1단계 : 주 기억장치의 명령을 읽는다.

② 2단계 : 읽은 명령의 내용을 해석한다.
③ 3단계 : 명령이 참조로 해야 할 오퍼랜드의 격납위치를 계산한다.
④ 4단계 : 오퍼랜드를 주기억장치에서 읽는다.
⑤ 5단계 : 가 · 감 · 승 · 제의 연산을 연산장치에서 실행한다.

(2) 중앙처리장치의 구성형태

1) 단일 방식(Simplex System)

중앙처리장치가 하나로 구성되어서 간단하지만 중앙처리장치에 이상이 생기게 되면 모든 시스템의 운용이 중단되는 방식이다.

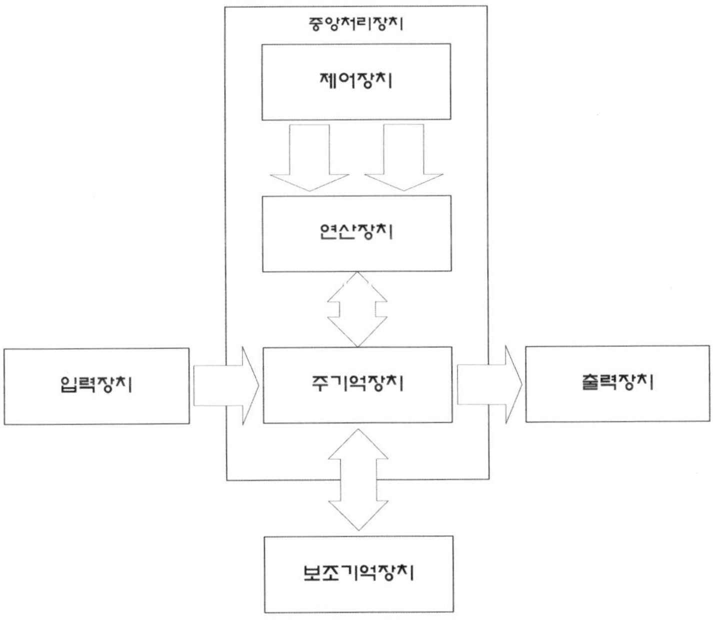

[그림 3-8] 중앙처리장치의 구성도

2) 대기 예비 시스템(Stan-by System)

중앙처리장치가 두 개로 구성되어서 평상시에는 한 개의 중앙처리장치만 사용하고 있다가 시스템에 문제가 생기면 다른 기존의 중앙처리장치의 일을 대기하고 있는 중앙처리장치가 업무를 수행하는 방식이다.

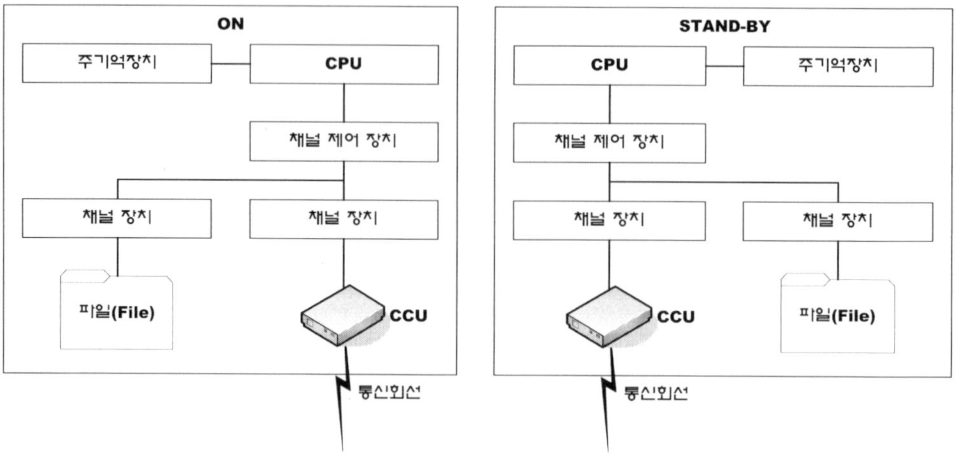

[그림 3-9] 대기 예비 시스템 방식

3) 이중화 시스템(Dual System)

중앙처리장치를 이중화해서 두 개의 중앙처리장치가 동일한 업무를 수행하고 결과를 비교해서 결과가 같을 때만 그 결과를 가지고 이용하는 방식이다.

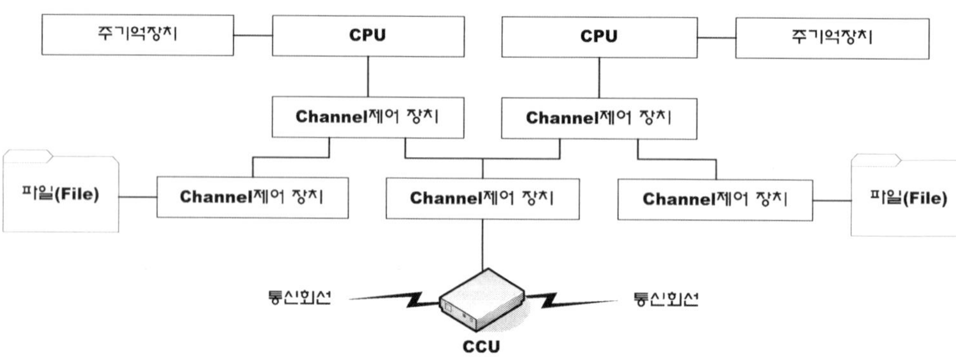

[그림 3-10] 이중화 시스템 방식

4) 채 널

주기억장치에서 데이터를 주변장치로 보내거나 주변장치에서 데이터를 주기억 장치로 보낼 때 제어하는 장치이다. 채널이 있는 장치는 입 · 출력에 관한 모든 제어 권을 채널에게 주고 중앙처리장치는 단지 입 · 출력을 채널에 지시하면 된다. 중앙처리장치는 입 · 출력을 하는 일을 하지 않아도 됨으로서 그 시간에 다른 일을 할 수 있다.

① **셀렉터 채널(Selector Channel)**

하나의 채널이 하나의 주변 장치를 점유하여서 입 · 출력 제어의 기능을 처음부터 끝까지 수행하는 채널이다.

② **바이트 멀티플렉서 채널(Byte Multiplexer Channel)**

1내지 수 Byte 마다 시간적으로 분할시켜 다수의 입 · 출력 동작을 제어하는 채널이다.

③ **블록 멀티플렉서 채널(Block Multiplexer Channel)**

하나의 채널이 몇 개의 주변장치를 관리하여 다수의 입 · 출력 동작을 제어하는 채널이다.

5) 인터럽트(Interrupt)

내부 또는 외부로부터 긴급 서비스 요청에 의해 중앙처리장치가 현재 실행중인 일을 중단하고 그 요청에 합당한 서비스를 해주는 기법으로서 이것을 사용하면 중앙처리장치의 유휴시간을 없앨 수 있다.

3.5 정보통신시스템에서 컴퓨터의 사용

정보통신시스템에서 컴퓨터는 통신제어기능을 하고 데이터의 축적 그리고 데이터의 처리 기능 등을 수행한다.

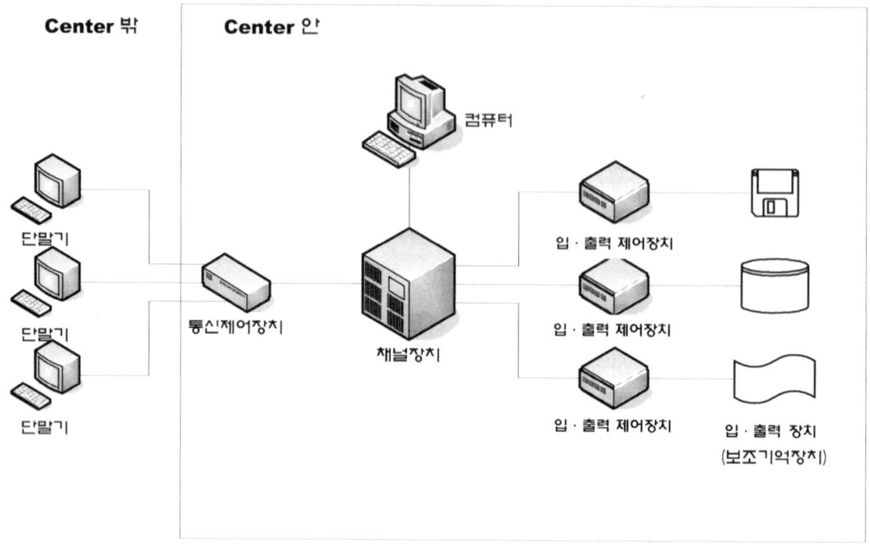

[그림 3-11] 정보통신시스템에서의 컴퓨터의 역할

(1) 통신제어기능

통신제어처리장치(CCP) 내의 통신제어 프로그램에 의해서 실행된다. 역할을 아래와 같다.

① 흐름제어가 가능하기 때문에 데이터의 폭주를 방지할 수 있다.
② 회선제어가 가능하기 때문에 모뎀을 제어할 수 있다.
③ 동기제어가 가능하기 때문에 전송 데이터의 비트와 문자를 동기 시킬 수 있다.
④ 에러제어가 가능하기 때문에 통신회선에서 발생되는 에러를 검출하고 정정할 수 있다.
⑤ 전송제어가 가능하기 때문에 정해진 전송제어 절차를 실행할 수 있다.
⑥ 버퍼제어가 가능하기 때문에 통신회선에서 송신하는 데이터와 통신회선에서 수신한 데이터를 일시적으로 보관이 가능하다.

(2) 데이터의 축적기능

처리가 된 데이터를 저장하여서 필요할 시에 찾아볼 수 있도록 한다.

(3) 데이터의 처리기능

① 시분할 처리
② 실시간 처리
③ 원결일괄처리
④ 데이터 집 · 배신 처리

3.6 통신제어장치(CCU : Communication Control Unit(=CCE : Communication Control Equipment))

온라인 데이터 통신 시스템에서 중앙처리장치와 통신회선사이에 위치해서 전송되는 데이터의 송 · 수신 제어와 에러검출 그리고 정정기능을 수행하는 장치이다. 성능이 우수한 통신제어장치를 사용해서 중앙처리장치의 부하를 경감할 수 있다.

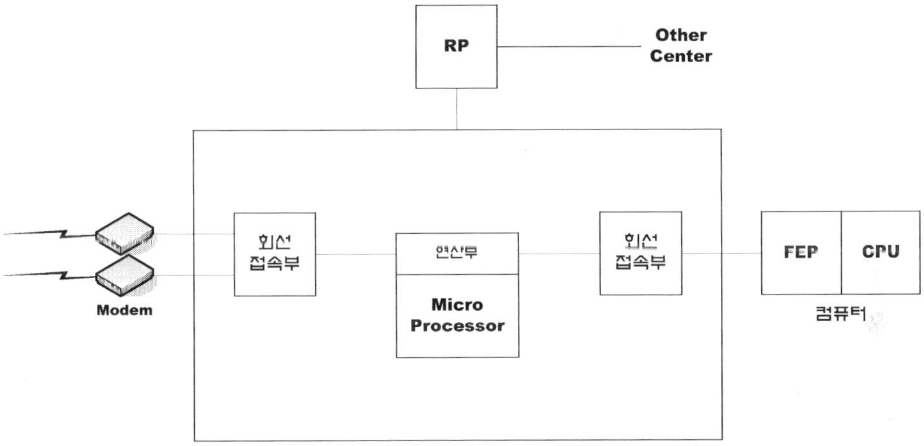

[그림 3-12] 통신제어장치의 내부 구성도

(1) 구 성

1) 회선 접속부

① 통신회선과 회선 제어 부를 연결
② 전송 선로의 신호 레벨에 통신 제어 장치의 신호 레벨을 맞춤
③ 신호 레벨의 변화에 맞게 비트 샘플링을 한다.
④ 송 · 수신 데이터의 직 · 병렬 변환을 수행한다.

2) 회선 제어부

① 문자의 조립과 분해
② 전송제어 문자의 식별
③ 문자나 블록의 조립과 분해
④ 에러 검출 및 정정을 포함한 전송 제어
⑤ 송·수신 데이터의 기억

3) 제어부

① 컴퓨터와 통신 제어 장치를 연결
② 통신 제어 장치 전체를 제어
③ 회선 제어부와 컴퓨터의 채널을 연결

(2) 통신제어장치의 기능

① 통신회선을 감시하고 접속 및 오류를 제어한다.
② 중앙처리장치와 데이터의 송·수신을 제어한다.
③ 동시에 복수 개의 회선을 시분할 다중 제어한다.

(3) 통신제어장치의 필요성

① 통신회선 자원의 효율적으로 이용하기 위해서
② 이용자의 요구에 맞게 데이터를 송·수신하기 위해서
③ 오동작 회선에 대해서 에러 검출과 교정을 용이하게 하기 위해서
④ 이용자나 통신회선의 다양성에 따라 정합을 취하게 하기 위해서

(4) 데이터의 처리방식에 따른 분류

회선제어부의 기억 장치에 데이터를 기억시키는 방식에 따라서 결정된다. 송·수신 크기에 따라서 나누어진다.

1) 비트버퍼방식

비트 단위만 처리하고 나머지 처리는 컴퓨터에서 처리되는 방식으로 1~2회선 정도의 소수회선으로 데이터 량이 적을 때 사용된다.

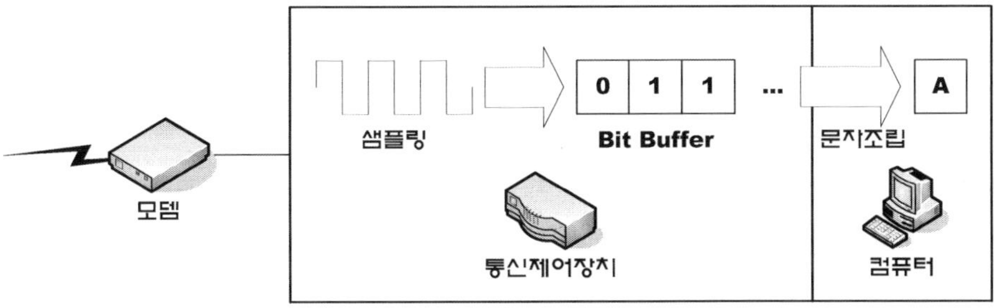

[그림 3-13] 비트버퍼방식

2) 문자버퍼방식

비트 버퍼에 있는 데이터를 모아 문자를 조립하기 위한 문자 버퍼까지 갖는 방식으로 컴퓨터의 지령에 따라 송신문자를 비트로 분해하고 수신한 비트를 문자로 조립하여 컴퓨터로 넘긴다.

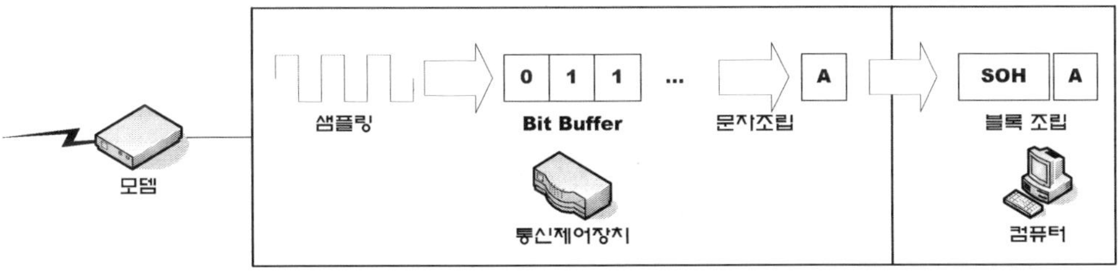

[그림 3-14] 문자버퍼방식

3) 블록버퍼방식

조립한 문자를 다시 모아 STX부터 ETB까지의 1블록을 만들 수 있을 만큼의 블록버퍼를 가진 통신제어로서 블록마다 에러 검출 및 재송 요구 기능을 갖는다.

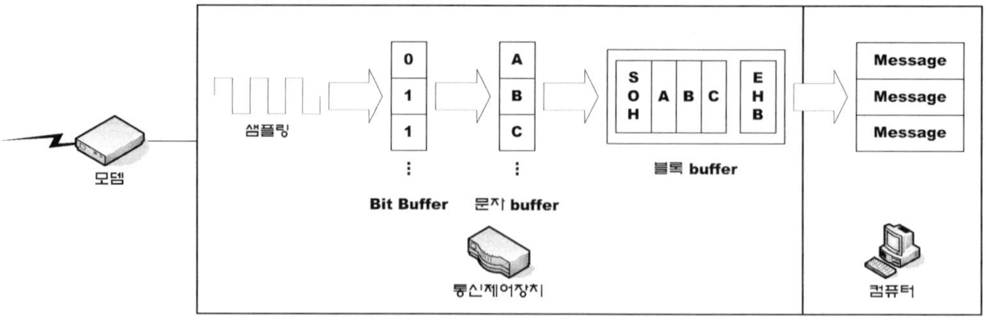

[그림 3-15] 블록버퍼방식

4) 메시지버퍼방식

몇 개의 블록을 조립하고 여러 블록을 모아서 컴퓨터로 보내는 방식으로 CCP라 한다. SOH부터 ETX까지의 한 메시지를 만들어 컴퓨터에 전송한다.

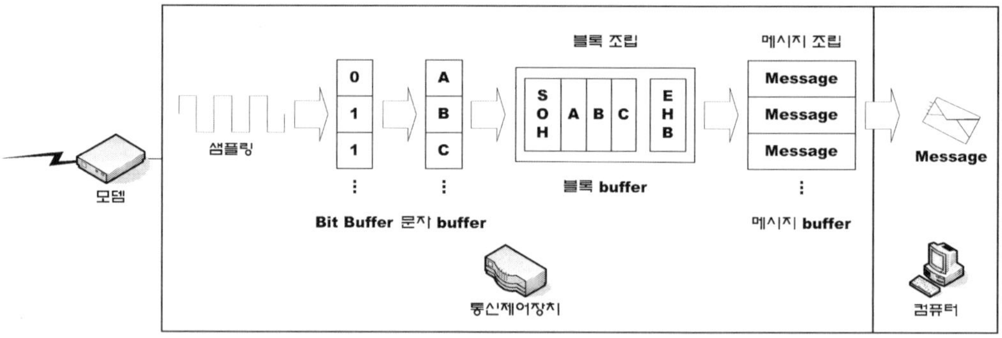

[그림 3-16] 메시지버퍼방식

5) 메시지처리방식

메시지의 처리 기능을 갖춘 통신제어장치로 컴퓨터와 같은 수준의 처리를 하므로 전치처리장치(FEP)라 한다.

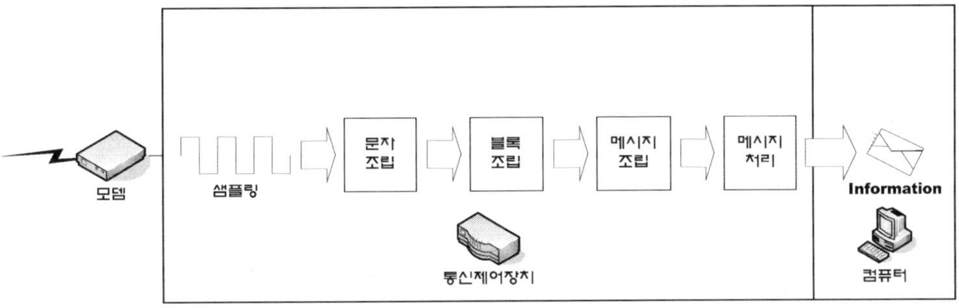

[그림 3-17] 메시지처리방식

(5) 통신제어장치의 형태

통신제어장치는 전송회선의 데이터를 중앙처리장치로 보내어 주는 장치로서 중앙처리장치의 부하를 줄여서 보다 더 많은 일을 효율적으로 하기 위해서 개발된 장치이다.

1) CCU(Communication Control Unit : 통신제어장치)

문자를 조립, 분해하는 기능을 수행한다.

2) CCP(Communication Control Processor : 통신제어처리장치)

프로세서를 갖추고 메시지를 조립하는 기능을 수행한다.

3) FEP(Front End Processor : 전치처리장치)

중앙처리장치 앞에 설치되어 통신회선 및 터미널의 제어, 전송메시지검사, 형식변환 등의 기능을 수행해서 중앙처리장치의 부하를 덜어서 중앙처리장치의 효율을 높이는데 큰 도움을 주는 장치

4) BEP(Back End Processor : 후처리장치)

중앙처리장치의 뒤에 설치되어서 중앙처리장치가 처리하지 못한 일들을 처리한다. 데이터베이스를 구성할 때 전용컴퓨터를 설치하는데 이를 후처리장치라고도 한다.

5) RP(Remote Processor : 원격처리장치)

단말기 측에 연결하여 집선, 제어, 메시지처리 등의 기능을 수행한다.

3.7 통신제어장치(CCU)와 전송제어장치(TC)의 차이점

통신제어장치는 중앙처리장치 전단에 위치하고 전송제어장치는 단말기에 위치한다.

① 통신제어장치는 여러 개의 전송회선과 접속되지만 전송제어장치는 하나의 전송회선만 연결한다.

② 통신제어장치는 메시지 처리 기능을 가지고 있고 전송제어장치는 메시지 처리기능이 없다.

③ 통신제어장치는 중앙처리장치와 전송회선과의 사이에서 접속 및 전송제어기능을 수행하지만 전송제어장치는 입·출력 장치와 전송회선과의 사이에서 접속 및 전송제어기능을 수행한다.

[그림 3-18] 전송제어장치(TC)와 통신제어장치(CCU)

3.8 운영체제(소프트웨어)

전체적인 중앙처리장치를 통제하는 제어 프로그램을 운영체제(OS : Operation System)이라하는데, 이런 소프트웨어의 발전으로 좀 더 효율적이고 다양한 작업을 실현할 수 있게 되었다.

(1) 운용체제(OS : Operation System)의 기능

1) 감독기능(Supervisor)

중앙처리장치의 관리 기능과 주기억장치 관리기능 그리고 입 · 출력 제어를 한다.

2) 파일 관리기능

액세스 제어기능과 매체 공간 관리기능 그리고 카탈로그 관리기능이 있다.

3) 통신제어기능

네트워크 제어기능과 전송제어기능이 있다.

4) 잡(Job)관리 기능

원격 잡 입 · 출력 기능과 근거리 잡 입 · 출력 기능 그리고 잡 실행관리 기능이 있다.

5) 데이터베이스 관리기능

데이터베이스 정의기능과 데이터베이스 관리기능 그리고 데이터베이스 액세스기능이다.

6) 언어처리기능

7) 보조기능

운영 보조 유틸리티와 시스템 제너레이션 기능이다.

(2) 응용 프로그램(AP : Application Program)의 기능

사용자가 원하는 작업을 수행할 수 있도록 만들어진 프로그램을 말한다. 종류로는 업무용, 이용자 작성, 전용라이브러리, 범용라이브러리가 있다.

(3) 오퍼레이팅 시스템이 갖추어야 할 능력

① 복수개의 프로그램을 효율적으로 동작시키기 위해서 주기억장치와 논리장치 그리고 입 · 출력장치, 보조 장치 등의 하드웨어 자원을 효율적으로 관리하고 처리 요구에 따라서 순서적으로 이를 할당해 주어야 한다.

② 통신 시스템을 사용하는 사용자의 경제적인 부담을 줄여주어야 한다.

③ 사용자의 프로그램이 하드웨어를 의식하지 않고 처리가 가능해야 한다.

3.9 DTE와 DCE의 접속규격

단말장치 인 DET(Data Equipment Terminal)와 신호변환장치 인 DCE(Data Communication Equipment) 사이의 정확한 데이터 교환을 위해서 물리적, 기능적, 절차적, 전기적인 특성을 맞추는 것을 말한다. 또한 DTE와 DCE의 접속규격은 ITU-T(국제전기통신연합), ISO(국제표준화기구), EIA(미국 전자 공업협회)에서 접속규격에 관한 표준화를 제정, 권고하고 있다. 그리고 DTE와 DCE의 접속규격은 시리즈별로 나누어지는데 V시리즈는 기존의 전화망을 이용한 데이터 전송용으로 음성통신에서 사용되고, X시리즈는 디지털 데이터망에서 사용된다. 근래에는 I시리즈가 많이 사용되는데 이는 종합정보통신망(ISDN : Intergrated Service Digital Network)을 말한다. DTE와 DCE의 접속규격은 ISO에서 OSI참조모델의 7계층 중 최하위계층인 물리계층에 해당된다.

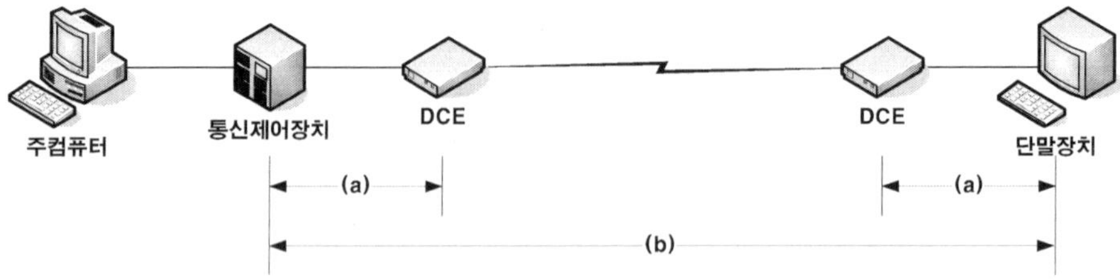

(a) 물리적인 접속 규격 범위
(b) 링크 레벨 이상의 프로토콜

[그림 3-19] DTE/DCE 접속 구성도

(1) DTE와 DCE의 인터페이스 특성

① 기계적인 특성 : DTE와 DCE회로의 숫자와 커넥터의 치수 등을 규정한 것
② 절차적인 특성 : DTE와 DCE회로의 제어신호와 정확한 신호를 규정한 것
③ 전기적인 특성 : DTE와 DCE회로의 전압레벨과 관계되는 특성을 규정한 것
④ 기능적인 특성 : DTE와 DCE회로의 신호에 관계되는 특성을 규정한 것

* 인터페이스란?
접속규격을 말하며 장치간의 접속을 정확하게 수행하기 위해서 장치간의 전송조건을 말한다.

(2) DTE와 DCE의 인터페이스 시리즈 권고안

1) V시리즈

① V.1 : 2진 부호 시스템의 상호 교환에 필요한 기호
② V.2 : 전화선을 이용한 데이터 전송에 있어서 출력신호의 전력 레벨
③ V.3 : 데이터와 메시지의 전송을 위한 국제전신 부호 ITU-T No.5코드
④ V.4 : 데이터와 메시지 전송을 위한 7단위 코드의 구조
⑤ V.5 : 공중회선을 이용한 동기식 데이터 전송속도(600, 1200, 2400, 9800[bps])
⑥ V.6 : 공중회선을 이용한 동기식 데이터 전송속도(600, 1200, 2400, 3600, 4800, 6600[bps] 등)
⑦ V.10 : IC로 된 장치와 불평형 복류회로 접속부의 전기적 요건에 관한 사항
⑧ V.11 : IC로 된 평형 복류회로 접속부의 전기적 요건에 관한 사항
⑨ V.15 : 데이터 전송을 위한 음향 결합기에 관한 사항
⑩ V.16 : 의료용 아날로그 데이터 전송을 위한 변복조기에 관한 사항
⑪ V.20 : 공중회선을 위한 병렬 데이터 전송용 변복조기에 관한 사항(스위치 라인)
⑫ V.21 : 공중회선(교환회선)을 위한 200[buad] 변복조기의 규격
⑬ V.22 : 공중회선(교환회선)을 통한 동기식 1200[bps] 변복조기
⑭ V.22bis : 전용회선을 통한 동기식 1200[bps] 변복조기
⑮ V.23 : 공중회선을 위한 600/1200[buad] 변복조기
⑯ V.24 : 데이터 터미널과 데이터 통신기기의 접속규격
⑰ V.25 : 공중회선을 이용한 자동 호출 및 응답 장치

⑱ V.26 : 4선식 전용회선을 위한 2400[bps] 변복조기
⑲ V.26bis : 공중회선을 위한 2400/1200[bps] 변복조기
⑳ V.27 : 전용회선을 위한 4800[bps] 변복조기
㉑ V.27bis : 전용회선을 위한 2400[bps] 변복조기
㉒ V.27TER : 공중회선을 위한 4800/2400[bps] 변복조기
㉓ V.28 : 불평형 복류 인터체인지 회로의 전기적 특성
㉔ V.29 : 전용회선을 위한 9600[bps] 변복조기
㉕ V.31 : 접점에 의해 제어되는 단류 인터체인지 회로의 전기적 특성
㉖ V.35 : 60~108[KHz] 군 대역 회선을 통한 48[Kbps] 데이터 전송
㉗ V.36 : 60~108[KHz] 군 대역 회선을 통한 48[Kbps] 동기식 변복조기
㉘ V.37 : 60~108[KHz] 군 대역 회선을 통한 72[Kbps] 이상의 데이터 전송
㉙ V.40 : 전자기계식 기기의 에러 지시에 관한 사항(전자기계식 ARQ)
㉚ V.41 : 모든 코드에 사용이 가능한 에러 제어방식에 관한 사항
㉛ V.50 : 데이터 전송의 전송품질에 의한 표준 한계 값
㉜ V.51 : 데이터 전송을 위한 국제전화회선의 보전에 관한 사항
㉝ V.52 : 데이터 전송에서의 왜곡 현상과 에러율 측정
㉞ V.53 : 데이터 전송용 전화회선의 유지 보수에 관한 사항
㉟ V.54 : 변복조기의 루프 테스트 기기
㊱ V.55 : 데이터 전송을 위한 충격성 잡음 측정기
㊲ V.56 : 전화회선을 위한 변복조기의 비교 측정
㊳ V.57 : 고속 데이터 신호의 comprehensive data test set

2) X시리즈 권고안

① X.1 : 공중데이터 네트워크에서의 국제 이용자 서비스 분류
② X.2 : 공중데이터 네트워크에서의 국제 이용자 설비
③ X.3 : 공중데이터 네트워크에서의 패킷 · 분해 조립 장치
④ X.4 : 공중데이터 네트워크를 이용한 데이터 전송 시 ITU-T NO.5의 접속 규격
⑤ X.20 : 공중데이터 네트워크에서의 비동기 전송을 위한 DTE와 DCE 접속 규격
⑥ X.20bis : V.21가 호환성이 있는 공중데이터 네트워크에서 비동기 전송을 위한

DTE와 DCE사이의 접속 규격

⑦ X.21 : 공중데이터 네트워크에서 동기식 전송을 위한 DTE와 DCE사이의 접속 규격

⑧ X.21bis : V시리즈의 동기식 변복조기에 맞게 설계된 DTE의 PDN에서의 사용

⑨ X.24 : 공중데이터 네트워크에서 사용되는 DTE와 DCE사이의 인터체인지 회로에 대한 정의

⑩ X.25 : 공중데이터 네트워크에서 패킷형 터미널을 위한 DCE와 DTE사이의 접속 규격

⑪ X.26 : IC로 된 장치와 불평형 복류회로 접속부의 전기적 특징

⑫ X.27 : IC로 된 장치와 평형 복류회로 접속부의 전기적 특징

⑬ X.28 : 동일 국내의 PDN에 연결하기 위한 DTE/DCE 접속

⑭ X.29 : 패킷형 DTE와 PAD사이에 제어정보 및 데이터 교환에 대한 절차

⑮ X.40 : 기초군(Primary Group)을 주파수 분할하여 전신과 데이터 채널을 만들기 위한 주파수 편이방식의 표준화

⑯ X.50 : 동기식 데이터 네트워크 사이의 국제적 접속을 위한 다중화 방법

⑰ X.51 : 10비트 Envelope 구조를 사용한 동기식 데이터 네트워크 사이의 국제접속을 위한 다중화 방법

⑱ X.60 : 동기식 데이터 통신 방식에서 공중채널신호(이용자부분)

⑲ X.70 : 비동기식 데이터 네트워크 사이의 국제회선에 스타트-스톱 방식을 사용하기 위한 터미널 및 공중제어신호 방식

⑳ X.71 : 동기식 데이터 네트워크 사이의 국제회선에 분산된 터미널 중계제어신호 방식

㉑ X.75 : 패킷 교환 공중 데이터 네트워크 상호간의 접속을 위한 노드 사이의 프로토콜

㉒ X.92 : 동기식 공중데이터 네트워크에 대한 가상적 기준 연결

㉓ X.95 : 공중데이터 네트워크의 네트워크 파라미터

㉔ X.96 : 공중데이터 네트워크의 Call Progress 신호

＊ X 시리즈 권고안 전부다 PDA에 대한 내용이 포함되어 있다.

(3) X 시리즈와 X 시리즈 접속규격 관계도

기존 터미널이 V 시리즈를 갖고 있는 이를 Digital회선 교환망에 사용할 수 있도록 구성하면 Digital 데이터망에 X 시리즈와 V 시리즈 인터페이스를 모두 적용시켜 V, X 시리즈 터미널의 상호 통신을 가능하게 한다.

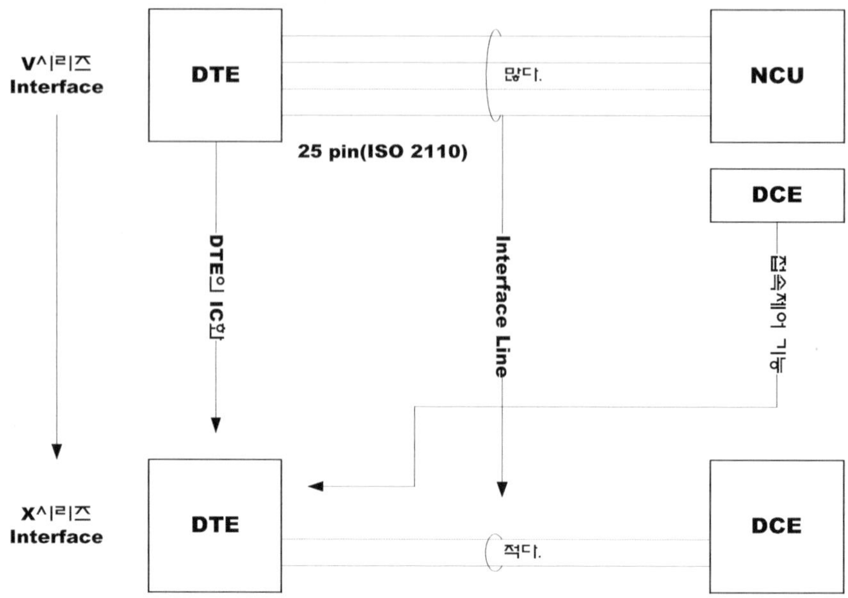

[그림 3-20] V시리즈와 X시리즈 인터페이스 관계도

(4) 25핀 인터페이스

25핀 접속규격은 DTE와 DCE사이의 데이터 전송 시에 직렬 데이터를 송 · 수신하기 위한 제어 신호 및 타이밍 신호를 전송하기 위한 접속규격으로서 ITU-T의 V.24와 V.28과 ISO/IS2110과 EIA의 RS-232C에 의한 것이다.

1) 적용조건

① 동기 방식 : 비 동기식, 동기식

② 회선의 종류 : 전용회선, 교환회선

③ 접속 케이블 : DTE측에서 준비

④ 데이터 신호의 전송속도 : 20[Kbps]이하(통상 9600[bps]를 사용한다.)

2) 상호접속회로

① 100시리즈에는 37가지, 200시리즈에는 13가지의 상호 교환 회로가 정의되어 있고 실제 DTE는 이 중 필요한 것만 사용한다.
② ITU-T V.24(EIA의 RS-232C와 동일)에는 일반적 응용을 위한 100시리즈와 자동 호출을 위한 200시리즈 권고안이 있다.

3) 핀 배열

25핀 인터페이스에서 사용되는 핀은 데이터 송·수신, 전기적 접지, 타이밍 회로, 제어회로 기능을 수행한다.

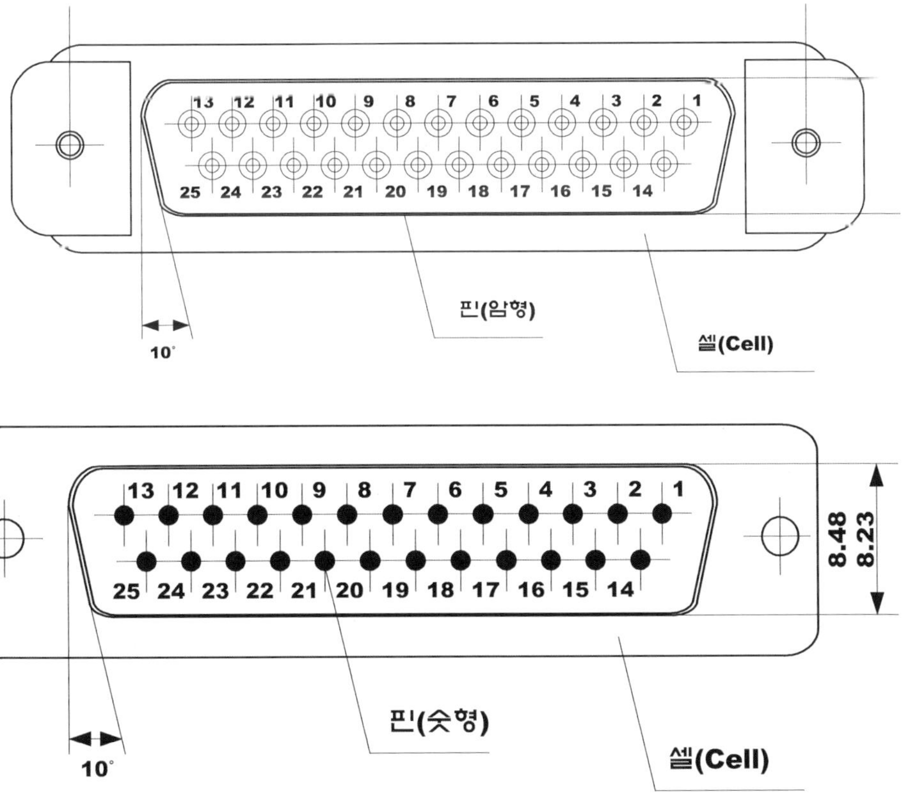

[그림 3-21] 25핀커넥터의 핀

핀번호	ITU-T 기호	RS-232C	기 능	입·출력	신호방향	
					DTE	DCE
1	101	AA	보안용 접지 또는 어스 (PG : Protective Ground, Fame Ground(FG))			
2	103	BA	송신용 데이터(TD : Transmitted Data)	입력	→	
3	104	BB	수신용 데이터(RD : Received Data)	출력		←
4	105	CA	송신의 요구(RTS : Request To Send)	입력	→	
5	106	CB	송신 준비의 완료(Clear To Send)	출력		←
6	107	CC	데이터 셋 준비완료(Data Set Ready)	출력		←
7	102	AB	신호용 접지(SG : Signal Ground)			
8	109	CF	수신용 캐리어 검출(Data Carrier Detect)	출력		←
9	–	–	데이터 테스트 모뎀 (Data Test Modem : Positive DC)			←
10	–	–	데이터 테스트 모뎀 (Data Test Modem : Negative DC)			←
11	–	–	이퀄라이저 모드(Equalizer Mode)	입력		←
12	122	SCF	귀환 채널의 수신신호검출 (SCDC : Secondary Data Carrier Detect)	출력		←
13	121	SCB	귀환 채널의 데이터의 송신 (SCTC : Secondary Clean To Send)	출력		←
14	118	SBA	귀환 채널의 송신 데이터 (STD : Secondary Transmitted Data)	입력	→	
15	114	DB	송신 신호의 엘리먼트 타이밍 (TC : Transmitter Clock(DCE))	출력		←
16	119	SBB	귀환채널의 수신데이터 (SRD : Secondary Received Data)	출력		←
17	115	DD	수신 신호의 타이밍 (Receiver Signal Element Timing)	출력		←
18	–	–	근거리 귀환(Local Look Back) (DCR : Divided Clock Receiver)		→	
19	120	SCA	귀환채널의 송신요구 (SRTS : Secondary Request To Send)	입력	→	

20	108.2	CD	데이터 단말 준비 완료 (DTR : Data Terminal Ready)	입력	→	
21	110	CG	데이터 신호 품질 검출 (DSQD : Data Signal Quality Detect)	출력		←
22	125	CE	피 호출 표시(RI : Ring Indicator)	출력		←
23	111/ 112	CH/ CI	데이터 신호 속도 선택 (DTE/DCE : Data Rate Selector)	입 · 출력	→	←
24	113	DA	송신기의 클록(Transmitter Clock)	입력	→	
25	–	–	Unas Signed			

(5) 37핀 인터페이스

25핀과 대처 가능하고 교환회선간의 누화감소, 고속전송, DCE의 테스터기능 제어 특성을 갖는 접속규격을 가지고 있다.

1) 적용조건

① 동기 방식 : 비동기식, 동기식

② 회선의 종류 : 교환회선, 전용회선

③ 접속 케이블 : DTE측에서 준비

④ 데이터 신호의 속도 : 상호 접속 회로가 불평형 복류 방식의 경우는 100[kbps] 이하 평형복류 방식의 경우는 10[Mbps] 이하이다.

2) 핀 배열

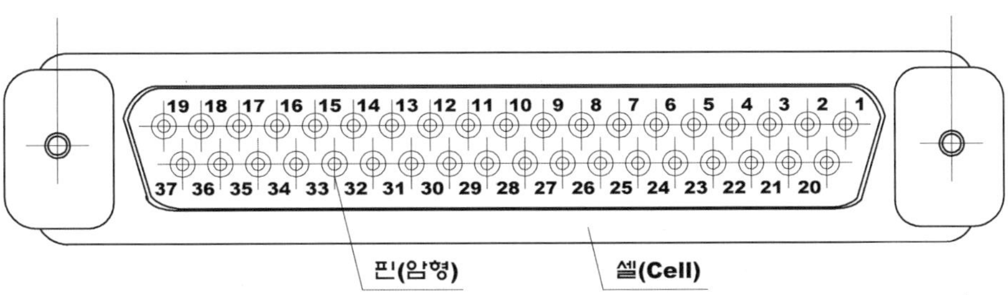

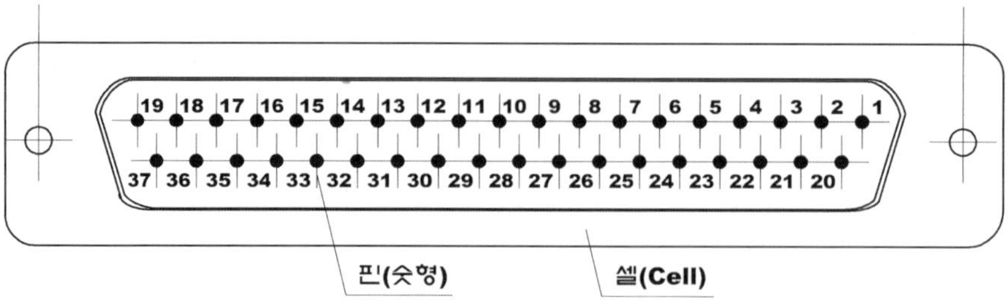

[그림 3-22] 37핀 커넥터 핀 배열

(6) RS-232C 인터페이스와 V.24의 관계

① DTE와 변·복조기 사이의 거리가 2~3[m] 이내로 짧은 거리를 사용하며 공중 전화망을 통한 데이터의 속도도 빠르지 않으므로 표준 인터페이스에 사용되는 신호 레벨도 감쇄의 영향을 크게 받지 않는다.

② 미국의 EIA에서 정의한 RS-232C 인터페이스와 ITU-T에서 권고된 V.24는 공중 전화망을 통한 데이터 전송에 필요한 변·복조기와 컴퓨터를 접속시켜 주는 표준 인터페이스이다.

③ RS-232C/V.24 표준 인터페이스 케이블은 컴퓨터와 주변장치 간에 9.6[kbps]이하의 속도로 최대 15[m] 이내의 거리에서 연결할 때만 사용한다.

④ 표준 인터페이스 케이블인 RS-232C 케이블은 기본 형식으로 리본이고, 멀티코어 케이블도 사용한다.

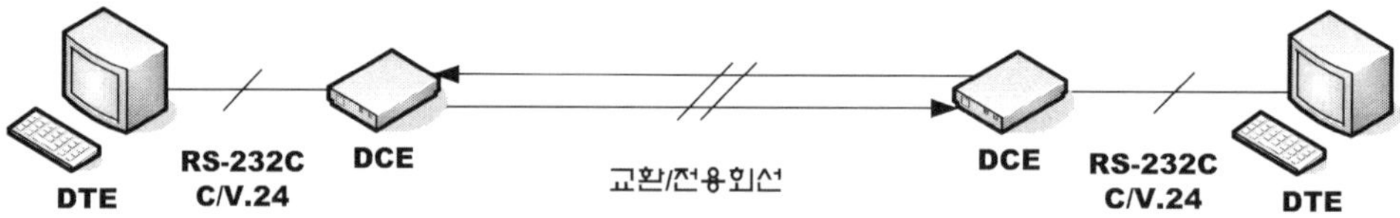

[그림 3-23] 인터페이스 기능

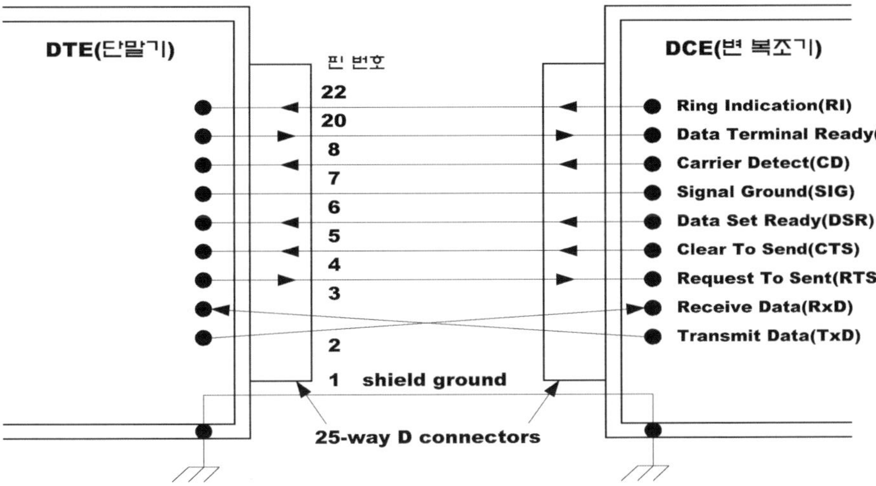

[그림 3-24] 신호 정의

(7) RS-422 인터페이스

V24나 RS-232C 보다 빠르게 데이터를 송 · 수신할 때 사용하는 인터페이스로 V.11 인터페이스의 기능과 같다.

(8) RS-449 인터페이스

통신장비의 테스트 시에 사용되고 비 지능형 단말기와 중앙처리장치 사이에 연결되어 사용된다. V.35 인터페이스의 기능과 같다.

① X.20 : 공중데이터 통신망에서 비동기 전송을 위한 DTE와 DCE 접속 규격
② X.20bis : 비동기식 V시리즈의 모뎀과 동기식 변복조기에 맞게 설계된 단말기(DTE)의 공중 데이터 통신망(PDN)에서 사용
③ X.21 : 공중데이터 네트워크에서 동기식 전송을 위한 데이터 단말기(DTE)와 회선 종단 장치(DCE) 사이의 접속 규격
④ X.21bis : 동기식 V시리즈 모뎀과 인터페이스용으로 설계된 동기식 변복조기(DTE)에 맞게 설계된 회선 종단 장치(DCE)에서 사용

Reference

X.21과 X.21bis의 차이점

- X.21은 공중 데이터망에서의 동기식 전송을 위한 DTE/DCE간의 접속 규격을 정의한 것이고, X.21bis는 V계열의 동기식 변 · 복조기에 맞게 설계된 DTE를 공중 데이터망에서 사용하고자 할 때 갖추어야 할 접속 규격을 정의한 것이다.
- RS-232C/V.24가 공중 전화망을 통한 전송에 필요한 DTE/DCE 접속 규격을 정의한데 비하여 X.21, X.21bis는 공중 데이터망을 사용하는 점이 다르다.

[그림 3-25] 접속 회로의 명칭

Chapter 4

정보전송장치

Chapter 4

Data Communication Instruments

정보전송장치

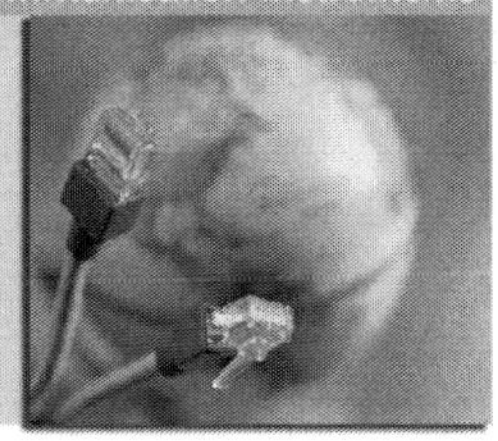

4.1 변 · 복조기(MODEM)

아날로그 전송회선을 사용하여 디지털 데이터 전송이 가능하도록 도와주는 장비로서 컴퓨터에서 출력되는 디지털 신호를 아날로그 전송회선에 전송하기 알맞은 신호 변조하여 주고, 변조된 아날로그 신호를 다시 복조하여 원래의 디지털신호로 되돌려 주는 일종의 신호 변환장치이다. 이러한 모뎀은 기존의 아날로그 전송로를 통해 디지털 데이터 전송이 가능할 뿐 아니라 변조를 행하기 때문에 원거리 전송이 가능하며, 오류 확률 또한 최소화 할 수 있다.

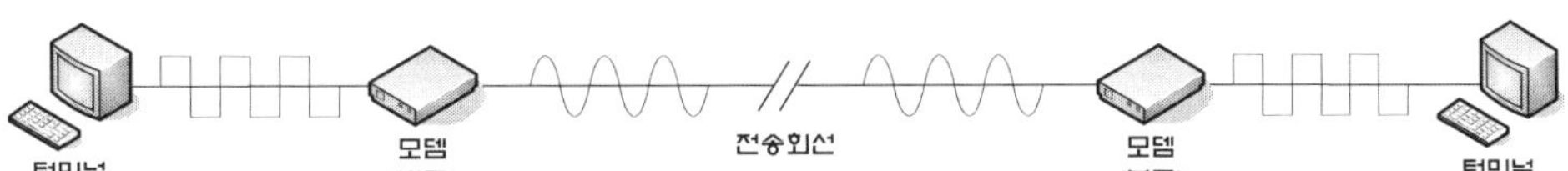

[그림 4-1] 변복조기(모뎀)의 기능

(1) 모뎀의 구조

1) 송신부

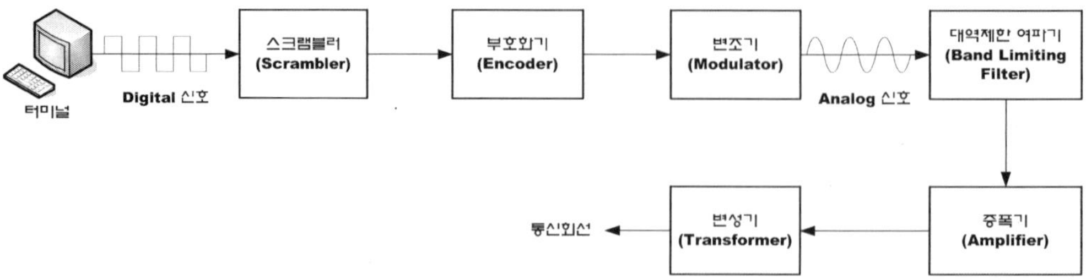

[그림 4-2] 모뎀의 송신부 구조

① **스크램블러(Scrambler)**

0, 1이 중복되는 것을 피해 데이터 패턴을 자유롭게 한다. 직류성분을 없애기 위해서 사용한다.

② **부호화기(Encoder)**

중앙처리장치와 터미널에서 출력된 신호를 아날로그 전송로에 적절한 형태로 만들어 주기 위해서 송신 클록에 지정된 부호 형식으로 만들어 준다.

③ **변조기(Modulation)**

부호화된 디지털 신호를 1,700~1,800[Hz] 정도의 반송주파수를 이용하여 아날로그 신호로 디지털 변조를 한다.

④ **대역 제한 여파기(BLF : Band Limiting Filter)**

변조된 신호는 여파기에서 아날로그 전송선로에 맞는 주파수 대역으로 제한된다. (합 일 때는 주파수는 통과, 차 일 때는 주파수는 제한)

⑤ **증폭기(Amplifier)**

아날로그 전송로에 필요한 전송 레벨만큼 증폭시킨다.

⑥ **변성기(Transformer)**

모뎀과 통신선로 사이에 임피던스 정합을 시킨다.

2) 수신부

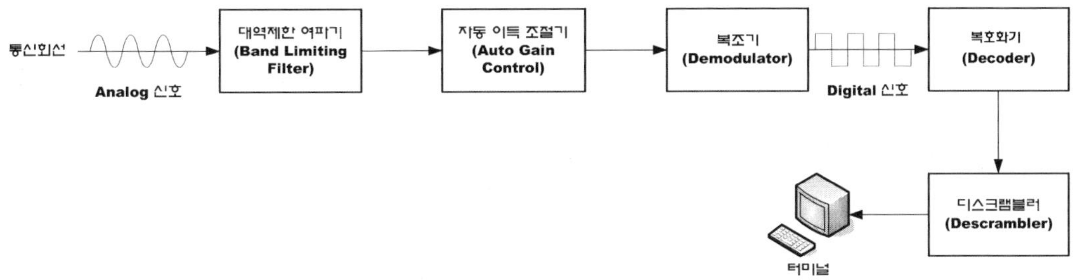

[그림 4-3] 모뎀의 수신부 구조

① 대역 제한 여파기(BLF : Band Limiting Filter)

전송로에 맞는 주파수 대역으로 제한된다.

② 자동 이득 조절기(AGC : Automatic Gain Control)

적당한 신호 크기로 레벨을 맞춘다.

③ 등화기(Equalizer)

진폭, 주파수, 위상왜곡을 보상하기 위해서 사용된다.

④ 복조기(Demodulator)

디지털 변조되어 들어온 신호를 디지털 부호로 변환한다.

⑤ 복호기(Decoder)

변환된 디지털 부호를 원래의 디지털 신호로 변환한다.

⑥ 디스크램블러(Descrambler)

송신측의 스크램블러의 역 과정을 수행하는 기능으로 원래 송신 데이터를 복원하는 부분이다.

(2) 모뎀의 분류

일반적으로 모뎀을 분류하는 방법으로는 동기 방식에 따라 동기식과 비동기식 모뎀, 통신 속도에 따라 저속도, 중속도, 고속도 모뎀, 변조 방식에 따라 ASK, FSK, PSK,

QAM모뎀으로 분류 할 수 있으며, 이 외에도 채널 대역폭에 따라서 음성대역 이하의 모뎀, 음성대역 모뎀, 광대역 모뎀 그리고 사용회선에 따라 교환회선 모뎀과 전용회선 모뎀 등으로 분류 될 수 있다.

1) 동기 방식에 따른 분류

① 비동기식 모뎀

1,200[bps] 이하의 저속도 모뎀으로 비동기식 단말에서 사용되며 주로 FSK변조 방식을 사용한다.

② 동기식 모뎀

2,400[bps] 이상의 중속도 모뎀으로 대화형 단말이나 지능형 단말과 같은 동기식 단말에 사용되며 주로 PSK나 QAM변조 방식을 사용한다.

2) 통신 속도에 따른 분류

① 저속도 모뎀 : 데이터 신호 속도가 1,800[bps] 이하의 모뎀
② 중속도 모뎀 : 데이터 신호 속도가 2,400[bps]~4,800[bps] 이하의 모뎀
③ 고속도 모뎀 : 데이터 신호 속도가 9,600[bps] 이상의 모뎀

3) 변조 방식에 따른 분류

① ASK모뎀

ASK변조방식을 사용하는 모뎀으로 각종 잡음 및 신호레벨 변동에 약해 근거리 소량의 데이터 전송에만 제한적으로 이용된다.

② FSK 모뎀

FSK변조 방식을 사용하는 모뎀으로 각종 잡음 및 간섭에 강하고 신호레벨 변동이 작기 때문에 원거리 전송에 사용된다. 1,200[bps] 이하의 저속도 비동기식 모뎀으로 이용된다.

③ PSK 모뎀

PSK변조 방식을 사용하는 모뎀으로 2,400~4,800[bps]의 중속도 모뎀에 주로 이용된다.

④ **QAM 모뎀**

QAM변조 방식을 사용하는 모뎀으로 9,600[bps] 이상의 고속도 모뎀에 주로 이용된다.

4) 채널(이용) 대역폭에 따른 분류

① **광대역 모뎀**

48[Khz], 96[Khz], 240[Khz]이 대역을 이용한 고속 변 · 복조기

② **음성 대역 모뎀**

300~3,400[Hz]으 음성 대역을 이용한 변 · 복조기, 9,600[bps]이하에서 사용

③ **음성 이하 대역 모뎀**

50[bps] 이하의 저속 모뎀에서 이용하며 주로 음성대역을 주파수 분할해서 사용한다.

5) 사용 가능 거리에 따른 분류

① **선로 구동기**

1마일(1,609[m]) 미만의 거리에서 사용되는 변 · 복조기로 속도는 100[Kbps]~1[Mbps] 이하

② **단거리(제한거리) 모뎀**

20마일 미만의 거리에서 사용되는 변 · 복조기로 속도는 110[bps]~1[Mbps]이하

③ **장거리 모뎀**

20마일 이상의 장거리에 사용되는 변 · 복조기로 속도는 50~16,000[bps] 이하

6) 사용 가능한 포트 수에 따른 분류

① **멀티포트 모뎀**

4,800[bps] 이상의 변 · 복조기로 2~6개 이상의 포트를 내장

② 단 포트 모뎀

저속(비동기식) 변 · 복조기로 2,400[bps]이하의 변 · 복조기

7) 등화방식에 따른 분류

① 가변 등화 모뎀

㉠ 자동식

등화회로가 자동으로 특성에 맞게 조정 가능

㉡ 수동식

등화회로의 특성을 사람이 변형시켜주는 변 · 복조기

② 고정 등화 모뎀

등화회로의 특성이 고정되어 있는 변 · 복조기

8) 사용회선에 따른 분류

① 전용 회선 모뎀

4선식이나 2선식 회선을 이용하는 변 · 복조기로 통신 속도에 제한이 없다.

② 교환 회선 모뎀

PSTN(공중 전화망)을 사용하는 모뎀을 말하며, 1,200[bps]~9,600[bps]의 저 · 중속도에서 사용한다.

9) 모뎀을 이용한 아날로그 전송방식

모뎀을 이용한 아날로그 전송에서 터미널(단말)과 모뎀 간에는 RS-232C 케이블로 연결하여 디지털 신호를 모뎀으로 전송하고, 송신측의 모뎀과 수신측의 모뎀 간에는 2선식 또는 4선식 평형 케이블로 구성된 전용회선이나 전화국내의 전화교환기를 통한 전화 교환망(PSTN : 공중전화 교환망) 또는 동축케이블을 이용한 케이블TV망을 통하여 아날로그 신호를 전송한다.

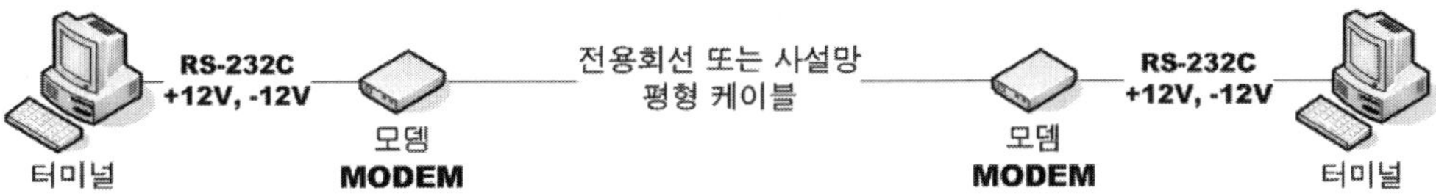

[그림 4-4] 전용회선 망을 이용한 구성

[그림 4-5] 전화 교환망(PSTN망)을 이용한 구성

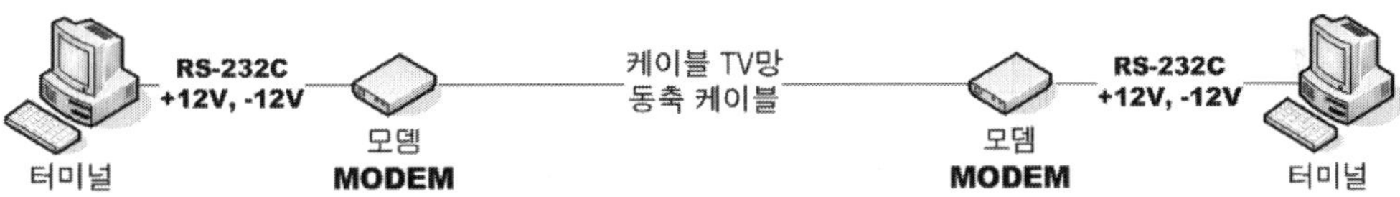

[그림 4-6] 케이블TV망을 이용한 구성

(3) 주요 사용 모뎀의 특징

1) 선로 구동기

① 변 · 복조기를 이용해서 가까운 거리통신을 할 때 이용하는 신호 연장기로서 아날로그 신호를 증폭한다.

② RS-232C 케이블을 사용해서 100[Kbps]에서는 1500[m], 1[Mbps]에서는 150[m]까지 전송이 가능하다.

③ 제한 거리 모뎀보다 짧은 거리에서 이용되고 디지털 신호를 사용하는 경우 DSU를 이용해서 신호를 연장해야 하는데 이때 연장 해주는 기계를 리피터(Repeater)라고 한다.

④ 음성대역 회선을 이용하지 않고 동선을 이용하며 일반적으로 변 · 복조기를 다르게 디지털 신호로서 전송되기 때문에 사용 거리가 짧을 경우 수신측에는 선로 구동기 변 · 복조기는 필요가 없다.

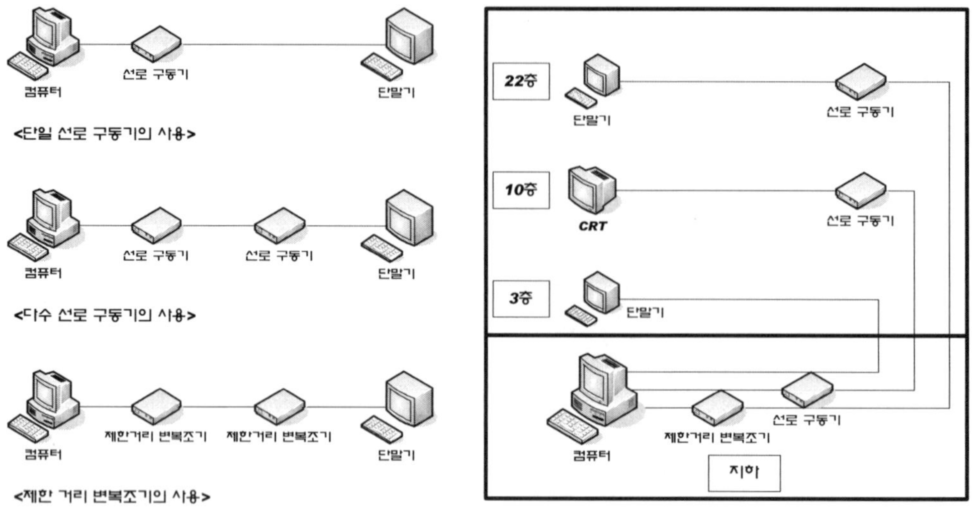

[그림 4-7] 사용가능거리에 따른 모뎀의 구성도

2) 단거리(제한거리) 모뎀(Limited Distance Modem)

① 2선식과 4선식을 사용하여 단방향, 반이중, 전이중 통신이 가능하다.

② 짧은 거리(1~20마일)에서 사용하는 변 · 복조기로 데이터를 전송하는 것에 비해서 비용을 절감할 수 있다.

③ 통신 속도는 110[bps]~1[Mbps]의 속도에서 사용된다.

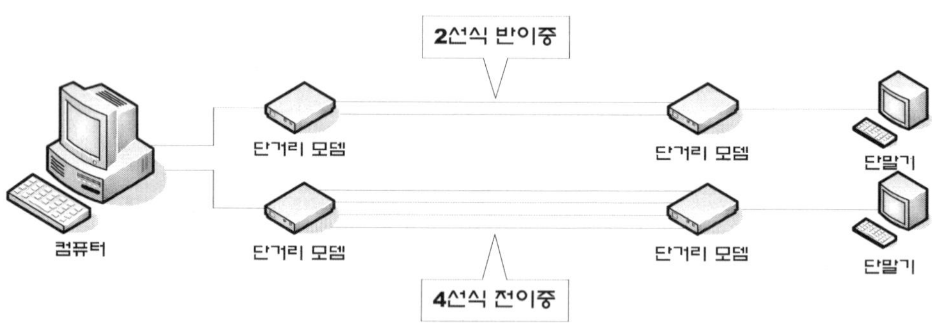

[그림 4-8] 단(제한)거리 모뎀의 구성도

3) 멀티포트 모뎀(Multi-port Modem)

① 4개 이하의 채널을 다중으로 사용하고자 하는 경우에 별도의 다중화기를 이용하

지 않고 변 · 복조기와 제한된 기능을 멀티플렉서가 혼합된 형태의 멀티포트 변 · 복조기를 사용한다.

② 멀티포트 변 · 복조기는 기본적으로 고속 동기식 모뎀과 시분할 다중화기가 1개의 장비로 만들어져 있다.

③ 시 분할 다중화기는 모뎀의 신호를 그대로 사용하기 때문에 데이터를 동기하기 때문에 별도의 기기를 이용하는 경우보다 편리하다.

④ 동기식 운영만 가능하다.

⑤ 가격이 저렴하고 구조가 간단하다. 또한 1개의 기기를 이용하므로 조작이 쉽다.

⑥ 별도의 멀티플렉서를 사용하지 않기 때문에 상당히 경제적이다.

⑦ 멀티포트 모뎀에 입력되는 라인들의 속도의 합은 출력라인의 속도의 합과 같아야 한다. (A+B+C+D=Z)

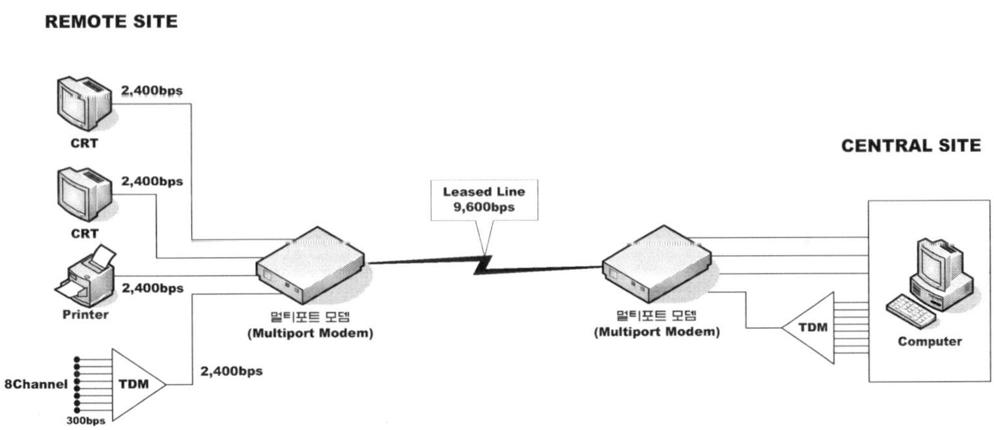

[그림 4-9] 멀티포트 모뎀

4) 멀티 포인트 모뎀(Multi-point Modem)

① 전송지연을 최소화하기 위해 고속 폴링을 할 수 있도록 설계된 변 · 복조기

② 멀티 포인트를 다른 말로 멀티드롭(Multi Drop)이라고도 하는데, 한 지역에 집중적으로 모여 있지 않고 흩어져 있는 경우에 사용

③ 응답시간, 터미널의 이용 빈도, 이용규약과 효율, 모뎀의 전송속도, 선로반전 시간 등을 고려해야 한다.

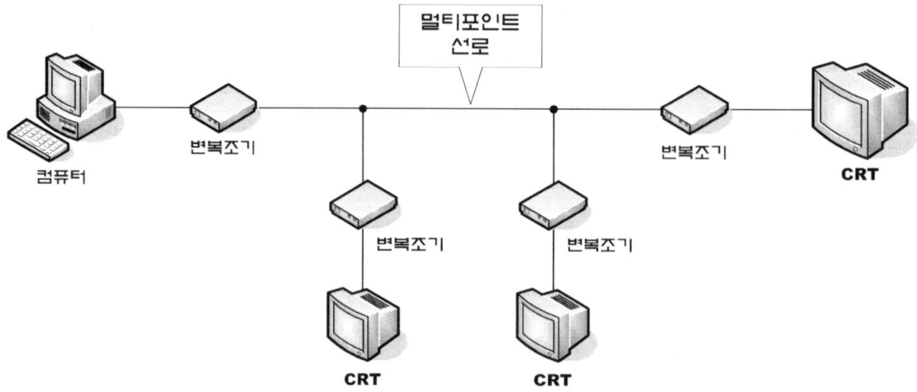

[그림 4-10] 멀티 포인트 시스템의 구성도

④ 멀티 포인트 모뎀에서 단말에 폴링 할 때 발생되는 지연요소들

㉠ 모뎀 내부의 지연시간(K_m)

㉡ 컴퓨터와 단말기 사이의 거리에 따른 지연시간(K_p)

㉢ 단말기 자체에서 지연시간(K_T)

㉣ RTS/CTS의 신호에 따른 지연시간($K_{R/C}$)

㉤ 전체적인 지연시간$=2(K_{R+C}+K_m)+K_T+K_p$

5) 음향결합기(Acoustic Coupler)

① 최초의 변·복조장치로서 전화기 내부에 설치한다.

② FSK변조 방식을 사용해서 1,200[bps] 이하의 저속 데이터 통신에 사용한다.

③ 송·수화기를 통하여 연결되기 때문에 전화가 설치된 어느 곳에서든지 이동하여 사용할 수 있다.

④ 음성대역에서 송신에 대하여 두 개의 분리된 주파수를 이용하고 수신에 대해서도 두 개의 분리된 주파수를 이용하기 때문에 2선 전화 교환망에서 전이중 통신이 가능하다.

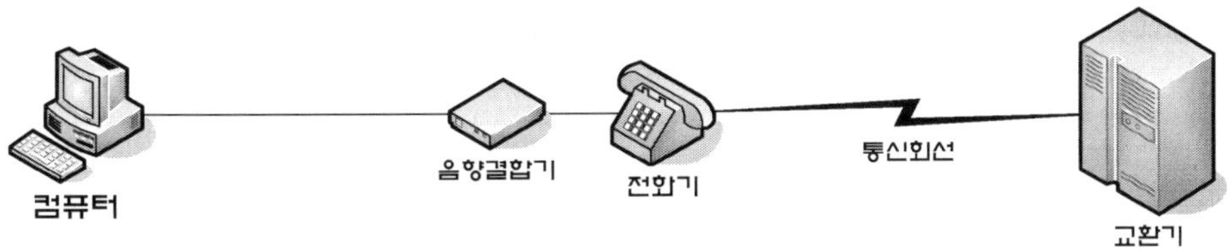

[그림 4-11] 음향 결합기

6) 지능형(Intelligent) 모뎀

① 중앙처리장치에 마이크로프로세서를 탑재하여 전산처리능력과 에러처리능력 그리고 데이터의 압축 기능을 수행하도록 설계된 변 · 복조 장치이다.

② 중앙 채널과 부수적인 채널로 나누어지며 중앙채널이 실질적인 데이터 전송을 하며, 부수적 채널이 망 운영 정보를 교환한다.

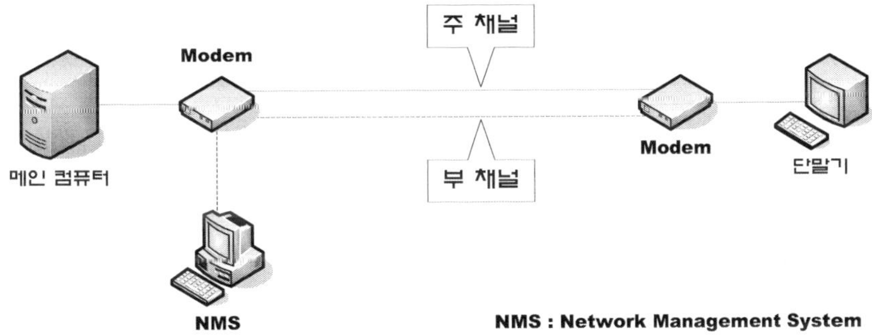

[그림 4-12] 지능형 모뎀의 구성도

Reference

모뎀의 기능

- 자동응답 기능
  수신측 변 · 복조기의 내부 회로를 동작시켜 상대측과 자동으로 연결해 주는 기능
- 자동호출 기능
  직접 다이얼하지 않고 자동적으로 상대방이 호출되는 기능
- 자동속도조절 기능
  통신 상호간의 변 · 복조기 속도를 일치하도록 하는 기능
- 모뎀 테스트 기능
  변 · 복조기의 동작상태가 정상인지를 시험할 수 있는 오류검출기와 패턴발생기 회로가 내장되어 있다.

(4) 추가적인 전송장치

중앙처리장치가 온라인 상태에서 원거리의 터미널과 정보를 송·수신하기 위한 추가적인 전송장치로서 자동응답기와 자동호출기가 있다. 추가적인 전송장치는 중앙처리장치 측에 설치하는 장비이다.

1) 자동 응답기(Automatic Answering Unit)

① 변 · 복조기 안에 내장되어 있어서 단말기 측에서 호출이 있을 경우 중앙처리장치에 자동으로 단말기를 연결시켜 주는 장치이다.

② 호출이 응답된 후 일정 시간이 지났는데도 반송호가 도착하지 않으면 연결을 자동으로 해제한다.

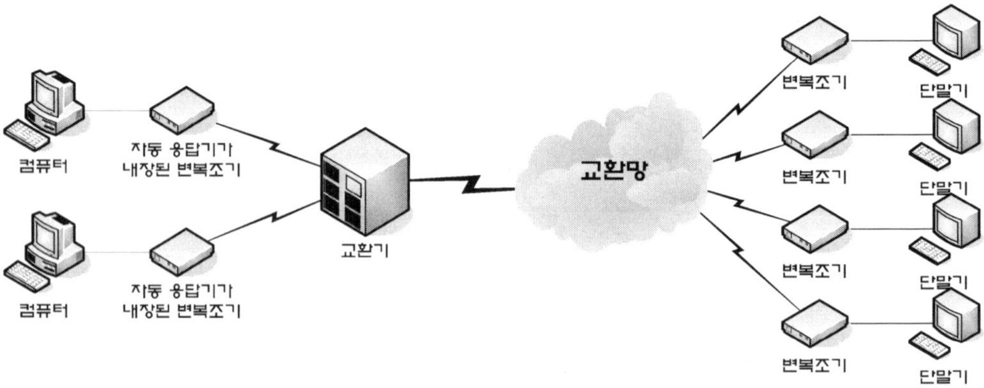

[그림 4-13] 자동응답 장치의 실제 사용인 예

2) 자동 호출기(Automatic Calling Unit)

① 중앙처리장치에서 원격지 터미널로 교환망을 사용해서 Data를 전송할 경우 사람이 해야 할 호출을 중앙처리장치가 자동적으로 하는 장치를 말한다. 중앙처리장치가 원격 단말기로 정보 전송을 할 때 가장 먼저 자동 호출기가 원격지 단말기를 호출한 다음에 변·복조기를 통해서 정보를 전송시킨다.

② 데이터 통신 네트워크에서 선로의 이용율을 크게 높여준다.

③ 분산형 네트워크에서 사용된다.

④ 호출할 전화번호나 호출의 횟수는 프로그램화 되어 있어서 컴퓨터 안에 저장되어 있다.

⑤ 자동호출기의 형식

㉠ 801C 자동 호출기 : 버튼식(다이얼식 보다 통신 속도를 약10배 정도 빠르게 할 수 있다.)

㉡ 801A 자동 호출기 : 다이얼식

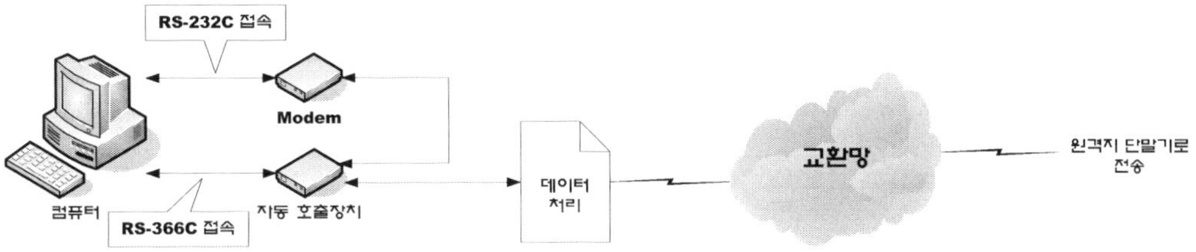

[그림 4-14] 자동호출기 구성도

4.2 DSU(Digital Service Unit)

(1) DSU

DSU는 디지털 전송회선을 사용하여 디지털 데이터를 전송할 때 필요한 장비로서 아날로그 전송회선에서 사용되는 모뎀과는 달리 2진 디지털 단 극성(Unipolar) 펄스 신호를 복 극성(Bipolar)신호로 변환하여 전송하고 수신측에서는 복 극성(Bipolar) 신호를 다시 본래의 단 극성(Unipolar) 신호로 되돌려 주는 역할을 수행한다. 이러한 DSU는 단 극성 디지털 신호를 복 극성 디지털 신호로 변환하여 디지털 신호가 전송도중에 생길 수 있는 감쇠 및 왜곡 현상을 최소화 할 수 있으며, 극성이 한쪽으로 치우치는 것을 예방하고, 동기신호를 잃지 않게 유지시켜 준다.

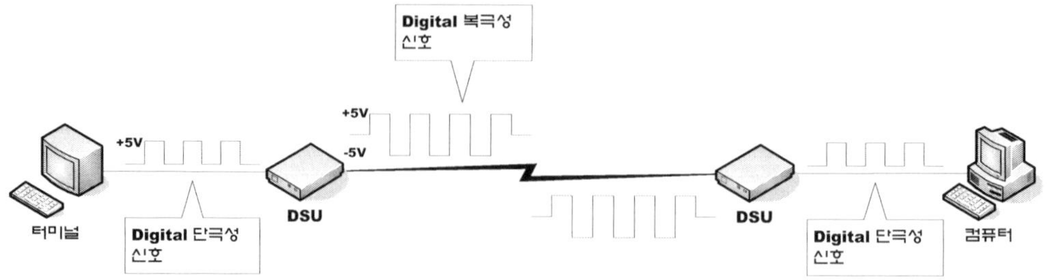

[그림 4-15] DSU의 기능

1) 기 능

① 신호 전송속도를 변환시켜준다.
② 제어신호를 삽입할 수 있다.
③ 신호파형 변환할 수 있다.

2) 구 성

① 인터페이스부

단말장치로부터 송·수신 신호를 결합시켜 주는 장치

② 송신부

2진 부호인 단 극성 신호를 BNZS(Bipolar with N Zero Substitution) 형태로 Encoding(부호화)하여 복 극성 펄스로 변환시켜 준다.

③ 수신부

데이터 포트로부터 수신된 복 극성 신호를 단 극성 신호로 변환시켜서 단말장치로 전송해 주는 장치

④ 타이밍 및 주파수합성기(PLL : Phase Looked Loop)

수신데이터로부터 동기용 클록을 추출해서 송신부에 공급시켜 주는 장치

3) 특 징

① 모뎀보다 가격이 저렴하다.
② 디지털 전송로에서만 사용이 가능하다.
③ 원거리 전송을 보장해 주는 기능을 가지고 있다.

(2) CODEC(Coder + Decoder = 코덱)

아날로그 신호를 디지털 전송로에 맞게 사용하기 위해서 디지털 신호로 변환해서 전송한 수 디지털 신호를 다시 아날로그 신호로 재생시켜주는 신호변환장치이다. 여기서 아날로그 신호를 디지털 신호로 바꾸어 주는 것을 코더(Coder)라 하고, 디지털신호를 아날로그로 신호로 바꾸어 주는 부분을 디코더(Decoder)라 한다.

[그림 4-16] 코덱(Codec)의 기능

4.3 다중화 장비(Mutiplexer)

다중화란 하나의 단말이 하나의 회선 전체 용량을 모두 사용하는 방식이 아니라, 복수개의 단말에서 발생되는 많은 량의 데이터를 하나의 회선에 동시 다발적으로 전송하는 방법을 다중화라 한다. 즉, 하나의 단말이 한 회선을 모두 사용할 경우 다른 단말들은 통신을 할 수 없게 되는데, 이러한 현상을 막기 위해 복수개의 단말에서 발생되는 많은 량의 데이터를 하나의 회선에 모아서 주파수 대역 또는 시간 영역 등을 나누어 전송하는 방식으로 통신의 이용 효율성을 극대화 시킨 방식을 말한다. 예를 들어 원거리에 존재하는 다수의 단말들을 모두 각각 통신회선으로 연결하게 되면 비용이 높아지게 되어 경제적인 통신을 구축하기 어렵게 된다. 그래서 다수의 단말들을 일정 지역별로 나누어 복수개의 저속회선으로 연결한 다음 하나의 고속회선으로 전송하고, 다시 저속회선으로 분할하는 방식이 다중화 방식이다. 다중화 하는 방법에는 크게 주파수를 분할하여 다중화 하는 주파수 분할 다중화(FDM : Frequency Division Multiplexing)와 시간을 분할하여 다중화 하는 시분할 다중화(TDM : Time Division Multiplexing) 그리고 TDM보다 한 단계 발전된 STDM방식이 있다. 다중화장비는 단말 측에서 입력되는 회선들의 속도의 합과 전송

회선의 속도가 같은 장비를 말한다. (A+B+C+A=Z)

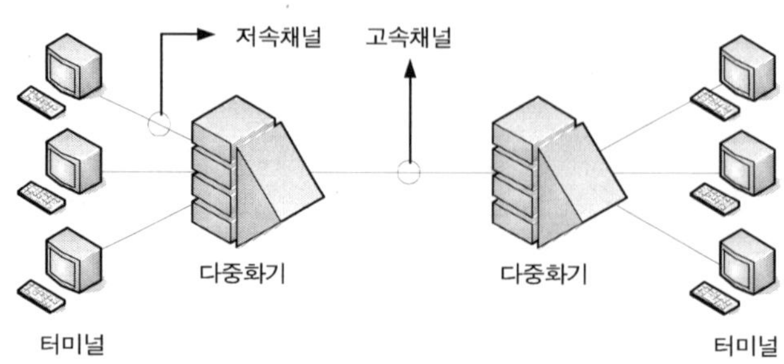

[그림 4-17] 다중화 장비에 대한 개념도

1) 특 징

① 선로의 정적인 공동이용이 이루어진다.

② 장비관리 및 회선관리가 쉬워진다.

③ 통신회선이 고장이 나면 터미널 전체가 사용이 불가능하다.

2) 종 류

① 주파수분할 다중화기

② 시분할 다중화기

③ 광대역 다중화기

④ 지능 다중화기

⑤ 역 다중화기

(1) FDM(Frequency Division Multiplexing) - 주파수 분할 다중화

주파수 분할 다중화란 사용가능한 주파수 대역을 분할하여 다중화 하는 방식으로 일정 크기의 주파수 대역폭을 여러 개의 작은 대역폭으로 나누어 각각의 단말과 연결된 각 채널을 서로 다른 반송파를 사용하여 변조 한 다음 송신하고, 수신측에서는 BPF(Band Pass Filter)를 통해 각 채널별로 복조(검파)함으로서 원래의 신호를 얻어내는 아날로그 다중화 기술이다.

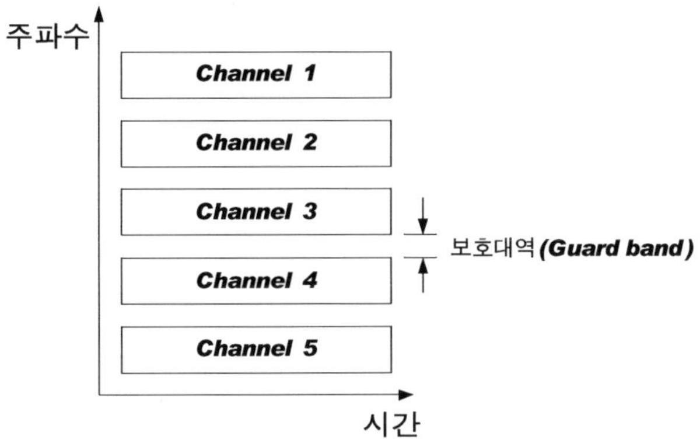

[그림 4-18] FDM(주파수 분할 다중화기)의 개념

1) 특 징

FDM은 사용 가능한 주파수 대역을 분할하여 다중화 하는 방식으로 전송하려는 신호의 대역폭 보다 전송매체의 유효 대역폭이 큰 경우에 사용하는 방식이다. 보통 FSK방식이 사용되며, 각 채널 간 간섭을 줄이기 위해 완충지역인 보호대역(guard band)이 필요하다. 이렇게 사용된 보호대역은 사용가능한 대역폭의 낭비를 가져와 채널 이용률을 낮게 하는 요인이 된다.

① 이용가능한 주파수 할당 대역폭이 넓을 때 사용가능하다.
② 누화와 혼선이 발생하지만 광대역 전송이 가능하다.
③ 비동기식 방식에 사용되며 동기는 필요치 않다.
④ 각 채널 간 완충지역인 보호대역(guard band)이 있으며 이로 인해 주파수 낭비를 초래한다.
⑤ 1,200[bps]이하의 저속도로 구조가 간단하고 가격이 저렴하다.
⑥ 멀티 포인트 방식의 구성에 적합하다.
⑦ 융통성이 없는 다중화 기술로 간주된다.

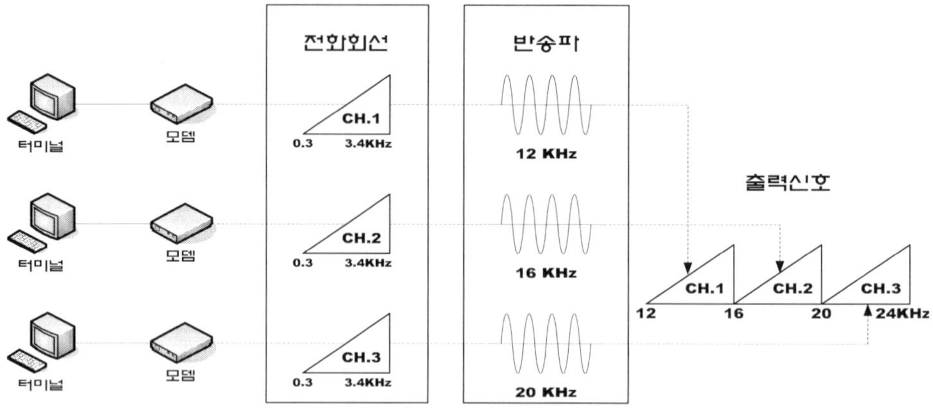

[그림 4-19] FDM의 구성도

2) 원 리

여러 개의 통화로를 일괄적으로 모아서 변조기에 공급하도록 하여 변조를 행하는 방식이다. 통화로 수가 많고 반송주파수가 높아지면 이러한 군변조를 몇 번이고 계속하게 된다.

[표 4-1] 주파수 다중 분할(FDM)의 원리적 설명표

군	약호	통화로 수(CH)	구성	주파수대역 [Khz]	반송주파수[Khz]
전군	PG	3	CH×3	12~24	12, 16, 20
기초군	BG	12	PG×4	60~108	84, 96, 108, 120
기초초군	SG	60	BG×5	312~552	420, 468, 516, 564, 612
기초주군	MG	300	SG×5	812~2044	1364, 1612, 1860, 2108, 2356
기초초주군	SMG	900	MG×3	8516~12398	10560, 11880, 13200
거군	JG	3600	SMG×4	42612~ 59684	55000, 59400, 63800, 68200

(2) TDM(Time Division Multiplexing) - 시분할 다중화

시분할 다중화란 사용가능한 시간대역을 분할하여 다중화 하는 방식으로 각 채널에 정보신호를 전송할 수 있는 Time Slot을 할당하여 전송하고 수신측에서 전체 망 동기를 통해 희망 채널 신호인 Time Gate를 이용하여 수신함으로서 원래의 신호를 얻어낼 수 있는 디지털 다중화 기술이다.

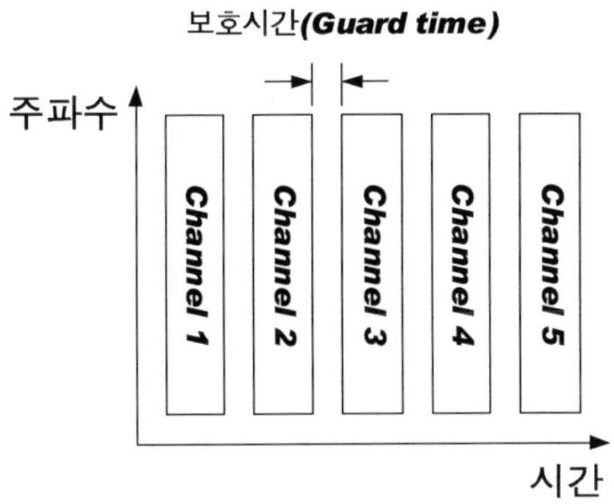

[그림 4-20] TDM(시 분할 다중화기)의 개념

1) 특 징

TDM은 전송로를 통한 데이터 전송 시간을 나누어서 각 채널에 차례대로 분배하여 다중화 하는 방식으로 channel 1부터 channel N번까지 동일하게 시간을 할당하여 할당된 시간만큼 데이터를 전송하고 다시 channel 1부터 channel N번까지 반복하면서 전송하게 된다. 그래서 다중화 되는 채널수가 증가되면, 한 채널당 할당할 수 있는 시간 폭이(time slot)이 좁아지게 되고, 각 channel 간에 반복되는 주기가 길어져서 시간적 지연(Delay)이 생길 수 있다. 그러므로 정보통신 기술과 정보처리 기술이 발달해야 채널을 많이 나눌 수 있으며 무조건적으로 채널을 많이 할당하면 시간적 지연(Delay)이 생기므로 다중화면에서만 본다면 FDM이 더 유리하다 할 수 있다.

① 이용가능한 주파수 할당 대역폭이 좁을 때 사용가능한 방식이다.

② 채널수가 증가되면 단위 채널당 할당되는 시간 폭(time slot)이 좁아져서 시간적 지연(Delay)이 생긴다.

③ 송 · 수신 간에 동기를 맞추어 주어야 하는 동기식 방식에 사용된다.

④ 각 채널 간 시간 폭(time slot)이 중복되는 것을 막기 위해 보호시간(guard time)이 있다.

⑤ 어느 한 시간상에는 하나의 채널만이 전송되므로 채널 간 간섭이 없고, 각종 잡음에 강하다.

⑥ 저속 또는 고속 통신이 가능하다.

⑦ 동기전송과 비동기 전송이 있다.

⑧ Point To Point 방식에 적합하다.

⑨ 비동기식과 동기식 다중화 방식에 사용된다.

⑩ 비트 삽입 식은 동기 데이터의 다중화 방식에 사용되며, 문자 삽입 식은 비동기식 데이터 다중화에 사용된다.

⑪ 시간 폭이 중복되는 것을 방지하기 위해서 부 채널사이에 보호시간(Gard Time)을 둔다.

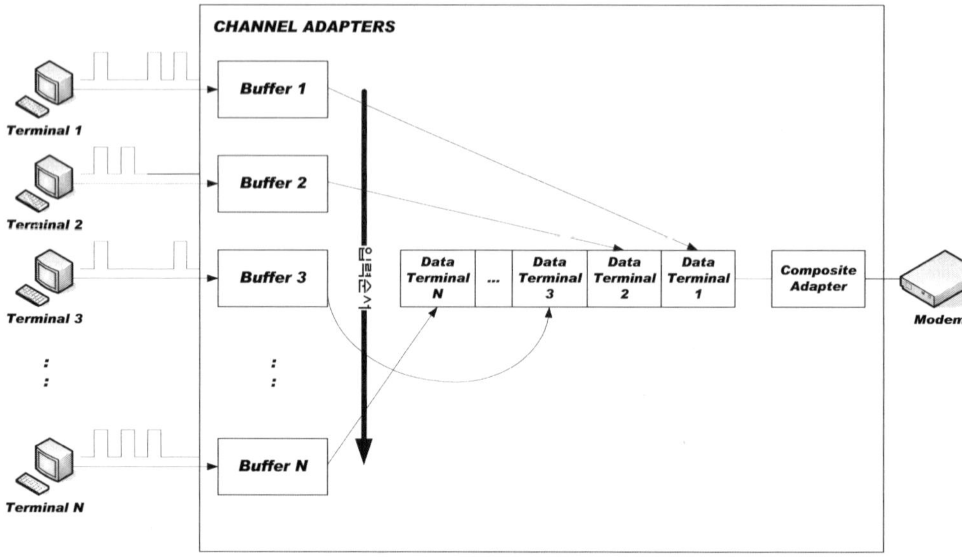

[그림 4-21] TDM의 기본적인 동작원리

2) STDM(Synchronous TDM) - 동기식 TDM

데이터와 상관없이 각 단말장치에 균일하게 시간 쪽을 할당한다. 한 전송로의 대역폭을 일정한 시간 쪽으로 나누어 각각의 단말장치(채널)에 동일하게 할당하도록 되어 있다. 장점은 관리와 구조는 간단하다는 것이고, 단점은 비효율적으로 채널을 사용한다. 즉, 실제 전송데이터가 없는 단말장치도 일정 시간 쪽을 할당한다. 또한 버퍼의 크기가 작게 되며 문자 재구성시 시간이 불필요하다.

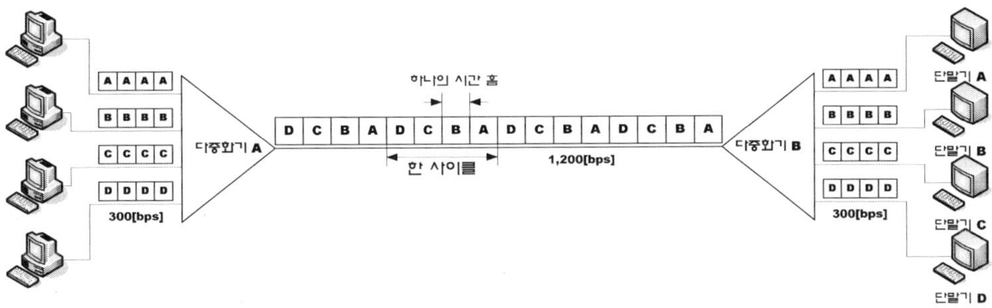

[그림 4-22] 동기식 시분할 다중화 방식

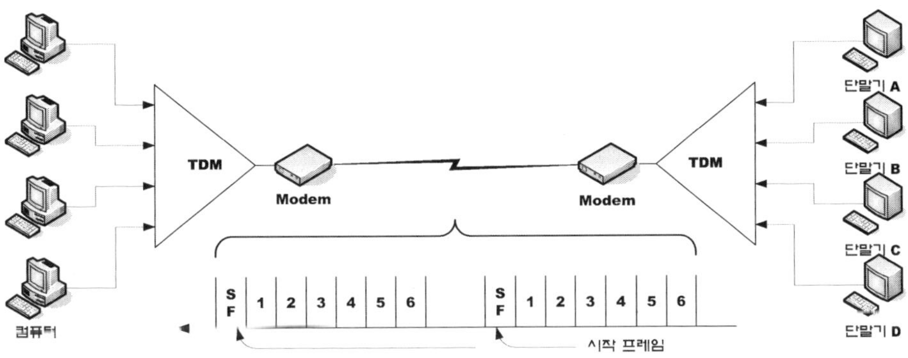

[그림 4-23] 동기식 시분할 다중화기의 시간할당

3) ATDM(Asynchronous TDM) - 비동기식 TDM(지능형 다중화장치 = Intelligent)

비동기식 TDM은 일반적인 동기식 TDM방식과 달리 모든 채널에게 정적으로 시간 폭(time slot)을 할당하는 방식이 아니라 실제로 데이터를 전송해야 할 단말에게만 시간 폭(time slot)을 할당하는 방식으로 일반적인 TDM은 하드웨어 방식이지만 비동기식 TDM은 Software적으로 시간 폭(time slot)의 배정이 가능해졌기 때문에 지능형 다중화 장치 또는 통계적 TDM장치(ATDM)라고도 부른다.

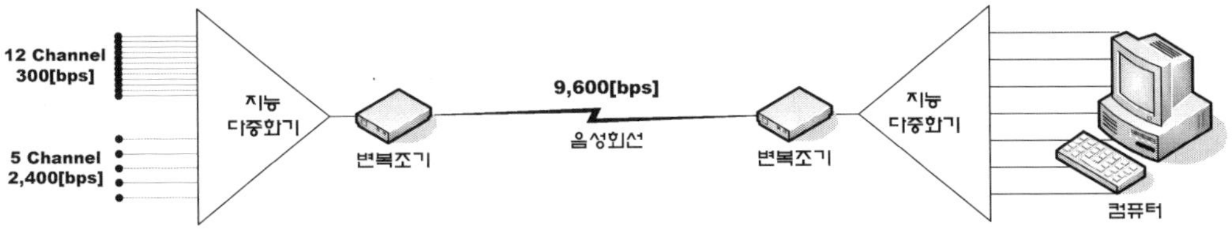

[그림 4-24] 지능 다중화기의 사용 예

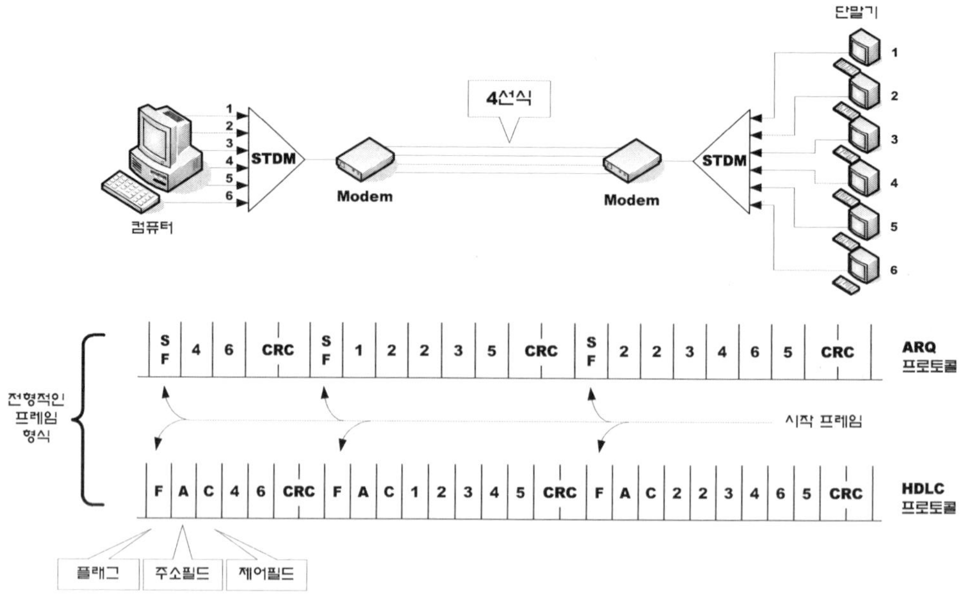

[그림 4-25] 통계적 시분할 다중화기의 시간할당 예

① 비동기식 TDM의 특징

일반적인 동기식 TDM의 경우에는 모든 채널에게 정적으로 시간 폭(time slot)이 할당되기 때문에 실제 데이터 전송이 없는 단말에게도 시간 폭(time slot)할당되어 실제 전송되는 데이터 없이 시간만 낭비되는 현상이 많다. 하지만 비동기식 TDM은 실제 시간 폭(time slot)을 전송할 데이터가 있는 단말에게만 동적으로 할당 하므로 나머지 시간에 새로운 전송 채널 주기를 이룰 수 있고, 시간적 지연 없이 동일시간에 많은 량의 데이터 전송이 가능하다. 그러므로 동기식 TDM에 비해 전송효율이 더욱더 한층 향상된다. 또한 내부에 프로세서를 내장하고 있으므로 가격은 비싸지만 흐름제어, 주소제어, 에러제어, 메시지 교환 등의 기능도 제공한다. 그리고 저속 비동기식 데이터 중 Start bit와 Stop bit는 다중화 시 제외시키고 전송하지 않으며 순수한 문자 비트만 전송한 다음 수신측에서 원래의 문자로 분리한 뒤 Start, Stop bit를 붙임으로서 전송효율이 상승되기도 한다.

4) FDM과 TDM방식의 비교

FDM방식은 주파수 대역을 분할하여 다중화 하는 방식으로 각 채널이 서로 다른 주파수를 가지고, 전송 시간이 겹쳐서도 전송이 가능하지만, TDM 방식은 시간을 분할하는 방식으로 각 채널이 동일한 주파수를 사용하며, 각 채널 에 할당된 시간만 전송이 가능하다.

이것 말고도 여러 가지 차이점이 있는데 전체적인 FDM과 TDM의 차이점은 다음과 같다.

[표 4-2] FDM과 TDM의 비교

	FDM	TDM
다중화	주파수 대역폭이 넓으면 TDM에 비해서 다중화가 용이하다.	많은 채널이 할당되면 시간적 지연(Delay)이 생길 수 있어 기술적 제한을 받는다.
동 기	필요치 않다.	필요하다.
누화(혼선)	누화(혼선)가 많이 발생한다.	누화(혼선)가 발생하지 않는다.
상호변조	있다.	없다.
통화 회선	대역폭에 따라 회선수를 얼마든지 증가시킬 수 있다.	증가 시킬 수 있는 통화 회선 수에 제한을 받는다.
시스템 구조(단국장치)	시스템 구조가 비교적 간단하고, 저렴하다.	복잡하고 고가이다.
통신망 형태	multi-point 통신망에 적합하다.	point-to-point 통신망에 적합하다.

(3) 광대역 다중화기(Group Band Multiplexer)

광대역 데이터 회로를 위해 특별히 설계된 시분할 다중화기로서 비트 삽입식 시분할 다중화기이다. 여러 가지 다른 속도의 동기식 데이터를 한데 묶어서 광대역을 이용하여 전송할 수 있게 하고 사용 가능한 속도는 2400[bps]에서 56[Kbps]까지 사용할 수 있다. 보통은 4800, 7200, 9600, 19200[bps] 등이 사용하며 고속 링크 측 채널속도는 19.2[Kbps]에서부터 1.544[Mbps]까지 이고 보통은 38.4, 40.8, 50, 56, 64, 230.4[Kbps]가 사용된다. 즉, 고속의 송 · 수신을 하기 때문에 수신측과의 정확한 동기를 유지하기 위해 별도의 동기용 채널(Sync channel)을 가져야 한다.

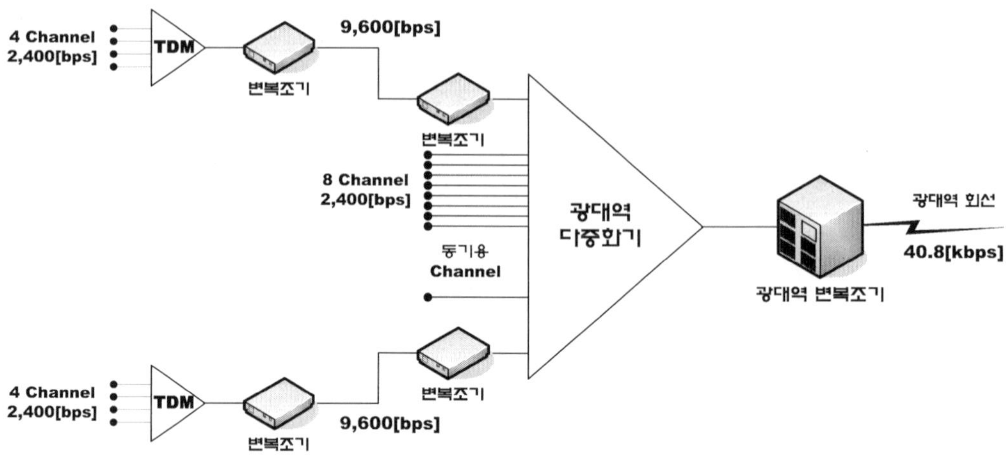

[그림 4-26] 광대역 다중화기 구성도

(4) 역 다중화기(Inverse Multiplexer)

2개의 음성 대역폭을 이용해서 광대역에서 얻을 수 있는 통신 속도를 이용한다. 다른 다중화기와 반대로 고속 데이터 스트림을 2개의 낮은 속도의 데이터 스트림으로 변환하여서 변 · 복조기를 통해 전송하고 수신측에서 다시 2개의 낮은 속도의 데이터 스트림을 합해서 고속의 데이터 스트림을 만들어서 이용한다. 모든 입력되는 직렬비트열은 두 개의 경로로 나누어져 있으며 모든 홀수 번째 비트가 한 경로로 모든 짝수 번째 비트는 다른 경로로 전송된 다음 수신측에서 본래의 차례대로 만들어서 보낼 수 있다.

1) 특 징

① 라인플렉서 또는 바이블렉서라고도 한다.
② 한쪽 채널이 고장 나면 속도는 느리지만 다른 쪽 채널로 운용이 가능하다.
③ 2개의 별도의 채널이 지닌 상대적 지연 때문에 생긴 비트열의 혼란을 방지하기 위해서 순환 기억 장치(Circulating Memory)가 필요하다.

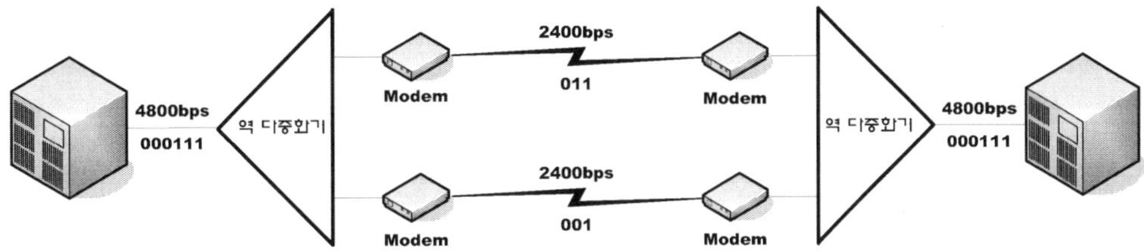

[그림 4-27] 역 다중화기

4.4 집중화장비(Concentrator)

하나의 고속 회선에 여러 개의 저속 회선을 연결해서 전송해 주는 장비로서 시간의 동적인 할당으로 실제로 보낼 데이터가 있는 단말장치에만 시간 폭을 할당해 주는 장비로서 다중화기의 지능적 TDM과 비슷한 원리를 가지고 있다.

(1) 특 징

① 입력회선의 수는 출력회선의 수보다 같거나 많다.(A+B+C+D ≥ Z)
② 동적인 방법을 통해서 실제로 데이터가 있는 단말장치에세만 시간 폭을 할당한다.
③ 마이크로프로세서가 내장된 지능형 다중화기는 집중화기의 역할을 수행 할 수도 있다.
④ 중앙처리장치, 다수선로제어기, 단일회선제어기 등으로 집중화기의 하드웨어가 구성된다.

(2) 기 능

1) 메시지 스위칭

입력 데이터를 모아서 어떤 처리 기준에 따라 집중화되도록 처리한 다음 시스템에 연결된 1개 또는 2개 이상의 선로에 메시지를 전달하는 기능을 한다. 즉, 메시지 교환 방식의 메시지 교환기와 같은 기능을 수행하므로 축적, 처리 후 목적지로 메시지를 전달되는 기능을 가지고 있으며 이를 위해서 에러관리, 버퍼관리기능 등을 갖는다.

2) 순수한 경쟁선택

집중화기가 단순한 포트 셀렉터를 운용하는 것이다.

3) 원격 네트워크 프로세싱

원격지에서 집중화기로 요구되는 입력 데이터를 중앙처리장치에 전송하는 기능으로 원격 네트워크 프로세싱 자체에 부착된 라인프린터, 카드리더기, 카드 펀치 등이나 자체 처리 기능을 이용하여 입력된 데이터를 자체 처리한 후 입력회선에 되돌려 주는 역할을 한다.

4) 집중화

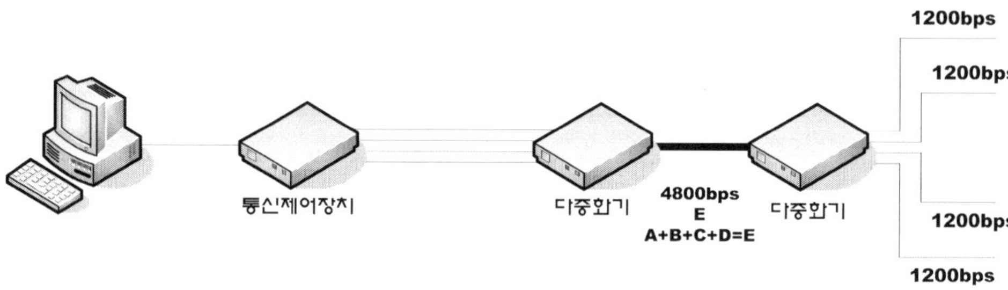

(a) 다중화 장비

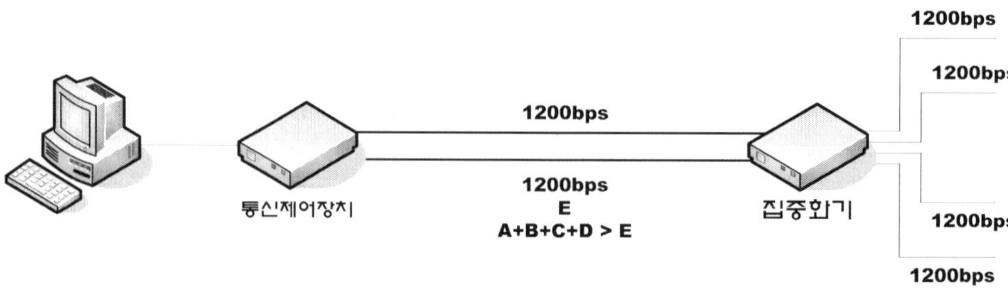

(b) 집중화 장비

[그림 4-28] 다중화 장비와 집중화 장비

[표 4-3] 다중화기와 집중화기의 비교

특 징	다중화기	집중화기
제어기	논리적인 제어로 고속회선	프로세서로 제어
부수적인 채널 할당 방법	정적인 할당(고정)	동적인 할당(가변)
부수적인 채널 속도의 합	고속 링크 측 속도와 같다.	고속 링크 측 속도보다 크거나 같다.
개별회선연결	물리적 연결	논리적 연결

4.5 공동 이용기

데이터 통신을 하기 위해서 공동 이용기를 사용하는데 원리는 비싼 가격의 컴퓨터를 여러 대의 단말기가 공동으로 이용하기 위한 장비로서 모뎀 공동 이용기, 선로 공동 이용기, 포트 공동 이용기, 포트선택기 등이 있다.

Reference

공동 이용기를 사용할 때 주의사항

- 부착 가능한 터미널의 수
- 접속 가능한 변 · 복조기의 종류
- 공동이용기와 터미널 사이의 거리

(1) 모뎀 공동 이용기(Modem Sharing Unit : MSU)

① 여러 대의 터미널이 한 대의 변 · 복조기를 공동으로 사용할 수 있는 장비

② 폴링 방식에 의해서 망 제어가 이루어지는 경우에 사용되고 폴링 방식에 의한 접속으로 네트워크 구성이 간단하고 저렴한 비용으로 사용이 가능하다.

③ 폴링 방식을 사용하기 때문에 우선순위가 정해져 있다.

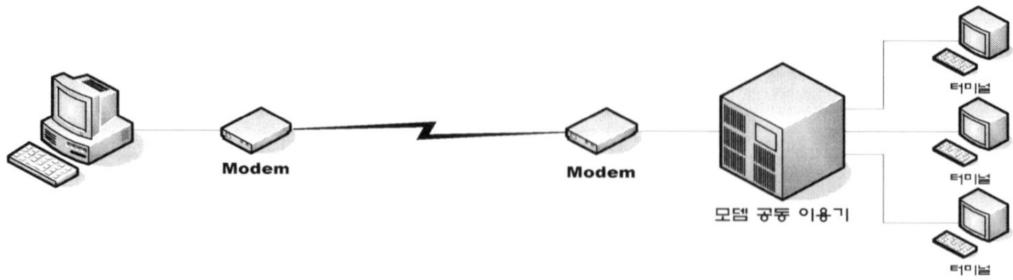

[그림 4-29] 모뎀 공동 이용기 구성도

(2) 선로 공동 이용기(Line Sharing Unit : LSU)

① 여러 대의 터미널이 하나의 선로를 공동으로 이용할 수 있는 장비
② RS-232C 방식에 의한 접속으로 15(m)이내에만 접속이 가능
③ 내부에 타이밍 소스가 있어 모뎀 없이도 정확한 타이밍 판정이 가능하다.
④ 폴링 방식에 의해서 망 제어가 이루어지는 경우에 사용된다.

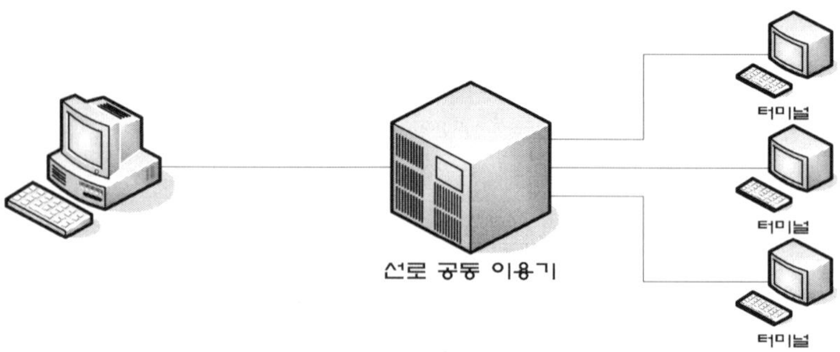

[그림 4-30] 선로 공동 이용기 구성도

[표 4-4] 모뎀 공동이용기와 선로 공동 이용기의 비교

	모뎀 공동 이용기	선로 공동 이용기
사용거리	원거리	근거리
접 속	모뎀의 접속	컴퓨터에 접속(RS-232C케이블 이용)
내부 타이밍 소스	없다.(모뎀의 타이밍 소스 이용)	있다.

(3) 포트 공동 이용기(Port Sharing Unit : PSU)

① 컴퓨터와 모뎀 사이에 위치하여 여러 대의 터미널이 하나의 포트를 공동으로 이용할 수 있도록 만든 장비이다.
② PSU는 MSU나 LSU의 보충장비로 사용이 가능하다.
③ 폴/셀렉터 프로토콜을 이용한다.
④ 여러 대의 터미널이 하나의 포트를 이용하므로 포트의 비용을 줄일 수 있다.
⑤ 컴퓨터와 가까운 거리에 있는 터미널이나 원격지 터미널에 모두 사용이 가능하기 때문에 거리적인 제한이 없다.
⑥ 모뎀 공동 이용기를 이용하는 경우에는 공동 이용기 자체 혹은 선로나 변·복조기의 고장 시 모든 단말기가 운영이 불가능한 단점이 있으나 포트 공동 이용기는 상관없이 사용할 수 있다.

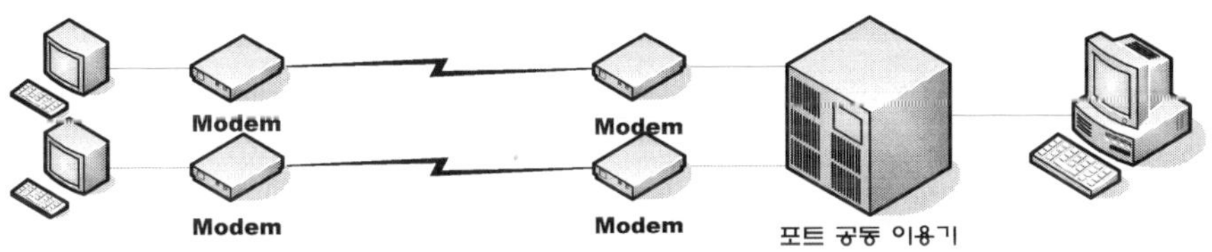

[그림 4-31] 포트 공동 이용기 구성도

[표 4-5] MSU/LSU와 PUS의 특성 비교

구 분 \ 비교항목	MSU와 LSU	PUS
모뎀의 수	2~32	2~6
송신모드	방송형태	
수신모드	경쟁방식	
단말기의 접속	폴에 의한 접속	
인터페이스	RS-232C 인터페이스	로컬인터페이스
표준인터페이스의 위치	모뎀과 터미널 사이	컴퓨터 포트와 모뎀사이

(4) 포트 선택기(Port Selector : PS)

① 컴퓨터 포트와 단말기 사이에서 사용하여 컴퓨터 포트의 증가 없이 다수의 단말기를 연결하여 평균 이용률이 낮은 포트에 입력 데이터를 전송하여 전처리기의 사용 효율을 얻을 수 있다.

② 컴퓨터 포트의 이용을 원하는 터미널에 비상용 중인 포트를 할당하는 방식이다.

③ 포트의 평균 이용률은 50[%] 정도 낮으므로 낮은 이용률 개선을 위해 이용된다.

④ 컴퓨터 측의 포트 셀렉터는 입력 측의 모든 포트를 검사하고 동시에 단말기의 입력 데이터가 들어올 때 출력 포트를 연결시켜 주기 위해서 사용률이 낮은 출력 포트를 계속 검사한다.

⑤ 컴퓨터 측의 운영과 원격지 측의 운영이 가능하다.

⑥ 폴링 네트워크에서 포트 공동 이용기를 이용하는 데 경쟁 선택 네트워크에서는 포트 선택기를 이용한다.

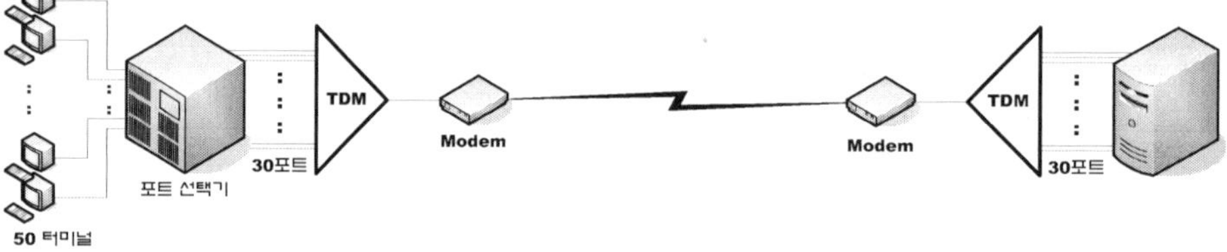

[그림 4-32] 포트 선택기

무선통신기기

Chapter 5

Data Communication Instruments

무선통신기기

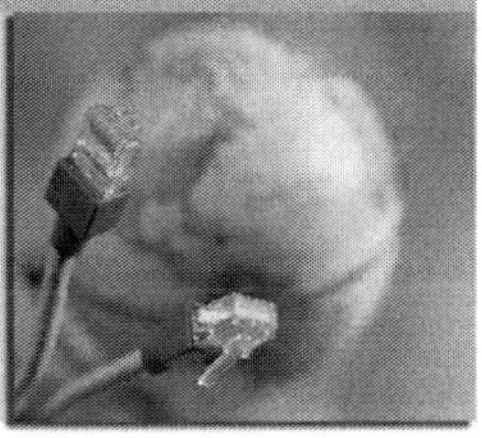

5.1 전파의 특성

무선통신(radio communication)방식이란 송신측에서 송신기를 이용하여 보내고자 하는 정보를 전자파에 실어 안테나(空中線)를 통해 공간에 전송하고 수신측에서는 공간을 통해 전파되어 온 전자파로부터 수신기를 이용하여 원래의 신호를 복원하는 방식을 말한다.

(1) 전자계 기초 현상과 전파 이론

무선통신에서 사용되는 전자파의 주파수를 무선주파수(Radio Frequency)라 하는데 이러한 전자파를 완전히 해석하는 것은 불가능하지만 지금까지 연구에 의해 밝혀진 전자파의 발생 원리는 Maxwell에 의해 이론적으로 증명이 시작되었다.

1) 변위 전류(displacement current)

변위전류(i_d) : 완전 유전체나 진공 중에 흐른다고 가상한 전속밀도(D)의 시간적 변화율 $\Rightarrow i_d = \dfrac{dD}{dt}[A/\text{m}^2]$

2) Maxwell의 방정식

Maxwell은 변위 전류도 전도전류와 같은 성질을 가지고 있는데 착안하여 Ampere의 주회 법칙과 Faraday의 전자 유도 법칙 및 가우스의 전자계 정리를 기초로 하여 전계와 자계와의 관계를 나타내는 방정식으로 전자파의 해석에 기초가 되는 방정식이다.

① Ampere's 주회법칙

전류의 방향과 전류에 의한 자계의 방향을 결정하는 법칙

$$\nabla \times H = i + \frac{\partial D}{\partial t}$$

⇨ 도체에 전류가 흐르면 오른나사의 법칙에 따라 자계는 그 나사의 회전방향으로 발생한다.

② Faraday's 전자 유도 법칙

$$\nabla \times E = -\frac{\partial B}{\partial t}$$

⇨ 폐곡면을 통과하는 자속이 갑자기 감소하면 증가시키기 위한 방향으로 유기기전력이 발생한다.

③ 전계에 관한 가우스의 정리

전속(electric flux)밀도(D)의 발산(divergence)은 전하밀도와 같다.

$\mathrm{div}D = \rho$ 또는 $\nabla \cdot D = \rho$ 이다.

여기서 ρ는 전하 밀도로서 단위는 $[C/m^3]$이다.

⇨ 어떤 공간에서 전속밀도의 발산은 전하의 유출과 같다.

④ 자계에 관한 가우스의 정리

$\mathrm{div}B = 0$ 또는 $\nabla \cdot B = 0$이다.

⇨ 자속밀도의 발산은 항상 영임을 의미하며, 발산이 항상 영이 되면 공간의 모든 점에서 자속밀도가 새로 발생하거나 소멸하는 것은 없다.

Reference

ε(유전율)

$\varepsilon = \varepsilon_s \cdot \varepsilon_o$($\varepsilon_s$: 비유전율, ε_o : 진공중의 유전율로써 $\frac{1}{36\pi} \times 10^{-9}$[F/m]이다.)

μ(투자율)

$\mu = \mu_s \cdot \mu_o$(μ_s : 비 투자율, μ_o : 진공중의 투자율로써 $4\pi \times 10^{-7}$[H/m]이다.)

③ 평면파

균일한 매질 내에서 전파의 진행방향을 z축이라 할 때 전계(E)와 자계(H)성분은 x 및 y 방향으로의 성분만 있고 파의 진행 방향 z축에는 전계(E)와 자계(H) 성분이 없는 파를 평면파라 한다.

* 평면파 : 일정한 진행 방향으로 수직인 파면을 가지는 파

* 구면파 : 공간의 한 점에서 모든 방향으로 한 결 같이 퍼져나가는 파

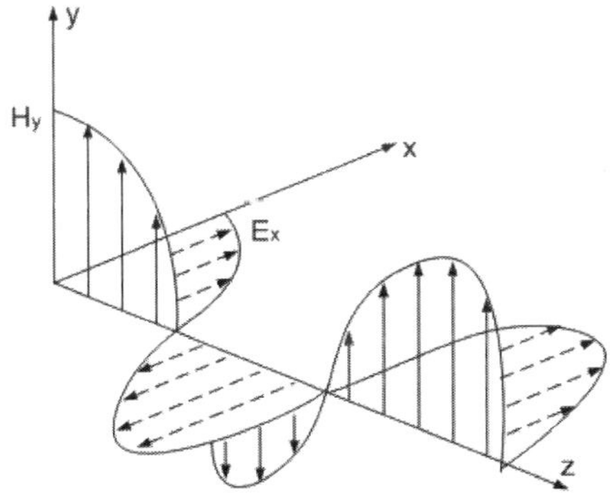

[그림 5-1] z방향으로 진행하는 평면파

④ 전파의 성질

Reference

전자파의 정의

전자파는 전계(E)와 자계(H)라는 매질이 90°차이를 두고 움직이며 그 진행방향($E \times H$)과 직각으로 진동하며 전진하는 파이다.

㉠ 전파는 횡파이며 평면파이다.

*** 횡파 : 매질의 진동 방향과 직각인 방향으로 진행하는 파를 말한다.**

㉡ 전자파의 속도(V)는 $V=\frac{1}{\sqrt{\varepsilon\mu}}=\frac{1}{\sqrt{\varepsilon_o\mu_o}}\cdot\frac{1}{\sqrt{\varepsilon_s\mu_s}}=\frac{C}{\sqrt{\varepsilon_s\mu_s}}=\frac{3\times10^8}{\sqrt{\varepsilon_s\mu_s}}$[m/sec]이다.

즉, 투자율이나 유전율이 클수록 속도가 늦어진다.(전파의 속도는 공간상의 매질의 종류에 따라 달라짐을 의미한다.)

전파의 속도(V)는 자유공간($\varepsilon_s=\mu_s=1$)에서는 광속도(C)와 같다.

㉢ 위상속도(V_p)와 군속도(V_g)의 곱은 광속도(C)의 제곱과 같다.

⇨ $V_p\cdot V_g=C^2$

㉣ 전파는 빛의 성질과 비슷하데 다음과 같은 성질을 갖는다.

ⓐ 반사와 굴절성

ⓑ 전자파는 주파수가 낮을수록 회절 현상이 심하고 주파수가 높을수록 직진성을 갖는다.

ⓒ 편파성

ⓓ 간섭성

ⓔ 감쇠 및 편파성

⑤ 전파의 분류

약 자	주파수의 분류	주파수 범위	파장 범위
VLF(초장파)	Very Low Frequency	30[kHz]이하	10[km]이상
LF(장파)	Low Frequency	30~300[kHz]	1~10[km]
MF(중파)	Medium Frequency	300~3,000[kHz]	100~1,000[m]
HF(단파)	High Frequency	3~30[MHz]	10~100[m]
VHF(초단파)	Very High Frequency	30~300[MHz]	1~10[m]
UHF(극초단파)	Ultra High Frequency	300~3,000[MHz]	10~100[cm]
SHF(센티미터파)	Super High Frequency	3~30[GHz]	1~10[cm]
EHF(밀리(미터)파)	Extra High Frequency	30~300[GHz]	1~10[mm]

(2) 파장에 따른 전파의 특성

1) 장 파

장파는 주로 **지표파**에 의해 전파된다.

① 지표파의 전파

㉠ 지표파는 **도전율이 클수록, 유전율이 작을수록 감쇠가 적다.**

㉡ 지표파는 **낮은 주파수(긴 파장)일수록, 수직편파일수록 감쇠가 적다.**

㉢ 전계강도가 큰 순서대로 나열하면 **해상, 해안, 평야, 구릉, 산악, 시가지** 순이다.

2) 중 파

중파는 지표파와 E층 전리층 반사파에 의해 전파된다.

3) 단 파

단파내의 주요전파는 주로 전리층반사파(F층)에 의해 이루어진다.

Reference

단파통신의 특징

- 혼신의 영향을 받기 쉽다.
- 지향성이 예민한 송수신 안테나의 이용이 용이하다.
- 소 전력으로 원거리 통신회선이 구성될 수 있다.
- 페이딩, 델린져 현상, 에코, 산란 등의 영향을 받는다.

4) 초단파대 이상

초단파대 이상의 주파수는 직접파와 대지 반사파에 의해 전파된다.

① 가시거리 내의 전파

㉠ **직접파와 대지반사파**에 의해 통신을 행할 수 있다.

㉡ 전파의 실제 가시거리는 대기의 굴절현상 때문에 기하학적(광학적) 가시거리보다 약간 멀다.

㉢ **신틸레이션 페이딩, K형 페이딩, 감쇠형 페이ELD, 산란형 페이딩, duct형 페이딩**이 발생 한다.

㉣ **해상전파는 육상전파에 비해 불안정하고 심한 페이딩을 받는다.**

② 초 가시거리 전파

㉠ **산악회절파, radio duct, 대류권 산란파, 산재 E층에 의한 전파, 전리층 산란파**를 이용해 초단파대 초 가시거리 통신을 행할 수 있다.

㉡ 산악회절파는 송 · 수신점의 중간에 산악이 있어야 하는 등의 지리적 제한을 받으나 손실이 적기 때문에 많이 사용된다.

㉢ radio duct와 산재 S층에 의한 전파는 시간적, 공간적으로 불안정하여 고정통신용으로는 사용할 수 없다.

㉣ 대류권 산란파와 전리층 산란파는 안정회선을 구성할 수 있어 실용화되어 사용되고 있다.

③ 마이크로파 통신의 특징

㉠ **직접파를 이용하며 원거리 통신을 하기 위해서는 다수의 중계소를 필요로 한다.**

㉡ 예민한 지향성과 고 이득을 가진 안테나를 소형으로 만들 수 있다.

㉢ 전파손실이 적고 외부잡음의 영향이 적어 S/N비를 크게 할 수 있다.

㉣ 광대역성이 가능하다.

㉤ PTP(Point To Point) 통신이 가능하다.

㉥ 회선 건설기간이 짧고 경비가 저렴하며 재해 등의 영향이 적다.(회선구성의 융통성)

(3) 전파통로에 따른 분류와 특성

Reference

전파 통로에 의한 분류

- 지상파 : ① 지표파, ② 직접파, ③ 대지반사파, ④ 회절파
- 공중파 : ① 대류권파 – 대류권 굴절파, 대류권 산란파, 대류권 반사파
  ② 전리층파 – 전리층 반사파, 전리층 산란파, 전리층 활행파

1) 지표파

지표파란 지표면을 따라 전파해가는 전파로, 장·중파의 주요전파이며 지면의 요철에 큰 영향을 받지 않는 특징을 가진다.

지표파는 대지를 따라 전파해감으로 대지가 지표파에 영향을 미치게 되며 지표파의 전계강도, 편파면, 전파속도에 미치는 영향으로는 다음과 같다.

① 대지가 지표파 전계강도에 미치는 영향

㉠ 지표파의 전계 강도 E는 $E = \frac{120\pi Ihe}{\lambda d}[V/m]$이다.

㉡ **대지의 도전율이 클수록, 유전율과 투자율이 작을수록** 감쇠는 적어진다.

㉢ **주파수가 낮을수록** 감쇠가 적다.

㉣ **수직편파** 쪽이 수평편파 쪽보다 감쇠가 적다.

㉤ 전계강도의 감쇠는 해수, 습지, 건지 순으로 커진다.

㉥ 전계강도가 큰 순서대로 나열하면 **해상, 해안, 평야, 구릉, 산악, 시가지** 순이다.

2) 직접파

VHF대 이상의 전파는 송신 점에서 복사된 전파가 수신점에 직접 도달하는 직접파에 이해주로 전파된다.

① 가시거리

㉠ 기하학적 가시거리 : $d = 3.57(\sqrt{h_1} + \sqrt{h_2})[km]$

㉡ 등가지구와 등가지구 반경계수

ⓐ 등가지구 : 실제 지구보다 더 큰 지구를 가상하면 전파통로를 직선으로 취급할 수 있으며 이러한 지구를 등가지구라 한다.

ⓑ • 등가지구 반경계수(K) : $K = \frac{\text{등가지구반경}(R)}{\text{실제지구반경}(r)}$

• 온대(중위도)지방 : $K = \frac{4}{3}$, 열대(저 위도, 적도)지방 : $K = \frac{4}{3} \sim \frac{3}{2}$,

한 대(고 위도, 극)지방 : $K = \frac{6}{5} \sim \frac{4}{3}$

㉢ 전파 가시거리 : $d = 4.11(\sqrt{h_1} + \sqrt{h_2})[km]$

② **전파투시도(지형단면도)**

대기의 굴절률이 수직방향으로만 변화한다고 가정하고(수평방향으로는 일정) 송 · 수신점을 포함해 대지에 수직으로 그림 지형 단면도를 전파투시도라 하면 다음과 같은 특징을 갖는다.

㉠ 전파통로를 나타내는 지형단면도로 profile map 이라고도 한다.

㉡ 전파통로 상에서 수직방향의 장애물을 살펴볼 때 편리하다.

㉢ 등가지구 반경계수 K를 고려해서 작성해야 하며, 이렇게 함으로써 전파통로를 직선으로 취급할 수 있게 된다.

3) 대지 반사파

초단파대의 전파는 파장이 짧기 때문에 대지, 건물 등에서 반사현상을 나타낸다. 초단파대의 수신 전계강도는 직접파와 반사파의 합성에 의해 구할 수 있다.

4) 회절파

회절현상에 의하여 수신점에 도달하는 전파를 회절파라 하며 주파수가 낮을수록, 장애물의 끝이 뾰족한 형태일수록 회절이 심하게 일어난다. 즉, 장 · 중파대의 회절현상이 초단파대의 회절현상보다 심하며 장애물이 knife edge 일수록 회절이 잘 일어난다.

Reference

산악회절파 특징

- 산악회절파를 이용하여 아주 작은 손실로 초단파대 초 가시거리 통신을 수행할 수 있다.
- 페이딩이 적고 안정하다.
- 지리적 제한을 받는다.

5) 대류권 전파

대류권이란 비, 구름, 바람, 안개 등의 기상변화가 생기는 영역으로 지표면부터 10~20[km](극 지방 : 약 9[km], 온대 지방 : 약 10~12[km], 적도 지방 : 약 16[km]) 높이 이하의 범위를 말한다.

* 기상 변화의 3요소 : 온도, 습도, 기압

① **종 류**

㉠ 대류권 굴절파

㉡ 대류권 산란파

㉢ 대류권 반사파

② **대류권에서의 페이딩**

㉠ 생성원인에 따른 분류

ⓐ 신틸레이션 페이딩(scintillation fading) : **대기 중의 와류**에 의해 유전율이 불규칙한 공기뭉치가 발생하고 여기에 입사된 전파는 산란을 하게 된다.

- 전계강도의 변화폭 : 2~3[dB]
- 주기가 빠르고 불규칙하다.

ⓑ K형 페이딩 : 대기의 높이에 따라 굴절효과가 다르기 때문에 생기는 페이딩으로 이는 곧 **등가지구 반경계수 K가 변화**하기 때문에 생기게 되므로 K형 페이딩이라 한다.

ⓒ 감쇠형 페이딩 : **비, 구름, 안개**등에 의한 대기에 의한 흡수 및 감쇠상태나 산란상태가 변화하기 때문에 발생하는 페이딩

ⓓ 산란형 페이딩 : 수신된 산란파가 다수 간섭파의 합성이기 때문에 발생되는 페이딩

ⓔ duct형 페이딩 : 전파통로 상에 radio duct가 발생할 때 나타나는 페이딩으로 **마이크로파대에서 실용상 문제**가 되며 전계강도의 변동 폭이 크다.

㉡ 주파수에 따른 분류

ⓐ 동기성 페이딩 : 둘 이상의 서로 다른 주파수를 동시에 전파시킬 때 페이딩이 동기하여 둘 이상의 주파수에 동시에 일어나는 페이딩으로 K형 페이딩과 감쇠형 페이딩이 이에 속한다.

ⓑ 선택성 페이딩 : 둘 이상의 서로 다른 주파수를 동시에 전파시킬 때 페이딩이 따로 따로 일어나는 페이딩으로 산란형 페이딩과 duct형 페이딩이 이에 속한다.

6) 전리층 전파

태양으로부터 복사되는 자외선 등의 에너지를 받아 대기 중의 공기분자가 이온화를 일으키고 이들이 모여 도전성을 갖는 구름모양의 층을 형성하는데 이를 전리층이라 한다. 전리현상은 **자외선이 강할수록, 공기분자가 많을수록** 크게 일어나며, 전리층에서 전파는 **굴절, 반사, 산란, 감쇠 및 편파** 등이 있다.

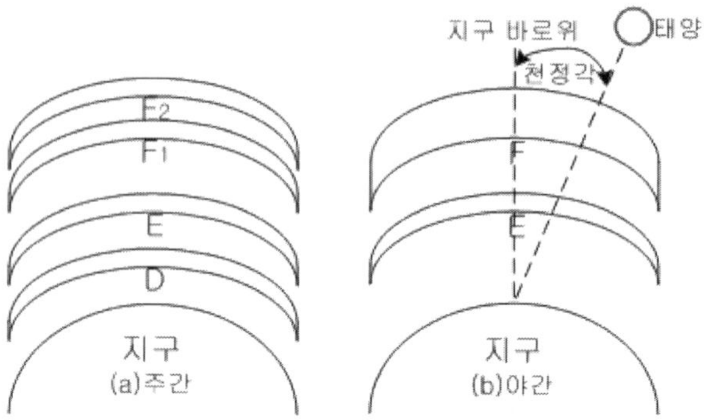

[그림 5-2] 전리층 주 · 야의 모형적 그림

① 전리층의 종류와 특성

㉠ D층

ⓐ **지상으로 부터 60~90[km] 상공에 위치**하여 높이가 가장 낮은 층으로 전자밀도도 가장 낮다.

ⓑ 주간에 발생하여 야간에 소멸되는 층으로 **일출 · 일몰 시 강한 fading이 발생하는 원인**이 된다.

㉡ E층

ⓐ **지상으로 부터 100[km]~120[km]상공에 위치한다.**

ⓑ 겨울보다 여름이 야간보다는 주간에 전자밀도가 높다.

㉢ F층

ⓐ **지상 200~400[km] 상공에 위치**하며, **높이가 가장 높고** 전자밀도가 높은 층이다.

ⓑ F층은 주간에 F1층(200~250km)과 F2층(250~400km)으로 구분되나 야간에는 구분할 수 없게 된다.

ⓒ 한낮에는 겨울의 전자밀도가 여름의 전자밀도보다 크다.

㉣ 산재 E층(Es층 : Sporadic E층)

ⓐ 지상 100[km] 상공에 존재하며 **전자밀도가 가장 높은 층**이다(E층과 거의 같은 높이에 있다).

ⓑ 초단파대 초 가시거리 통신용으로 사용할 수 있으나 발생지역과 장소가 불규칙하므로 고정통신용으로는 이용할 수 없다.

ⓒ 6~8월에 주간에 한하여 국지적으로 나타난다.

② 전리층 전파에서 발생하는 여러 가지 현상

㉠ 페이딩(fading)

ⓐ 간섭성 페이딩

- 발생원인 : 동일한 전파가 반사 또는 굴절 등에 의해 둘 이상의 서로 다른 통로를 통해 수신점에 도달하는 경우 이들 전파끼리 서로 간섭을 일으키므로 써 생기는 페이딩으로 근거리 페이딩과 원거리 페이딩으로 구분된다.
- **방지 대책** : 주파수 합성수신법(frequency diversity) 또는 공간 합성수신법(space diversity)

ⓑ 편파성 페이딩

- 발생원인 : 직선 편파로 방사된 전파가 전리층에서 반사될 때 지구자계의 영향을 받아 타원편파가 되며, 이러한 타원편파는 수신 전계강도가 시시각각으로 변화하는 페이딩이 발생하게 되며 이러한 페이딩을 편파성 페이딩이라 한다.
- **방지대책** : 편파 합성수신법(polarization diversity)

ⓒ 흡수성 페이딩

- 발생원인 : 전파가 전리층을 통과(투과)하거나 반사할 때 감쇠를 받음으로써 생기는 페이딩
- **방지대책** : 수신기에 AGC(Automatic Gain Control)회로 또는 AVC(Automatic Volume Control) 회로 사용

ⓓ 도약성 페이딩

- 발생원인 : 전파가 전리층 전자밀도의 불규칙적인 변동에 의해 전리층을 시각에 따라서 반사하거나 투과하므로 써 생기는 페이딩으로 일

출, 일몰시에 많이 나타나며 도약거리 근처에서 발생하기 때문에 도약성 페이딩이라 한다.

- **방지대책** : 주파수 합성수신법(frequency diversity) 또는 공간 합성수신법(space diversity)

ⓔ 선택성 페이딩

- 발생원인 : 전리 층에서 전파가 받는 감쇠는 주파수와 밀접한 관계를 가지고 있으므로, 반송파와 측파대가 받는 감쇠의 정도가 다르므로 생기거나 또는 전리층이 변동하였을 때 각 주파수 성분마다 받는 감쇠의 정도가 다르기 때문에 발생하는 페이딩으로 이러한 페이딩을 선택성 페이딩이라 한다.
- **방지대책** : 주파수 합성수신법(frequency diversity)

㉡ 델린져 현상(Dellinger effect)

태양 폭발에 의해 방출된 자외선이 E층 또는 D층의 전자밀도를 증가시킴으로 단파통신에 있어 수신전계가 갑자기 저하되어 수신불능 상태로 되었다가 수분에서 수 시간에 걸쳐 점차적으로 회복되는 현상으로 소실현상이라 불린다.

ⓐ 원인 : 태양 면의 폭발에 의해 방출된 다량의 자외선

ⓑ 발생구역과 시간 : 주간에 **저위도 지방**에서 발생한다(야간에는 발생하지 않는다).

㉢ 상황 : **돌발 적으로 발생**

㉣ 통신에 주는 영향 : **낮은 주파수 쪽이 영향**을 많이 받는다.

㉤ 출현주기 : 명확한 **주기성은 없다.**

③ 자기람(Magnetic Storm ; 자기폭풍)

태양활동에 따라 방출된 하전미립자가 지구로 날아와서 지구자계에 현저한 혼란을 일으키고, 극지방에 강한 전리층 교란을 일으키는 자기현상을 폭풍 또는 전리층 교란이라 한다.

㉠ 원인 : 태양 폭발에 의해 방출된 하전 미립자 군이 지구 가까이 도달되면, 지구자계의 작용으로 굴절되어 극지방 상공에 집결하게 되고 **전리층을 교란**시키기 때문이다.

㉡ 발생구역과 시간 : **주·야 구분 없이** 지구전역에서 발생한다(특히 **고위도 지방**에서 심하다.).

ⓒ **상황** : 느린 속도로 발생하나 지속시간은 비교적 길어 1~2일 때로는 수일동안 계속된다.

ⓔ **통신에 주는 영향** : 높은 **주파수의 전파에 영향**이 심하다.

ⓜ **출현주기** : 빈발성(돌발성)이 적으며 태양폭발이 선행되기 때문에 미리 예측할 수 있다.(**주기성이 있다.**)

④ **대척점 효과(antipode effect)**

대척점(지구상 한 점의 정반대에 위치하는 한 점) 관계에 있는 두 지점간의 대원통로는 많이 있으므로, 수신점에는 모든 방향에서의 전파가 도달하게 되어 수신 전계가 크게 되는 현상을 말한다.

⑤ **룩셈브르그 효과(Luxemburg effect)**

전리층의 한 점을 주파수가 다른 2개의 전파가 통과할 때 두 전파 간에 일어나는 간섭 현상으로, 복사전력이 강한 쪽의 전파가 복사전력이 약한 쪽의 전파를 변조시켜 복사 전력이 약한 쪽의 전파를 수신하면 복사전력이 강한 쪽의 전파가 혼입되어 들어오는 현상을 말한다.

5.2 무선 통신 기기

(1) AM 송신기

송신기란 고주파 에너지를 발생시켜 이것을 증폭하고 체배하여 원하는 주파수로 신호를 변조한 후 규정된 출력으로 만들어 안테나를 통해 방사시키는 장치로서 발진부, 변조부, 전원부, 증폭부로 구분되어 있다.

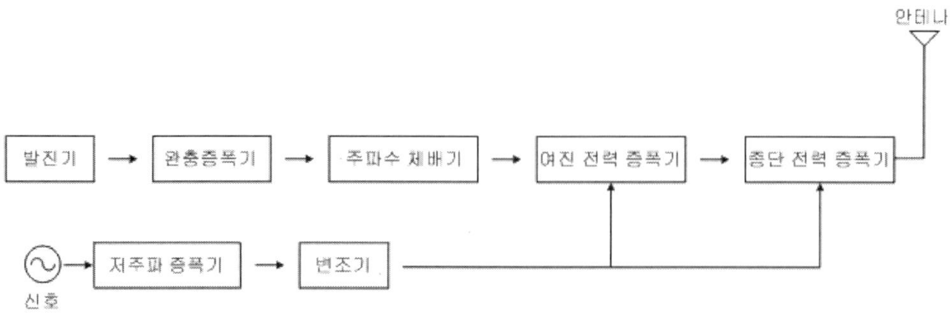

[그림 5-3] AM 송신기

1) 송 · 수신기용 발진기가 갖추어야 할 조건

① 주파수의 안정도가 우수할 것

→ 안정도가 높은 수정발진기를 많이 사용한다.

② 전원 전압이나 온도 및 습도의 변화에 대해서 발진출력이 안정할 것

→ 항온조를 사용하여 온도 및 습도의 변화에 의한 발진주파수 변동을 막는다.

③ 고조파가 적을 것

④ 주파수의 미조정(세밀 조정)이 용이할 것

⑤ 부하 변동에 영향을 받지 않을 것

→ 발진기 다음 단에 완충증폭기를 설치하여 부하변동에 따른 발진주파수의 변동을 방지한다.

⑥ 후단에 연결되는 증폭 부를 여진 하는데 필요한 출력을 가질 것

⑦ 주파수의 변환 조작이 간단하고, 신속 확실 할 것

2) LC 발진기

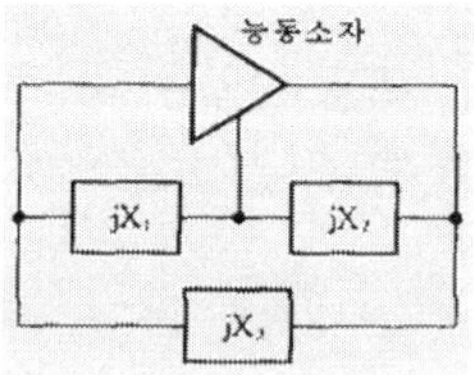

① 3소자 발진기의 발진조건

㉠ $X_1 = X_2$ (같은소자), X_3(다른소자)

㉡ X_1, $X_2 > 0$(유도성), $X_3 < 0$(용량성) ⇨ Hartley 발진기

㉢ X_1, $X_2 < 0$(용량성), $X_3 > 0$(유도성) ⇨ Colpitts 발진기

$X_1 : B-E$(베이스-이미터), $X_2 : C-E$(컬렉터-이미터), $X_3 : C-B$(컬렉터-베이스)

② **LC 발진기 주파수 변동원인과 대책**

㉠ 전원의 안정도를 높인다.(전원전압 변동 ⇨ 정전압 회로)

㉡ 주위 온도 변화에 따른 주파수 변동을 막기 위해 항온조를 사용한다.(온도변화 ⇨ 항온조)

㉢ 발진기와 출력 단 사이에 완충증폭기를 넣는다.(부하변동, 진동, 충격 ⇨ 완충증폭기)

㉣ 발진기의 동조회로에 Q가 높은 부품을 선택한다.

㉤ 발진기와 코일과 콘덴서의 온도계수를 상쇄하도록 부품을 선택한다.(부품 불량 ⇨ 교체)

㉥ 동조점 불안정 ⇨ 동조 점을 약간 벗어나게 선택

3) LC 발진기의 이상 현상

① **인입현상** : LC 발진기와 동일 전원을 다른 발진부가 사용하고 있을 경우 LC 발진기의 발진주파수가 끌려가는 현상

② 블록킹(blocking) 발진

③ **기생진동** : 회로 내의 L과 C등에 의해 정규 발진부 이외 부분에서 발진 조건이 충족되어 원하지 않는 발진이 일어나는 현상

Reference

기생진동 방지대책

- 증폭 단을 완전 차폐한다.
- 회로의 배선을 가급적 짧게 한다.
- 중화회로를 사용한다.
  ※ 중화회로(Neutralizing Circuit) : 자기발진(Self Oscillation)방지회로 : TR의 Base와 Collector 극간 용량(Co)를 통해 출력의 일부가 입력으로 귀환되어 자기 발진을 방지하여 증폭 주파수에 가까운 주파수로 발진한다. 중화에 사용되는 콘덴서를 중화 콘덴서라 한다.
- 부품 등에 필요한 접지를 확실히 한다.

4) 이상 발진기에서의 발진주파수

① 병렬 R형(병렬 저항형)

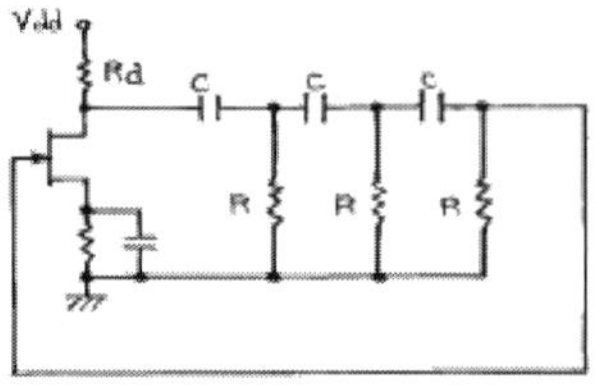

병렬 R형 : $f = \frac{1}{2\pi\sqrt{6}RC}[\mathrm{Hz}]$

② 병렬 C형(병렬 콘덴서형) : $f = \frac{\sqrt{6}}{2\pi CR}[\mathrm{Hz}]$

5) 수정 발진기

주파수 안정도가 매우 높은 발진기로 수정이 지닌 압전기 현상과 그 기계적 진동특성이 안정하기 때문에 많이 사용되고 있다.

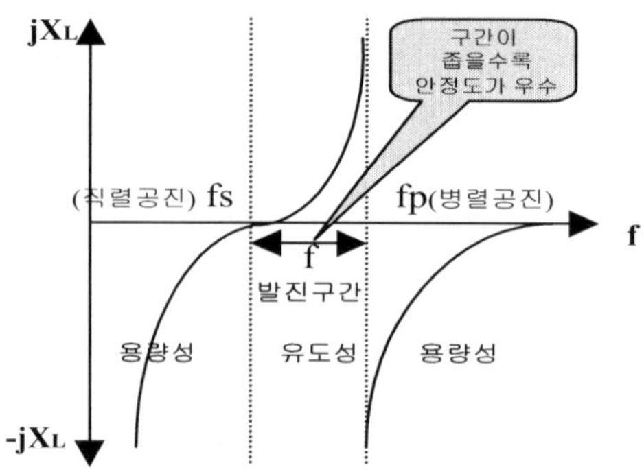

[주파수 특성]

① 발진구간 : fs < f < fp

② 유도성일 때 발진한다.

③ 발진구간이 좁을수록 안정도가 우수하다.

Reference

수정발진기의 발진주파수 변동 방지 대책

- 수정 공진 자를 항온조 내에 둔다.
- 정전압 회로를 사용한다.
- 부하와의 사이에 완충 증폭기를 사용한다.
- Q가 높은 수정 공진 자를 사용한다.
- 온도계수가 낮은 수정 공진 자를 사용한다.
- 발진부의 전원은 별도로 사용한다.

6) 완충증폭기(buffer amplifier)의 특성

① 위치 : 발진기 다음 단에 설치

② 목적 : 부하 변동에 따른 발진주파수의 변동을 방지하기 위하여

③ 증폭 방식 : 증폭 목적이 아니기 때문에 A급 증폭 방식을 사용

④ 인입현상을 방지하기 위하여 독립된 전원을 사용

7) 주파수 체배기

수정편 고유 주파수 이상의 주파수를 얻기 위해서 기본파 주파수의 제2, 제3고조파로 2체배, 3체배 한 후 C급 증폭한다.

8) 결합회로 조정방법

① M형

㉠ 공중선을 끊는다.

㉡ A_1이 최소가 되도록 CP를 조정한다.

㉢ 공중선을 연결한 뒤 A_2가 최대가 되도록 C_A조정

㉣ 재차 ㉡~㉢과정 반복

㉤ 결합도(M)을 조정 공중선 전류 규정값 유지

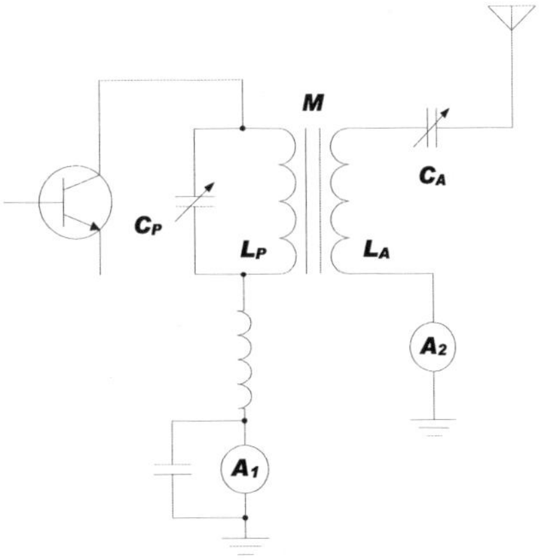

② π형

㉠ 공중선을 끊는다.

㉡ A_1A1이 최소가 되도록 C_1조정한다.

㉢ 공중선을 연결한 뒤 A_2 최대 되도록 C_2조정

㉣ A_1이 최소가 되도록 C_1 재조정

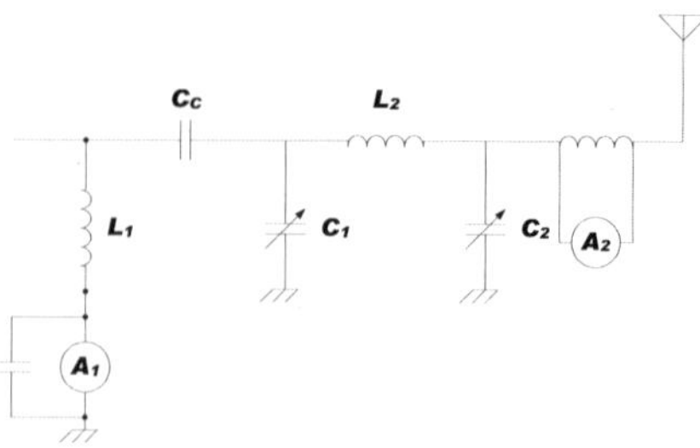

Reference

π형 결합회로의 특징

- 효율이 좋다.
- LPF 역할로 Spurious를 방지할 수 있다.
- 설계가 용이하다.
- 조정이 간단하다.
- 불평형 회로로 접지 공중선에만 적용(단점)

9) Spurious 발사

① 고조파

⇨ 고조파 왜율(K)= $\dfrac{\sqrt{제2고조파^2 + 제3고조파^2 + \cdots}}{기본파} \times 100\%$

② Spurious 방사 대책

㉠ 전력증폭기의 여진 전압을 가급적 적게 한다.

⇨ 필요 이상 높게 취하면 고조파 성분이 많아진다.

㉡ 전력 증폭 부를 B급 Push－Pull 증폭기를 사용

⇨ Push－pull 전력증폭기를 사용하면 우수 고조파가 자동으로 상쇄되기 때문 출력파형의 찌그러짐이 작아지고 전원전압에 포함되어 있는 hum이 줄어든다.

㉢ 공중선 회로의 결합에 π형 결합회로를 사용한다.

⇨ π형 결합회로는 자체 LPF 기능을 가지고 있다.

㉣ 종단 증폭부 공진회로의 Q(선택도)를 높게 한다.

㉤ 급전선에 저역 여파기나 트랩(Trap)을 설치한다.

(2) SSB 송신기

단 측파대(SSB : Single Side Band) 통신 방식은 진폭변조에 의해 생긴 상 · 하측파대 중 어느 한쪽만을 이용하는 통신 방식으로 반송파와 신호파를 평형변조기에 넣어 출력 측에 나타나는 상 · 하측파대 중 대역통과 필터(BPF)를 통해 한쪽 측파대만 빼내어 전송하는 방식이다. 따라서 DSB(double side band)에 비해 소비전력이 적고 대역폭이 좁으며 잡음이 적다는 이점이 있으나 송 · 수신기가 복잡하고 가격이 비싸다.

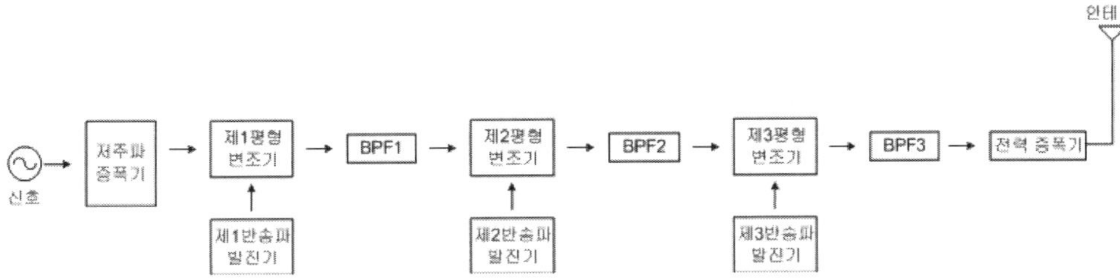

[그림 5-4] SSB 송신기

1) SSB 통신 특징(DSB 방식과 비교)

① 점유주파수 대폭이 1/2로 되어 주파수 이용률이 좋아진다.

② 저 전력으로 양질의 통신이 가능하다.

③ 선택성 fading의 영향이 적어 S/N가 개선된다.

④ 비화성이 있다.

⑤ 수신기에 동기용 국부발진기가 필요하다.(단점)

⑥ 반송파가 없어 AGC, AVC 회로 부가가 어렵다.(단점)

⑦ 송 · 수신기 회로가 복잡하고 비싸다.(단점)

2) Ring 변조기(평형변조기)의 특징

① 반송파와 신호파를 동시에 인가했을 때만 출력이 나온다.(신호파만 혹은 반송파만 인가하면 출력이 나오지 않는다.)

② 변조기 출력에는 반송파가 제거되어 상 · 하 측파대만 나온다.

③ 신호파 입력대신 중간주파수를 이용하여 역동작 시키면 복조기로도 사용할 수 있다.

④ 저전압으로 동작하여 소비전력이 적다.

⑤ 가격이 저렴하다.

⑥ 고 이득을 얻을 수 있다.

⑦ 온도에 의한 특성 변화가 매우 크다.

⑧ 증폭소자가 없다.

⑨ 출력 신호가 낮다(후단 : 증폭 소자 설치).

⑩ 소자 구성이 간단하여 경제적이며, 소형이다.

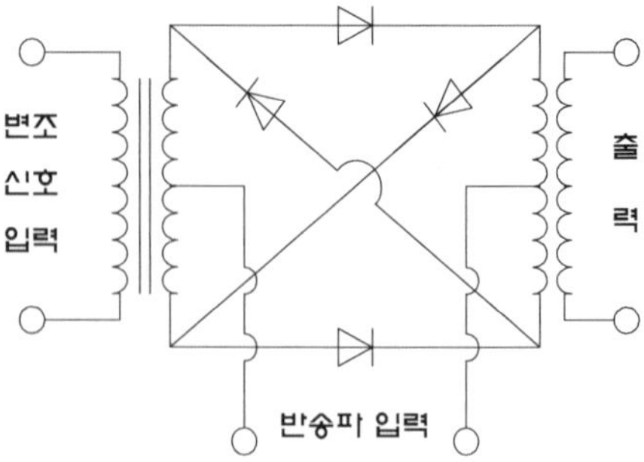

3) 다단 변조 : 동일 신호 파를 2회 이상 변조하는 것

* 다단 변조를 하는 이유 : 측파대 분리를 용이하게 하기 위함이다.

* 동일한 단일 동조 증폭 단을 n단 접속한 다단 증폭기의 대역폭(Bn)은 $\sqrt{2^{1/n}-1}\cdot B$(단, B : 각 증폭단의 대역폭)가 된다.

4) 전력 비교

① DSB : $P_m = P_c\left(1+\dfrac{m^2}{4}+\dfrac{m^2}{4}\right) = P_c\left(1+\dfrac{m^2}{2}\right)$

100% 변조 시$(m=1)$ $\quad \therefore\ P_m = 1.5P_c$

② SSB : $P_m = P_c \cdot \dfrac{m^2}{4}$

100% 변조 시$(m=1)$ $\quad \therefore\ P_m = 0.25P_c \Rightarrow \therefore\ \dfrac{1}{6}$배 감소

Reference

평균전력 비교

$$\frac{P_m}{P_S} = \frac{P_c\left(1+\dfrac{m^2}{2}\right)}{\dfrac{m^2}{4}P_c} = \frac{2(2+m^2)}{m^2}$$

∴ 100[%]변조시를 가정하여 $m=1$로 하면 DSB 방식은 SSB방식에 비해 6배의 전력 전력이 필요로 하게 된다. 그러나 보통 SSB송신기에서는 첨두 전력으로 표시하고 DSB송신기는 반송파 전력으로 표시하므로 각 송신기의 공칭전력을 비교하면 SSB 송신기는 이것의 4배의 출력을 가진 DSB송신기에 해당한다. 즉 100[W]의 SSB송신기와 400[W]의 DSB 송신기는 동일한 역할을 한다.

(3) FM 송신기

FM 송신기는 반송파를 만드는 발진기나 저주파 증폭기 그리고 전력 증폭기는 AM 송신기와 같으나 고음부의 신호 대 잡음비(S/N)을 개선하기 위한 프리 엠파시스 회로(Pre-emphasis)를 갖는다는 점이 다르다.

1) FM 송신기 특징

Reference

AM 통신방식과 비교한 FM 통신방식의 특징

- S/N가 좋다.
- 잡음 및 레벨 변동의 영향이 적다.
- 수신 주파수대역이 넓다.(단점)

① 직접 FM 변조 방식

*** 자려발진기에 가변 리액턴스소자(가변용량 Diodc, 리액턴스 등)를 접속하고, 신호파에 따라 인덕턴스를 변화시켜 발진 주파수를 직접 변화시키는 방식.**

㉠ 주파수 안정도가 나쁘다 → LC발진기 사용

㉡ 주파수 체배 단이 적다

㉢ AFC 회로가 필요하다

㉣ 높은 주파수 편이(Δf)를 얻을 수 있다.

㉤ Spurious 발사가 적다.

② 간접 FM 변조방식

간접 FM이란 신호 파를 전치보상회로를 이용해 적분한 다음 PM파를 얻은 후 다시 FM파를 얻는 방식을 말한다.

㉠ 주파수 안정도가 좋다. → X-tal 발진기 사용

㉡ 많은 주파수 체배 단 필요

㉢ AFC가 필요 없다.

㉣ 주파수 편이(Δf)가 낮다. → 직선성이 나빠서

㉤ Spurious 발사가 많다.

㉥ Pre-distortor (전치 보상기) 필요 → PM에서 FM을 얻기 위해

※ FM 변조 방식의 종류

	직접 FM 방식	간접 FM 방식
발진기	LC발진기	수정발진기
변조기 종류	• Hartley 발진기 • 가변 리액턴스를 이용한 변조기 • Varactor diode를 이용한 변조기 • 반사형 클라이스트론을 이용한 변조기	• Amstrong 발진기 • 이상법 변조기 • Vector 합성법에 의한 방법 • Serasoid 변조기

2) 변조지수

$$m_f = \frac{\Delta f}{f_m}$$

- f_s : 신호파
- m_f : 변조지수
- Δf : 최대주파수편이

3) 대역폭(Band Width)

$$BW = 2(f_s + \Delta f) = 2f_s(1 + m_f)$$

4) 송신기 보조회로

① Pre-distortor(전치 보상기)

㉠ 적분회로

㉡ PM파로서 등가적인 FM파를 얻기 위하여 위상변조기 전단에 사용하는 회로

㉢ 입출력 신호 사이에는 90° 위상차를 갖는다.

② Pre-emphasis

㉠ 송신 신호 중 특정 주파수 이상의 주파수 신호가 이득이 현저하게 떨어지는 현상 때문에 송신측에서 변조하기 전 신호파의 특정 주파수 이상의 주파수에서 이득을 크게 해주는 회로이다.(미분회로)

㉡ 높은 주파수에 대한 S/N비 개선

$\tau = CR_1$[sec]

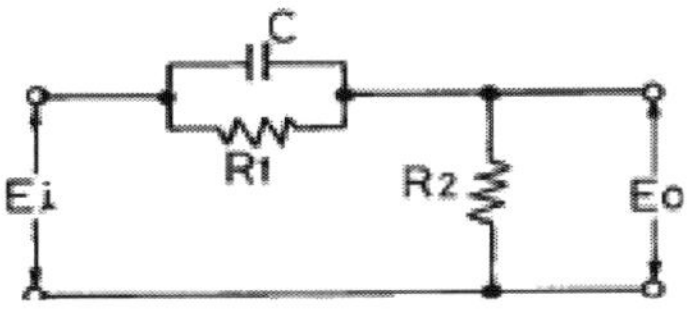

③ **순시편이제어회로(IDC : Instantaneous Deviation Control)**

FM 변조에서 최대 주파수 편이가 규정 값을 넘지 않도록 하는 회로

④ **주파수 안정회로**

PLL(Phase-Locked-Loop), AFC(Automatic Frequency control), APC (Automatic Phase control)

5.3 수신기

(1) AM 수신기

1) 수신기 양부판정 기준

① **감도(Sensitivity)**

미약한 전파 수신정도(주로 종합 이득과 내부 잡음에 의해 결정)

② **선택도(selectivity)**

희망 신호 이외의 신호의 분리 정도

③ **충실도(Fidelity)**

전파된 통신 내용을 수신, 본래의 신호로 재생 정도

④ **안정도(Stability)**

재조정을 하지 않고, 장시간 일정 출력을 얻는 정도를 의미하는 것으로 국부 발진기 및 증폭기 등의 안정도에 의해 결정되며 부품의 노후화 또한 큰 영향을 미친다.

2) 싱글 슈퍼헤테로다인 수신기

입력 주파수와 국부 발진주파수를 혼합하여 증폭하기 적합한 주파수인 중간 주파수를 만들어 증폭한 후 검파하는 방식의 수신기로 스트레이트 수신기에 비해 선택도와 안정도가 우수하나 회로가 복잡하고 영상주파수 방해라는 잡음을 발생한다.

Reference

슈퍼헤테로다인 수신기의 특징

- 장점 : ① 선택도가 좋다. ② 안정도가 좋다. ③ 감도가 좋다. ④ 충실도가 좋다. ⑤ S/N가 좋다.
- 단점 : ① 영상주파수 혼신이 존재한다. ② 회로가 복잡하고 조정이 비교적 어렵다.

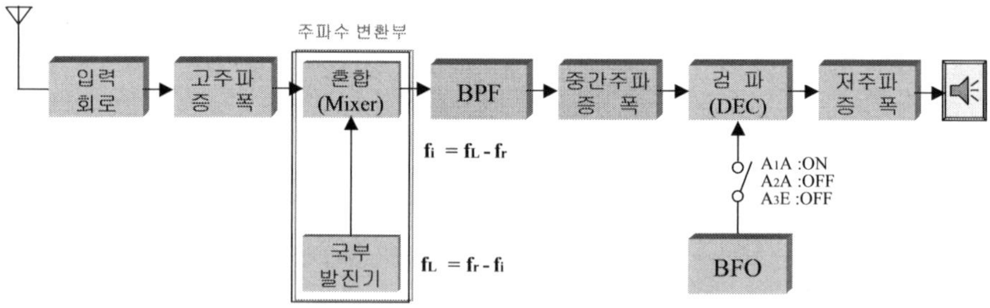

* 수신기 순서로는 ① 수신 안테나 ② 입력회로(입력정합회로) ③ 고주파 증폭(전치 증폭기) ④ 주파수 변환부 ⑤ BPF(대역통과필터) ⑥ 중간주파증폭 ⑦ 검파기 ⑧ 저주파 증폭 ⑨ 스피커 순으로 되어 있다.

* 헤테로다인 주파수계는 입력되는 주파수와 기준 주파수와의 차를 이용하여 주파수를 측정하는 방식이며 동축형 파장계, 레헤르(Lecher)선 주파수계, 공동형 파장계 모두 공진현상을 이용하여 주파수를 측정하는 방식이다.

3) 영상주파수 방해(혼신)(Image Frequency Interference)

영상혼신 주파수(f_I)=수신 신호주파수(f_r)+2×중간주파수(f_i)

국부발진 주파수(f_L) : $f_L = f_r + f_i$

4) 영상주파수 혼신 경감법

① 중간 주파수를 높게 선정한다.
② 동조회로의 Q(선택도)를 높인다.
③ 고주파 증폭 단을 두거나 증설한다.
④ 공중선회로에 특정 영상주파수를 제거할 수 있는 trap회로를 설치한다.
⑤ 2중 헤테로다인 방식 채택
⑥ 고주파 증폭부, 주파수 변환부를 차폐(shield)시킨다.

5) 고주파 증폭기(RF Amp : Radio Frequency Amplifier)의 설치 목적

① 영상 주파수 선택도 개선
② 공중선 회로와 정합
③ 불요전파 방사 억압
④ 수신기 감도 향상
⑤ 수신기 전체의 S/N비의 개선
⑥ 국부발진기에 의한 전파가 공중선에 복사되는 것을 방지(스퓨리어스 발사 억제)

6) 주파수 변환부(Frequency Converter)

목적 : 증폭과 선택작용을 용이하게 하기 위해서(높은 주파수로는 충분한 증폭을 할 수 없기 때문)

Reference

단일조정(Tracking), 3점 조정

가변 콘덴서의 회전각에서 항상 중간주파수와 일정한 주파수차를 갖도록 조정하는 것.
(수신주파수와 국부 발진주파수의 차가 항상 중간주파수가 되도록 하기 위해)
⇨ AM 수신기에 단일조정(Tracking)이 무너지면 이득이 감소하고 충실도가 저하되며 잡음 및 혼신 등이 증가 된다.

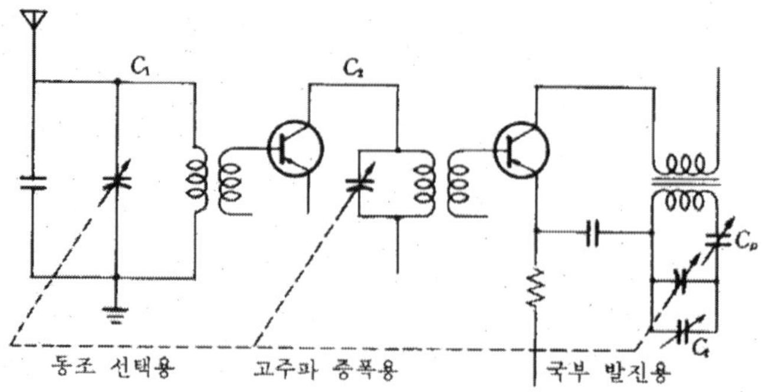

[그림 5-5] [트래킹(Tracking)의 구성]

7) 중간주파수 선정조건

* 중간주파수를 선정할 때는 이득, 감도, 안정도, 충실도, 인입현상, 영상주파수 선택도, 근접 주파수 선택도 등을 고려해야 한다.

중간주파수가 높을 때	중간주파수가 낮을 때
①인입현상 개선 ②영상주파수 관계 개선 ③충실도 개선(주파수 특성개선)	①근접주파수 선택도 개선 ②감도, 안정도 개선 ③단일조정 용이

8) 검파기(DET : Detector)

* Diagonal Clipping : 포락선 검파기에서 방전 시정수[τ(시정수)= RC]가 너무 커서 입력신호 변화를 추적하지 못함으로 발생되는 현상
* Negative Peak Clipping Distortion : 검파기에서 부하의 값이 직류시와 교류시에 상이한 값 때문에 왜곡이 발생되는 현상

9) 수신기 보조회로

① 자동 이득 제어회로(AGC : Automatic Gain Control) : 수신 전계강도 변화에 증폭기 이득을 제어하여 수신기 출력을 일정하게 유지.

② 지연 이득 제어회로(DAGC : Delay Automatic Gain Control) : 일정한 Level 이상의 전파에서만 AGC가 동작.

③ 자동 주파수 제어회로(AFC : Automatic Frequency Control) : 발진 주파수 편차를 검

출하여 발진 주파수를 일정하게 유지시킨다. AFC는 송 · 수신기에 모두 이용되며 온도 영향을 받지 않기 위하여 기준 주파수와의 비교 발진기는 항온조에 수용한다.

④ 자동 선택도 제어회로(ASC) : 수신전파가 약할 때 선택도를 높게 하여 혼신을 적게 하는 회로.

⑤ 자동잡음 억제회로(ANL : Automatic Noise Limiter) : AM 수신기 보조회로로 불규칙한 특성을 갖는 충격성 잡음 등을 억제하는데 주로 사용된다.

⑥ 비트 주파 발진기(BFO : Beat Frequency Oscillator)

10) 비트 주파 발진기(BFO : Beat Frequency Oscillator)

* A_1A전파를 포락선 검파기로 수신하고자 할 때 가청 beat 주파수를 삽입하여 청취 가능하게 하는 것

(2) SSB 수신기

1) SSB 수신기 구성

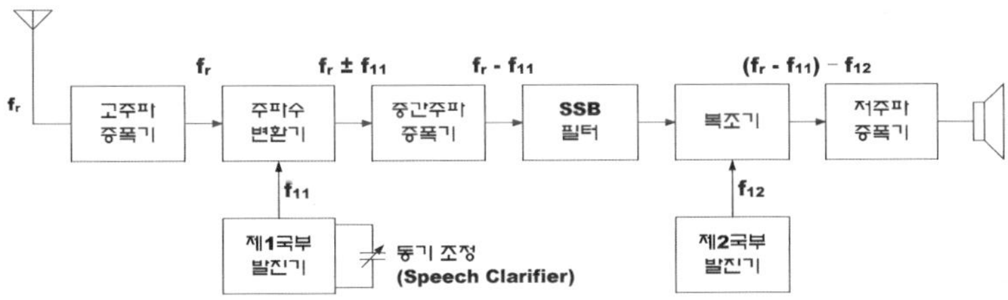

* Speech Clarifier → 국부 발진 주파수와의 편차를 줄이기 위해 사용된 가변 콘덴서를 말한다.

(3) FM 수신기

1) FM 수신기 구성

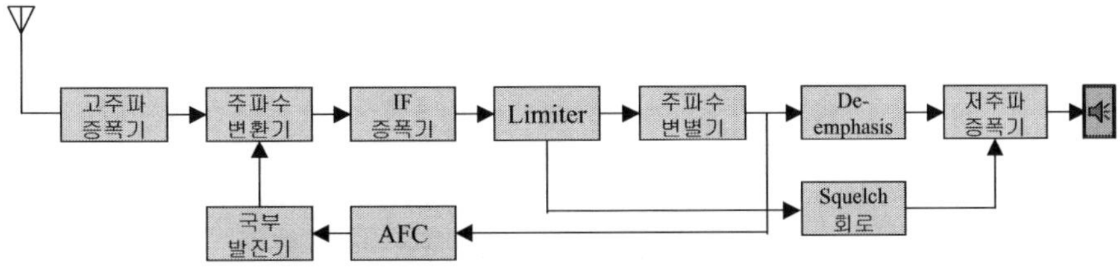

[그림 5-6] [Single Super Heterodyne 방식]

Reference

수신기의 이득

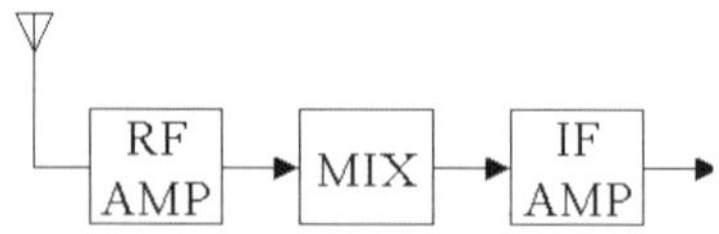

$[\text{dB}] = 20\log_{10}\frac{V_0}{V_i}[\text{dB}]$ = 고주파 증폭이득 + 변환이득 + 중간주파증폭기이득(V_0 : 출력전압, V_i : 입력전압)

2) FM 수신기의 특징(AM 수신기와의 차이점)

① S/N가 좋다.

② 수신 주파수대역이 넓다(단점).

③ 보조회로의 종류

㉠ Limiter(진폭제한기)

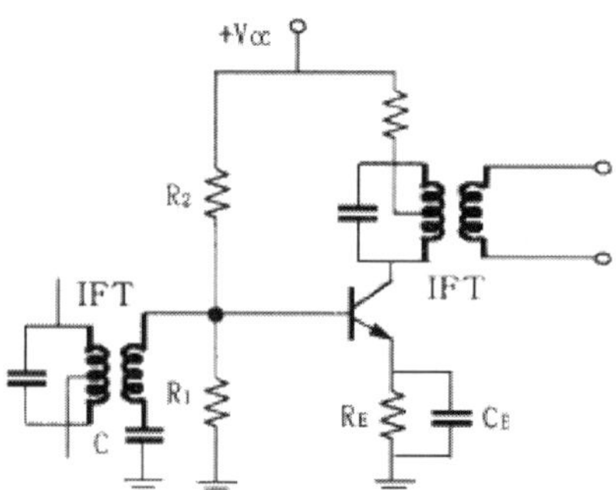

Reference

트랜지스터를 이용한 리미터(Limitter) 회로 특징

- 컬렉터의 바이어스 전압을 가능한 낮게 설정해야 출력포화로 인한 진폭 제한의 기능을 잘 수행한다.
- R_1을 크게 하면 V_{be}가 증가되어 트랜지스터의 컬렉터 전류가 증가하게 됨으로써 우수한 진폭제한기의 기능을 수행 수 없게 된다.
- 콘덴서 C는 IF 이외의 높은 주파수의 잡음 신호를 제거하는 기능을 한다.
- RE 값을 적게 하면 출력신호의 포화가 빨리 일어나 진폭제한기의 기능을 한다.
  - 용도 : 잡음이나 혼신 등으로 인해 본래의 FM파 이외의 성분을 제거.

- 위치 : 중간 주파 증폭기 뒷단에 위치
- 특성곡선

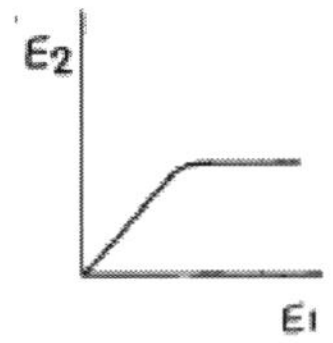

㉡ 주파수 변별기(Frequency Discriminator)

FM파의 주기 변화를 진폭변화(AM파)로 바꾸는 회로(Foster-Seely형, Ratio 형)

㉢ Squelch(=Muting)회로 : FM 수신기는 입력된 신호가 없을 때 Limiter가 동작하지 않아 큰 잡음이 발생하므로 입력된 신호가 없을 때는 저주파 증폭단의 입력을 차단하고 입력된 신호가 있을 때는 저주파 증폭단의 입력을 개방시켜 주는 잡음 억제회로를 squelch 회로라 한다.

⇨ 입력신호가 없거나, 잡음 Level이 신호 Level보다 클 경우 AF(저주파 증폭기) 차단하여 내부 잡음을 억제시키는 회로이다.

㉣ De-emphasis : 고주파 신호 Level을 억제(적분회로 : LPF)

⇨ FM무선통신에서 낮은 주파수에서는 잡음 전력이 작으나 주파수가 높아짐에 따라 잡음 전력이 현저히 증가하게 된다. 따라서 송신 쪽에서 변조하기 전 신호파의 특정 주파수 이상의 주파수에서 이득을 강하게 하는 회로가 필요한데 이를 Pre-emphasis라 하고 수신 쪽에서는 다시 원상태로 되돌리기 위하여 고주파 신호 Level을 억제하는 회로가 필요한데 이를 De-emphasis라 한다.

3) FM 검파기 = FM 변별기 = FM복조기(Demodulator)

① 포스터-실리(Foster-Seeley) 검파기

㉠ 1차 측 동조회로 L_1, C_1 및 2차 측 동조회로 L_2, C_2는 FM파의 중심주파수에 동조되어야 함.

㉡ 1차 측 동조회로의 코일 L_1과 2차 측 동조회로 L_2는 유도결합 되어 있으며, 결합계수는 크지 않음.

㉢ 무선주파 쵸크 L_3는 고주파에서 개방, 신호주파수 에서는 단락상태가 될 수 있도록 선정함.

㉣ 1차 측 전압 V_1과 2차 측 전압 V_2는 FM파의 중심 주파수 f_i에서 90[도]의 위상차가 되도록 하여 검파출력이 0이 되게 함.

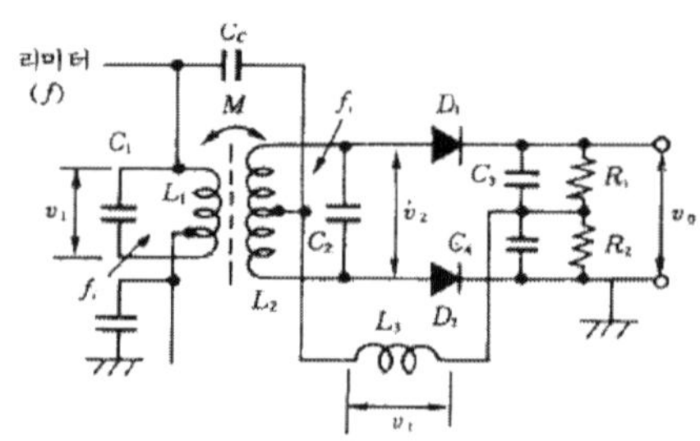

② Ratio 형의 특징(Foster－Seely형 과 다른 점)

㉠ Diode 접속 방향이 다르다.(F－S형 → 병렬, Ratio → 직렬)

㉡ 출력단자가 다르다.(F－S형 → 부하저항 하단 접지, Ratio → 중성점 접지)

㉢ 비 검파기는 부하저항과 병렬로 대용량 Condenser 접속.
임펄스 성 잡음제거, Limiter역할(Limiter 단수를 적게 할 수 있다.)

㉣ Ratio → 진폭제한기능(Limiter 불필요)
Foster Seely형 → 출력이 입력파 크기에 비례하므로 앞단에 Limiter필요

㉤ 검파감도 → 비 검파기는 감도가 약하여 Limiter 단수를 적게 할 수 있다.

㉥ 출력감도 → Foster Seely형의 약 1/2. (2 : 1)

4) 주파수 변별기의 특성

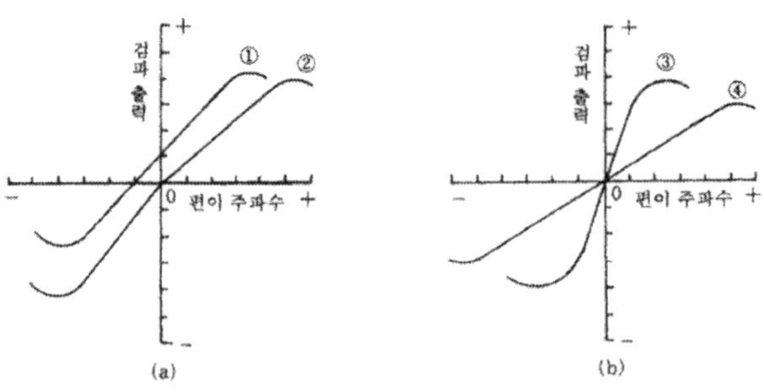

주파수 변별기의 특성

① S 특성의 여러 가지 예

㉠ 곡선 → 동조가 벗어난 경우(중심주파수에서 출력이 "0"이 되도록 C_1, C_2, L_1, L_2조정)

㉡ 곡선 → L_2의 중심점이 벗어난 경우(Tap의 위치 조정)

㉢ 곡선 → L_1, L_2가 밀 결합(Cross Coupling)일 경우(감도는 좋지만, 주파수 편이 범위가 좁고, 직선범위가 짧아 왜곡 발생)

㉣ 곡선 → L_1, L_2가 소 결합(Loose Coupling)일 경우(S자 특성 경사가 완만하여 주파수 편이 범위가 넓고, 직선성도 길고, 출력도 적다.)

㉤ 직선부분이 길고 상 · 하, 좌 · 우가 대칭인 경우가 가장 이상적인 곡선이다.

② FM파의 복조용 회로 중 주파수 변화를 진폭변화로 바꾸어 검파하는 방법

㉠ 경사형(Slope) 검파기

㉡ 스태커 동조형 판별기

㉢ Foster-Seeley 검파기

㉣ 비 검파기(Ratio 검파기) 등이 있다.

⇨ Quadrature 검파기 : 수신 신호를 동위상(inphase)성분 및 직교위상(quadrature)성분으로 분리하여 출력하는 직교검파기이다.

유선통신기기

Chapter 6

Data Communication Instruments

유선통신기기

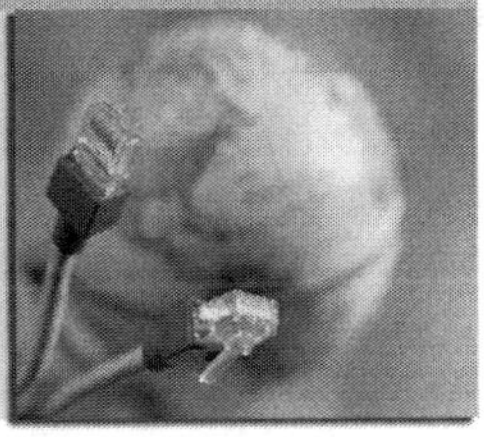

6.1 전화기(Telephone)의 기본적인 구성

전화는 인간의 아날로그 신호를 전기신호로 바꾸어서 원거리에 위치해 있는 사람과 대화(Communication)를 할 수 있도록 하는 것을 말한다. 우선 기본적으로 송화기와 수화기, 전류의 신호를 판별할 수 있는 후크 스위치, 고군과 저군의 주파수의 조합으로 상대방을 찾는 다이얼 부분, 전화의 실질적인 부분을 담당하는 전화기회로와 우리의 청각으로 통신을 할 수 있게 알려주는 벨 부분으로 구성되어서 총 6개 부분으로 구성되어 있다.

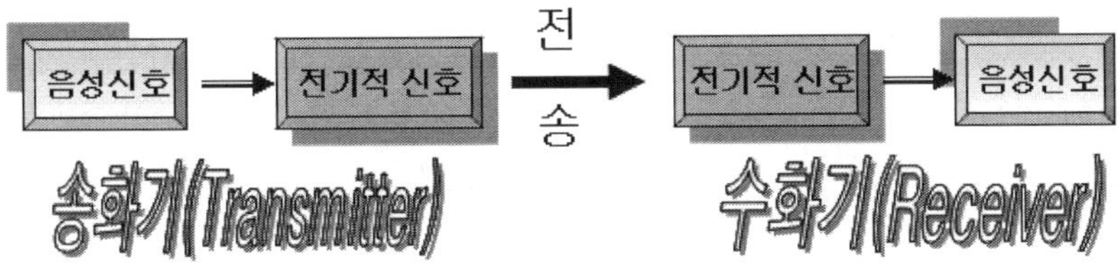

전화기의 기본 구성도

(1) 송화기(Transmitter)

음파(공기 중의 진동)를 전기적인 신호(음성전류)로 변환하는 원리를 말한다.

종류는 탄소 송화기와 압전 송화기가 가장 많이 이용되고 있다. 이외에도 자석식, 축전기식 그리고 가변저항식이 있다.

* 자석식 : 음파에 의하여 영구 자석의 자속을 변화시키는 원리를 이용
* 축전기식 : 음파에 의하여 콘덴서의 용량을 변화시키는 원리를 이용
* 가변 저항식 : 송화 음파에 따라서 진동하는 진동판에 의하여 탄소가루나 탄소립자의 접촉저항이 변화하는 것을 이용한 소위 탄소 소화기를 말한다.

1) 탄소 송화기(carbon transmitter)

탄소가루의 저항변화를 이용하여 음성을 전기적인 신호로 변환한다.

① 감도와 효율 면에서 가장 우수하기 때문에 대부분 전화기에서 사용한다.

② 현제 사용되고 있는 송화기의 동 저항은 50[mA]의 전류와 300[Hz]의 주파수에서 20~60[Ω]정도이다.

③ 탄소 송화기의 구조적 원리

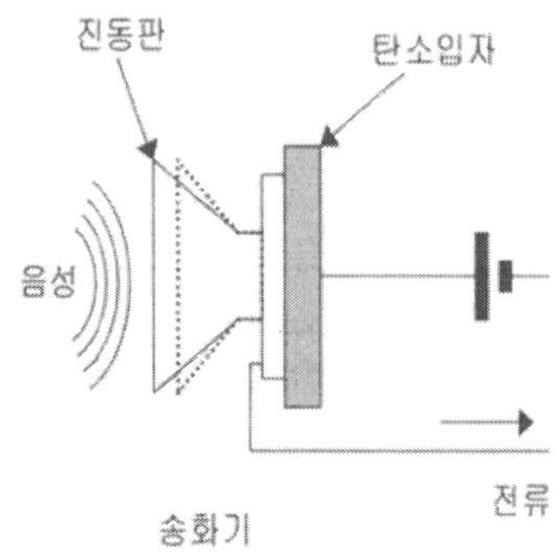

탄소 송화기 회로도

* 원리적인 설명 : 탄소 입자에 아날로그 신호(음성)가 인가되면 탄소입자의 저항 값이 변화한다. 이때 진동판의 떨림으로 의해서 음성이 전기적인 신호(음성전류)로 변환되는 원리이다.

④ 탄소형 송화기의 특징

㉠ 감도(K_τ)$= 20\log_{10}\dfrac{e}{P\sqrt{Z_\tau}}$[dB]

(e : 송화기의 개방전압, P : 진동판의 음압, Z_τ : 송화기의 내부저항)

㉡ Book Damper : 송화기의 내부적인 공진현상을 억제하는 역할을 한다. (7[dB] 억제기능이 있고 주파수 특성 자체가 평탄케 된다.)

㉢ 송화기 감도 저해의 요인으로써 탄소잡음(carbon noise)이 있다. 송화 전류의 증가에 따른 것으로 탄소가루에서도 불꽃이 발생한다.

㉣ 송화기는 진동판, 탄소가루, 단자로 구성되어 있는데 소리를 내면 진동판이 진동하고 그 진동에 의해 탄소가루가 튀어 돌게 되고 접촉저항이 변화하여 송화기 회로에 음성전류가 생기는 것이다.

(2) 수화기(Receiver)

전기적인 신호를 음성적으로 변환하는 것을 말한다. 수화기는 전화회선으로부터 수화되는 음성 신호 에너지가 극히 미약하기 때문에 수화기는 가능한 한 큰 음성 에너지로 변화하도록 설계되어야 한다. 또한 필요주파수 대역폭을 왜곡 없이 충실히 재생시켜야 한다. 수화기에는 자성체 진동판을 이용한 것이 있고 비자성체 진동판을 이용한 것이 있다. 즉, 전자방식 수화기와 아마추어방식 수화기가 있는데 아마추어방식 수화기가 대표적이다.

수화기의 생명은 진동판인데 진동판은 음성에너지를 크게 재현하기 위하여 평면 면적을 크게 하면 자유진동이 생겨 명료도를 저하시킬 수도 있기 때문에 음량과 충실도를 최대한 크게 얻도록 설계해야 한다. 가장 중요한 것은 재료의 선택인데 자성체 진동판의 경우에는 철이 50[%], 코발트가 48[%], 바나듐 2[%] 합금의 고투자율, 고 저항의 재료를 사용해야 한다.

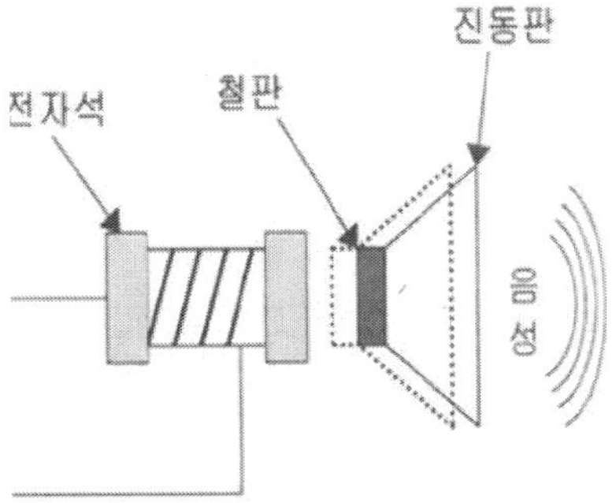

수화기의 원리

* 원리적인 설명 : 자성 체로 된 진동판을 사용하여 영구자석 두 극에 붙인 연 철편을 철심으로 하여 코일이 감겨져 있다. 통화전류에 의하여 자속밀도(b sinωt)와 영구 자석에 의한 자속밀도(B_0)에 의해 흡인력이 발생해서 진동판을 진동시켜 수화 음을 재생시킨다.

$$흡인력(F) = K(B_0 + b\sin\omega t)^2 = K\left(B_0^{\,2} + 2B_0 b\sin\omega t + \frac{b^2}{2} - \frac{b^2\cos 2\omega t}{2}\right)$$

(K : 상수, B_0 : 수화기의 영구자석과 진동판의 공극, $b\ \sin\omega t$: 통화전류에 의한 교번자속 밀도, F : 영구 자석과 여자전류(철심을 자화시키는 전류)에 의한 흡입력)

Reference

영구 자석을 사용하는 근본적인 이유

① 수화 음성을 정확하게 진동시키고 재생시킨다.
② 음성 전류의 2배의 주파수를 재생하므로 잡음만 나타난다.
③ 제2고조파를 방지하여 수화 품질의 질을 향상시킨다.
④ 영구 자석의 자속이 절대적으로 커야 한다.($B_0 > b, 2B_0 b > b^2$)

진동판의 구비조건

① 자유진동이 적을 것
② 주파수 특성이 평탄할 것
③ 진동판의 면적은 가급적 넓을 것
④ 외력에 대해 큰 진폭으로 진동할 것

(3) 후크 스위치(Hook switch)

통화회로를 단속하는 것이다. 자석식에서는 수화기가 걸려 있는 동안은 그 접점에 의하여 신호회로를 구성하고 수화기를 들어 올리면 통화회로가 구성되도록 되는 신호회로와 통화회로의 전환 작용을 하는 것이다. 공전식에서는 n수화기가 걸려 있는 동안은 수신호(신호를 받는)회로를 구성하는 것은 자석식과 같으나 수화기를 들면 교환수를 호출하는 신호회로가 이루어지고 교환수가 응답으로 통화회로가 이루어지도록 되어있다.

자동식 전화기는 공전식과 같다. 즉 공전식에서 교환수를 호출하는 신호회로의 접속은 자동식에서 다이얼 톤 회로를 접속하는 것과 같다.

(4) 다이얼(Dial)

선택 호출 장치라 하며 회전식 다이얼, 푸시 버튼 다이얼, MFC 다이얼이 대표적이다.

1) 회전식 다이얼

① 구성부분

㉠ 다이얼 조작부 : 문자반, 회전반 등으로 구성

㉡ 회전동력 및 정지 장치 : 메인 스프링과 정지판

㉢ 회전속도 자동 조절 장치 : 속도 조절기

㉣ 임펄스 송출기구 : 임펄스 접점, 분기접점

* 숫자를 돌렸다가 회전반이 제자리로 되돌아갈 때 숫자에 대한 임펄스를 발생하는데 이때 되돌아가는 속도를 일정히 유지시켜주는 것이 governor(속도조절기)이다.

* 임펄스는 단속 전류이기 때문에 다이얼링을 호출하는 호출자에게 똑딱하는 Click음이 들리는데 이것을 방지하기 위해 분기접점을 두고 임펄스가 송출되는 동안에 이 접점에 의하여 수화기회로를 단락(끊어놓게)한다.

2) Push - Button dial

고군의 주파수 부분과 저군의 주파수 부분 2개의 직교 교류주파수 조합으로 버튼을 누르면 신호가 인가되어 방진기가 동작하여서 지정된 발진주파수의 신호(펄스)가 송출되어 숫자가 입력된다.

① 기계식과 전자식 교환기(Exchange)에서 사용하고 있다.

② 발진주파수의 신호를 직접 선로에 인가하여 직접적으로 송출하므로 송출시간이 단축된다.

푸시폰식(톤) (단위 : Hz)

지 \ 고군	1209	1336	1477
697	1	2	3
770	4	5	6
852	7	8	9
941	*	0	#

P-B dial의 ITU 권고 주파수

* 숫자 7을 누르면 고군의 주파수 1209와 저군의 주파수 852가 결합되어 2061의 고유한 주파수를 만들어낸다.

3) MFC방식(다 주파 부호 방식 : Multi Frequency Code System)

① 전자식 교환기(Electronics Exchange)에서만 사용하고 있다.

② 6개의 교류주파수로 구성된 주파수가 있다. 주파수 대역은 700, 900, 1100, 1300, 1500, 1700[Hz] 중에 2개의 주파수 대역이 교환기 측으로 송출되도록 되어 있다.

※ MFC의 구성표

	700[Hz]	900[Hz]	1100[Hz]	1300[Hz]	1500[Hz]	1700[Hz]
1	*	*				
2	*		*			
3		*	*			
4	*			*		
5		*		*		
6			*	*		
7	*				*	
8		*			*	
9			*		*	
0				*	*	
*			*			*
#		*				*

(5) 전화기 회로

① 전화기 회로

㉠ 자석식 전화기 : 체신 제 1 호

㉡ 공전식 전화기 : 체신 공전 1 호

㉢ 자동식 전화기 : 체신 자동 1 호, 체신 70형 자동

1) 공중전화기(Public Telephone)

① 동작순서

송·수화기를 전화기로부터 분리(Hook off) → 주화 삽입 → 발신음 → 번호를 누름 → 통화로계 구성 → 착신 가입자 응답 (응답 없으면 통화중음이 들림) → 통화

2) 측음방지회로(Anti Side Tone Circuit)

① 측음이란 : 송화기에 가한 음성에너지 일부가 수화기로 들리는 것을 말한다. 송화의 능률적인 부분을 위해 적당히 있어야 한다.

② 부스터 형 측음 방지 회로 : 공전식 및 자동식 전화기에서 사용

③ 브리지 형 측음 방지 회로 : 자석식 전화기에서 사용

(6) 벨

1) 벨이란?

교류 또는 직류로 동작하는 전자석으로 쇠망치를 기계적으로 진동시켜, 종을 두드려서 울리게 하는 장치를 말한다.

2) 구 조

코일(coil)에 전류가 흐르면 전자석이 되어 철편(鐵片)이 당겨져서 쇠망치가 종을 두드린다. 이때에 접점이 떨어져, 전기가 끊어지면 전자석은 원상태로 되돌아가므로 철편은 떨어지고, 다시 접점이 이어진다. 이러한 작동이 되풀이되면 쇠망치가 종을 연속적으로 두드리게 된다. 벨은 초인종으로서 버저(buzzer)와 함께 널리 사용되며, 방범·방재 등 긴급할 때에 통보용으로도 사용되는데, 전원(電源)은 직류용으로는 3~6V의 건전지, 교류용으로는 4~100V의 변압기가 사용된다. 접점이 진동접점이기 때문에, 폭발성 물질이 있는 곳에서 사용하는 것은 위험하다. 현관에 장치한 것을 도어-벨(doorbell)이라고 한다. 우리는 전화기의 벨을 이야기 하는데 원리는 모두 위와 같다.

6.2 다양한 전화기의 종류들

(1) 다기능 전화

전화기에 시원한 액정과 스피커 그리고 마이크로프로세서 칩을 내장하여 여러 가지 기능을 기본적으로 수행할 수 있는 전화를 말한다.

1) 기 능

① 6자 회의 기능
② 원터치 다이얼 기능
③ 스피커폰 기능
④ 여러 가지 멜로디 기능
⑤ 통화중에는 예약기능
⑥ 전환기능
⑦ 여러 대의 전화를 한꺼번에 삽입하여 버튼만 누르면 받을 수 있는 다수 대의 전화 기능

(2) 키 폰

5회선 미만의 구내에서 사용할 때 교환기 없이 내선전화로 사용할 수 있는 다기능 전화기를 말한다.

1) 기 능

① 회선을 선택하여 호출을 할 수 있는 기능
② 공동으로 연결된 전화기들을 연결해 주는 기능(인터콤 기능)
③ 호를 대기 상태로 만들어 두는 기능
④ 전용으로 전화를 사용할 수 있는 기능

(3) 무선전화기(Cordless Phone)

전화기 본체와 송수화기를 분리할 수 있도록 만든 전화기로서 주파수대역은 270[MHz] 및 400[MHz]의 주파수를 사용하고 있다. 요즘에는 900[MHz]의 주파수를 사용하고 있어서 좀 더 또렷한 음성을 들을 수 있고 예전에 비해서 전화기 본체와의 거리도 많이 떨어져 있다. 그래도 실내에서 한정되게 사용되는 경우가 많다. 거리는 약 100[m] 정도에서 송수화기를 들고 다니면서 통화할 수 있는 전화기를 말한다.

(4) CT－PHONE

이 전화기는 1990년대 후반에 나와서 선풍적인 인기를 누렸던 전화기이다. 이 전화는 무선전화와는 달리 여러 가지 기능이 추가 되었는데 그 중 가장 획기적인 것은 본체가 집에 있는 것이 아니라 거리마다 있어서 좀 더 무선전화적인 성향이 강한 전화기이다. 이것은 중계기라는 것을 두어서 중간 중간마다 전파를 증폭하는 원리로 사용되었다. 그래서 그 중계기를 공중전화 박스에 부착하여서 사용하도록 하였는데 단점은 중계기에서 100[m]정도 떨어지면 잡음이 심하고 들리지 않게 될 수도 있고 이동 중에 전화를 하면 자꾸 끊어지는 현상도 일어난다.

(5) 개인휴대통신

지금에서도 상용하고 있는 전화기를 말한다. 우선적으로 셀룰러 폰과 PCS 폰을 이야기해야 할 것이다. 이 개인 휴대통신의 가장 큰 차이점은 주파수 대역이다. 셀룰러 폰은 800[MHz]이고 PCS 폰은 1.7[GHz]이다. 그리고 최근에는 PDA라는 것이 나왔는데 이 통신은 전화뿐만 아니라 좀 더 편리하게 여러 가지 기능을 본체에 추가하여 사용되는 것을 말한다.

6.3 교환기

다수의 단말기가 분포되어 있는 중심지역에서 가입자가 연결하고자 하는 회선을 접속하는 장치를 말한다. 구성은 통화로망과 제어장치로 구성된다.

(1) 교환기의 발전단계

수동식 → 기계식 → 전자식으로 발전

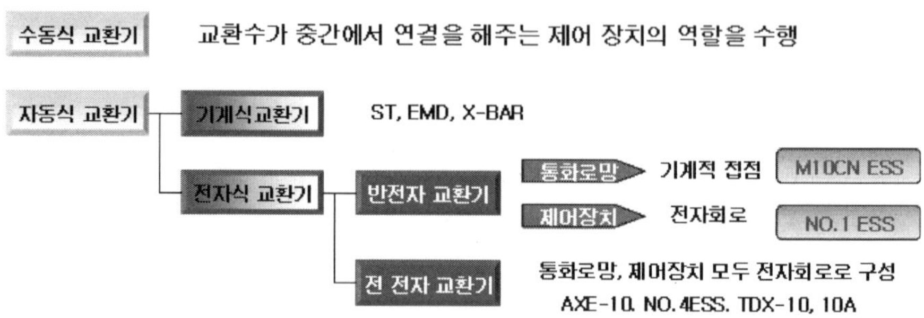

(2) 수동식(자석식) 교환기의 종류

1) 단식 교환기

가입자 수용용량이 100회선 정도이고, 100 가입자를 수용하는 것을 표준으로 하는 이유는 하루 중 통화가 가장 바쁜 시간이 라도 호의 양이 가입자 수의 10[%]를 초과하는 일이 드물고 교환원 한사람이 동시에 관리할 수 있는 최대한의 통화의 수를 10통화로 보는 것을 기초로 하기 때문이다. 참고로 저항 한계는 1800[Ω]이다.

2) 복식 교환기

단식 교환기의 단점을 보완한 교환기로서 가입자가 직접 통화하고 싶은 사람과 접속할 수 있도록 만든 교환기이다.

3) 공전식 교환기

공동 전지식 전화 교환은 수동식과 자동식으로 구분된다. 그러나 이 교환기는 수동식 교환기를 의미한다. 종류는 헤이스 식과 스토운 식이 있다. 헤이스 식은 전류공급방식을 원리를 표시한 것이고 스토운 식은 색류 코일방식을 의미한다.

＊ 색류코일 : 쵸크 코일을 의미한다.

(3) 자동식 교환기의 구성

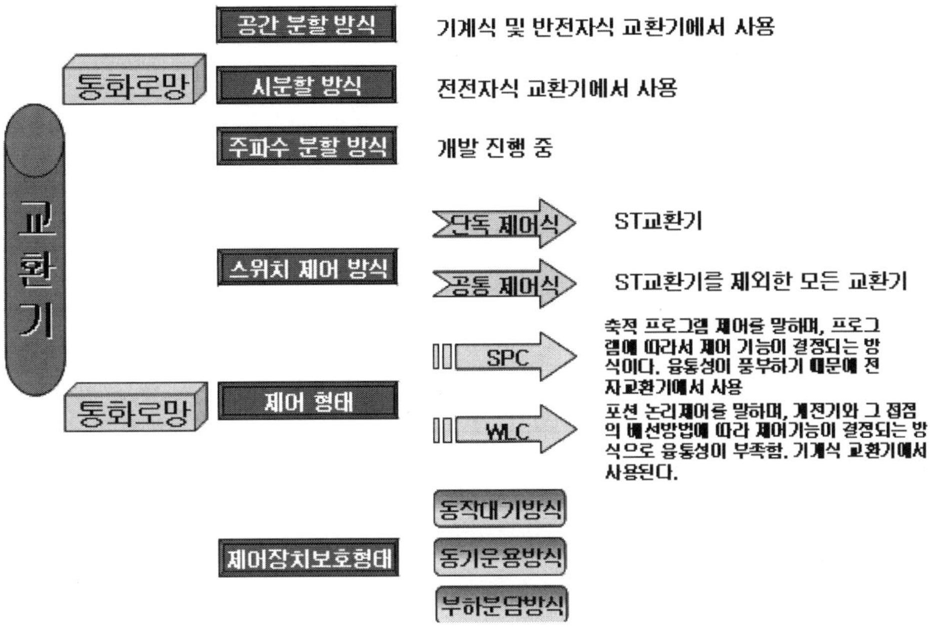

(4) 자동식 교환기

1) 기계식

① 단단식(Step by Step System)

㉠ 스트로저식 : 이 방식은 1892년 미국인 스트로져가 발명한 방식으로 가입자선에 라인 스위치를 사용한 라인스위치식과 라인 파인더를 사용한 라인 파인더식 두 가지가 있다. 이 방식은 우리나라에서 일찍부터 사용한 방식이다. 이 방식의 원리를 기초로 한 것에 독일식과 영국, 일본식이 있다.

㉡ 구동식 : 이 방식은 십진법을 써서 선택접속 하는 스트로져 식과는 달리 가입자로부터의 다이얼 임펄스를 기록 장치에 축적하고 이를 적당히 변환, 번역한 다음 스위치를 동작시켜서 교환접속을 하는 방식을 말한다. 이 방식의 원리를 기초로 한 것은 웨스턴 패널, 웨스턴 로터리(이상 미국식)과 에릭슨 식(스웨덴)식이 있다.

② 공동 제어 방식

이 방식은 측로 방식이라고도 하는데 접속스위치는 세로축과 가로축의 바를 접촉함으로서 전기 회로를 구성하여 가입자로부터 다이얼 임펄스를 축적, 변환한 다음 공통 제어하여 접속시키는 방식이다. 이 방식의 계전기식이나 펜타콘타 크로스바식은 우리나라에서 사용한 방식이다.

③ EMD방식

EMD란, Edelmetall Motor Drehwahler의 약어이고 통화 선에 귀금속접점을 사용한 회전 선택스위치란 뜻이다. 우리나라가 도입한 것은 EMD－M형이다. 이것은 표시조작으로 접속한다는 것을 의미하고 있다.

＊ EMD－M(Marking)란? M형이란, 표시조작에 의해 접속한다는 것을 의미

Reference

수동식교환방식에 비교해서 기계식의 장점과 단점 설명

〈장점〉

㉠ 통화의 접속은 낮과 밤의 구별이 없고 정확, 신속함
㉡ 통화의 안전성이 높다.
㉢ 인건비가 저렴하다.
㉣ 전화국의 수가 많은 복국지에서는 국간중계선이 사용되므로 선로 시설비가 경감된다.
㉤ 접속되는 시간이 짧다.
㉥ 가입자의 수용용량이 무척 크다.
㉦ 수동식 교환에서와 같이 교환접속에 언어의 교환이 필요 없으므로 언어상으로 야기되는 문제가 없다.

〈단점〉

㉠ 전화 교환 장치의 설치비용이 많이 든다.
㉡ 많은 접속스위치의 접점의 개폐에 의하여 통화접속이 이루어지는 것이기 때문에 누화, 잡음, 비 직선성 왜곡 등이 생긴다.

2) 전자식

① 교환기의 기본 구성

㉠ 통화로망(SN : Switching Network)

X－bar 스위치, Reed Relay, 반도체 스위치로 구성

㉡ 주사장치(SCN : Scanner)

가입자선 및 중계선에 흐르는 전류상태를 Scanning하여 그 결과를 중앙제어

장치에 접속 연장함.

㉢ 신호분배장치(SD : Signal Distribute)

중앙처리장치에 의해 주어진 통화로 접속 구성을 위한 각종 신호들을 가입자선 및 통화로망 등에 지시함.

㉣ 호 처리용 기억장치(CS : Call Store)

가입자선 및 통화로망에 관계되는 상태와 통화 호를 처리하는 과정에서 통화 호에 관계되는 정보를 일시적으로 기억함

㉤ 중앙제어장치(CC : Central Control)

제어 정보에 의해 희망하는 SW를 연결하거나 단락시켜서 가입자선 양단간 또는 가입자선과 중계선 및 중계선 양단간을 접속하여 통화로를 만드는 데 필요한 모든 교환동작을 제어하고 감시함

㉥ 프로그램 기억장치(PS : Program Store)

가입자선의 전화번호와 가입자 수용기 번호의 관계 및 국 부호, 회선루트와의 관계 등 번역의 목적에 사용되는 데이터를 저장한다. 즉 교환기 동작을 규정하기 위한 프로그램을 영구적으로 저장한다.

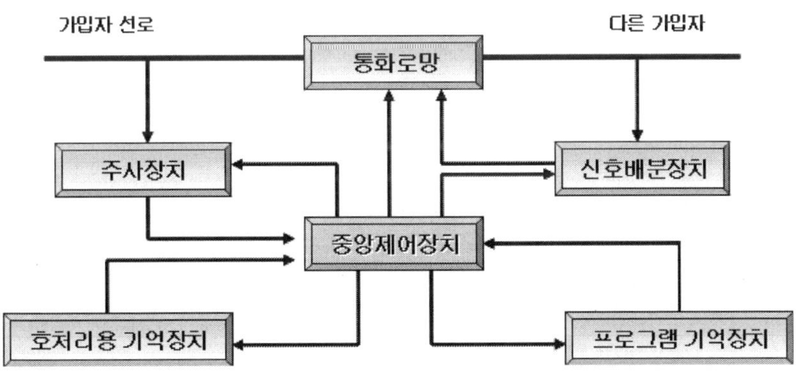

전자교환기의 기본적인 구성도

② **전자교환기의 특징**

㉠ 소형이기 때문에 설치 면적이 적다.

㉡ 전력이 적게 소모 된다.

㉢ 신뢰성이 높다.

㉣ 잔고장이 없고 수명이 길다.

㉤ 중앙 집중형식이었던 공통제어장치의 수가 줄고 개별 형식의 계층분산제어가 증가한다.

㉥ 감도가 좋고 데이터 처리속도가 빠르다.

㉦ 자동으로 우회하는 기능이 있다.

③ 전자교환기의 통화로망

㉠ 반전자 교환기 통화로망

통화로의 구성소자들이 기계적인 접점을 사용하여 공간 분할 방식을 사용한 것을 말한다. 대부분이 아날로그 신호를 교환하는 교환기를 의미한다.(계전기 Reed Relay, Ren Reed Relay)

통화로망이 기계적인 접점이고 제어장치가 전자회로인 교환기는 M10CN ESS와 NO1A.ESS가 있다.

㉡ 전전자 교환기 통화로망

통화로망과 제어장치의 모두 전자회로로 구성된 교환기를 말한다. 보통 시분할 방식으로 많이 사용된다. 그리고 디지털 신호를 교환하는 대표적인 교환기이다.

시 분할 방식과 공간 분할 방식의 비교표

항 목 \ 분 류		시 분할 방식	공간 분할 방식
사용소자	통화로부	전자회로 접점	기계적인 접점
	제어부	전자회로 소자	전자회로 소자
점유면적		작다	크다
통화로의 다중화		가능	불가능
타 회로와의 정합		A/D 변환기 등 부가설비 필요	정합이 용이
사용 기종		전전자 교환기	반전자 교환기

④ 전자 교환기의 역사

년 도	방 식	회 로	주요내용
1908			광선과 광전지 이용한 반전자교환기(독일DTW사)
1941	포션 논리 제어방식	전자관	크로스바 스위치의 전자제어(벨 연구소)
1951			PAM교환기의 시작(영국 우정성)
1953		반도체	2선 PAM교환기의 고안(스웨덴 : 에릭슨사)
1954			크로스바 스위치를 이용한 반전자 교환기(ME)가 상용(벨기에 : BTM)
1960			축적 프로그램 제어식 교환기의 현장시험(벨 연구소)
1963	축적 프로그램 제어방식		구내용PAM교환기 NO.101 ESS의 개국(미국 : 벨 시스템)
1965			대용량의 축적 프로그램 제어식 교환기 NO.1 ESS의 개국(미국 : 벨 시스템)－본격적인 전자 교환기의 시초
1967			M10－C 교환기의 사용실험(벨기에 : BTM)
1968			AKE－12의 상용 실험(스웨덴 : 에릭슨)
1969			SP－1현장실험(캐나다 : Northern Electric)
1970			중소국용 NO.2 ESS의 개국(미국 : 벨 시스템)
1972			NO.1 EAX의 개국(미국 : DBP)
1974			NO.2A ESS 개국(미국 : 벨 시스템)
1976			NO.1A ESS 개국 및 시외용 PCM 교환기 NO.2 ESS의 개국(미국 : 벨 시스템), TXE－4교환기 개국(영국 : 우정성)

⑤ 전자교환기의 제어장치

- 교환기가 발전하고 계층 간 제어 장치들을 분리함으로 분산제어의 사용이 증가되어 가고 있다.
- 교환기의 제어계에는 전화기 또는 회선에서 입력정보에 관한 통화로 계를 제어하고 원하는 입력과 출력간의 통화 로를 설정해 주는 기능이 있다.

㉠ 제어 방식별 구분

ⓐ 공통 제어식 : 교환기의 접속기구 들과 제어 부분들이 분리가 되어 있는 형

태로 기구의 회로는 복잡하지만 여러 기능들이 내장되어 있어서 보다 편리하고 다양한 형식으로 사용가능

ⓑ 단독 제어식 : 교환기의 접속기구와 제어 부분들이 하나의 기구로 통합 되는 형태

㉡ 제어 형태별 구분

ⓐ 포선(배선) 논리 제어 (WLC : Wired Logic Control)

- 입력 조건에 따라서 릴레이 장치와 접점 및 기타 부속품을 결선하는 것에 의해서 제어 기능이 결정되어지는 방식
- 기능이 변경되거나 추가되면 배선의 변경 및 추가가 필요하기 때문에 융통성이 부족
- 데이터 교환방식의 회선교환방식과 유사하다.

ⓑ 축적 프로그램 제어 (SPC : Stored Program Control)

- 교환처리 내용과 순서를 미리 작성하여 놓은 프로그램의 기억장치에 기억시켜 놓은 상태에서 호를 처리할 때 기억장치로부터 미리 작성해 놓은 내용을 차례로 읽어서 처리되는 방식
- 기능이 변경되거나 추가되는 프로그램을 변경하고 추가할 때 융통성이 풍부
- 데이터 교환방식의 축적교환방식과 유사하다. 이 방식은 메시지 교환방식과 패킷교환방식으로 분류된다.

Reference

축적프로그램의 장점

- 가입자에 대한 다양한 기능부여
- 고도의 신뢰성
- 시설비가 저렴하다.
- 속도와 크기에 상관없이 전송이 가능하다.
- 기능의 변경이나 추가가 등의 융통성이 풍부하다.

⑥ 제어장치의 보호형태

가입자에게 최대한 좋은 품질의 서비스를 제공하기 위해 시스템 다운을 방지하기 위해서 중요한 부분을 이중화하여 신뢰성과 안정도를 향상시킨다.

㉠ 동작대기 방식 : 한 개의 CPU가 통화로 접속을 수행하고 있는 동안에 다른 하나의 동작중인 CPU는 장치를 점검하면서 대기상태에 있게 된다. 이 때 동작중인 CPU에 이상이 발생하거나 장애가 생기게 되면 대기 중인 CPU가 수행중인 작업을 계속해서 수행하는 방식

㉡ 부하분담 방식 : 시스템 전체에 발생되는 통화량을 몇 개의 CPU가 나누어서 정확, 신속하게 처리하는 방식이다. 처리 능력의 45[%] 정도로 부하가 걸린다. 사용 중에는 여러 개의 CPU가 부하를 분담하여서 처리하나, 고장 이 났을 경우에는 다른 CPU가 전체 통화량을 모두 처리하는 방식

㉢ 동기운용 방식 : 동기 운용은 2개의 CPU가 설치되어 있으나, 동작대기방식과는 다르게 교환 작업을 동시에 수행하고 있다가 한쪽 CPU에 문제가 발생되면 나머지 1개 CPU가 서비스 중단 없이 계속해서 작업을 수행하는 방식이다. 여기서 2개의 CPU는 서로 동기로 동작.

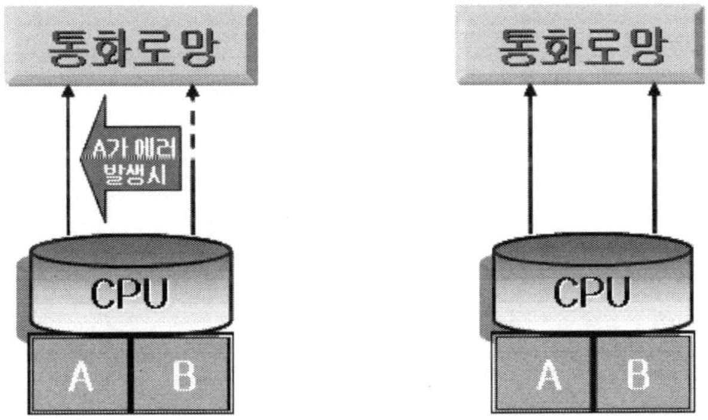

동기 대기 방식과 부하 분담 방식

⑦ 전자교환기 프로그램

㉠ 교환기 소프트웨어 프로그램은 교환 프로그램과 시험용 프로그램, 서포트 프로그램 등으로 구분 할 수 있다. 일반적으로 교환용 프로그램만을 사용하고 있다.

㉡ 교환기 프로그램

ⓐ 실행관리 프로그램 : 처리의 우선 도에 의해 프로그램을 실행 관리 하거나 입 · 출력장치제어하고 메모리의 관리 등을 한다.

ⓑ 호 처리 프로그램 : 교환기의 호 처리 기능을 담당하는 입력처리와 내부처리 그리고 출력처리 등의 호출에 대한 접속 동작을 한다.

ⓒ 보수운용 프로그램 : 장해진단/처리 및 운용관리 등을 한다.

⑧ 전전자교환기 정합장치

㉠ 중계선 회로 정합장치

중계회선과 직접 연결해서 중계선의 정합기능을 수행(GAZPACHO 기능)

기 호	명 칭	기 능
G	Generation of frame	프레임 생성
A	Alignment of frame	프레임 배열
Z	Zero string supperssion	연속된 "0" 신호 억제
P	Polar conversion	양단 또는 그 역으로 변환
A	Alarm processing	경보 처리
C	Clock Recovery	블록발생으로
H	Hunt During Reframe	프레임동기회기능으로
O	Office signal	국가 신호의 삽입 및 추출

㉡ 가입자선 정합장치

아날로그 가입자 회선과 직결되어 가입자선 정합 기능을 담당하고 있는 회로이다.(BORSCHT 기능)

기 호	명 칭	기 능
B	Battery Feed	통화전류공급
O	Over Voltage Protection	낙뢰에 의한 과전압 보호
R	Ringing	20[Hz]Ring 신호 공급
S	Supervision	가입자선 상태감시, 다이얼펄스 검출
C	CODEC	A/D, D/A 상호변환
H	Hybrid	2선/4선 변환
T	Test	내·외선 시험

6.4 트래픽 이론

통신 전송에 있어서 혼잡의 정도를 나타내는 이론으로서 전화 교환기의 경우 통화량과 교환시설의 크기와 통화의 접속 상황의 관계를 조사하여 이것을 바탕으로 기본적인 체계를 만드는 것이 트래픽 이론이다.

(1) 호의 정의와 단위

어떤 목적을 가지고 통신을 하는 경우 유선과 무선을 불문하고 회선을 통하여 그 목적을 달성하는 것을 말하며, 이 회선을 사용하는 주제를 호(Call)이라고 한다. 단위를 트래픽(Traffic)이라 한다.

(2) 호의 종류

① 완료호 : 사용자가 정보를 교환 했을 경우의 호(통화를 한 호)

② 불완료호 : 사용자가 정보를 교환하지 못했을 경우의 호(통화를 하지 못한 호)

(3) 보류시간(Holding Time)

호가 일어난 시각과 통신이 끝난 시각과의 사이를 말한다. 즉, 호가 지속되는 시간이다. 이용자가 설비를 사용하고 있는 시간

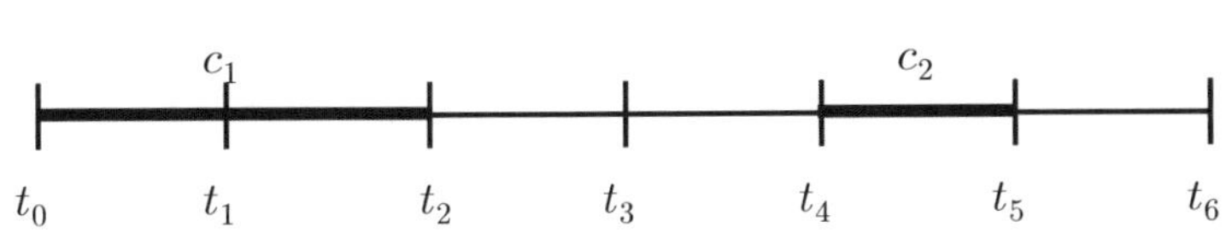

1) 보류시간

$$h20(c_1) = t_2 - t_0$$

$$h54(c_2) = t_5 - t_4$$

2) 평균보류시간

$$= \frac{\text{발생한 호의 총 보류시간}}{\text{발생한 총 호수}}[SEC]$$

(4) 교환선군과 교환기

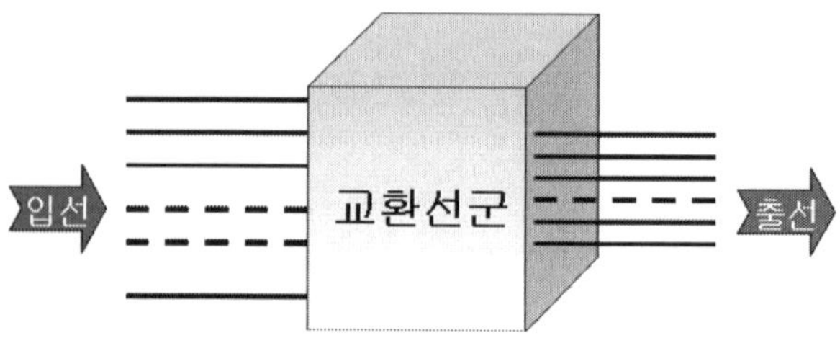

호가 생기는 입선과 접속하는 출선으로 되는 교환선을 교환선군이라 한다. 이 교환선군에는 다음의 사항이 규정되어 있다.

① 입선에 생긴 호는 출선에 접속을 요구한다.

② 출선은 모두 공통의 목적에 사용된다.

③ 하나의 입선에 동시에 2개의 호가 생기는 일은 없다.

④ 출선이 두 개의 호에 공용되는 일도 없다.

⑤ 교환선군의 분류

㉠ 완전선군 : 어떤 입력으로부터도 모든 출선이 가능한 것

㉡ 불완전선군 : 입선 중 어떤 것은 출선의 일부에 접속이 원리적으로 불가능한 것

(5) 최번 시(Busy Hour)

하루 중 호가 가장 많이 발생하는 한 시간을 말한다. (09시~11시 사이)

① 최번 시 호수 : 최번 시에 통화 발생한 호의 개수(교환설비설계의 기초)

② 최번 시 집중률 : 시내전화는 12~15[%] 정도

$$\text{최번 시 집중률} = \frac{\text{최번 시 호수}}{\text{하루 총 호수}} \times 100$$

(6) 트래픽 밀도

1) 트래픽 양

보류시간의 그림에서 시간상의 원점 t_0에서 어떤 시각(t_0)까지의 회선이 보류되는 종합 시간이라 한다. 즉, $(t_2-t_0)+(t_5-t_4)$를 (t_6-t_0)의 트래픽 밀도라 한다.

2) 트래픽 밀도(호량)

단위시간 내의 트래픽 양을 트래픽 밀도라 한다.

$$\text{트래픽 밀도}(A_c)=\frac{\text{호수}(C)*\text{평균보류시간}(H)}{\text{일정시간}}$$

실제적으로 보류시간을 계산해 보면

$$\frac{(t_2-t_0)+(t_5-t_4)}{t_6-t_0}$$

3) 트래픽 단위

① 1시간 단위 : 1회선을 1시간(60분) 동안 보류했을 때의 트래픽 양

② 100초 단위 : 1회선을 100초 동안 보류했을 때의 트래픽 양

	단 위	호 량
1시간 단위	① Er1(erlang) ② TU(Traffic Unit)	$ac=\frac{Co\cdot ho}{3600}$
100초 단위	① HCS(Hundred Call Second) ② CCS(Cent Call Second) ③ UC(Unit Call)	$ac=\frac{Co\cdot ho}{100}$

Reference

호량의 상호 관계

$Er1=TU\ HCS=CCS=UC1Er1=36HCS\ 1HCS=\frac{1}{36}Er1$

(7) 호손 율

출선이 전부 사용 중일 때 발생된 호가 접속되지 않는 확률로서 호손 율 값이 작을수록 서비스가 향상 된다.

$$호손율(B) = \frac{가해진호량 - 운반된호량}{가해진호량} = \frac{A_L}{A} = \frac{A - A_C}{A} = 1 - \frac{A_C}{A}$$

단, 가해진 호량(A), 운반 된 호량(Ac) 손실된 호량(AL)

(8) 중계선 효율 (회선의 사용능률)

$$\eta = \frac{A_c}{n} * 100 = \frac{a(1-B)}{n} = 100[\%]$$

A_C : 운반된 호의 수, a : 가해진 호의 수, n : 회선의 수, B : 호손 율

호량의 단위가 $[erl]$이면 $\eta = \frac{A_c}{n} * 100[\%]$

호량의 단위가 $[HCS]$이면 $\eta = \frac{A_C}{n * 36} * 100[\%]$

Chapter 7

무선이동통신

Chapter 7

Data Communication Instruments

무선이동통신

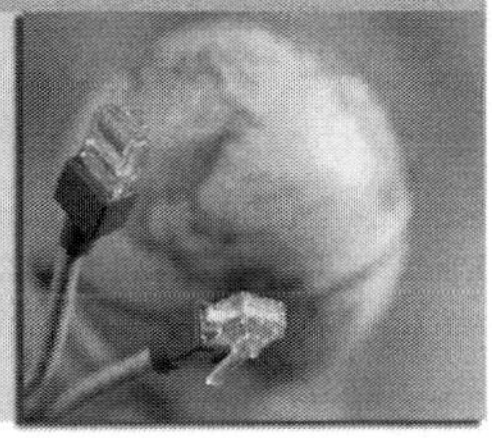

7.1 이동통신기기

(1) 이동통신기기의 개요

전파를 이용하여 공간과 장소에 구애받지 않고 언제, 어디서나, 누구와도 통신할 수 있는 이동 체와 이동 체 또는 이동 체와 고정 체 간을 연결해 주는 것을 말한다.

(2) 이동통신기기의 특징

① 간편성 : 기기의 성능이 뛰어나고, 손쉽게 사용할 수 있다.
② 이동성 : 언제, 어디서나 나의 포켓용으로 사용할 수 있다.
③ 공공성 : 기기의 기능만 알면 누구나 폭 넓게 사용할 수 있다.
④ 저렴성 : 많은 사람이 사용하므로 기기의 가격이 떨어져서 누구나 저렴한 가격으로 기기를 이용할 수 있다.

(3) 이동통신기기의 문제점

이동통신기기에는 수많은 문제점들이 존재한다. 우선은 이동 체의 움직임에 따라 수신 신호의 주파수가 변하는 현상 "도플러 현상"이 있고, 다중경로로 인한 도달 시간의 차이가 수신 데이터 심볼 간에 간섭을 일으켜서 수신기가 원래의 데이터를 정확하게 복원하는 것을 방해하는 "지연 확산 현상"이 있다. 또한 이동채널 상에서 반사나 회절 등으로부터 다양한 경로로 들어온 신호들이 서로 간섭을 일으켜서 이동 체의 이동에 따른 수신신호 레벨의 변동되는 "다중 경로 페이딩 현상"이 있다. 이 밖에도 이동주파수 채널 간 간섭을 일으켜서 인접 채널에서 작동중인 이동체간의 송신기와 수신기의 상대적인 위치를 근접시켰을 경우에 간섭이 발생하는 "채널간섭현상"이 있다. 채널 간섭현상은 두 가지로 볼 수 있는데 인접한 채널에서 동작중인 이동체 간의 송신기와 수신기의 상대적인 위치 근접 시 발생하는 것으로 주파수 재사용 패턴 시 인접한 기지국으로부터의 무선주파수 채널에 의해서 주로 발생되는 간섭현상인 "인접채널간섭 현상"과 주파수 재사용 패턴 시에는 동일한 무선 주파수라 할지라도 재사용된 다른 기지국에서의 무선 채널이 수신되면 서비스 구역 내의 무선 채널과는 전혀 다른 신호이다. 그렇기 때문에 현재 운용중인 신호 채널과 간섭을 일으키게 되는 "동일채널 간섭 현상"이 있다.

7.2 이동전화의 구성

(1) 이동전화 단말기(Mobile Station : MS)

1) 구 성

① 제어장치(Control unit) : 전화기의 모든 기능을 제어하고 전기적인 신호를 음성신호로 변경해 준다.

② 무선 송·수신기 : 전파된 신호를 선이 없는 통신방식으로 가능하게 송신기와 수신기를 사용한다.

③ 안테나 : 전파를 보내거나 받을 수 있는 장치로서 여러 종류가 있지만 주로 루프(Loop), 무지향성 등이 많이 사용된다.

2) 기 능

① 무선채널 선택 능력
② 기지국과 무선채널 구성
③ Call set up을 위한 호 처리
④ 기능위치등록정보의 송출

서비스	특 징
Ⅰ. Bee－per(무선호출장치)	• 전화번호 호출용으로 사용 • 음성녹음과 문자호출을 할 수 있음 • 통화기능은 없으나 다양한 서비스 사용
Ⅱ. CT－2(개인발신장치)	• 우리나라 기본이동통신의 시초 • 무선호출장치 내장 • 단말기가 저렴하고 통신요금이 저렴 • 기지국이 공중전화 박스에 있고, 기지국 에서 100[m]거리에서만 가능 • 발신전용으로 사용
Ⅲ. 셀룰러 이동통신	• 전국적으로 통신망을 구축하고 있어서 어디서나 통신 가능 • 처음 설치비용이 많이 들지만 아주 정확 한 통신이 가능 • 수신과 발신이 동시에 가능 • 제반비용이 고가
Ⅳ. PCS(개인휴대통신)	• 셀룰러 이동통신과 같이 전국으로 통신망을 구축하여 언제 어디서나 통신이 가능하고 수신과 발신이 동시에 가능 • 단말기와 통화 요금이 셀룰러 통신에 비해서 저렴 • 고속으로 이동 중에도 통화가 가능
Ⅴ. TRS(주파수 공용 통신)	• 1 : 1통신과 1 : 다 통신이 가능 • 영업용으로 이용을 많이 함(운수업, 무역업, 경찰 등) • 중계거리가 넓어서 몇 개의 기지국으로 전국을 커버할 수 있으나, 통화품질이 떨어진다. • 설치비는 고가이지만 통화료가 저렴
Ⅵ. 무선데이터 통신	• 고속 통신이 가능(9600[bps]) • 노트북에도 사용할 수 있어서 통신의 이동성을 확보 • 경찰이나 은행 업무에 엄청난 변화 • 공간을 넘나드는 통신

(2) 이동전화 교환국(Mobile Telephone Switching Office : MTSO)

1) 구 성

① Home Memory : 가장 핵심적인 부분으로서 단말기의 일련번호와 기본적으로 제어하고 저장하는 곳이다.

② Processor : 통신을 할 수 있도록 프로그램을 처리하는 곳이다.

③ Switching network : 연결망으로서 기지국과 단말기를 연결한다.

2) 기 능

① 자동차 전화 상호 접속

② 일반전화망과의 접속

③ 통회절체 기능(Hand Off－Hand over)
통화중 이동 국이 이동하더라도 통화를 유지시켜주는 기능.

④ 통화 상대 번호, 가입자정보, 과금 등과 관련된 정보의 기록 저장 기능.

⑤ 위치검출, 등록기능

⑥ Roaming
이동가입자가 등록한 시스템 이외의 다른 시스템이 관리하는 지역으로 이동하는 경우 연속적으로 시스템을 사용할 수 있도록 하는 기능.

(3) 무선 기지국(Cell Site : Base Station = BS)

1) 구 성

① 신호레벨 감시 장치 : 신호의 유무를 감지하고 신호레벨이 낮거나 높으면 적정하게 유지해주는 장치이다.

② Set－up 무선장치 : 재 부팅을 할 수 있고 교환국의 내용이 변경되었을 경우 중간에서 하드웨어적이나 소프트웨어적인 것을 변경할 수 있는 무선장치이다.

③ 안테나 : 단말기와 계속하여 Slot Mode를 사용하여 위치와 전파의 세기를 확인하고 있고, 무지향성 안테나가 많이 사용된다.

④ 제어장치(Control unit) : 기지국의 신호를 제어해서 통신에 사용할 수 있는 환경을 만들어 준다.

⑤ Data line/Voice trunks : 신호 라인은 가입자의 구내에서부터 패킷 교환국까지의 데이터 전용 회선을 말하고, 음성 트렁크는 음성을 통과 시켜주는 통로를 말한다.
⑥ Maintenance and test equipment

2) 기 능

① Mobile 위치 확인
② MTSO (Mobile Telephone Switching Office)와 Mobile 간의 중계
③ 이동국과 RF 송 · 수신
④ 통화로 구성 호 처리(Page & Access)
⑤ 통화중 Hand-off를 위한 정보 MTSO에 제공
⑥ 자동제어 및 신호채널 구성(채널지정 및 감시)

7.3 이동통신 시스템의 설계요소

① 동일 채널 간섭 경감대책
② 주파수 재사용 채널개념
③ 통화 채널 전환 기법
④ 셀 분할에 대한 고려
⑤ 반송파대 간섭 비

7.4 다이버시티(Diversity)

이동전화 시스템에서는 전파 경로상의 건물이나 지형 등에 의한 반사 때문에 다중경로 현상이 생겨 수신 신호의 진폭이 커졌다 작아졌다 하는 Fading 상태가 나타난다. 이러한 현상을 극복하기 위하여 다이버시티 방식을 사용한다.

① 주파수 다이버시티
② 편파 다이버시티
③ 공간 다이버시티
④ 각도 다이버시티

7.5 셀룰러 이동통신

한정된 주파수 자원을 공간적으로 분할된 작은 단위의 서비스 영역으로 분할하여 재사용함으로써 무선회선의 이용효율을 극대화한 이동통신 방식을 말한다.

(1) 특 징

① 주파수 스펙트럼의 이용효율을 향상시킴으로써 대용량 가입자의 수용이 가능하다.
② 전지역적으로 호환된다.
③ 통화량 밀집 지역에 대한 적응성이 좋다.
④ 저출력, 소규모 서비스 영역으로 인한 경제적인 통화 가격이 형성되어 저렴하게 이용이 가능하다.

(2) 존(Zone)

하나의 기지국이 담당하는 서비스 영역을 말한다. 이 중에서 주파수 이용효율화를 극대화하기 위해서 소구역 방식을 많이 사용하는데 이것을 셀이라고 한다.

1) 존의 종류

① 대존 : 하나의 기지국이 넓은 지역을 서비스하는 방법으로, 택시나 버스 등의 무선 주파수 공용 통신방식(TRS 또는 MCA)에 사용된다.
② 소존 : 서비스 구역을 잘게 분할해서 소비전력을 적게 하고 주파수 재사용을 극대화한 방식으로 셀룰러통신이나 PCS통신에 많이 사용된다. 이 소존 방식을 셀이라 한다.

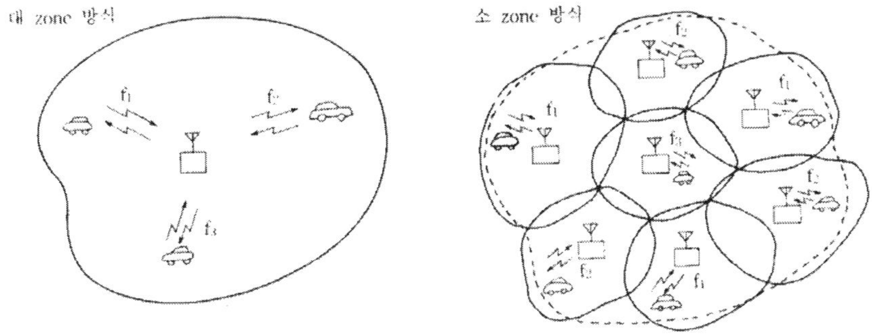

소존 방식이 대존 방식에 비해 아래와 같은 특징을 갖는다.

㉠ 서비스 지역의 형상, 대소 등을 비교적 자유롭게 할 수 있다.
㉡ 이동국의 송신기 출력을 작게 할 수 있어 경제화를 기할 수 있다.
㉢ 떨어진 존에는 같은 주파수를 동시에 다른 통신에 이용할 수 있어 주파수 이용 효율성이 높다.
㉣ 존 간을 이동 국이 움직이기 때문에 무선 회선의 제어 기능이 복잡해진다.
㉤ 셀의 모양은 삼각형, 사각형, 육각형, 팔각형이 있다.

2) 육각 셀의 의미

셀룰러 이동전화 시스템에서 기지국의 서비스 지역을 육각형 모양으로 표시하고 그것이 세포모양과 같다고 해서 통상적으로 셀이라고 한다. 그러나 이것은 어디까지 이론적인 이야기이다. 육각 셀은 어디까지나 이동전화망의 계획과 설계를 단순하게 하기 위해 의도적으로 도입한 모양이다. 실제의 이동전화 서비스 지역의 형태에 따라 여러 가지 모양이 나올 수 있다.

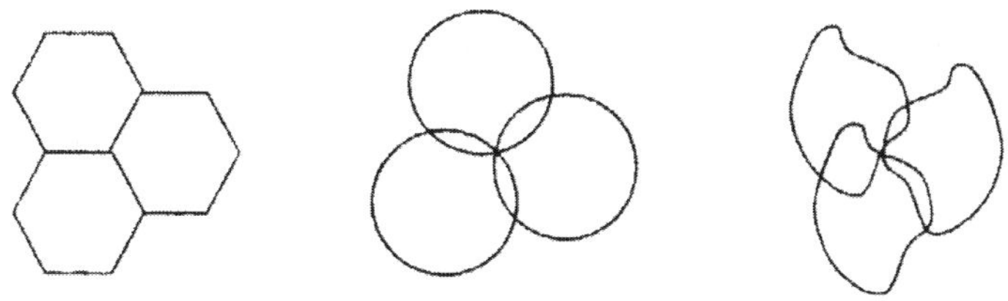

셀의 일반적인 모양

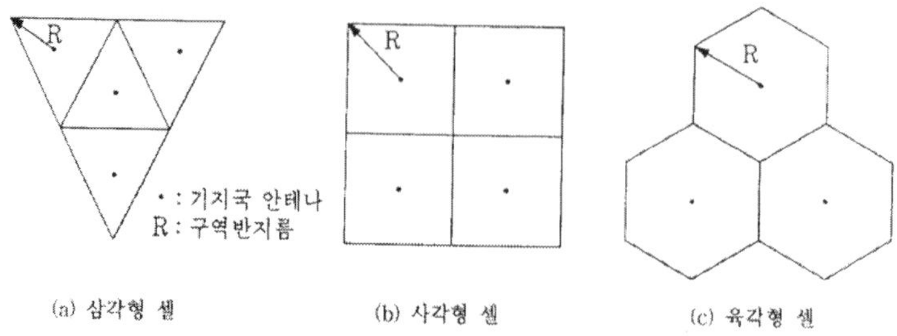

셀의 종류

3) 주파수 재사용

셀룰러 이동전화 시스템에서 무선채널을 사용하여 기지국과 단말기 사이를 양방향으로 통신하는 시스템을 말한다. 한번 사용한 주파수의 채널을 일정한 거리만큼 떨어진 지역에서 몇 번이라도 재사용할 수 있다는 것이 셀룰러 이동통신의 핵심적인 내용이다. 따라서 주파수 재사용 시스템에서는 가입자들이 일정거리만큼 떨어진 지점에서는 같은 주파수로 동시에 통화할 수 있고 스펙트럼 효율을 극대화 할 수 있기 때문에 많은 가입자 통화가 가능하다. 그러나 시스템이 적절하게 설계되지 않으면 간섭이 발생하여 통화품질을 열화 시키게 된다. 이때 같은 주파수의 채널을 여러 기지국에서 동시에 사용하기 때문에 생기는 간섭을 "동일 채널 간섭(Cochannel Interference)"이라 한다.

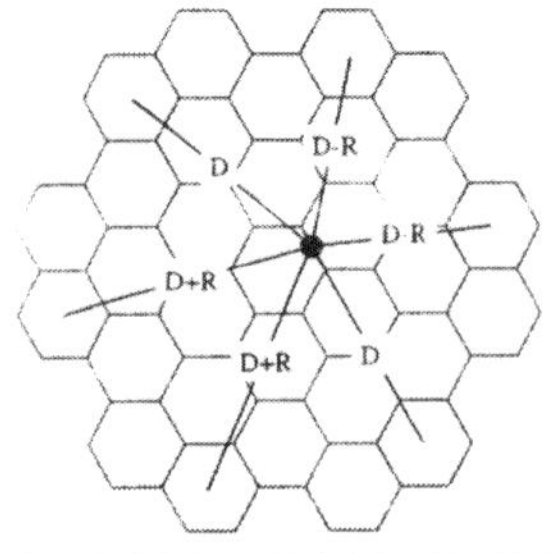

K=7 주파수재사용 패턴에서의 동일채널간섭

4) 동일 채널 간섭(Cochannel Interference)

셀룰러 이동전화 시스템은 스펙트럼의 이용 효율을 증대시켜 더 많은 가입자에게 동시에 서비스를 제공하기 위한 시스템이므로 주파수 재사용 기법은 대단히 유용한 핵심

기술이다. 그러나 주파수 재사용 기법에서는 동일한 주파수 채널을 다른 기지국에 서도 동시에 이용해야 하기 때문에 항상 동일 채널 간섭이 문제가 된다.

Reference

동일 채널 간섭 경감책

- 안테나의 높이를 조정한다.
- 송신 출력 제어를 한다.
- 다이버시티 수신기를 사용한다.
- 지향성 안테나 시스템을 사용한다.
- 다단 디스콘 안테나를 사용하여 우산 형 복사패턴을 이용한다.

5) Hand Off(Hand Over : 통화 채널 전환 기능)

통화자가 전화를 걸면서 다른 기지국으로 이동할 때 두 개의 기지국은 서로 다른 주파수를 사용하고 있지만 통화자에 의해 거의 인식될 수 없는 상태에서 단말기의 주파수가 자동적으로 새로운 기지국의 주파수로 변경되어 통화가 끊어지지 않고 지속되도록 하는 처리 과정을 말한다.

Reference

통화 채널 전환의 종류

- 통화 채널 강제 전환
- 시스템 간 통화 채널 전환
- 기지국의 통화 채널 전환
- 수신전력 차에 의한 통화 채널 전환

6) 우리나라 이동통신용 할당된 주파수 대역

① 아날로그 및 셀룰러용 : 800[MHz]대의 25[MHz]

② PCS용 : 1.7~1.8[GHz] 대역의 30[MHz]

③ FPLMTS용으로 : 1.8~2.2[GHz]대의 230[MHz]

7) AMPS(Advanced Mobile Phone System) 이동전화시스템

최근까지 사용한 이동통신방식으로 한정된 주파수 자원을 지역적으로 재사용하는 방식을 말한다. 이 방식은 주파수 이용효율을 향상시키고 이동통신 수효에 효과적으로 대응하고 통화 채널 전환(Hand Off)으로 이동 중에도 지속적인 통화 서비스를 제공할 수 있는 이동통신방식이다.

사용 주파수대역	이동국 송신	825~845[MHz]
	기지국 송신	870~890[MHz]
기지국의 서비스 반경		2[km]~15[km](cell 분할 가능)
무선채널	송 · 수신 간격	45[MHz]
	채널 간격	30[kHz]
변조방식(음성)		협 대역 FM
제어신호	변조방식	FSK
	전송속도	10[kbps]

8) 이웃나라의 이동통신 제원

제 원 \ 나 라		미 국	일 본
시스템 명		MTS(AMPS)	NTT
용량(무선교환국)		6만	10만
기지국의 서비스 반경		2[km]~15[km] Cellq분할이 가능	15[km] (시외) 5[km] (시내)
변조방식(음성)		협 대역 FM	
사용 주파수 대역	이동국 송신	825~845[MHz]	925~940[MHz]
	기지국 송신	870~890[MHz]	870~885[MHz]
무선채널	송수신 간격	45[MHz]	55[MHz]
	채널 간격	30[MHz]	25[MHz]
	채널 수	666	600
송신전력	기지국	45[W]	25[W]
	이동국	6[W](출력제어)	5[W](출력제어)
제어신호	변조방식	FSK	
	전송속도	10[kb/s]	0.3[kb/s]

7.6 이동통신 시스템의 다원접속방식의 종류

(1) Frequency Division Multiple Access(FDMA : 주파수 분할 다원접속)

시간은 공유하면서 주어진 주파수 대역을 다른 사용자와 겹쳐지지 않게 사용하는 방식으로 각 채널 간에 일정한 완충지역을 두어 서로의 대역을 보호해 준다. 이 보호대역을 가드밴드(Guard Band)라 한다.

1) 특 징

① 핸드오프가 복잡하다.
② 듀플렉서가 필요 없다.
③ 대역폭이 아주 좁다.
④ 반송파당 단일채널을 사용한다.
⑤ 이동국의 간소화가 필요하다.
⑥ 연송전송이 가능하다.

(2) Time Division Multiple Access(TDMA : 시 분할 다원접속)

하나의 반송파를 여러 사용자가 공유해서 시간을 여러 개의 시간구간으로 나누어서 여러 사용자가 자기에게 할당된 시간 구간을 다른 사용자의 시간구간과 겹치지 않게 하는 다중통신 방식이다. 시간 구간이 겹치지 않게 하기 위해서 시간 구역에도 보호 시간을 둔다. 이 보호 시간을 가드타임(Guard Time)이라 한다.

1) 특 징

① 핸드오프가 줄어들어 통신 품질이 좋다.
② 듀플렉서가 필요 없다.
③ 전송용량이 크다.
④ 이동 국이 상당히 복잡한 단점이 있다.

⑤ 단일파당 다수의 채널을 할당 할 수 있다.
⑥ 군의 형태로 전송이 가능하다.
⑦ 기지국 비용이 저렴하다.

(3) Code Division Multiple Access(CDMA : 코드 분할 다원접속)

대역확산(SS : Spread Spectrum)방식을 사용한 통신 방식으로 FDMA나 TDMA보다 더욱더 발전된 방식이다.

1) 특 징

① 주파수 이용효율이 무척 높다.
② 동기 및 비동기의 다원접속이 가능하다.
③ 방해를 제거(Jamming에 강함)하며, 다른 방해를 주지 않는다.
④ 다중경로(Multipath)의 영향을 저감시킬 수 있다.
⑤ 증가하는 통신회선에 대해서 비화통신 가능하다.
⑥ 은밀하게 전파를 방사할 수 있고 신호의 비밀이 보장된다.
LPI(Low Probability of)을 실현 할 수 있다.
⑦ 교신 상대국의 거리 측정이나 시간의 동기가 가능하다. (ITS : Intelligent Transport System)

2) 종 류

① FH(Frequency Hopping)
② TH(Time Hopping)
③ DS(Direct Sequence)
④ Chirp변조

3) Spread Spectrum

송신신호 대역폭이 메시지 대역폭보다 아주 넓다.

4) 통신용량

통신로를 통하여 매초 당 보낼 수 있는 정보의 최대값

$$C = B\log_2\left(1+\frac{S}{N}\right)[\text{bps}]$$

(단, W : 전송대역폭, S : 신호전력, N : 잡음전력)

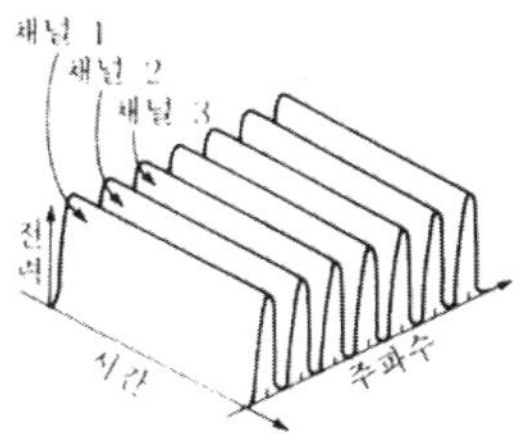

(a) FDMA 방식

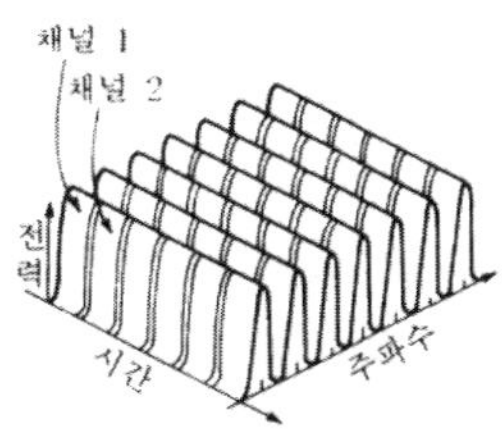

(b) TDMA 방식

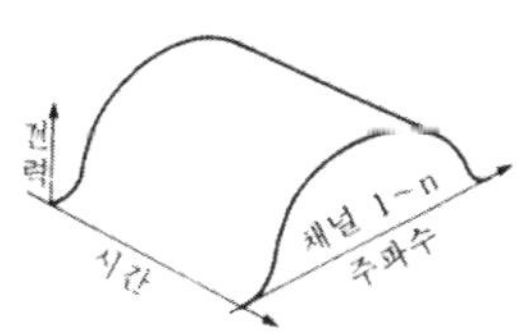

(c) CDMA 방식

FDMA와 TDMA의 비교

	TDMA	FDMA
점유주파수 대역폭	넓다	좁다
단국장치	간단	복잡
가격	저렴	비싸다
BPF	불필요	고가
전송대역	광대역	광대역
잡음과 페이딩의 영향	강하다	강하다
통화로 수의 관계	적은 경우에 경제적	많은 경우에 경제적
호환성	유선망과 접속이 어려움	유선망과 접속이 용이
통화회선 수	많게 할 수 없다.	많게 할 수 있다.
보호수준	보호시간(Guard Time)	보호대역(Guard Band)

7.7 그 밖의 이동통신 시스템의 종류

(1) 주파수 공용 방식 (TRS : Trunked Radio System)

사용주파수를 800[MHz]대로 해서 여러 가입자들이 동시에 공동의 주파수를 가지고 시간을 나누어 사용하는 통신으로서 TRS 또는 MCA(Multiple Channel Access)라고 하는데, 무선시스템의 주파수의 효율성을 최대로 높이기 위해서 사용된 방식이다.

1) 특 징

① FAX, DATA 전송이 가능하다.

② 통화시간의 제한되어 대략적으로 1분 정도이다.

③ 통화중에도 약 6초 이상 사용하지 않으면 자동적으로 회선이 절단된다.

④ 중앙에서 공통으로 제어하기 때문에 경제적 운용이 가능하다.

⑤ 동일 이용자 소속의 단말장치 간에만 통화가능하다.

⑥ 얼마 전까지 단신통화방식으로 사용하고 있었지만 현재는 양 방향통신으로 사용이 가능해졌다.

⑦ 생활무전기 등은 일반 공중전화망과 연결이 되지 않지만 주파수 공용통신은 공중전화망과 연결되어 무전기로 전화가입자와 통화가 가능하다.

⑧ 고정된 주파수를 가지고 시간을 나누어 사용하기 때문에 통화중에는 혼선이 없어 대화의 비밀성이 보장된다.

⑨ 통화 폭주 시 예약 등록 방식을 채택하고, 있어 러시아워시의 비접속률의 증대가 억제된다.

⑩ 다양한 호출 통화가 가능하다.

⑪ 서비스 반경이 20~30[km]로 경제적으로 넓은 서비스 구역을 확보할 수 있다.

⑫ 운수업, 제조 및 서비스업, 건설형장, 경비업체, 연안 선박, 경찰 등이 많이 사용한다.

2) 종 류

① **선택 호출** : 필요한 단말기들만 선택적으로 호출하는 방식이다.

② **개별 호출** : 개인마다 고유의 번호를 송출하여 호출하는 방식이다.

③ **일제 호출** : 모든 단말기를 한꺼번에 호출하는 형식으로서 기본적인 주파수 공용방식을 말한다.

④ **그룹 호출** : 선택 호출과 비슷하지만 좀 더 넓은 의미를 가지고 있다. A나 B 그룹으로 만들어서 호출하는 방식이다. 즉 소속 그룹 내 단말기를 동시에 호출하는 방식을 말한다.

⑤ **비상 호출** : 긴급할 때 사용하는 호출방식이다.

3) 구 성

① **이동국** : 자동차나 개인이 가지고 다니는 휴대 단말장치

② **기지국** : 각 사용자 군에 설치된 기지국은 1개의 군에만 소속

③ **중앙 제어국** : 기지국과 이동국 간의 회선 제어를 행하며 무선 이동국 상호간을 제어하고 통신을 연결해 준다.

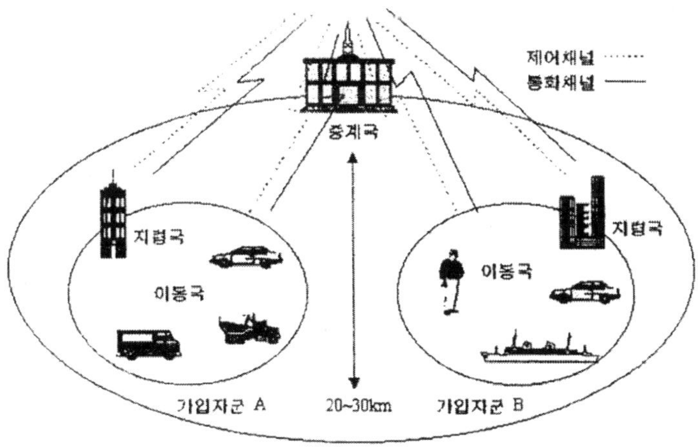

주파수 공용방식과 셀룰러 방식의 비교

항목 \ 방식	셀룰러 방식(Analog AMPS)	주파수 공용 방식(TRS)
통신 방식	다이얼링 기능에 의한 복신	복신 반, 복신 그리고 단신
통화시간	무제한	1, 2분으로 제한
호출기능	일대일 호출	개별, 그룹, 일제, 비상, 선택호출
이동국 채널용량	666채널	399~600채널
사용주파수	824~849[MHz] 869~894[MHz]	806~821[MHz] 851~866[MHz]
송신출력	이동국 : 3[W] 기지국 : 20[W]	이동국 : 10[W] 기지국 : 40[W]
주파수 이용효율	낮다	높다
핸드오프	필요	불필요
주파수 이용효율	대당 약 30가입자	대당 약 100가입자
대상	PSTN고 접속 가능한 일반가입자	특정 가입자 그룹의 소속원
서비스 구역	소규모 존(Zone) (Macro, Cell, Micro Cell, pico Cell)	광역 존(Zone) (반경 20 ~ 30[km])

(2) WLL(Wireless Local Loop : 무선 근거리 통신)

전화국에서 전화 가입자까지 연결하는 유선 선로 대신에 무선 시스템을 이용해 전화선을 구성하여 일반전화, 데이터통신, ISDN등의 초고속 멀티미디어를 제공하는 기술을 말한다. 이동전화나 PCS와 다르게 호 전환(Hand off)기능 등이 없는 고정통신무선 망이다.

1) 특 징

① 서비스에 따라 품질 및 속도 변경이 용이하다.

② 유선이 아니고 무선 통신 망이기 때문에 구축과 유지보수 비용이 저렴하고 시간 단축이 가능하다.

③ 전파가 도달하는 지역은 언제, 어디에서나 간편하게 설치할 수 있고 통신망 구축이 유연하다는 장점이 있다.

④ 1 : 1 방식의 고정통신이므로 다중경로 페이딩 현상이 거의 없다.
⑤ 무선채널의 효율 증가 및 가입자 수용 용량의 증가 효과가 있다.
⑥ 전파 경로 손실이 적어 동일한 송신전력으로 보다 넓은 지역 서비스 가능하다.
⑦ 동일채널 간섭 영향을 줄일 수 있어 주파수 재사용 거리를 줄일 수 있다.
⑧ 다양한 부가서비스가 가능하다.
⑨ WLL망은 고정 통신망이기 때문에 핸드오프가 발생하지 않는다.
⑩ 이동무선이 아니고 고정무선통신이기 때문에 무선채널의 효율이 증가하고 가입자 수용 용량의 증가효과가 있다.

2) 구성도

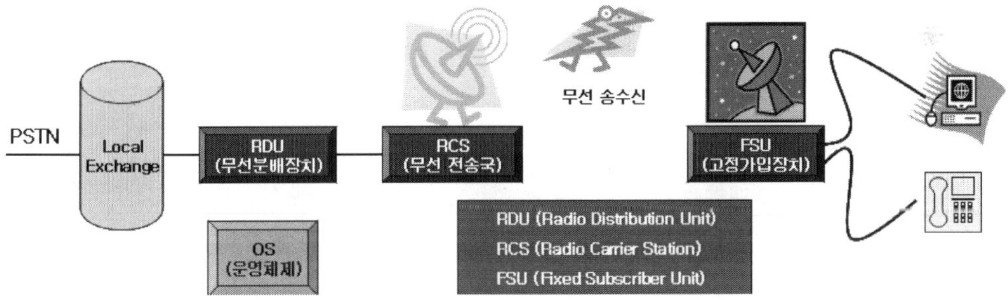

(3) IMT-2000

International Mobile Telecommunications-2000의 약어로 국가별로 개별 운영되고 있는 다양한 이동전화통신 시스템의 규격을 동일하게 만들어서 언제, 어디서나 하나의 단말기로 사용하거나 하나의 식별카드를 사용해서 서비스를 이용할 수 있도록 만든 개인화된 글로벌 멀티미디어 서비스를 말한다.

1) 특 징

① 로밍이 가능하다. 즉, 전 세계 표준화 및 동일주파수를 사용한다.
② 인터넷과 멀티미디어 통신이 가능하고, 고품질의 음성과 영상 서비스가 가능하다.

2) 이동전화와 차이점

① IMT-2000의 사용주파수 대역은 전 세계적으로 로밍을 하기 위해 ITU에서 배정한 전 세계 공통의 주파수 대역인 2[GHz]대를 사용하는데, 데이터의 전송속도를 결정짓는 채널당 주파수 대역폭은 우리나라의 경우에는 동일한 기술 방식을 사용하는 디지털 이동전화와 PCS가 1.25[MHz]인데 IMT-2000은 멀티미디어 서비스를 제공하기 위해 5[MHz]의 Broad Band을 사용하고 있다.

② 2세대 이동통신 서비스에서 채택하고 있는 1.25[MHz] 채널대역폭으로 전송 가능한 데이터 량은 이론적으로 64[Kbps]가 한계이지만 IMT-2000은 5[MHz]의 채널 대역폭을 가지고 있어서 최대 2[Mbps]속도의 데이터 전송만 가능하며 음성, 데이터 등 멀티미디어 정보의 전송이 가능하다.

③ 통화 음질과 관계있는 음성 보코더는 IMT-2000에서는 유선망 수준의 품질을 유지하기 위해 8~32[Kbps]까지 가변적인 보코더를 사용하고 있다.

④ 보통 64[Kbps]에서 384[Kbps] 이상의 속도가 요구되는 멀티미디어 서비스는 채널 대역폭이 1.25[MHz]로 제한되어 있는 2세대 이동통신 서비스로는 불가능하다.

(4) PDA

Personal Digital Assistant의 약자로서, 개인 휴대 정보 단말기(이동 전화 · 무선호출 · 개인 생활 정보 처리)등이 가능한 단말기이다. 또한 전자수첩과 많이들 비교하는데 전자수첩과는 비교도 할 수 없을 정도로 발달 되서 우리 생활에 엄청난 발전을 가지고 왔다.

1) 특 징

① 크기가 작고 가볍다. 작은 것은 200[g]미만이고, 보통 350[g]정도이다.

② 적은 전력으로 동작이 가능하다. PDA의 CPU는 노트북에 비해 전력 소모가 아주 적은 저 전력 형 이여서 대부분의 PDA가 한번 충전이나 건전지 몇 개로 대략 한 달 정도 사용할 수도 있습니다.

③ 하드드라이브가 따로 없다. 램과 플래쉬 메모리만 사용하기 때문에 하드 드라이브를 쓰는 노트북이나 PC에 비해 초기 부팅 속도가 상당히 빠르다. 또한 PC와 연결

하여 자유롭게 데이터를 주고받을 수 있어, 기본 제공 프로그램 외에도 필요하다고 생각되어지는 프로그램을 쉽게 설치하실 수 있기 때문에 PDA에 저장된 자료를 PC로 쉽게 가져올 수도 있습니다.

④ 인터넷도 쉽게 접속 할 수 있다. 최근에는 작은 화면에서도 깨지지 않고 홈페이지를 볼 수 있는 자동변환 서비스가 미국에서 개발되었다. 그리고 PDA용 브라우저 엔진을 국내에서 개발하는 등 PDA용 콘텐츠의 개발이 이뤄지고 있어 PDA가 무선 인터넷 시대의 새로운 총아로 떠오르고 있다.

2) 기 능

① 전반적인 기능

㉠ 전자 펜이나 필기 인식 기술을 이용하여 개인 정보를 관리하는 기능이 있다.

㉡ 개인의 일정 계획 등을 관리하는 비서와 같은 기능이 있다.

㉢ 전자 우편, 팩스, 무선 호출 및 휴대 전화 메시지를 주고받을 수 있는 통신 기능이 있다.

㉣ 사전이나 매뉴얼 등을 내장하여 언제나 검색할 수 있는 참고 자료 소스로서의 기능이 있다.

② 주요기능

㉠ 일정관리

㉡ 주소록 (Address)

㉢ 메일 (e-mail)

㉣ 게임 (Game)

㉤ 전자책 (E-book)

㉥ 멀티미디어 (MP3, WMA)

㉦ 학습 (Study)

㉧ 오프라인 웹브라우저 서비스(아방고 서비스)

㉨ 무선통신

3) 응용분야

① 실시간으로 정보의 교환이 이루어져야 하는 영업 분야

㉠ PDA와 PDA 데이터 집선 장치(i.e. Cellvic Multicradle)를 통하여 데이터 수집과 교환

㉡ 작업할당

㉢ 발주입력

㉣ 청구서발송 및 고객 데이터베이스, 엑세스 등을 자동으로 처리하여 빠른 업무처리가 가능

② 관리 분야

㉠ 제품 재고조사

㉡ 작업배치

③ 서비스 업종

㉠ 사고보고

㉡ 주차통제

㉢ 응급서비스 및 수리

㉣ 계량기검침

㉤ 유지보수

④ 금융기관

㉠ 상품의 가격정보 등을 장소의 구애받지 않고 고객 앞에 즉시 출력

㉡ 상품 정보를 분석해 보여 영업을 수월하게 진행

㉢ 고객관련정보를 수집하여 기업의 본사로 빠르고 간편하게 전송하여 주

(5) 블루투스

가까운 거리에 있는 컴퓨터와 이동단말기 · 가전제품 등을 무선으로 연결해 양방향으로 실시간 통신을 가능하게 해주는 규격 또는 그 규격에 맞는 제품의 대명사입니다. 이미 우리 생활에서도 블루투스가 적용된 제품을 많이 볼 수 있습니다. 블루투스 헤드세

트로 MP3플레이어 음악을 무선으로 감상하거나 휴대폰 통화를 무선으로 하는 것 등이 좋은 예입니다.

블루투스는 이동전화, 컴퓨터, PDA 등이 근거리 무선접속을 사용하고 있는 가정이나 회사의 전화나 컴퓨터들과 어떻게 서로 쉽게 연결될 수 있을까를 기술하고 있는 컴퓨터 및 통신 산업계의 규격이다.

Bluetooth는 1998년 5월 21일 스웨덴의 에릭슨이 주축이 되어 노키아, IBM, 도시바, 인텔이 결성한 Blue tooth SIG(Special Interest Group)에 의해 본격화가 되었으나 그 기본은 1994년 에릭슨의 이동통신그룹내의 휴대폰과 주변기기의 무선 인터페이스 연구에 기초를 하고 있다. 현재 Blue tooth SIG는 전 세계 1,600개사 이상이 참여를 하고 있으며, 작년 12월 마이크로소프트, 3Com, 루슨트 테크놀러지, 모토롤라 등의 참여로 전 세계적 규격으로 자리 매김을 하고 있다. 특히 Blue tooth는 Open 규격을 지향하며, 이에 따른 라이 센스를 지불할 필요가 없기 때문에 전 세계 업계의 많은 관심을 이끌고 있다. 우리나라는 현재 블루투스의 표준화로 전 세계적인 로얄티를 받을 것으로 예상됩니다.

1) 어원(유래)

원래 Blue tooth는 10세기 스칸디나비아 반도의 덴마크 및 노르웨이를 통일한 바이킹 헤럴드 블루투스(Harald Blue tooth : 910~985)의 이름에서 유래가 되었다. 그는 블루베리를 즐겨 먹어 치아가 항상 푸른빛을 띄고 있어 “푸른 이빨”로 불렸다고 합니다. 헤럴드 블루투스가 스칸디나비아 반도를 통일한 것처럼 다른 통신 장치 기기들 간의 연결을 통일하자는 의미로 Project명으로 사용하던 것이 지금은 Brand 이름으로 까지 확정이 된 상태이다. 사실 Blue tooth 로고도 있었으나 바이킹을 상징한다는 의견이 대두가 되어 지금은 Blue tooth라는 이름만 사용하고 있다. 즉 블루투스가 스칸디나비아 반도를 통일한 것처럼 PC와 휴대폰 및 각종 디지털기기 등을 하나의 무선통신 규격으로 통일한다는 상징적 의미가 담겨 있습니다. 처음에는 프로젝트 명으로 사용했으나 브랜드 이름으로 발전했습니다.

2) Blue tooth의 주파수 대역과 규격

2.4GHz 대역의 ISM(Industrial Scientific Medical) 대역 (2.402GHz~2.480GHz)

① 1Mbps의 전송 속도 (실제 723[Kbps] : 721[Kbps]로 잘못 표기된 곳이 많이 있다.)
② 간섭방지를 위한 주파수 호핑 방식 (79/23[hop], 1600[hop/sec])
③ 저소비전력 (대기상태 0.3[mA], 송수신시 최대 30[mA])
④ 전송거리 10[m] 및 Option으로 100[m]까지 가능
⑤ Class 1,2,3의 송신 파워 (각 100[mW], 2.5[mW], 1[mW])
⑥ **변조방식** : GFSK (Guassian Frequency Shift Keying)
⑦ 3채널의 Voice 지원 (A-Law, u-Law PCM, CVSD)
⑧ Point to Point, Point to Multi 방식의 연결 가능

3) 규격의 동향

현재 Blue tooth내의 12개 작업 분과(Working Group)내에서는 Blue tooth의 차세대 버전 및 새로운 Profile을 준비 중이다. 주목할 만한 분과는 Radio2, Blue RF, A/V, Automotive등이 있다.

① Radio2 분과에서는 차세대 고속 버전에 대한 준비를 하고 있다. 현 1Mbps의 속도로는 진정한 멀티미디어 서비스가 힘들다는 생각으로 2Mbps의 속도(Option으로 10[Mbps]가능 검토)를 목표로 준비 중이다.
② Blue RF 분과에서는 Baseband와 RF간의 물리적 Interface 및 Protocol에 관한 규격을 제정중이다. 현재 단방향 12선 및 양방향 8선 방식으로 가닥을 잡고 있으며 금년 내로 공개될 예정이다. 이것은 사실 중요한 부분으로 Blue RF를 지원하는 Chip set이 나오면 사용자는 선택의 폭이 넓어지며, 특히 MSM3300과 같이 Baseband 부분이 점차 Host측으로 내장되는 추세에서는 반드시 필요한 부분이 될 것으로 예상된다.
③ A/V분과는 mp3 및 mpeg4등의 Audio/Video Data를 전송하기 위한 분과이다. 작년 12월 LA 회의에서 Philips에서는 Blue tooth를 이용하여 mp3 오디오를 스피커로 전송하는 Demo를 선보였다. 이것의 궁극적 목표는 무선스피커가 될 것이며 2/4분기에 규격 1.0이 발표될 예정이다.
④ Automotive분과는 Blue tooth의 자동차 적용이라는 중책을 맡고 있다. 이미 자동차 멀티미디어 표준화 단체인 AMIC에서는 Blue tooth를 무선 네트워크의

Core로 적용하는 방안을 검토 중이다. 그러나 자동차라는 특수 조건 (EMI/EMC 문제, 온도조건 등)을 극복해야하는 등의 과제를 안고 있다.

4) 부품 동향

Blue tooth를 구성하는 핵심 부품은 RF 및 Baseband I.C로 구분이 된다. 현재 전 세계적으로 10개 이상의 반도체 회사들이 Blue tooth Solution을 내놓고 있으며 Chip 가격은 10달러 이상이다. 중요한 것은 RF 및 Baseband의 기본 기술이 틀리므로 대부분 회사들이 합작을 하거나, 협력 등을 통하여 Solution을 제공하고 있다.

Philips는 Ericsson의 Baseband Chip을 제작한 VLSI사를 합병하여 자사의 RF Chip에 대응되는 Baseband Chip을 내놓을 예정이다. ATMEL사는 Temic사의 RF Chip을 사용하고 있고, Philsar사는 Mitel사의 Baseband Chip을 사용한 Solution을 내놓고 있다. 현재 각사의 Solution은 외부에 Flash Memory를 장착하는 형태로 되어 있으나 Firmware의 안정화가 이뤄지는 2000년 말부터는 Baseband Chip으로 내장될 예정이다. 또한 2001년부터 각사는 RF부분과 Baseband를 통합하는 One Chip 계획을 내놓고 있다. 이미 영국의 CSR사는 One Chip 화된 제품을 내놓고 있으며 최근 Intel사가 CSR사에 출자를 하여 관심을 끌고 있다. 대부분의 회사들의 One Chip화가 이뤄지는 2001년 말 경에는 칩 가격이 5$까지 하락이 예상되며, 초기에 휴대폰 및 Notebook등에서 이용되던 Blue tooth는 그 응용분야를 더욱 넓혀 나가 컴퓨터 키보드나 마우스 등의 저가 제품까지도 적용이 될 것으로 예상된다. Blue tooth는 RF회로를 내장하고 있기 때문에 RF에 익숙하지 않은 Digital Engineer 및 관련회사는 Blue tooth Module을 구매할 것으로 보인다. Blue tooth Module은 RF 및 Baseband 회로를 내장하고 기본 Firmware를 실장 한 Flash Memory를 내장한 형태가 된다.

현재 Ericsson사는 RF Module 및 Blue tooth Module을 출하중이나 그 수급은 원할 하지 않은 상태이다. 지금까지의 대부분 회사들의 시제품은 Ericsson사의 Module을 이용한 상태이다. 다음으로 루슨트 사가 Module을 공개하였다. 기본적인 외형은 Ericsson사와 유사하나 자세한 Spec은 아직 미공개 상태이다. Atmel사도 MMIC형태의 Module Solution을 내놓고 있다.

다음으로 가장 빠르게 움직이는 곳이 일본 기업들이다. 타이요유덴 사는 Silicon Wave사와 협력하여 개발을 진행 중이며, 미쯔미 전기는 3cm×3cm 크기의 모듈을 5

월부터 Sample 출하할 예정이다. 또한 Alps사는 5월부터 Sample 출하할 예정이며 향후 월간 100만개 이상 생산을 목표로 하고 있다. Panasonic사는 Philsar사와 협력하여 Module을 개발 중이며 크기는 1.8[cm]×2.0[cm] 정도로 소형이다. 양산은 9월 정도로 예상된다. 국내의 경우 일부 대기업에서 Module의 시제품을 Cebit2000에 소개하였으나 구체적인 계획은 발표되지 않은 상태이다. Blue tooth 관련 제품을 개발 시 빼놓을 수 없는 부분이 Software 부분이 된다. 관련 소프트웨어는 크게 2개로 구분이 된다. 우선 Baseband와 관련된 처리를 하는 Firmware를 들 수 있다. 이 부분은 대개 Baseband Chip 공급업체가 무상으로 공급을 하는 형태로 이뤄질 것으로 보인다. 다음은 Application과의 연계 역할을 하는 Middleware를 들 수 있다. 이 부분의 시장이 가장 크며 Xtended System, Widcomm, IVT, S3사 등이 관련 Protocol Stack을 준비 중이거나 판매를 하고 있다. 각 사별 가격, Souce Code 제공 방법 등이 다르기 때문에 업체 선정에 신중할 필요가 있다. 임베디드 리눅스 Solution으로 유명한 Axis사도 Blue tooth Solution을 준비 중이며 이미 L2CAP, RFCOMM등의 Source Code를 공개하고 있어, 이를 이용하는 방법도 가능하다. 현재 Blue tooth의 Profile은 12개 정도이나 SIG내의 Working Group에서 준비 중인 신규 Profile(MP3player, 무선스피커, 디지털스틸카메라, 카 네비게이션 등)이 계속 추가될 예정이므로 이를 고려해 업체를 선정하는 것이 중요하다고 판단된다.

5) 국내 동향

현재 국내에서 Blue tooth SIG에 가입한 회사는 3월 현재 46개사나 된다. 정부기관으로 ETRI, KETI등이, 대기업으로는 LG, 삼성, 현대, 대우 그리고 정보통신기기 관련 업체 및 대학교들이다. 가장 관심을 두는 분야는 역시 PCS이다. PCS폰 제조회사 및 PCS 서비스 3사의 경우 년 말경에 Blue tooth 기능을 갖춘 Phone을 출시 할 것으로 보이며, Headset, Access Point의 개발에는 중소 벤처 기업들이 개발을 서두르고 있다. ASIC 업체인 C&S테크놀러지의 경우 Blue tooth Chip을 개발 중에 있다. Blue tooth를 국내에 도입하기 위해서는 국내 전파법의 개정이 시급하다. 일본의 경우 이미 금년 1월 [전파산업회−ARIB]에서 [제2세대 전력 데이터 시스템/무선 LAN 표준 규격](ARIB STD−T66 1.0판)을 발행하여 정비를 하였다. 국내에서는 조금 늦은 감은 있으나 지난2월 관련 업계의 관계자가 참석한 가운데 [Blue tooth 산업협의회]의 발족식이 열렸다. 이 협의회에서는 관련법 제정을 위한 협의/지원을 하게 되며, 국내 관련 산업의 활성화를 위한 업계 간의 정보 공유가 이뤄질 예정이다.

6) 시장 동향

Blue tooth에 대한 시장 전망은 대체로 낙관적이다. Blue tooth는 기존의 IrDA 등의 호환성 문제를 염두에 두고 규격이 제정이 되었고, 사용자의 간섭을 최대한 억제하였기 때문에 그 수요는 급증 할 것으로 보인다. Allied Business Intelligence사는 Blue tooth Module의 수요를 2005년에 4억대 정도로 예상하고 있다. 또한 시장 규모는 2004년 후에 20억불을 초과할 것으로 내다보고 있다. IDC는 2003년 Portable PC에 100% Blue tooth 가 장착될 것으로 전망하고 있으며, PDA의 경우에도 70% 정도 장착이 될 것으로 예상하고 있다. 특히 본체 가격이 높은 기기 일수록 장착 율은 높아질 것으로 예상이 되며, 초기의 Adapter 형태의 제품이 점차 본체내로 내장이 되면서 USB나 PCMCIA등과 같이 제품의 기본 기능화가 될 것으로 예상된다.

결과적으로 Blue tooth는 SIG가 결성된 지 2년이라는 짧은 기간 동안 전 세계 1,600여 개 사를 가입시켰고 2005년 20~30억불의 시장 창출이 예상되는 비약적 발전을 이루었다. 그러나 아직 Blue tooth가 안고 있는 문제점도 있다. 1Mbps의 저속, IEEE802.11등과의 상호 간섭 문제, 완벽한 상호 호환성을 이루기 위한 인증문제, 그리고 전자 상거래를 위한 보안 문제 등이 있다. 이러한 문제점들은 시간이 지나면 해결이 가능하리라 믿으며, Blue tooth는 이동통신 및 인터넷의 급격한 보급에 편승하여 발전하리라 생각된다. 중요한 것은 우리가 이것을 어떻게 받아들이고 국가 경쟁력을 키우는가에 있다고 본다. 대부분의 기업들이 Blue tooth에 대해서는 해외 선진기업에 의존할 것으로 보인다. 아직 국내에서 RF 및 Baseband Chip을 개발한 곳이 없으며 관련 소프트웨어의 개발도 요원할 것으로 생각된다. 그나마 다행스러운 것은 몇 개의 국책과제로 Blue tooth 관련 부품/제품 개발이 진행이 되는 것으로 알고 있다. 그러나 이들 과제의 기간이 2~3년으로 장기적이고, 그 실효성도 의문시 되는 점도 있다고 본다. 따라서 관련 산학연이 연계된 콘소시움의 발족이 필요하며, 정부의 적극적인 지원이 필요하다고 본다.

위성통신기기

Chapter 8

Data Communication Instruments

위성통신기기

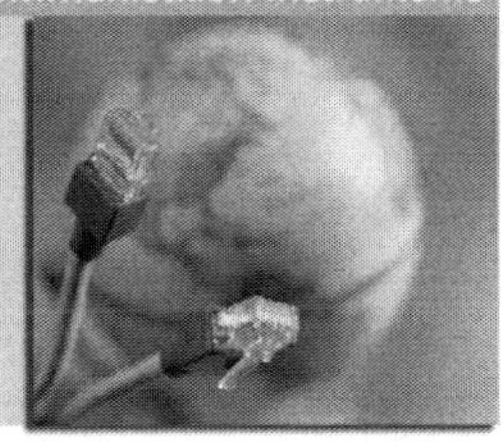

8.1 위성통신기기

위성통신은 위성 체를 중계기로 사용하여 지구국과 지구국 간의 통신 시스템을 말한다. 지상의 복수 지점간의 통신을 실현시키기 위해서 통신위성을 적도 상공이 약 36000[km]에 올려서 지구의 자전속도와 같이 지구 주위를 회전하면서 지구국에서 발사된 신호를 수신, 이를 다시 증폭, 변환하여 상대 지구국에게 재송신하는 일종의 극초단파 중계기를 이용한 다원 접속 통신방시을 말한다.

(1) 위성통신의 역사

1) 시 초

1962년에 미국의 Del－Star 1호를 AT&T 벨연구소에서 발사해서 미국과 유럽을 처음으로 연결시켰다. 주파수 대역은 6(Up－link)/4(Down－link)[GHz] 중계기를 탑재한 저궤도 위성이 시초가 되었다.

2) 과도기

1965년의 Intelsat 1호가 세계 최초의 상업용 인공위성으로서 대서양 상공에 발사된 이후 본격적인 위성통신을 하게 되었다. 그 후에는 INTELSAT(국제 전기 통신위성기구)는 영구 제도되어서 운용되고 있고 지금은 태평양과 대서양 그리고 인도양 상공에 여러 개의 인공위성이 띄워져 있다.

3) 우리나라의 위성통신

1992년에 과학위성인 KISTSAT－1(우리별 1호)를 발사하고 1993년에 KISTSAT－2 (우리별 2호)를 지상 820[km] 상공에 발사하였고 1995년 8월에 최초의 통신위성인 KOREASAT－1(무궁화 1호)가 발사되었고 1996년 1월에 KOREASAT－2(무궁화 2호)가 정지궤도에 진입하게 되었다.

8.2 위성통신의 특징

(1) 단 점

① 전파손실이 크다.
② 위성 체 고장 시 수리 곤란하다.
③ 전자파 방해에 약하다.
④ 통신비밀보장이 어렵다.
(암호화 장비 및 대형 지구국 안테나 필요)
⑤ 수명이 짧다.
⑥ 전송지연시간의 문제가 된다.
(정지궤도 → 최소 238[ms], 최대 278[ms] 약 258[ms])
⑦ Point－To－Point 네트워크 구성만이 가능하다.
(새로운 지구국 건설비용이 많이 든다.)
⑧ 위성 일식의 영향을 받는다.
(지구가 위성과 태양사이에 일적선 상태 → 축전지 사용)

(2) 장 점

① 동보성 : 동시에 위성 안테나 범위에 있는 지구국이 동시에 동일 신호를 받음
② 장거리 통신에 적합(광범위한 지역에서 고정, 이동의 서비스 제공)
③ 다원접속이 가능(FDMA, TDMA, CDMA)
④ 통신비용의 감소(초기 투자비, 운용비 및 보수비가 통신거리와 관계없다.)
⑤ 고 신뢰성 : 재해 시에 적합
⑥ 전 세계 커버 : 위성 3개가 120도 간격으로 동시에 관리
⑦ 경제성 : 통신 비용이 기존에 망에 비해 저렴
⑧ 적은 에러율과 통신 품질 균일
⑨ 지구국 트래픽 변동 상황에 신속, 유연 대응.
⑩ 고속 광대역 특성 : GHz의 높은 주파수 대역

8.3 위성의 분류

<table>
<tr><td rowspan="11">위 성</td><td rowspan="4">용도에 따른 분류</td><td colspan="2">방송위성</td></tr>
<tr><td colspan="2">관측위성</td></tr>
<tr><td colspan="2">통신위성</td></tr>
<tr><td colspan="2">군사위성</td></tr>
<tr><td rowspan="4">위성중계기의 유 · 무</td><td rowspan="3">능동위성</td><td>위상위성</td></tr>
<tr><td>정지궤도위성</td></tr>
<tr><td>임의위성(랜덤위성)</td></tr>
<tr><td colspan="2">수동위성</td></tr>
<tr><td rowspan="3">궤도에 따른 분류</td><td colspan="2">정지궤도위성(GEO : Geostationary Earth Orbit)</td></tr>
<tr><td colspan="2">중궤도위성(MEO : Medium Earth Orbit)</td></tr>
<tr><td colspan="2">저궤도위성(LEO : Low Earth Orbit)</td></tr>
</table>

8.4 위성통신의 분류

(1) 랜덤위성(Random Satellite Orbit : 임의위성)

가장 초기의 위성통신방식으로 주회궤도 위성이라고 한다. 지구상의 수백~수천[km]의 궤도상을 수 시간 주기로 선회하면서 위성을 이용하는 방식이다. 통신을 행할 때에만 지구국 사이에 위성이 존재하는 기간만 사용할 수 있기 때문에 상시 통신회선을 확보하기 위해서는 많은 위성을 사용해야 한다. 상시 통신회선을 확보하기 위해서 많은 위성을 사용하야 하며 지구국에서도 2~3개 안테나를 설치하여 위성을 추미해야 되기 때문에 정지위성방식으로 대체되고 각종 관측 위성에서만 사용되고 있다.

① 정지궤도 위성이 커버하지 못하는 극지방도 통신이 가능하다.
② 저궤도로 전파지연과 손실이 극히 작다.
③ 지구국과 위성이 마주보는 시간만 통신이 가능하다.
④ 다수의 위성운용으로 비용이 많이 든다.
⑤ 건설비가 비싸다.
⑥ 용도 : 기상, 해상 관측용으로 사용

(2) 정지궤도위성(Geo - Stationary Orbit Satellite)

적도 궤도면을 갖는 궤도에 지구의 자전 방향과 같은 방향으로 회전시키는 위성

① 지표 상공 35,786.1[km] (약 36,000[km])위치
② 위성의 공전주기와 자전주기가 같아 정지한 것처럼 위성을 추적할 필요 없이 24시간 연속통신 가능.
③ 통신회선의 에러 율이 작으나 지상에서 멀어 전파지연시간 (최소 238[ms], 최대 278[ms])과 전송손실이 문제
④ 3개의 정지궤도 위성으로 극지방을 제외한 전 세계 커버
(국내, 국제통신용 널리 사용. 무궁화 1,2,3호 → 정지궤도 위성) 이론적으로 정지궤도에 있는 정지 위성은 지구 표면의 42.4[%]를 커버할 수 있으므로 120° 간

격으로 3개의 정지위성만 있으면 극 지역을 제외한 지구상의 어떤 지점과도 통신이 가능하다.

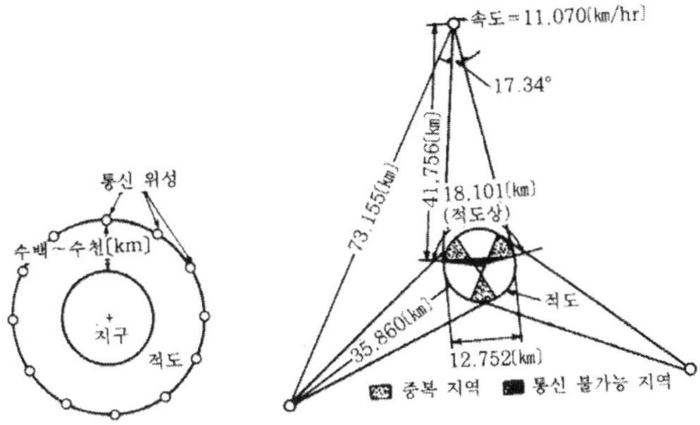

(3) 위상위성(Phased Satellite Orbit)

지구 상공에 등 간격으로 여러 위성을 배치하고 지구국 안테나를 사용하여 차례로 위성을 추미하여 상시 통신망을 확보하는 방식

① 극지방 통신이 가능하다.
② 위성이 전력이 감소하고 안테나 크기가 줄어든다.
③ 고도가 낮아 지연시간이 짧다.
④ 상시통신망을 구성하기 위해 많은 위성이 필요하다.

8.5 위성을 이용한 서비스

(1) 고정위성서비스(FSS : Fixed Satellite Service)

위성을 중계국으로 해서 지구국 간에 영상, 음성 데이터를 서로 교환할 수 있는 서비스를 말한다.

(2) 이동위성서비스(MSS : Mobile Satellite Service)

고정된 지구국과 이동체 간 또는 이동체와 이동체 간의 상호 신호를 교환할 수 있는 서비스를 말한다.

(3) 위성방송서비스(BSS : Broadcasting Satellite Service)

위성을 이용해서 각 가정으로 신호를 직접 전송해 주는 방송서비스를 말한다.

(4) 지상 위성서비스(MSS : Meterodogical Satellite Service)

(5) 지구탐지 위성서비스(EESS : Earth Exploration Satellite Service)

(6) 무성항행 위성서비스(RNSS : Radio Navigational Satellite Service)

8.6 주파수 대역별의 분류

BAND	주파수[GHz]
P	0.23－1
L	1－2
S	2－4
C	4－8
X	8－12.5
Ku	12.5－18
K	18－26.5
Ka	26.5－40
Millimeter Wave	40－300
Submillimeter Wave (Decimillimeter)	300－3000

8.7 회선할당방식

복수개의 지구국이 공통의 통신위성을 거쳐 동시에 필요한 통신선로를 설정하는 것은 다원 접속이라 한다. 정지위성 통신에서는 다원접속이 쉽게 이루어질 수 있다는 것이 큰 특징인데, 다원 접속에서는 회선할당 면으로부터 임의할당과 접속 고정할당 그리고 요구 접속 할당 등이 있다. 각 통신방식 면에서 시간 분할, 주파수 분할, 코드분할 다원 접속 등으로 나누어진다.

(1) 임의할당방식(RAMA : Random Assignment Multiple Access)

각 지구국에 전송할 정보가 발생하면 망의 상태와 무관하게 임의 슬롯을 발생시키는 방식으로 다른 지구국에서 보낸 신호와 충돌할 우려가 있다. 전송될 정보가 실시간이 요구되지 않는 버스트 성을 갖는 경우에 적합한 방식으로 패킷전송망에서 많이 응용된다. ALOHA방시에 사용된다.

(2) 요구할당방식(예약할당, DAMA : Demand Assignment Multiple Access)

사용하지 않는 슬롯을 비워두고 원하는 다른 지구국이 활용할 수 있도록 하는 통신방식으로 더욱 많은 지구국이 위성 트랜스폰더를 효율적으로 사용하는 기술이다.

1) 종 류

① 분산 제어형 : 각 지구국이 개별적으로 빈 슬롯에 접속하는 방식으로 망의 관리나 우선권 부여가 어렵다. 그러나 접속 요구 절차가 매우 간단하다.

② 집중 제어형 : 중심 지구국으로부터 슬롯을 할당받아서 접속 요구 절차가 까다롭다. 그러나 망의 관리나 우선권 부여가 용이하다.

(3) 고정할당방식(사전할당, PAMA : Pre-allignment Multiple Access)

고정된 주파수 또는 시간을 특별한 변경이 없는 한 반 연구적으로 한 쌍의 지국 국에 항상 할당해 주는 접속방식이다. 구성은 매우 간단하고 실시간으로 전용해서 사용할 수 있지만 사용하지 않을 때에는 회선의 낭비를 가져오게 되고 트래픽에 변화가 많을 때 상당히 부적절한 방식이다.

8.8 다원접속(Multiple access)방식

다원접속이란, 다수의 지구국이 하나의 통신위성을 사용해서 동시에 필요로 하는 통신로를 설정하는 것을 말하는데, 지구국에서는 위성에서 발사된 전파를 전부 수신하여 일단 증폭을 행한 다음, 자국에서 수신할 통신만을 선택하여 검파한다. 이와 같은 통신방식 멀티플 액세스(multiple access)방식이라 하고, 위성통신에만 사용되는 특이한 방식이다. 멀티플 액세스 방식으로는 주로 FDMA, TDMA, CDMA(또는 SSMA)방식을 사용한다.

(1) Frequency Division Multiple Access(FDMA : 주파수 분할 다원접속)

주파수대역을 분할하여 각 지구국에 할당하는 방식으로, 각 지구국은 할당된 주파수 대역내에서 신호를 송신하고, 수신되는 주파수가 어느 대역 내에 있는가에 따라서 지구국을 식별하는 방식이다. 이 방식은 회선의 이용효율이 낮지만 지상마이크로파 통신 계에서 많이 사용한다.

1) 특 징

① 회선 이용효율이 낮고 간섭에 상당히 약하다.

② 지구국 장치가 비교적 간단하고 저렴한 비용으로 통신이 가능하다.

③ 위성에 탑재된 중계기가 동시에 다수의 반송파를 증폭하면 혼변조에 의한 누화가 생기게 되는데 이것은 통신에 큰 장애가 된다.

2) 종 류

① **요구할당방식의 SPADE(Single Channel Per Carrier PCM Multiple Access Demand Assignment Equipment)**

통신을 원하는 지상국은 자신의 슬롯에 사용하고자 하는 통신회선 번호와 상대 지상국 번호 전송하는 방식이다.PCM-PSK- FDMA 방식으로 사용되고 있다.

㉠ 특 징

- 첫 번째 슬롯은 동기용 슬롯이다.
- 64[Kbps]의 QPSK를 사용한다.
- 공통 신호 회선은 50개의 슬롯을 갖는 프레임으로 구성되어 있다.
- 49개의 슬롯은 49개의 지국 국에 고정적으로 할당된다.
- 가능한 800개의 45[KHz]통신회선 중 794개만 사용이 가능하다.
- 공통 신호 회선은 128[Kbps]의 PSK신호를 사용한다.
- 160[KHz]의 공통신호회선을 이용하여 공통적인 통신회선을 효율적으로 사용한다.
- 통신을 원하는 지상국은 자신의 슬롯에 사용하고자 하는 통신회선 번호와 상대 지상국 번호를 전송한다.
- INTERSAT Ⅳ와 Ⅴ 위성에서 사용한다.
- SCPC와 같이 36[MHz]의 통신 회선을 45[KHz]의 회선으로 재분할한다.

② **고정할당 방식SCPC(Single Channel Per Carrier)**

전화 1채널에 해당되는 신호(아날로그 또는 디지털)로 변조된 주파수가 다른 다수의 반송파를 위성으로 중계하는 경우에 개개의 피변조파를 의미하는 것으로 FM인 경우에는 SCPC-FM이라 하고 PSK인 경우에는SCPC-PSK라 한다.

㉠ 특 징

- 12개의 40[MHz] 통신회선으로 분할되어 있다.
- 각 통신회선은 800개의 45[KHz]로 재분할되어 있다.
- 전체통신 용량은 약 500[MHz]정도이다.
- 비효율적이다.
- 각 통신회선은 36[MHz]만 사용 가능하다.(보호밴드 : 4[MHz])

- 아날로그 방식 : FM사용, 디지털 방식 : QPSK사용(64[Kbps] 서비스를 제공한다.)
- 보통 상향회선은 6[GHz]대역이고, 하향회선은 4[GHz]대역에서 사용된다. (6/4[GHz])
- 각 지상국의 쌍에 각각 고정된 통신회선을 할당한다.

(2) Time Division Multiple Access(TDMA : 시 분할 다원접속)

FDMA방식의 결점을 보완하기 위해서 개발된 방식이다. 다수의 지구국에서 송 · 수신하는 디지털화 된 신호를 시간적으로 분할하여 각 지구국에 할당하는 방식이다. 즉 다수의 지구국에서 송 · 수신하는 디지털화된 신호를 동일한 주파수에 실어 공통의 트랜스폰더에서 시분할로 접속하는 방식을 말한다.

1) 특 징

① 주파수 이용 효율을 높일 수 있다.

② 시스템 구성이 FDMA보다 경제적이다.

③ 시스템 효율이 FDMA보다 크다.

④ 지구국 장비가 FDMA보다 더 복잡하다. 또한 FDMA에 비해서 고가이지만 전송용량이 낮은 시스템에서는 상당히 비효율적이다.

⑤ 다수의 사용자에게 일정한 시간을 제공해서 공동의 주파수 대역을 사용하는 방식이다.

2) 종 류

① SS－TDMA(Satellite Switched－TDMA)

위성통신회선을 더욱 융통성 있게 운용하기 위한 새로운 TDMA방식으로서 Multi－Spot 빔을 사용하여 빔 커버 지역들을 스위칭 하는 방식이다. 멀티 스폿 빔 위성에서는 같은 주파수를 다수의 스폿 빔으로 동시에 사용하여 위성 통신에 할당된 주파수대를 몇 번이라도 반복적으로 이용할 수 있게 된다. 이와 같이 하나의 빔으로부터의 신호를 다른 빔으로 접속하기 위하여 위성상의 빔 간 접속을 위한 전환회로(고속의 Dynamic Switch)가 탑재되는데 이를 통해서 위성 트랜스폰더의 사용효율을 최대로 할 수 있다.

(3) Code Division Multiple Access(CDMA : 코드분할 다원접속)

스펙트럼 확산변조에 의한 것이어서 스펙트럼 확산 다원접속(SSMA : Spread Spectrum Multiple Access)이라고 한다.

1) 특 징

① 대역확산 방식을 이용하여 필요로 하는 정보량의 대역폭보다 넓은 대역으로 신호를 확장시켜서 여러 신호를 동시에 송신하는 방식이다. 공동의 트랜스폰더 주파수를 공유하는 방식이다.

② 전송시간 변화에 의한 영향이 적어서 전송 시간에 유연성이 있다.

③ 스펙트럼 확산에 따라 전송대역폭이 증가된다. 하지만 통신보안을 유지할 수 있고 페이딩의 영향을 감소시킬 수 있다.

(4) Space Division Multiple Access(SDMA : 공간분할 다원접속)

통신 영역을 분할하여 한정된 제원을 반복하여 이용하는 방식이다. 위성의 송 · 수신용 안테나를 다수의 스폿빔 안테나(Spot-Beam Antenna)로 구성하여 각지구국을 지역으로 분할한 다음 각 지역별로 스폿빔 안테나를 할당하는 방식이다. 멀티 빔(Multi-Beam)위성통신 방식이라고도 한다. 또한 SDMA방식은 싱글 빔 방식과 멀티 빔 방식으로 나누어지는데 위성에 대형인 안테나를 설치하여 지상에 복사되는 전파의 빔 폭을 작게 하면 실효방사전력(EIRP)이 크게 되어서 S/N이 양호하게 되기 때문에 대용량 전송이 가능하게 되고 각 빔에 할당되는 주파수의 차가 큰 경우라면 전파간섭이 작게 된다. 이때에는 멀티 빔 내에서 동일 주파수를 할당(재사용)할 수도 있다.

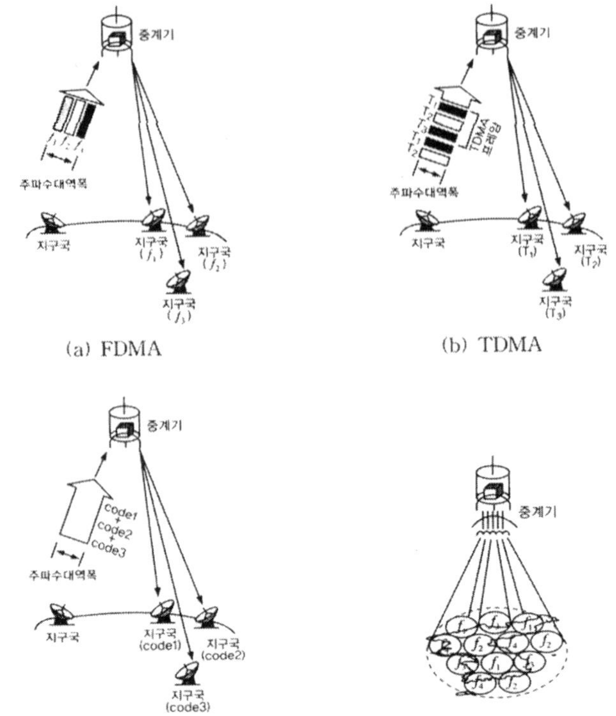

(a) FDMA (b) TDMA

(c) CDMA (d) SDMA

8.9 위성통신 구성요소와 기능적 분류

통신위성은 기본적으로 우주국과 지구국 그리고 통신회선으로 구분되고, 기능으로 분류했을 경우에는 통신기기(송 · 수신 안테나와 중계기)와 공통기기(위성제어장치, 원격제어장치, 추진계, 전원계)로 구성되어 진다.

(1) 구성요소

1) Space Segment(우주국)

① 위성

② 제어국 : 위성제어

2) Ground Segment(지구국)

① 대 전력 증폭기
② 안테나
③ 저 잡음 증폭기
④ 송 · 수신 주파수 변환기

3) 통신회선

① Up-link : 지상국에서 위성으로 송신되는 통신회선(6[GHz])
② Down-link : 위성에서 지상국으로 송신되는 통신회선(4[GHz])

(2) 위성통신의 구조

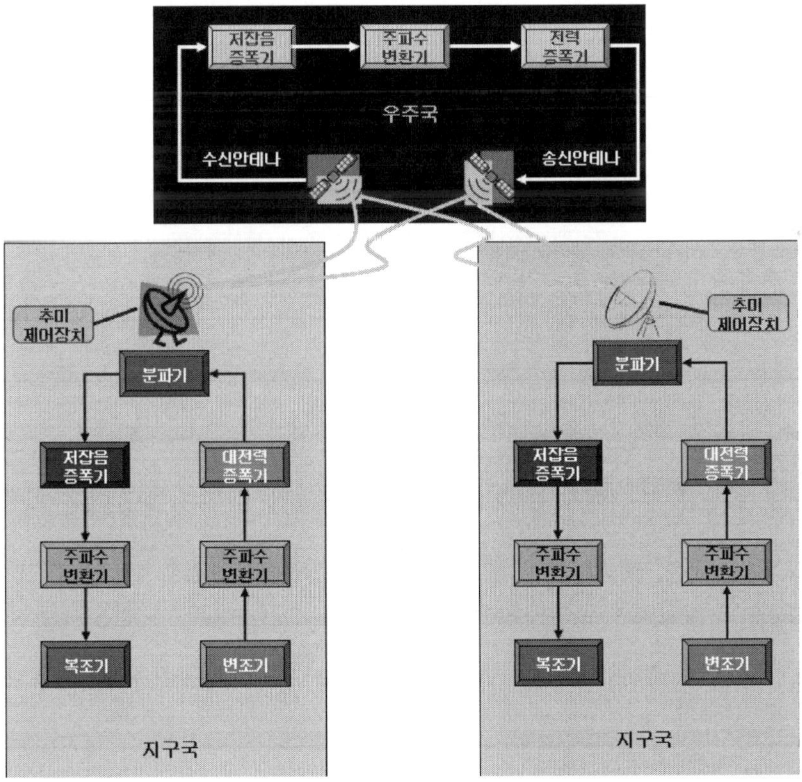

1) 통신기기계와 공통기기 계의 기능 설명

시스템	구성품	기능	주요특징
통신기기	중계기계	• 신호를 수신한 다음 주파수를 변환시켜서 재 송신한다. • 수신부와 저 잡음 증폭기, 주파수 변환기 그리고 전력증폭기와 송신부로 구성된다.	대역폭, 송신전력, 수신 성능지수(G/T)
	안테나계	• 신호를 송 · 수신한다.	
공통기기	텔레메트리 명령계	• 위성 상태를 보고하는 텔레메트리 신호를 송신하고 위성 관제소로부터 명령 신호를 수신한다.	속도 측정과 위치를 파악, 텔레메트리 수, 명령어 수
	자세제어계	• 위성의 궤도와 위치 그리고 자세제어를 한다. • 안테나를 정확하게 지구국으로 잡아주고 태양전지판을 태양으로 향하게 한다.	축의 정확도
	열 제어계	• 위성의 각종 부품의 열을 적게 나도록 한다. • 각 서브시스템의 온도 범위를 적절하게 조절한다.	위성의 평균 온도 측정
	추진계	• 위성 발사 시 및 자세 변동 시 궤도를 일치시킨다.	추진과 비추진력 추진 체량
	구체계	• 각 기기 들을 유지하는 기본 구조체이다.	구조강도, 공진 주파수
	전력계 – 전원 발생부	• 태양전지를 판넬로 해서 전원 생성한다. • 배터리를 전원으로 연결한다.	태양전지로 100[W]정도의 출력
	전력계 – 전원 공급부	• 발전된 전력으로 각각의 전자 장치에 원하는 전압을 자동으로 변환해서 공급한다.	

2) 탑재부(Payload)

① 통신계

지상으로부터 전파를 수신하고, 증폭한 후에 다시 지상으로 송신하는 장치이다.

㉠ 중계기계(Transponder) : 상향링크 신호를 받아 증폭한 후 주파수 변환 하향링크 신호로 만든다. 중계기계의 규모는 중계기 수와 채널 수 그리고 서비스의 형태에 따라 달라진다.

ⓐ 구 성

- 수신부
  - 입력 필터 : 위성 안테나로부터 입력된 신호는 광대역 필터로 대역 외 신호를 약 80[dB]억압하여 수신대역만을 통과
  - 저 잡음 증폭기 : 미약 해진 수신 신호를 증폭
  - 주파수 혼합기 : 주파수를 변환해서 필요한 레벨만큼만 신호를 증폭
  - 잡음지수 : 중계기의 수신 성능지수(G/T)의 성능을 결정하는 것으로서 안테나 연결 도파관의 삽입 손실과 광대역 입력 필터의 삽입손실 그리고 LNA의 잡음지수와 이득으로 계산
- 송신부 : 이득을 조정해서 대 전력 증폭을 해서 다시 전력 증폭된 각 신호를 결합해서 고주파 신호를 제거한 다음 송신 안테나로 신호를 보내는 기능을 수행

ⓑ 구비조건

- 고 신뢰성
- 고 효율성
- 경량
- 넓은 주파수 대역

ⓒ 증폭 효율

$$\eta(\%) = \frac{RF\text{출력 전력}}{\text{동작에 필요한 }DC\text{입력전력}} \times 100[\%]$$

㉡ 안테나계 : 신호의 송·수신한다. 종류는 다음과 같다.

ⓐ Beacon 용 Antenna : Beacon 신호용으로 global 안테나와 같은 지향성이지만 주파수 대역폭이 좁다.

ⓑ Spot Beam Antenna : 통신량이 많은 좁은 지역만을 커버하도록 예민한 지향성을 갖도록 한 반사경 안테나.

ⓒ 반구 Beam Antenna : 위성에서 보이는 지구의 절반정도(동쪽 또는 서쪽)만을 커버하는 반사경 안테나.

ⓓ Zone beam Antenna : 반구 Beam보다 더 좁은 지역을 커버하도록 하는 지향성이 예민한 반사경 안테나

ⓔ Global Antenna : 원추형 Horn 안테나로서 위성에서 보이는 지구 전역을 커버.

② 공통 기기계(Bus)

㉠ 원격 측정 명령계(Telemetry command) - 위성상태를 점검, 보고하는 Telemetry 신호를 송신하고 위성관제소로부터의 명령을 수신을 한다.

ⓐ TT&C(Tracking Telemetry and Command)의 역할

- 위성 상태에 기능이 정상적으로 작동하는지 점검한다.
- 안테나 빔 조정 및 위성 일식에 대비한 축전지의 충전 제어를 한다.
- 위성의 위치 및 자세를 제어하도록 한다.
- 위성에 장착해 제어 기계 장치가 고장일 때 지상의 명령에 따라 복구조치를 한다.
- 신뢰도를 높이기 위해서 예비용 장비와 스위칭 시험을 할 수 있다.
- 구 성
  - 중계기(Transponder)
  - 탑재 처리 장치부(On-Board Data Handling)

㉡ 자세제어계

위성의 자세, 궤도 등을 제어하기 위한 장치이다. 즉, 태양 방사 압력과 태양 등 달의 중력의 영향을 받아 위성이 본궤도에서 이탈 했을 경우에 위성을 제어해서 궤도를 바로 잡는다. 이 때 발생한 위성의 자세 불안정을 조정하고 인공위성이 발사되어 운용궤도에 진입했을 때 위성의 자세를 정해져 있는 자세로 제어해서 통신위성안테나가 통신 영역을 정확히 잡도록 하는 역할을 하는 장치이다.

ⓐ 분 류

- Spin 제어방식
  - 위성을 그 관성 모멘트 최대축의 주변에 스핀 시켜서 자이로 효과에 의해 이 축이 관성공간에 유지되는 특성을 이용한 방식으로 외란토크를 흡수하기 위해 스핀부에 뉴테이션 댐퍼가 필요하다. 위성전체가 한 방향으로 회전 운동하는 싱글 스핀 방식과 Despun방식을 이용해서 추진계, 자세제어계, 전원계를 수용한 위성버스의 회전 방향과 통신계, 안테나계, TT&C계의 회전방향을 반대로 하기 때문에 안테나의 지향성

을 유지할 수 있도록 한 듀얼 스핀방식으로 나누어진다.

- single Spin
- dual Spin : A. Despun 안테나, B. Despun Platform

ⓑ 3축 제어 방식

위성의 직교하는 3축마다 각각 고속회전 물체를 내부에 두고 있기 때문에 자세를 제어하는 방식으로 위성의 궤도면에 수직인 방면으로 Pitch축을 두고 위성의 진행방향으로 Roll축과 지구국방향(안테나의 빔 방향)으로 Yaw축을 둔다. 따라서 스핀방식에 비해 태양 전지 효율이 높고 큰 기기 탑재가 가능하며 안테나의 고 지향성과 고 정밀성을 가지는 반면에 자세제어계, 열 제어계와 같은 서브시스템의 구성이 복잡한 것이 단점이다.

- Bias Momentum
- Zero Momentum

㉢ 열 제어계

위성 체의 온도를 미리 산정한 후에 정해놓은 범위 내에 유지시켜 주는 기능으로서 열 환경에서 보호되도록 한다.

㉣ 추진계

위성 체의 비행, 위치, 궤도, 방향 등을 수정하거나 유지하게 할 수 있나. 주로 사용되는 방법은 로켓추진방법을 이용한다.

ⓐ 구 성

- 분사기
- 연료탱크

㉤ 전력계

여러 장치에 필요한 전력 공급 장치로서 태양전지, 배터리, 축전지 등으로 구성된 전원 계와 발전된 전력을 각 장비에 공급하거나 전력을 제어하는 전력제어계로 이루어져 있다.

ⓐ 구 성

- solar array : 태양광선 에너지를 전기 에너지로 변환
- 축전지 : solar array에 의한 전기 에너지를 저장
- power control system : 전력 관리 기능

ⓗ 구조계 : 위성체의 골격을 이루고 있으며 가볍고 단단한 소재를 이용해서 각 장비를 지지하고 보호한다.

3) 지상관제 시스템

위성을 감시, 제어하는 기능을 담당한다.

① 위성 관제소

㉠ 기능 : 위성으로부터 송신되는 Telemetry신호를 수신하여 위성 제어 센터(SOCC)로 보내고 위성 제어 센터로부터 명령을 받아 위성에 송신한다.

㉡ 위성관제 : 지상에서 위성의 내부 동작 상태, 위성의 운동 상황을 무선으로 원격 감시 및 측정하고 이 결과에 따라 무선으로 원격 명령(Command)을 보내어 위성을 제어하는 업무로 기능적으로 각종 상태의 원격측정, 추적, 원격명령으로 구성된다.

② 위성 제어 센터(SOCC)

가장 중요한 역할은 위성 관제소를 관할한다. 그리고 위성의 측정 Data 및 모든 정보를 시간 별로 기록하고 분석하여 위성 상태를 예측한다. 또한 망 제어 시스템(NCC)를 통해서 모든 지상 시스템에 전달하고 실시간으로 위성체가 천이 궤도, 표류 궤도에 있는 지 확인하다. 지정된 궤도 구간 내에 위성을 유지시키기 위한 필요한 업무를 담당한다.

③ 위성 망 제어 센터(NCC)

위성중계기의 성능 시험, 중계기에 대한 감시와 통신 시스템 감시와 같은 항목에 대해서 측정을 명령하고 Data를 수집하며 시험 결과를 분석하는 기능을 수행하여 위성 통신망을 제어하는 컴퓨터 시스템으로 그 구성면에서 위서 제어 센터와 비슷한 역할을 한다.

④ Gate Way

NCC와 연결되는 다른 망과 접속 기능을 수행한다.

4) 위성통신용 안테나

① 안테나의 종류

㉠ 파라볼라 안테나 : 좁은 지역에 대한 spot beam을 만드는데 사용한다.

㉡ 헬리컬 안테나 : 비교적 낮은 주파수대(UHF 등)에서 사용된다.

㉢ 혼(horn) 안테나 : 넓은 지역을 커버하는 빔(beam)을 만드는데 사용된다.

㉣ 무지향성 안테나 : 지향성이 없으므로 이득은 떨어지나 명령 및 텔레메트리 신호의 통신을 위하여 사용한다.

② 조 건

㉠ 송 · 수신 공용으로 사용하기 위하여 광대역성이 필요하다.

㉡ 높은 편파 분리도(Polarization Purity)로 방사할 수 있어야 한다.

㉢ 지구국용은 빔이 정확하게 위성 방향으로 하고 높은 정밀도의 구동 제어 기능과 자기 추미 기능이 있어야 한다.

㉣ 가볍고 진동에 강하며 온도 변화에 잘 견디는 재료를 사용해야 한다.

㉤ 다른 위성 시스템 또는 지상의 무선 시스템에 간섭을 주거나 그로부터 간섭을 받지 말아야 한다. 그렇기 때문에 잡음은 적어야 하고 이득도 높아야 하며 지향성이 예민한 안테나가 필요하다.

5) 지구국용 안테나

① 특 징

㉠ 광 대역성

㉡ high gain, low cost

㉢ 예민한 지향성

㉣ 좁은 반치 폭

㉤ 정확한 구동 제어 기능과 자기 추미 기능

② 카세그레인 안테나(Cassegrain Antenna)

위성통신 지구국에 사용되는 대표적 안테나로 고 이득, 저 잡음 안테나.

㉠ 구성 : 1차 복사기, 2개의 반사기(부 반사기, 주반사기)

㉡ 주 반사기 : 파라보라

㉢ 용도 : 위성통신 지구국용 안테나

③ 지구국용 안테나

㉠ Cassegrain Antenna : 현재 주로 사용되고 있고 고능률, 낮은 잡음온도, 제작 간단하다는 장점을 가지고 있다.

㉡ Horn Reflector Antenna : 능률 side lobe 양호하고 낮은 잡음온도가 장점이지만, 개구면적에 비해 크고 가격이 비싼 것이 단점이다.

㉢ Cas-horn Antenna : 추적 · 관제 제어(TT&C) 지구국용으로 사용된 적이 있다.

㉣ 초점 급전 Parabola Antenna : 현재 사용하지 않음

6) 위성통신의 고출력 증폭기(HPA)

위성의 트랜스폰더는 많은 채널을 증폭시킬 수 있는 고 전력 증폭기가 필요하며, 이 증폭기로는 클라이스트론(klystron)과 진행파관(TWT)이 있다.

① 클라이스트론

동일 출력의 경우 가격이 저렴하고 중량이 가벼우며, 소비전력은 적다. 즉, 경비면이나 소비 전력 면에서는 유리하나 클라이스트론은 협 대역으로 많은 채널을 수용할 수 없다.

② 진행파관(TWT)

소비전력이 많으나 500[MHz]이상의 광대역 특성을 가지고 있어서 위성의 트랜스폰더에서 사용되고 있다.

③ 클라이스트론과 진행파관의 비교

클라이스트론	진행파관
1. 소비전력이 적다. 2. 보수 및 운용이 간편하다. 3. 단일파로 증폭된다. 4. 주파수 대역이 비교적 좁다. (35~200[MHz]) 5. 저가이고 경량이다.	1. 소비전력이 크다. 2. 공통 증폭에 생기는 혼변조를 규정치 이내로 하는 위해 Back Off가 필요하다. 3. 다수파로 공통 증폭된다. 4. 주파수 대역이 넓다. (500[MHz]이상) 5. 고가이고 중량이다.

화상통신기기

Chapter 9

Data Communication Instruments

화상통신기기

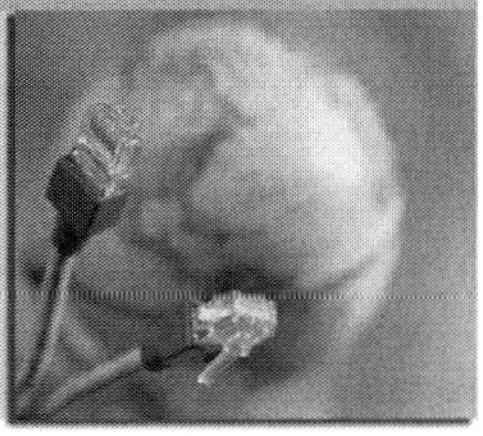

9.1 화상통신의 개념

화상통신이란 인간의 시각적인 화면정보를 전송회선에 맞게 바꾸어서 전기신호로 변환하고, 다시 수신측에서 시각적인 화면 정보를 재현하는 방식을 말한다.

화상통신 시스템에서 사용하는 정보는 시각정보(화면정보)와 청각정보(음성정보)로 구별할 수 있다. 시각정보는 TV 브라운관에 나타나는 "Soft Copy"와 FAX에서와 같이 종이에 기록할 수 있는 형태의 "Hard Copy"로 구분되어 진다.

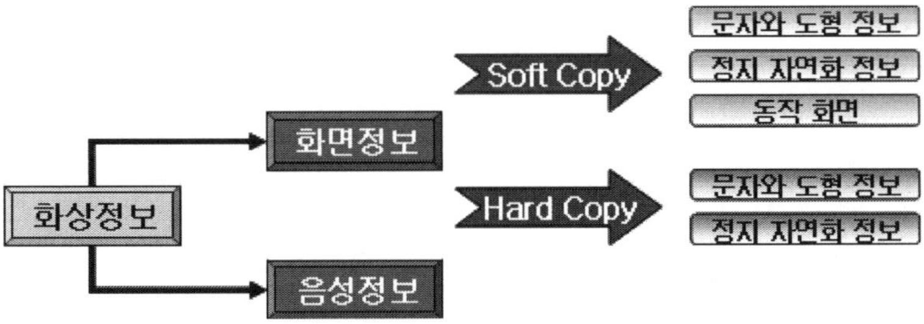

화상정보의 개념적인 구성도

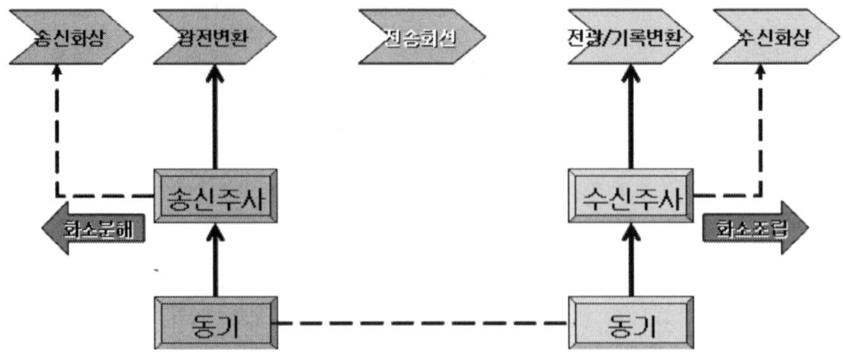

화상통신 시스템의 기본원리

(1) 화상통신 방식의 분류

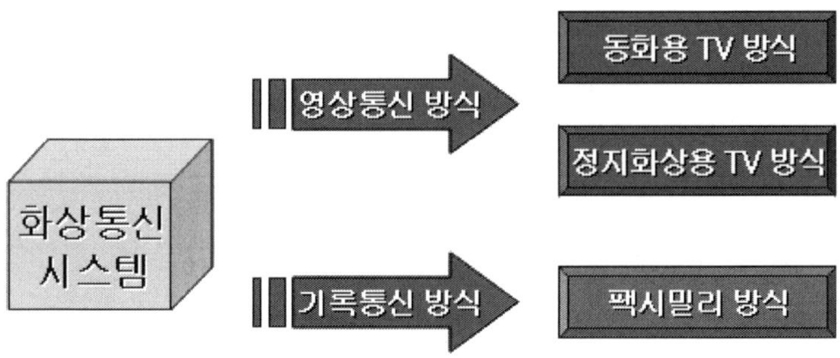

1) 동화용 TV 방식(광대역) ⇒ MPEG

① 방송 TV 방식을 의미하며 동화상을 대상으로 한다. 순간적인 시간에 화상을 보내는 경우에 적합한 방식

② 매초 30매 정도의 화상을 보내야 한다. 그래서 넓은 주파수 대역폭이 필요

2) 정지화상용 TV 방식(협 대역) ⇒ JPEG

① 동화상과는 대역폭에서 차이가 나는 방식으로 슬라이드나 마이크로필름 또는 정지하여 있는 그림을 하나씩 보내는 방식

② 30초간에 1매를 전송할 때 보통 TV 방식에 비해서 주파수 대역폭은 1000분의 1이면 된다.

3) 팩시밀리 방식

① 종이에 인쇄용지에 기록된 사진이나 문장을 보내서 영구적인 기록 형으로 보존하는 데 적절한 방식

② 유선의 전화망이나 디지털망을 이용하여 전송이 가능하고 근래에는 무선망을 사용하여 보다 정확하고 정밀하게 전송이 가능하다. 보통 A4 1매의 원고를 전송하는 데 수 분에서 수십초까지 사용하는 G3방식을 사용

9.2 화상통신 시스템의 기본구성

화상통신 시스템은 단말기, 전송로(유·무선), 교환기, 정보센터로 구성된다. 시스템의 기본 구성은 단말 대 단말을 이용하는 End to End 방식과, 단말에서 센터를 이용하는 Center to End 방식이 있다.

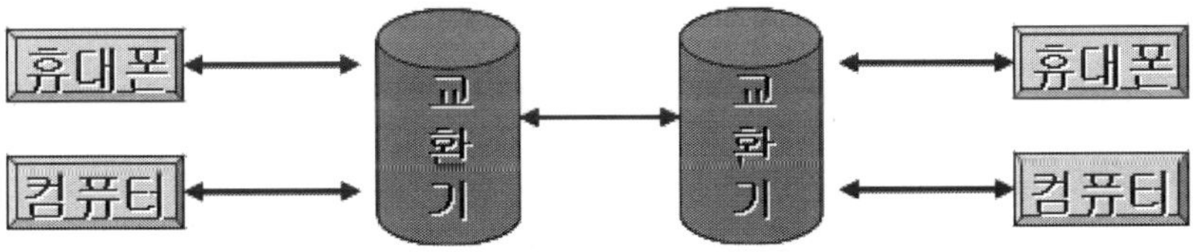

단말 대 단말의 구성도

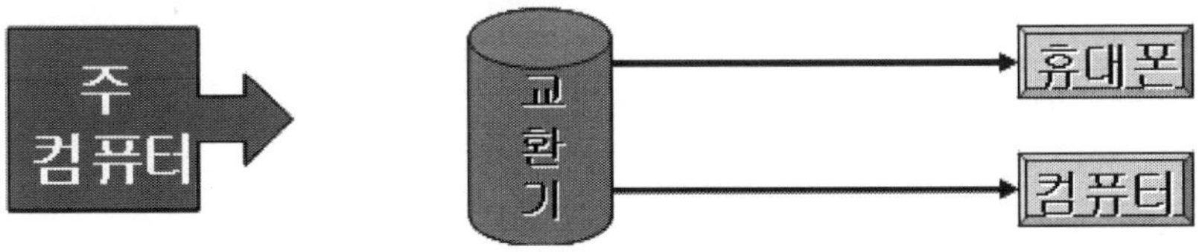

센터 대 단말의 구성도

(1) 화상통신 서비스의 분류

화상통신 서비스 화상 정보의 형태에 따라서 정지 화상과 동화상 통신으로 분류된다.

1) 정지화상 통신방식

현재 사용하고 있는 아날로그 전송망에 전송 전송망을 그림이나 도형과 문자 등을 전송하는 방식을 말한다.

① End to End 형 단말기 – 팩시밀리 통신

② Center to End 형 단말기 – 비디오텍스 통신

2) 동화상 통신 방식

TV 방송 등과 같이 움직이는 동화상을 전송하는 통신 방식을 말한다.

① End to End 형 단말기 – CCTV, TV, CATV, TV 회의, TV 전화, 텔레라이팅

② Center to End 형 단말기 – 화상응답서비스, 쌍방향 케이블 TV

9.3 화상통신의 종류

(1) 텔레비전(TeleVision : TV)

1) 송신화상 및 수신화상의 원리

TV의 송신화상과 수신화상의 원리는 다음과 같이 구성된다. 피사체로부터의 빛의 강약을 TV 카메라 촬상관이 전기적 신호로 변환하여 이것을 영상신호로 만든다. 그리고 영상신호로 만든 이 신호를 전파에 실어서 송출한다. 수상 측에서는 수신 전파를 검파(복조)해서 영상 신호를 재생한다. 영상신호로 재생된 이 신호를 수상관에 가해서 우리가 볼 수 있는 영상을 만들어 낸다.

그리고 음성 신호는 마이크로폰에서 음성 파를 전기적인 신호로 변환해서 저주파 전류를 만들어낸다. 이것을 전파에 실어서 송출하고, 수신측에서는 도래 전파를 검파(복조)해서 저주파 전류를 재생한다. 재생된 저주파 전류를 스피커에 가함으로써 송출했던 음성 파를 다시 만들어 낸다.

흑백 방송의 구성 도를 나타내었다. 칼라 방송의 경우는 흑백방송 이외 색 정보를 전송하고 있다. 기본적인 원리는 흑백 TV로도 설명이 가능하기에 흑백TV로 설명했다.

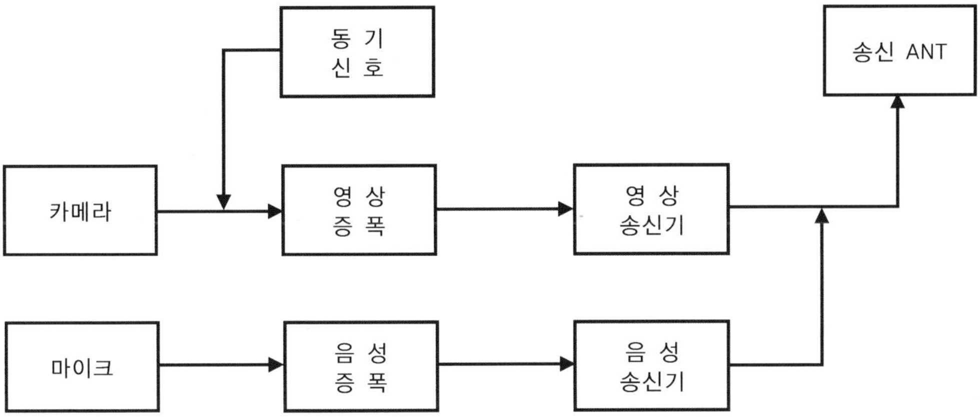

송신측

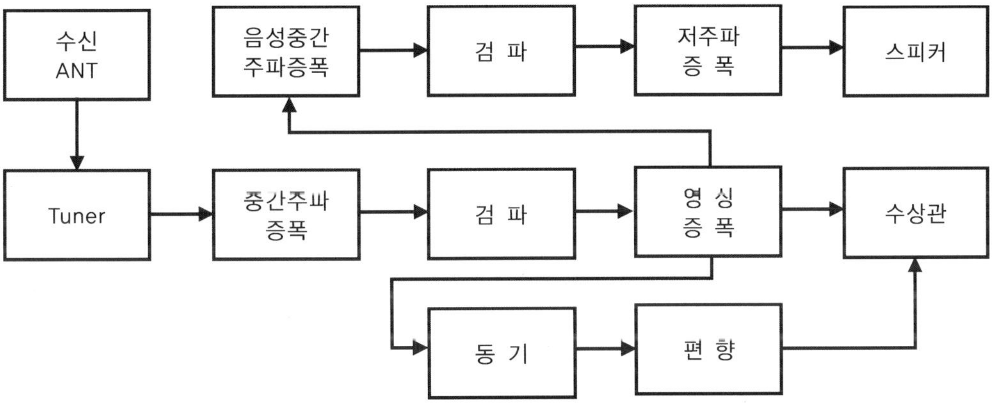

수신측

텔레비전 송 · 수신의 원리(흑백 TV일 경우)

2) 주사(Scanning)

① 정 의

전송하고자 하는 화상 정보를 일정한 순서에 따라서 화소로 분해하고 분해된 화소를 같은 순서로 조립하는 작용을 주사(scanning)라 한다.

그리고 주사에는 좌에서 우 방향으로 주사하는 수평주사(horizontal scanning)와 상에서 하 방향으로 주사하는 수직주사(vertical scanning)가 있다.

② 종 류

한 장의 화상을 주사하는데 아래에 나타낸 바와 같이 단순히 위에서 아래로 주사해 가는 방식을 순차주사(progressive scanning) 방식과 최초의 한 장의 화상에서 주사선의 홀수 번호인 1, 3, 5, ……를 주사하고, 다음의 한 장에서는 주사선의 짝수 번호인 2, 4, 6, ……을 주사해 가는 비월주사(interlaced scanning)방식이 있다.

여기서 비월주사 방식은 2회에 걸쳐서 화면주사로 한 장의 화면을 완성하는 것이다. 여기서 1회에 걸린 주사를 필드 주사라 하고, 2회의 필드 주사에 의해 걸린 완전주사를 프레임 주사라 말한다. 국내 방식인 NTSC 방식의 경우에는 주사선수는 525개 이고, 2 : 1 비월주사방식을 사용한다. 1초간에 30프레임의 영상을 만들어 낸다. 결과적으로 60필드의 영상을 보내고 있다.

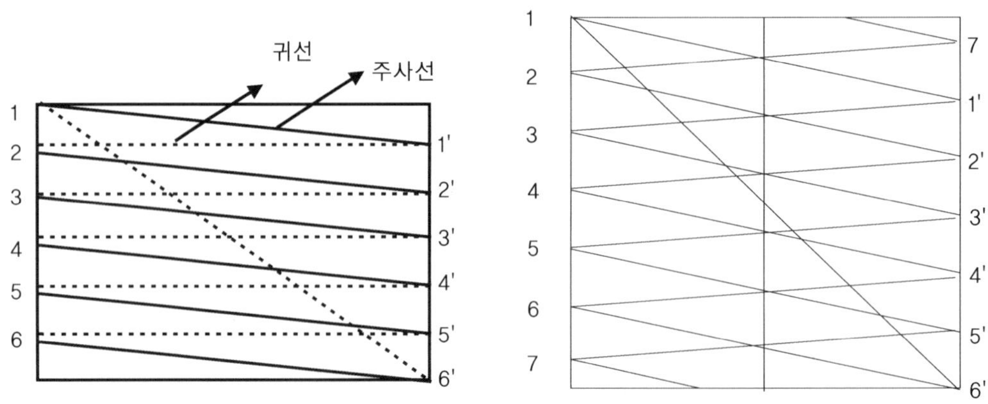

3) 편 향

촬상관과 수상관의 주사는 전자빔을 좌 · 우 또는 상 · 하로 움직이게 함으로써 사용한다. 전자빔이 움직이는 것을 편향동작이라 말한다. 편향 방식에는 정전편향과 전자편향이 있다. 텔레비전의 촬상관과 수상관에는 전자편향 방식이 채용되고 있다.

4) 동 기

동기 신호란, 영상신호를 동기 하도록 하기 위해서 전송하는 신호를 말한다. 송신화상 측에서는 화면을 분해해서 영상 신호로 변환한 후에 송신을 하고, 수신화상 측에서는 이 영상신호를 원래의 화면으로 조립해야 한다. 따라서 송신화상 측과 수신화상 측의 주사주파수와 위상을 일치시킬 필요가 없다. 이런 작용을 동기(synchronization)라 말한다.

동기에는 수평주사를 동기 하는 수평동기와 수직주사를 동기 하는 수직 동기가 있다.

동기의 불량으로 수직주파수가 60[Hz]보다 약간 어긋날 경우 모니터 상에서는 화면이 약간 상측이나 하측으로 흐르게 된다. 또 수평주파수가 750[Hz]보다 약간 어긋날 경우 모니터 상에서 화면이 좌측이 올라가는 현상이 생겨서(또는 우측이 올라간다.) 사선이 나타난다.

5) 컬러 TV 방식

컬러 TV 방식은 자신의 색을 내는 경우의 3원색을 사용한다. 적색(Red), 녹색(Green), 청색(Blue)의 3색을 혼합해서 그 비율로 여러 가지 색을 만들어 낸다. 이렇게 색을 혼합해서 3가지 원색을 전부 혼합하면 흰색이 된다. 이렇게 색을 혼합하거나 혼합된 색에서 한 가지 색을 더하거나 빼어 나온 색을 우리는 **보색**이라고 한다.

표준 컬러 TV 방식에서는 피사체의 적색(Red), 녹색(Green), 청색(Blue) 성분을 색선별 거울(dichroicmirror)을 통해 분리해서 촬상하며, 3원색 전기신호로 색상을 꺼내어 이것을 컬러코더기로 처리한다. 그리고 휘도신호 와 색차신호를 혼합하여 합성 컬러 TV 신호를 TV와 같은 주파수대역에 받아들이고 있다. 흑백 TV의 형태로도 수신할 수 있도록 신호를 송신하고 있다.

휘도신호와 색차신호의 혼합 방법에 의해 다른 표준 방식이 존재하고 있다. 우선적인 방식 우리나라에서도 채용되고 있는 NTSC 방식과 SECAM방식, PAL 방식이 있다.

항 목 \ 방 식	NTSC 방식	PAL 방식	SECAM 방식
주사선수	525라인	625라인	
비월주사	2 : 1		
매초 송상 수	30장	25장	25장
field 주파수	60[Hz]	50[Hz]	
line 주파수	15,750[Hz]	15,625[Hz]	
화면의 가로세로비	4 : 3		

영상대역	4.2[MHz]	5(5.5)[MHz]	6[MHz]
channel 대역폭	6[MHz]	7[MHz]	8[MHz]
영상변조방식	VSB		
음성변조방식	FM		FM
주파수 편이	±25[KHz]	±50[KHz]	
음성반송파주파수	±4.5[MHz]	±5.5[MHz]	±6.5[MHz]
색부반송파주파수	3.58[MHz]	4.43[MHz]	f_R=4.41 [MHz] f_B=4.25
색부반송파의 변조방식	반송파 억압 직각 2상 변조		FM변조
사용국	한국, 미국, 일본	독일, 중국, 서유럽	프랑스, 동유럽

(2) HDTV(High Definition Television)

ITU－RS에서 정의하고 있는 HDTV는 다음과 같다. “HDTV는 현행 TV보다 2배 이상의 수직·수평 해상도를 가지며 현행 TV가 가지고 있는 문제점을 개선하고, 현행 TV보다 넓은 9 : 16의 화면 종횡비를 가지며 CD 음질 수준의 디지털 오디오 기능을 갖는다.” 한마디로 현행 TV 보다 선명한 영상과 깨끗한 음질을 제공하는 새로운 TV 방식이라 하겠다.

1) HDTV의 시스템의 구성

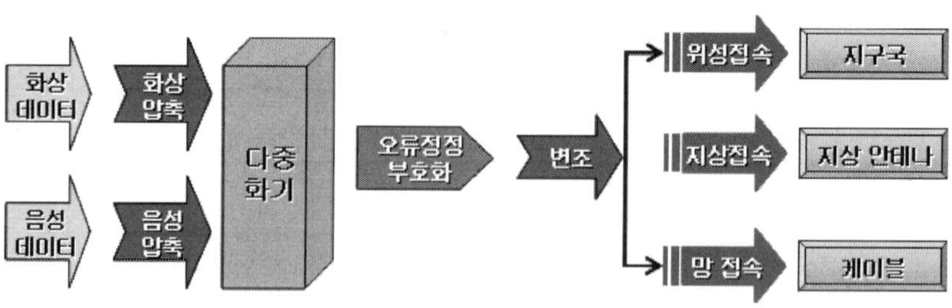

HDTV의 시스템 구성

① **HDTV 제작센터**

프로그램을 제작하는 촬영장소 즉, 스튜디오를 말한다. 한마디로 방송국이다. 프로그램은 스튜디오 규격에 따라 제작되고 있다. 스튜디오의 규격은 국제 단일 표준화가 이루어지고 있고 화면 종횡비, 색표준, 유효주사선당 화소 수, 신호형식, 동기신호 등에 의해서 정의되어 지고 있다.

② **송신부**

방송국에서 제작된 영상신호와 음성신호는 먼저 압축하고 다른 데이터와 함께 다중화기에 다중신호로 되어 채널 접속부로 입력된다.

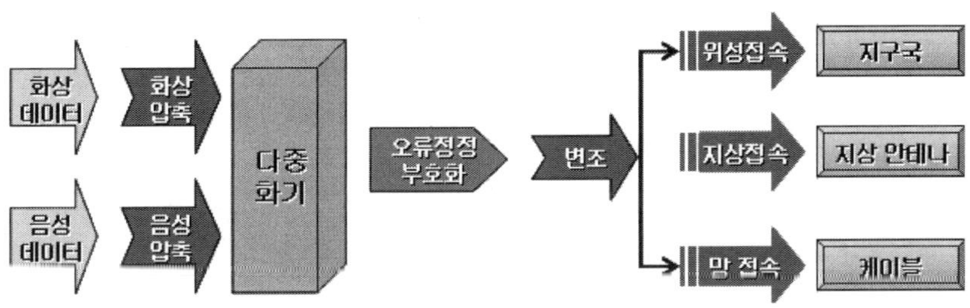

송신부의 기본구조

③ **전송매체**

전송매체로는 위성을 이용한 인공위성과 공중(지상)을 이용한 무선통신, 케이블을 이용한 유선통신 등이 이용되고 전송 방식으로는 크게 아날로그 전송과 디지털 전송으로 분류할 수 있다. 변조 방식도 전송 방식에 따라서 아날로그 변조와 디지털 변조로 분류되는데 여러 가지 변조 방식이 적용될 수도 있다. 특히 망의 프로토콜과 관련한 망 접속부가 필요로 하게 된다. 또한, 디지털 전송 방식의 경우에는 전송 오류에 대비해서 오류정정 부호화가 변조 및 망 접속하기 전에 이루어진다.

④ **수신부**

위성과 공중 전송인 경우에 동조와 복조 후 역 다중화가 되며, 케이블인 경우는 망 접속 부를 거쳐서 곧바로 역 다중화 된 후에 압축된 영상신호 및 음성신호의 복원이 된다. 또한, 디지털 전송의 경우에는 송신부에서 오류정정 부호화가 행하여지고 있으므로 오류정정 복호화가 역 다중에 되기 전에 이루어지며 전송 오류를 수정할 수 있게 되어 있다. 복원된 영상 신호 및 음성 신호는 디스플레이에 의해 표시된다.

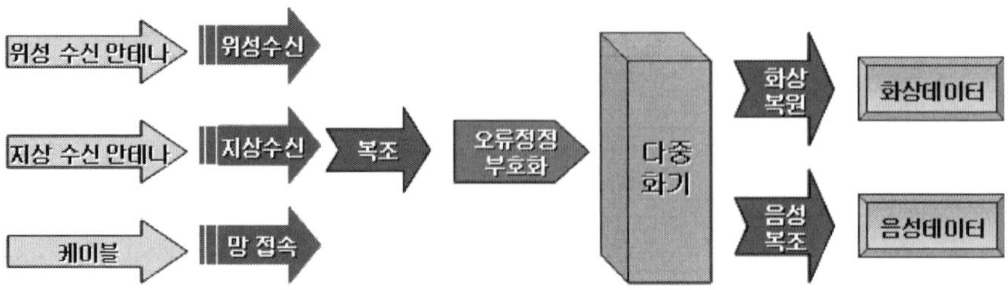

수신부의 기본구조

2) 현제 TV와 HDTV의 비교

① HDTV는 현제 TV 방식 비해서 해상도와 대역폭을 증가시켜 고품질의 화상정보를 전송하기 위해 만들어진 TV 방식이다.

② 현제 컬러 TV와 HDTV의 외관상의 차이점은 화면의 종횡비이다. 현제 컬러 TV의 종횡비는 3 : 5이고, HDTV에서 사용되는 종횡비는 미국의 SMPTE(Society of Motion Picture and Television Engineering)에서 제시한 9 : 16으로 사용되고 있어서 좀 더 동화상을 와이드로 시청할 수 있게 되었다.

③ 주사선수의 차이가 가장 크다. 일단 프레임 당 주사선수에 있어 현제 NTSC 방식은 프레임 당 525개의 주사선으로 사용되지만 HDTV의 프레임 당 주사선수는 1125개로 사용되고 있으므로 현제의 TV방식보다 2배의 주사선을 사용하므로 더 욱더 선명한 화질로 시청이 가능하다.

④ 신호처리 방식의 차이도 있다. 신호처리 방식에 있어 현제 TV 방식에선 영상 및 음성신호는 아날로그 형태로 전송되고 처리되는데 HDTV의 경우에는 영상은 디지털 신호로 처리되고 음성은 아날로그와 디지털로 처리하게 된다.

⑤ 표시기술의 차이이다. 표시장치는 전송된 영상을 최종적으로 육안으로 볼 수 있게 만들어주는 장치로써 현제 TV는 대부분 CRT이지만 HDTV는 액정의 광학적 굴절현상을 이용하여 플라즈마 기법을 이용한 LCD가 가장 대표적이고 요즘에는 PDP, 평면 CRT액정도 많이 사용되고 있다.

현제 TV와 HDTV의 비교

특 징	현제 TV	HDTV
프레임 당 주사선수	525	1125
주사 방식	비월주사	비월주사
화면종횡비	3 : 4	3 : 5(9 : 16)
대역폭	6[MHz]	60[MHz] 압축하여 27[MHz]
영상 및 음성 신호처리 방식	아날로그	디지털
음성품질	FM급 방송	CD급
신호 전송 방식	아날로그	디지털, 아날로그

(3) CATV(CAble TeleVision)

CATV란 케이블 텔레비전의 약어로서 방송국부터 가입자 단말기까지 케이블을 통해서 방송 프로그램을 전송하는 통신 방식이다. 기본적인 CATV 시스템의 구성은 전체 시스템을 통제하고 관리하는 헤드앤드(유선국 : 센터계)와 서비스를 송 · 수신히는 서비스 분배 전송로 그리고 정보를 제공받는 가입자 단말장치로 구성된다. 요즘은 분배 전송로에 광섬유로 연결하여 보다 빠르고 선명한 화질의 방송을 전송하고 있다.

1) CATV의 효시

1948년 미국에서 시작된 것으로서 난시청 지역(블랭킷 에리어)을 해결하기 위해 공동안테나 방식으로 TV전파가 잘 잡히는 지역에서 고성능의 안테나로부터 TV전파를 수신한다. 그 다음에 증폭하고 증폭한 신호를 동축케이블을 이용하여 각 가정의 TV 수신기에 분배하는 방식이 초창기의 시설이었다.

2) CATV의 특징

① 타 지역에 재송신 CATV 및 재방송 CATV 그리고 지역발전의 일꾼
타 지역 TV 방송을 수신하여 녹화한 후에 중계 재송신하는 서비스를 시작하였고, 자체 스튜디오에서 제작한 프로그램을 재방송하고 지역적인 문화의 특성을 살려서 지역홍보와 지역의 전반적인 사항을 송출하였다.

② 전국적 CATV 시대 개막

위성, 동축케이블과 광전송로를 통해서 방송국 운영자에게 CATV 프로그램을 동시에 배분하는 전국적CATV 시대로의 접어들었다.

③ 쌍방향 통신이 가능

④ 광대역 전송매체를 사용하여 많은 양의 전송 정보를 전송할 수 있다.

⑤ 채널의 다양화로 가입자들의 선택권이 다양화 되었다.

⑥ 프로그램의 밀도 있는 제작이 가능해 졌다.

3) 쌍방향 CATV발전 단계

Data Base와 가정용 컴퓨터를 연결하여 고도의 정보매체로서의 기능을 수행하고 있다. 분류는 4단계로 된다.

① 제1단계 : 가입자가 단말 장치로 원하는 프로그램을 신청하게 되면 가입자에게 해당 프로그램을 보급하는 방식이다.

② 제2단계 : 센터 계와 가입자 상호간에 질문과 응답이 동시에 가능한 방식으로 대화형이다. 주로 교육방송이나 종교방송에 사용된다.

③ 제3단계 : 가입자 장치가 지능형 장비를 갖추어서 전력계와 보안 장치 그리고 가스 미터기 등을 원격 감지하는 방식이다.

④ 제4단계 : 가입자 장치에 RAM이 추가되어 중앙컴퓨터가 DB를 할 수 있는 방식(홈쇼핑, 홈뱅킹)이다.

4) CATV의 기본구성

① 헤드앤드(HE : Head End)의 구성

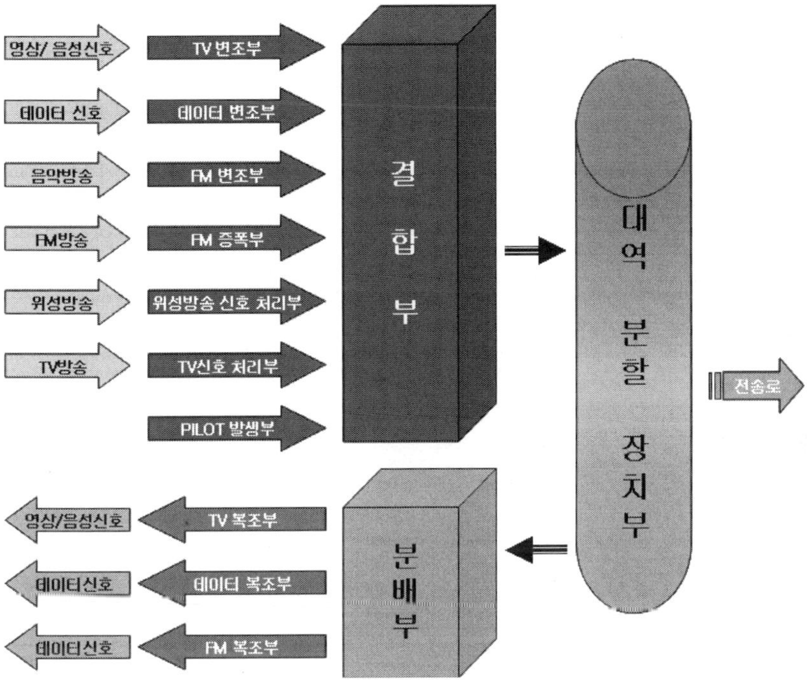

헤드 앤드란, CATV 시스템의 가장 중요한 장치로서 Cable Head의 Head와 Antenna End의 End를 합성하여 만들어진 용어이다. 방송신호를 자체적으로 제작하여 서비스 신호(영상, 음성, 데이터신호)를 전송로에 송출하는 곳이다. 즉, 수신안테나에서 수신한 각 채널의 방송 신호를 중간 주파수로 변환하고 영상 및 음성 레벨을 조정한 후 VHF나 UHF로 재 변환하여 중계 전송망으로 송출하는 것이다. 시설로서 수신안테나, 증폭기, 주파수 변환기, 변조·복조기, 헤드앤드 중계 장치로 구성되어 있다.

㉠ 헤드앤드의 주요 기능
　ⓐ 채널 변환 기능
　ⓑ 신호 분리·혼합 기능
　ⓒ 변족·복조 기능
　ⓓ 신호 송출 기능

㉡ 헤드앤드의 역할

ⓐ 수신 설비 : 공중파 신호를 수신하여 헤드 앤드에 공급하여주는 부분이다.

ⓑ 헤드 앤드 설비 : 수신 설비에서 입력된 신호를 변조 하거나 복조 하여서 전송로에 신호를 전송해 주는 부분이다.

㉢ 스튜디어 설비 : 프로그램을 제작해 주는 부분이다.

㉣ 송출설비 : 전송로에서 프로그램을 송출하는 부분이다.

㉤ 편집, 검색 설비 : 영상과 자막처리를 하고 프로그램을 편집해 주는 부분이다.

㉥ 망 감시 설비 : 전송로의 증폭기 상태를 감시하는 부분이다.

㉦ 가입자 관리 설비 : 가입자 관리, 과금 등의 처리를 하는 부분이다.

㉧ 국사 및 부속설비 : 방송센터와 조명설비, 공조 설비, 소방 설비와 방음설비를 말한다.

② 전송장치(분배 전송로)

㉠ 전송장치는 기본적으로 분배장치, 중계증폭기, 전송로로 구성되고 있다.

㉡ 전송로는 유선방송국에서 공급할 수 있는 서비스를 각 가정의 단말장치에 전송이 되는 통로역할을 한다.

㉢ 중계 증폭기(TA)는 전송로의 동축케이블에서 발생하는 일정한 전송 손실을 보상해 주기 위해 신호를 증폭하는 장치이다. CATV가 단방향이면 중계기가 단일 방향 증폭이고, 쌍방향이면 중계기가 양방향 중계증폭기를 사용한다.

㉣ 분배 전송로의 종류

ⓐ 간선 : 헤드 앤드 계에서 송출되는 신호를 전체 서비스 구역에 전달해 주는 전송로로서 전송 특성을 좋게 하기 위해서 간선 증폭기가 꼭 필요하다.

ⓑ 분배선 : 간선에 갈라져서 각 가입자에게 필요한 신호를 분배하기 위해 전송로로 가입자의 인입단자 수를 제한한다. 가입자가 많아지면 증폭기가 별도로 필요하다.

ⓒ 인입선 : 분배 선으로부터 가입자 인입 단자 선까지의 전송선로

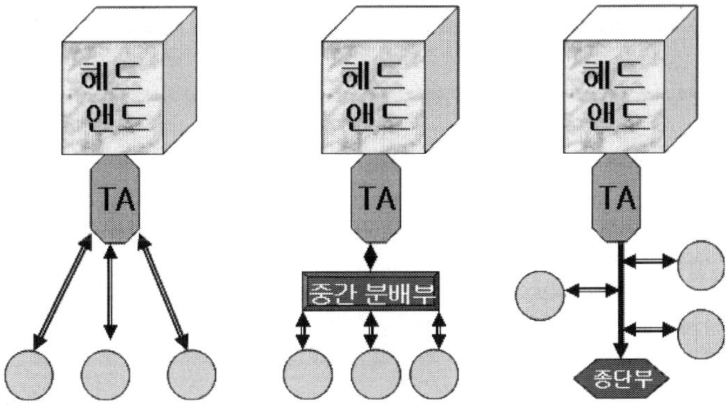

③ **가입자 단말장치**

㉠ 헤드앤드에서 최종적으로 가입자의 인입선을 통해서 접속된 장치를 말한다.

㉡ 가입자계는 옥내 분내기, CATV 컨버터, 홈터미널 장치(Home Terminal Unit : HTU), TV로 구성

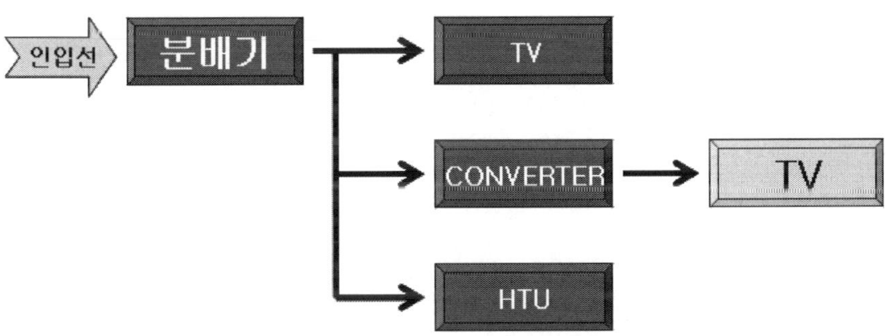

가입자계의 구성

(4) CCTV(Closed Circuit Television : 폐쇄회로 텔레비전)

화상정보를 특정의 목적을 가지고 특정인에게 전달하는 전용 시스템이다. 원거리를 관찰하거나 보이지 않는 영역을 관찰할 때 또는 인체의 접근이 불가능한 환경의 관찰할 때에도 사용되고 은행, 교통상황 감시용을 사용된다. 크게 공업용, 교육용, 의료용으로 나눌 수 있다. 전화에도 사용이 가능하다.

1) CCTV의 시스템 구성

CCTV의 시스템 구성은 촬상장치, 전송장치, 표시장치의 3개 부분이며 최근에는 여기에 기록 장치를 부가하는 경우가 많다.

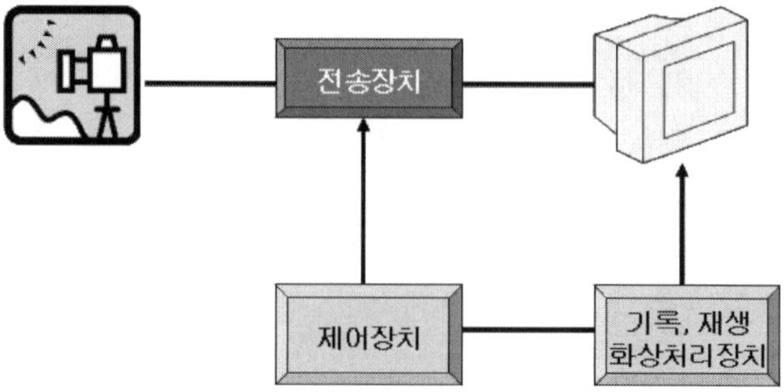

CCTV의 구성도

CCTV와 CATV의 비교

분 류	CCTV	CATV
전송 형식	단방향성 전송	쌍방향성 전송
방송 기능	상태의 감시와 보안	공중파 재전송, 자주적 방송
채널 수	단일채널	다수 채널
서비스 범위	한정된 지역에서 사용	광역 지역
시스템 구성	간단	복잡
망 구성 방식	성(Star)형	성(Star)형, 나무(Tree), 가지(Branch)형

(5) 팩시밀리(Facsimile)

문자나 도형으로 구성된 문서를 전기적인 수단에 의해 부호소자(화소전류)로 분해하여 송신하고 수신측에서 이를 조합하여 지면상에 재현시키는 통신 방식

1) 팩시밀리의 원리

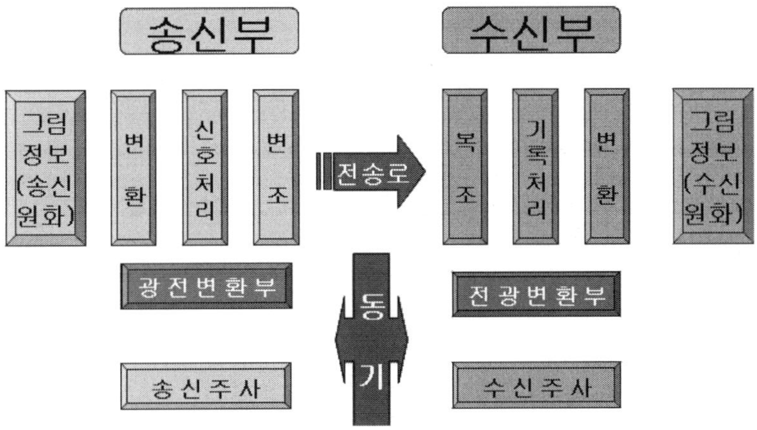

팩시밀리의 계통도

① 주사(Scanning) : 송신부에서 송신 원화를 미세하게 분해해서 수신부에서 수신 원화를 다시 조립해 주는 것을 말한다. 즉, 화소(Pixels)수를 의미한다. 주사의 종류에는 원통주사와 평면주사가 있다.

② 광전변환(O/E 변환) : 연속적인 신호를 다수 개 화소로 분해하면 명암 도를 화소전류로 변환해야 한다. Analog식과 Digital이 있다.

③ 전송 : 변환 된 화소전류를 송신 부로부터 멀리 떨어져 있는 수신 부에 전송하는 것을 말한다. 전송 매체로는 전화선 케이블과 동축케이블 그리고 광케이블이 있다.

④ 전광변환(E/O 변환) : 전송되어진 화소전류 양의 변화에 따라서 본래 명암의 화소로 변환하여 수신기록 한다. 즉, 기록 변환이다.

⑤ 동기 : 송 · 수신 장치의 회전과 위상 동기를 맞춘다.

2) 팩시밀리의 각종 상수

① 주사선 밀도(F[줄/mm]) : 화면상의 1[mm]를 몇 줄로 분해해서 주사해내는가의 정도를 말한다. 주사선 밀도(F)가 크면 클수록 높은 해상도의 기록화를 얻어 낼 수 있다.

② 주사선 길이(L[mm]) : 원통주사를 할 경우에는 원통의 지름을 말한다.

③ **평면협동계수(K)** : 주사선 길이(L)와 주사선밀도(F)와의 곱을 말한다. K값이 송신측과 수신측이 일치하면 송신 화에서 보냈던 신호와 동일한 수신화가 얻어진다. 원통 방식인 경우에는 원통형 지름과 주사선 밀도의 곱을 협동계수라 말한다. ITU-T에서 권고하는 송신협동계수는 264, 수신협동계수는 352로 정의하고 있다.

㉠ 평면 협동계수(K)=주사선 길이(L)×주사선 밀도(F)

㉡ 원통형 협동계수(M)=원통의 지름(D)×주사선 밀도(F)

④ **주사 주파수(N[개/초])** : 단위시간(초)당 주사선의 주사 주파수로써 원통 주사인 경우일 때 매초 원통의 회전수n[rpm]으로 나타낸다.

⑤ **화소전류의 최고화 주파수(fm[Hz])** : 원화가 $\frac{1}{F^2}$인 면적의 흑백화소로 반복 된다고 할 때의 화소의 기본파 주파수를 말하며, 화소전류 최고화 주파수는 광점과 똑같은 크기로 흑색과 백색이 반복되는 부분이 가장 높다.

$$f_m = \frac{L \cdot F \cdot N}{2} = \frac{\pi \cdot M \cdot n}{2 \times 60}\,[\text{Hz}]$$

⑥ **전송시간(T[sec])** : 한 장의 원화를 전송하는데 걸리는 시간을 말한다.

$$T = \frac{60FL}{n}\,[\text{sec}]$$

3) 팩시밀리의 종류

팩시밀리는 처리방식과 기능에 따라서 ITU-T가 다음과 같이 4단계 group으로 구분한다.

① **Group 1(저속기 : 1968년)**

팩시밀리 최초의 형태이다. A4 표준용지를 한 장 보내는데 걸리는 전송시간이 6분이다. white data 1,300[Hz], black data 2,100[Hz]로서 데이터를 압축하지 않고 FM 변조하여 전송하고 있다. 아날로그 전송 방식을 사용해서 현재는 거의 사용하지 않는다.

② **Group 2(중속기 : 1976년)**

전송 시에는 G1과 같이 아날로그로 전송 방식을 사용하지만 G1 보다는 속도가 훨씬 빠르다. A4 표준용지를 한 장 보내는데 걸리는 전송시간이 3분 정도이다. AM, PM, VSB변조 방식을 사용한다.

③ Group 3(고속기 : 1980년)

MH, MR 부호화 방식을 채택해서 데이터의 압축을 실현하였으며 A4 표준원고 전송시간이 1분이다. 디지털 변조 방식(QAM)에 의해서 전송대역폭의 압축 및 고속전송을 실현했다. 전송오류 시 제어신호를 재전송할 수 있는 기능이 있고 공중전화망과 접속이 가능해 졌다. 전송방식은 아날로그와 디지털을 사용한다. 현재 상용화되고 있다.

④ Group 4(초고속기 : 1983년)

MMR 방식을 채용한다. 데이터의 압축률을 G3보다 약 2배 정도 개선시켰으며 A4 표준원고 전송시간이 3초 정도 걸린다. 해상도가 400(dpi) 정도로 높아서 선명한 화상을 얻을 수 있다. 디지털 망 접속의 디지털 팩시밀리이다. 또한 텔레텍스와의 통신 호환성 여부에 따라 class1~3으로 분별하고 있다.

㉠ class 1 : 부호화로 체계화 된 팩시밀리 정보가 포함된 문서를 송수신한다.

㉡ class 2 : class 1 기능에 추가되어서 텔레텍스와 혼합형 단말기의 문서를 수신하도록 만든 기능

㉢ class 3 : class 2 기능에 추가되어서 텔레텍스와 혼합형 단말기의 문서를 수신하도록 만든 기능

4) 사용목적에 따라서 분류할 때

① 특수 팩시밀리

② 사진 팩시밀리

③ 문서 팩시밀리

④ 컬러 팩시밀리

5) 수신기록방식에 따라서 분류할 때

① 통전 감열 기록방식

② 전해 기록방식

③ 방전 파괴 기록방식

④ 전자 사진 기록방식

⑤ 전자 프린터 방식

⑥ 정전 기록방식

6) 팩스의 특징

① 정보 전달의 정확성

② 정보 전달의 신속성

③ 정보 내용의 임의성

④ 편리성

⑤ 송 · 수신자의 무제한성

⑥ 기밀유지

⑦ 타기종과의 호환성

⑧ 비용의 절감

7) 압축 부호화 방식

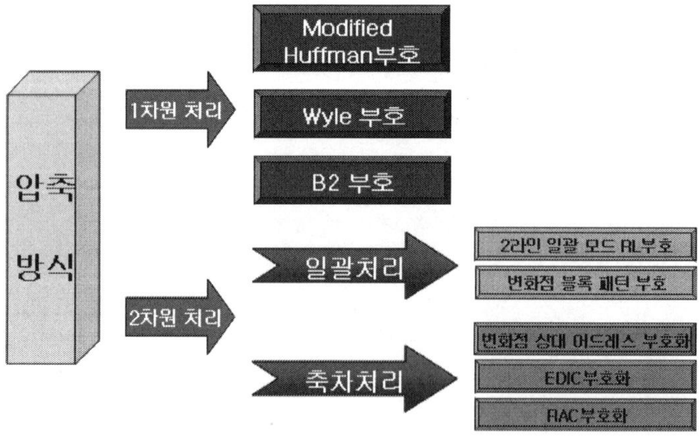

① 1차원 부호화 방식

동일 주사선상에 있는 화소 정보 간의 상관관계를 이용하여 부호화하는 방식이다.

② 2차원 부호화 방식

인접 주사선상에 있는 화소 정보 간의 상관관계를 이용하여 부호화하는 방식이다.

Reference

전송 비용을 줄이기 위해서 ITU-T에서 권고하는 압축 기술이 있다.

- 1차원 부호화 방식(MH : Modified Huffman) : 동일 주사선상에 화소정보(흑색과 백색)간의 상관관계를 이용해서 부호화하는 방식
- 2차원 부호화 방식(MR : Modified Relative Element Address Designate) : 연속적인 2차원 정보에 대하여 부호화하고자 하는 주사선과 이전 주사선의 상관관계를 이용해서 부호화하는 방법
- 고능률 부호화 방식(MMR : Modified MR) : Group 4 팩스에서 화상정보 데이터를 부호화 시켰을 때 사용하는 방식으로 1차원 방식이나 2차원 방식보다 높은 압축률을 가진다. 단점으로는 데이터 오류가 있으며 그 뒤의 화소는 다시 재현할 수 없기 때문에 오류 없는 데이터라고 인식이 되었을 때만 비로소 사용할 수 있는 방법

8) ITU-T Fax 권고안

항목 \ 분류	Group 1	Group 2	Group 3	Group 4
팩시밀리 신호	ANALOG		DIGITAL	
표준 원고크기	A4		A4, B4, A5, B5	A4, B4, A3
접속망의 형태	공중전화망			데이터망
화소의 수	극히 제한적임		1728	1728/2074/2592/3456
변조 방식	FM	AM-PM-VSB	PSK/QAM	망에서 사용하는 방식
전송속도	2400[kbps]이하		2.4/4.8/9.6[kbps]	2.4~48[kbps] 64[kbps](ISDN)
전송시간(A4)	6분	3분	1분	3~5(초)
대역압축기술	없다.		MH, MR	MMR
오류정정	없다.		재전송	HDLC 오류정정

(6) 화상통신 회의(Tele-Conference System)

1) 화상통신 회의의 설명

멀리 떨어져 있는 사무실이나 회의실 상호간을 고속 디지털망으로 연결한 후, TV 화

면을 통해 음성이나 영상 등의 데이터를 주고받으며 회의를 하는 통신 시스템인데, 근래에 들어서는 사회경제 활동의 광역화와 다양화에 발맞추어 기업에서는 지방에 있는 지사나 공장 간의 사이에서 효율적인 통신수단 역할을 하는 중요한 수단이지만 시스템을 실용화시키는데 가장 큰 문제는 가격이다. 그러나 대기업에서는 화상통신 회의 시스템을 사용하여 업무처리의 혁신적인 발전을 가져왔다.

2) 화상통신 회의의 종류

① **정지화상 통신회의** : 음성이나 문서를 주제로 하여 실무적인 회의를 진행할 때 가장 적합하다.

② **컴퓨터 통신회의** : 컴퓨터에 통신회선을 접속하여 컴퓨터 센터에 연결해서 회의를 진행하는 방식이다.

③ **텔레비전 통신회의** : 음성과 영상의 데이터를 동시에 주고받으며 회의를 진행하는 방식이다.

3) 화상통신 시스템의 구성

화상통신 시스템의 구성요소는 정보센터, 전송로(음성 및 영상전송), 단말장치 구성되며 텔레비전 통신회의 방식은 아래와 같이 구성된다.

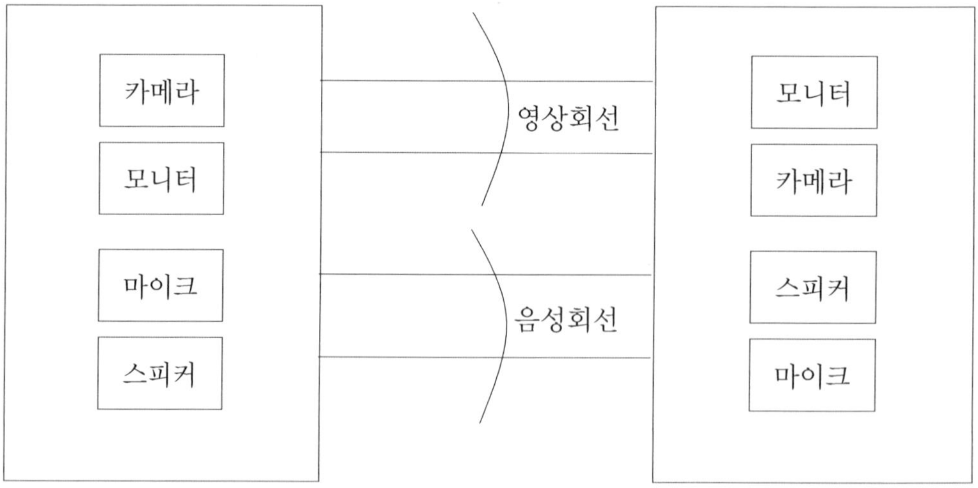

TV 회의 시스템의 기본구성

(7) 화상응답 시스템(VRS : Video Response System)

1) 화상응답 시스템(VRS)의 설명

컴퓨터 센터에 정지화상이나 동화상의 각종 영상정보와 음성정보 파일을 설치해 두고 각각의 단말기에서 개별 요구에 따라 각종 정보 안내나 학습 프로그램 등의 서비스를 개별적으로 공급하는 회화형 화상정보 방식(C-E형)으로서 이용자의 요구에 응답하여 화상정보와 음성정보를 독립적으로 제공한다.

2) 화상응답 시스템의 구성

화상응답 시스템

① 화상응답 시스템은 화상센터(정지화상 파일장치, 음성정보 파일장치, 음성영상 전환 장치, 동화상 파일장치)와 전송로 그리고 단말장치로 구성된다.

② 화상센터(컴퓨터센터[Data Base])
단말에서의 요구사항을 분석해서 필요로 하는 정보를 선택해서 해당 단말장치로 전송하기 위한 모든 제어역할을 수행한다.

③ 전송로
㉠ 화상센터와 단말장치를 연결해 준다.
㉡ 특징은 저 손실성, 광대역성, 무누화성, 무유도성이다. 단 전송로를 광케이블이 했을 경우에만 적용된다.
㉢ 영상회선과 제어회선으로 구성

④ 단말장치
화상센터에 정보를 요구할 수 있는 정보를 표시하는 장치를 말한다. 일반 TV 수신기, 전용 키패드

3) 활용 분야

교육정보, 부동산 정보, 의료정보, 호텔 내 영상 정보, 기업 내 정보, 영상도서관(관람) 정보 등

(8) TV전화

전화기에 카메라와 TV화면을 연결하여서 상대방과 동화상으로 통화할 수 있는 전화기를 말한다.

1) TV전화기의 종류

① 정지 화상 전화

아날로그 전송로를 사용하고 있으며 정지 화상을 약 5 ~ 6초의 간격마다 전송하는 방식이다.

② 동화상 전화

대용량의 전송 회선(광케이블)이 필요하고 동영상 압축 기술을 이용해서 연속적인 동작을 볼 수 있는 방식이다.

2) TV전화의 구성

① 단말장치
② 전송로
③ 교환기
④ 정보센터

TV전화 시스템

(9) ARS(Audio Response System : 음성 정보 서비스)

컴퓨터의 데이터베이스를 이용해서 수시로 정보를 변경하고 저장해서 이용자가 요구하면 필요한 정보를 전화망을 이용해서 정보를 제공하는 서비스이다.

구성은 컴퓨터 센터 계와 공중 전화망 그리고 전화기로 되어 있다.

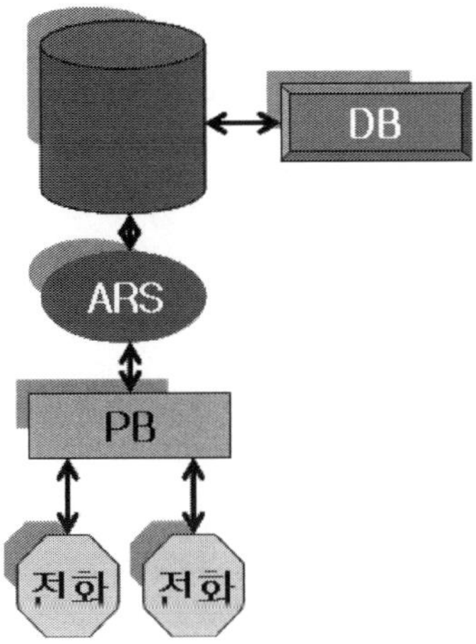

ARS의 구성도

(10) 텔레라이팅(Tele-Writing)

1) 설 명

① 문자, 음성, 도형 등 손으로 쓴 그래픽 정보를 전화 회선을 통해 전송하는 기능을 갖는 것을 말한다.

② 전화기로 통화하면서 태블릿 위에다가 그림으로 전송할 수도 있다.

③ 쌍방향 통신이 가능하다.

④ ISDN 단말기에서 RS-232C 케이블을 연결하여 데이터를 전송할 수 있다.

2) 구 성

태블릿과 PC(CRT와 하드카피장치)로 구성된다.

3) 텔레라이팅의 응용분야

① 전화 통화 시 약도의 전송이 가능하다.

② 사무소와 현장간의 도면의 실시간 조회와 검사가 가능하고 회의할 때 통화용 칠판으로도 사용된다.

③ 의료용과 교육용으로 사용된다.

(11) 믹스 모드형 단말기(MMT : Mixed Mode Terminal)

문자정보를 송수신할 수 있는 텔레텍스 단말기와 화상정보를 송수신할 수 있는 팩시밀리 단말기의 기능을 결합된 단말기를 말한다.

1) MMT의 기능 문서 보관 기능 : 편집 된 문서를 보관하는 기능

① 문서 편집 기능 : 도형/문자/화상정보를 편집할 수 있는 기능

② 문서 인쇄 기능 : 편집 된 문서를 인쇄할 수 있는 기능

③ 문서 보관 기능 : 편집 된 문서를 보관할 수 있는 기능

④ 문서 통신 기능 : Teletex, Group 4 Fax, MMT 연동해 통신할 수 있는 기능

믹스모드의 구성형태

믹스모드는 화상정보와 문자부호를 혼합하는 정보를 의미한다. 믹스모드는 문자부호화를 최대한 고능률 전송과 선명한 문자의 재생을 만들어서 페이지 내에 임의의 도형을 효율적으로 삽입하는 것을 가장 큰 목적이다.

뉴미디어기기

Chapter **10**

Data Communication Instruments

뉴미디어기기

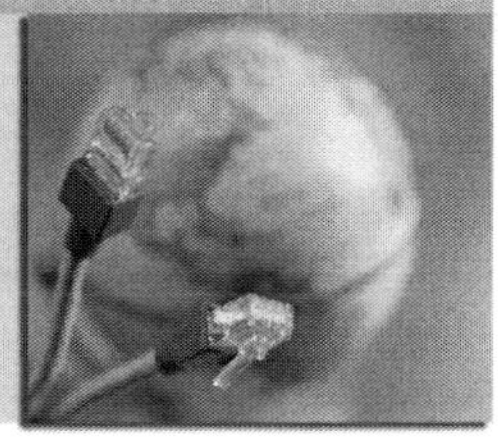

10.1 뉴미디어란?

새로운 정보매체라는 뜻이다. 보다 구체적인 표현을 하면 “전기통신에서의 네트워크 기능과 컴퓨터의 정보처리 기능을 융합해서 그 위에 음성, 화상기술이 융합된 새로운 정보통신 매체”라고 정의할 수 있다. 지금까지 전화에만 사용했던 사무실 업무가 정보통신 뉴미디어의 개념을 도입하여 워드 프로세스, 개인용 컴퓨터(PC), 팩시밀리(G3, G4) 그리고 비디오텍스 등 공중전화교환망(PSDN)을 이용한 아날로그 접속에 이용되고 있다.

뉴 미디어 = 정보통신의 네트워크 기능 + 컴퓨터의 정보처리 기능 + 화상처리기술

(1) 뉴미디어의 특징

① 상대방과 상호적으로 대화형식의 통신이 가능해야 한다.

② 뉴미디어는 쌍방향 통신기능이 있기 때문에 정보 접근이 쉽고 여러 가지 기능을 선택할 수 있다. 데이터를 보낸 측과 받는 측의 정보처리기술이 대등하게 비약적으로 발전되어야 한다.

③ 뉴미디어는 방송 매스미디어의 정보전달방법(end to center)과 전화와 같은 음성

정보전달방법(end to end)을 모두 갖추어야 한다.

④ 정보화 사회에서 뉴미디어는 매스미디어와 확연히 다르게 개별적인 메시지 교환의 기능을 가지고 있기 때문에 다양한 정보제공 기능이 가능하고 정보의 획일화 현상에서 탈피할 수 있다.

⑤ 뉴미디어의 비동시성과 다양성은 사용자에게 선택의 폭을 넓게 해주고, 능동적으로 이용자로서의 위치를 나타내게 할 수 있다.

⑥ 데이터를 송 · 수신한 측의 정보처리기술이 대등해야 된다.

(2) 뉴미디어의 종류

1) 유선계 뉴미디어

기존에 사용 중인 유선계 미디어가 단방향 CATV나 전화이었다면 현재의 유선계 뉴미디어계는 쌍방향 CATV, 비디오텍스, 화상응답 시스템(VRS), 텔레비전 전화, 팩시밀리통신, PC통신, 텔레텍스, 근거리통신망(LAN), 부가가치통신망(VAN)등이 있는 선로를 근간으로 하는 통신을 말한다.

2) 무선계 뉴미디어

기존에 무선계 미디어가 라디오나 텔레비전이었다면 무선계 뉴 미디어계는 위성통신, 문자다중방송(텔레텍스트), 고품위 텔레비전, 정지화 방송, 팩시밀리 방송, 직접위성 방송 등으로 공간을 매체로 하는 통신을 말한다.

3) 패키지계(독립계)

기존에 패키지계 미디어가 VTR, 테이프, 레코드였다면 패키지계 뉴미디어는 비디오디스크, 디지털 오디오 디스크, 광디스크 등으로 독립적인 이동이 가능한 통신을 말한다.

10.2 비디오텍스(Videotex)

(1) 비디오텍스의 정의

유선 쌍방향 화상정보 시스템을 말한다. 정보센터에 축적된 문자와 도형정보를 전화망을 이용하여 사용자 단말장치에 접속하는 쌍방향 통신기능을 가진 회화형 화상정보통신 서비스이다. 비디오텍스는 여러 분야에 응용되고 있다. 정보를 검색하거나 정보를 안내하고 트랜잭션, 전자메일과 텔레컴퓨팅 등 다방면에서 광범위하게 이용되고 있다.

트랜잭션과 같은 경우에는 좌석예약과 같은 정보를 제공하고 그 선택으로 단말사용자로 하여금 선택한 결과를 등록하고 직접 확인을 하여 이용하는 것이다. 텔레컴퓨팅은 단말과 센터가 쌍방향으로 처리를 해주는 정보처리의 통신시스템서비스를 말한다.

(2) 비디오텍스의 특징

① 대용량의 화상 정보의 축적이 가능하고, 빠른 검색 또한 가능해졌다.

② 쌍방향 대화형 화상 통신 서비스가 제공되어서 고객이 요구하는 것들을 상세하고 자세히 들을 수 있다.

③ 통신망으로는 전화망이 가장 일반적이지만 패킷교환망과 CATV망 그리고 구내 망 등도 이용된다.

④ TV 수상기로 정보를 제공하고 있다.

⑤ 홈뱅킹, 홈쇼핑 등 다양한 서비스를 제공할 수 있다.

⑥ 중앙 정보 센터에서 새로운 정보를 갱신할 수 있게 되었다.

⑦ 우리나라는 1980년대 데이콤에서 천리안이라는 서비스를 시작으로 비디오텍스 서비스가 처음 선보이게 되었다.

(3) 비디오텍스 시스템 구성요소

비디오텍스 시스템은 중앙정보센터와 비디오텍스 통신망 그리고 전기통신망과 사용자 단말장치와 정보입력단말장치로 구성되어져 있다.

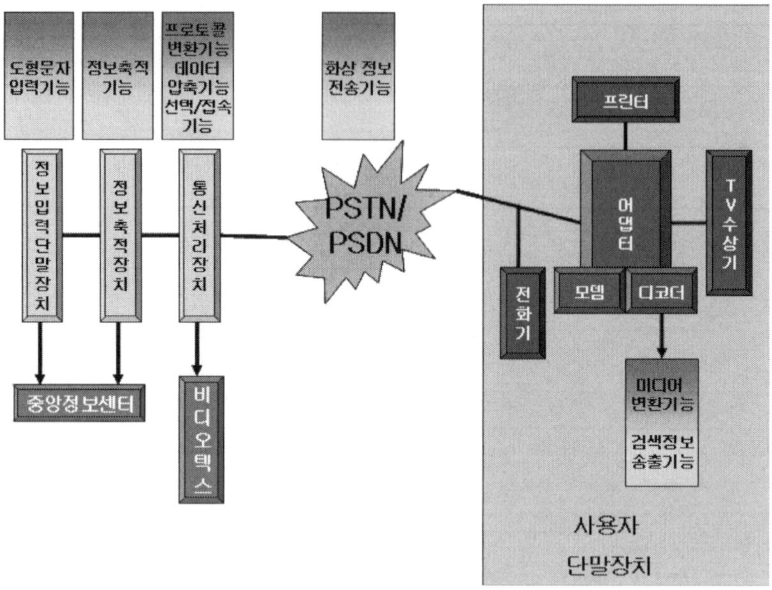

비디오텍스 시스템의 구성

1) 중앙정보센터

대용량의 화상 정보는 DB에 구축해서 사용자의 요구에 따라서 실시간으로 제공하는 장치이다.

2) 비디오텍스 네트워크

중앙정보센터와 사용자 단말이용자의 전송제어절차를 맞추는 프로토콜 변환기능이나 데이터 전송시간을 단축하기 위해서 데이터의 압축 기능 및 이용자에 의한 절차에 대하여 발호요구를 받아들인다. 동시에 발신자 식별번호의 검출을 행하고 가입자 데이터와 조합을 해서 등록되어 있으면 정보를 보유하는 기능을 중앙정보센터와 연결하여 처리하는 비디오텍스 통신처리장치이다.

3) 전화망

사용자 단말 장치와 비디오텍스 통신처리장치 그리고 중앙정보센터를 접속하여 통신 매체의 역할을 수행한다.

4) 사용자 단말장치

중앙정보센터에서 전송된 정보를 TV수상기에 출력하는 기능과 사용자로부터의 요청을 데이터 신호로 변환해서 정보축적장치에 송출하는 검색정보송출기능을 가진 Adaptor로 구성된다.

(4) 비디오텍스 도형 정보처리 기술

비디오텍스에서는 도형의 표시방법에 따라 알파 모자이크, 알파 지오메트릭, 알파 포토그래픽 방식이 "비디오텍스 서비스를 위한 국제 인터워킹"에 제정되었다. 또한 IDS(국제 교신용 데이터 신텍스)가 논의되어 3개의 데이터 구문 간에 상호통신이 가능하게 되었다.

1) 알파 모자이크 방식(Alpha - Mosaic) ⇒ 프리스텔(Prestel)

영국에 인근한 대부분의 유럽지역에서 사용하고 있다. 모자이크 도형은 1매의 그림을 일정한 크기의 블록으로 분할해서 미리 정해져 있는 모양으로 블록에 그림을 맞추는 표현 방식이다. 이러한 모자이크 방식은 도형정보와 문자를 동일한 방법으로 인식하기 때문에 데이터양이 적을수록 좋고 표시 제어와 전송제어가 간단하다는 장점이 있다. 그러나 단점으로는 표현할 수 있는 능력의 한계가 크다. 이 방식은 시간표, 뉴스, 기상정보 등의 텍스트 정보 전송에 대부분 사용한다.

2) 알파 포토 그래픽 방식(Alpha - Photographic)

패턴방식이라고도 하며 일본의 CAPTAIN에서 처음 선택한 방식이다. 포토 그래픽 도형은 팩스와 같은 원리로 사용된다. 즉, 문자와 도형을 포함한 모든 정보를 도트 단위(화소)로 분해하여, 그 도트 단위로 도형을 표출하는 방식이다. 이 방식의 장점은 단말장치가 간단하고 도형을 표현할 수 있는 능력이 높고 해상도가 가장 좋다. 그러나 단점은 많은 양의 데이터 전송 시 시간이 오래 걸린다.

3) 알파 지오 메트릭 방식(Alpha-geometric) ⇒ 텔리돈(Teldon)

캐나다 및 미국 등 주로 북미지역에서 이용되며 지오 메트릭 도형은 한 장의 그림윤곽을 근사적으로 점, 원호, 직선, 다각형의 기하학적 현상을 가진 도형요소를 사용해서 분해한다. 분해된 이 요소를 조합시켜서 표현하는 방식이다. 알파 모자이크 방식과 거의 유사하다. 그러나 알파 지오 메트릭 방식은 알파 모자이크 방식에 비해 더욱 세밀한 도형을 나타낼 수 있다는 장점이 있다. 그러나 단점은 장치가 고가이다.

* 알파 모자이크 방식은 CEPT(Conference of European Postsland Telecommunication) 이라 하고, 알파 포토 그래픽 방식은 CAPTAIN (Character And Pattern Telephone Access Information Network) 마지막으로 알파 지오 메트릭 방식 NAPLPS(North American Presentation Level Protol Syntax)라고 한다.

(5) 비디오텍스의 이용분야

① 메시지 전달 : 전자우편, 여론조사, 실시간 주요뉴스

② 정보검색 : 주식정보, 일기예보, 인기 검색

③ 원격감지 서비스 : 의료정보(u-health), 도난이나 화재경보, 에너지 관리

④ 거래처리 서비스 : 홈쇼핑, 홈뱅킹

⑤ 전산처리 서비스 : 워드프로세서, 산술계산, 회계업무

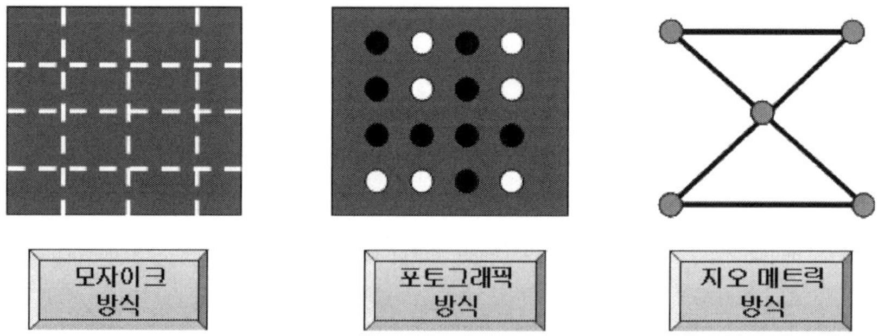

도형 정보처리의 표현방식

비디오텍스 표현방식의 비교

항목 \ 방식		CAPTAIN(데이터 구문 Ⅰ)	CEPT(데이터 구문 Ⅱ)	NAPLPS(데이터 구문 Ⅲ)
표시 방식		하이브리드 방식 (패턴/코드 방식)	코드 방식	
모체가 되는 표시 기능		알파 포토 그래픽	알파 모자이크	알파 지오메트릭
문자기호 표시 기능		영문자, 숫자, 기호, 일본어, 한자	영문자, 숫자, 기호	
도형 표시 기능	포토 그래픽	있음	64[kbps]의 정지 화상만 있음	없음
	지오 메트릭	있음 (NAPLPS방식)	있음 (CERT방식－GKS)	있음 (NAPLPS일부수용)
	모자이크	있음 (CERT, CAPTAIN)	있음(CEPT)	있음 (CEPT 일부수용)
	특수도형 (DRCS)	CAPTAIN 고유방식	CEPT 고유방식	NAPLPS 고유방식
부가 기능	멜로디 간이 동화면	있음	없음	
색 표시		블록단위(4×4, 12×8) 도트 단위(16색)	블록 단위(8색) 도트 단위(8색)	도트 단위(16색)
표시 문자수		• 표준 : 15열×8행(한자), 31×16(영문자, 일어) • 최대(고밀도) : 31×16, 62×32	표준 : 40×24	표준 : 40×20
데이터 전송 속도	호스트 →단말기	3,200[bps] ~4,800[bps]	1,200[bps]	
	단말기 →호스트	75[bps]		75~15[bps]
화면 정보 입력		기능(카메라, 팩스로 자동 입력 가능)	자동 입력 곤란 (키보드, 태블릿)	자동 입력 곤란 (키보드, 태블릿)
표시속도 (전송시간포함)	문자 화면	빠름		
	그림 화면	늦음	빠름	

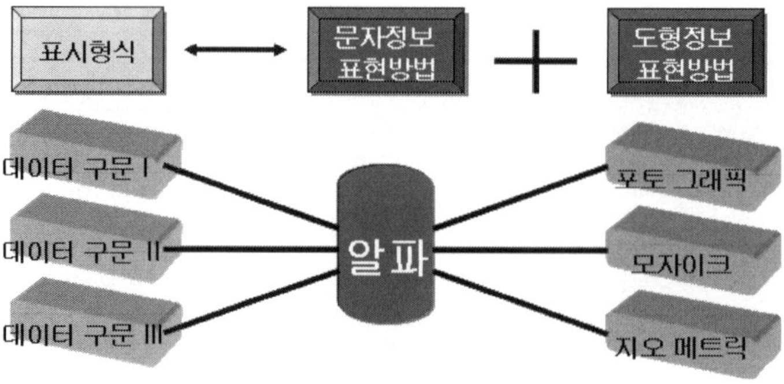

문자 정보와 도형정보의 표현방식

10.3 부가가치 통신망(VAN : Value Added Network)

(1) 부가가치 통신망의 정의

부가가치 통신망이란 기간통신사업자(KT, 하나로)로부터 통신회선을 임차해서 기본적인 기능이 외의 기능을 추가하여 부가적인 가치를 창출하는 통신사업을 말한다. 즉, PC와 접속하여 통신처리 네트워크 서비스를 제공하는 것을 의미한다. 이러한 VAN은 단순히 컴퓨터의 고도이용적인 촉진에 뿐만 아니라, 사회에 시시각각 정보 활용의 수단으로 제공되고 있다. 근래에는 금융업, 제조업, 매스컴, 각종 기업 그룹에 지대한 영향을 끼치고 있다.

(2) 부가가치 통신망의 발전 과정

① 제1단계 : PC 1대에 다수의 단말과 Work Station이 직접 연결 또는 회선제어장치를 통해 접속한다.

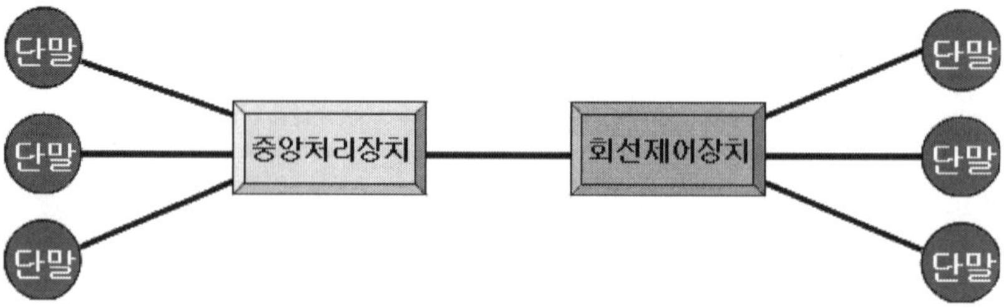

② 제2단계 : 여러 PC가 통신회선에 직접 접속되어 있는 형태를 말한다. 그러나 정보처리용 PC가 정보처리 기능과 통신제어 기능을 수행 할 수 있으므로 정보처리 효율은 낮아지게 된다.

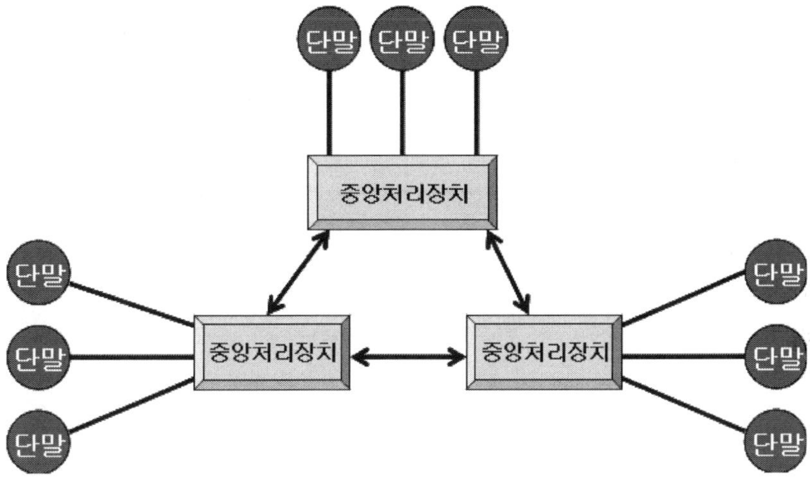

③ 제3단계 : 정보 처리용 PC 외에 통신제어를 전문적으로 사용하는 교환용 통신제어 프로세서를 네트워크 중간에 가지고 있다.

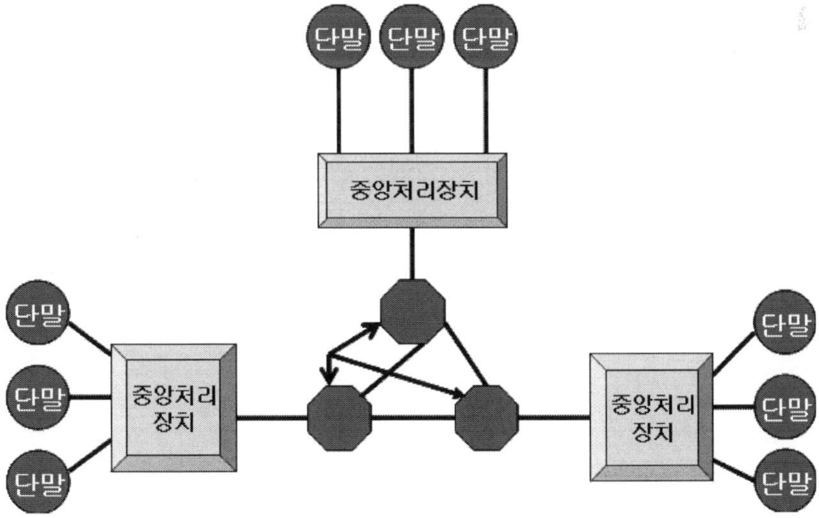

④ **제4단계** : 네트워크가 확대되고 그 내용도 고도화 되어서 데이터 교환망의 단축다이얼 기능과 핫라인 접속의 회선 교환 방식 그리고 패킷교환방식 등을 이용한 것에 의해 융통성 있게 네트워크 구성을 할 수 있도록 되어있다. 허나 비용적인 문제가 많이 든다.

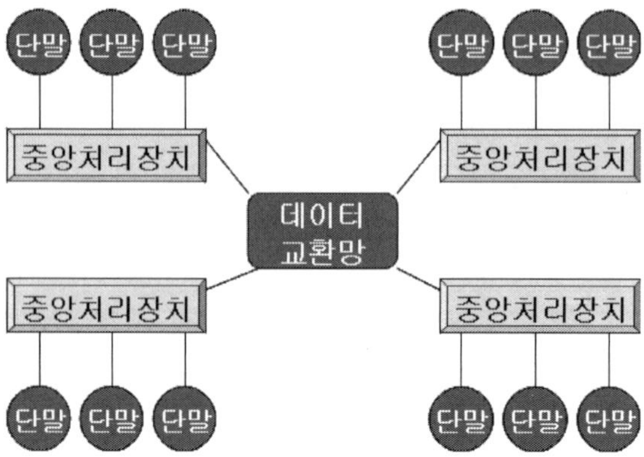

(3) VAN의 서비스 제공기능

① **전송기능** : 가장 기본적인 기능으로서 물리적 회선 전송 기능은 물리적 회선을 의미한다. 정보에 아무런 부가처리 없이 단순하게 전송하기만 하는 고유한 기능으로 경우에 따라서 VAN의 기능을 제외하기도 한다.

② **정보처리기능** : 일반적으로 현재 기업 전산실에서 사용되는 응용 소프트웨어를 사용한 제반 컴퓨터 처리를 말한다. 예를 들면 기업 내의 급여 관리 체계나 회계 관리, 판매 관리 등의 서비스를 처리하는 기능을 Network에서 제공하는 것을 의미한다.

③ **통신처리기능** : 정보가 가지고 있는 의미를 바꾸지 않고 표현 형식을 바꾸는 처리라고 한다. 기능은 전자사서함, 데이터 교환, 동보통신, 집 · 배신 기능, 프로토콜 변환, 속도 변환, 축적이 있다.

④ **교환기능** : 회선 교환과 패킷교환 그리고 메시지 교환이 있다. VAN에서 가장 대표적인 기능이며 대종을 이루는 방식이 패킷교환방식이라 하고 최초의 VAN은 이 방식만을 지칭하였다. 현재는 고속 접속 회선교환방식이나 메시지 교환방식도 VAN 서비스를 제공하고 있다.

(4) VAN의 이용

① 범용 VAN : 정보처리제공, 정보제공, 통신처리기능 제공
② 특화 VAN : 유통, 철강, 물류, 금융

10.4 근거리 통신망(LAN : Local Area Network)

(1) 근거리 통신망(LAN)의 설명

근거리 통신망이란, 한 건물이나 연구소 또는 대학과 같은 가까운 거리로 한정된 지역 내에서 분산 되어 있는 PC, 단말기, DB, 프린터와 같은 컴퓨터 연관된 자원을 서로 연결해서 정보를 처리 · 저장 · 전송하는 통신 시스템 방식을 말한다. 근거리 통신망에서는 다양한 정보기기와 많은 양의 정보들을 고속으로 교환할 수 있다. 근거리 통신망은 필요한 신로의 수를 축약할 수 있고 네트워크 제어방법과 함께 고성능 선날매제를 제공하기도 한다. 근거리 통신망은 연결 장비의 절차를 간소화 하고, 접속경비의 비율을 낮추며 대부분 근거리 통신의 특성인 간단하고 집중적인 데이터 트래픽 등을 다룰 수 있다.

① **전송 속도** : 0.1~100[Mbps]정도의 고속전송이 가능하다.
② **적용 거리** : 0.1~10[km]
③ **전송매체** : 광 케이블이나 동축케이블과 같은 광대역 전송매체를 이용하며 근거리를 전송하고 있기 때문에 신호의 전송 반전시간이 아주 짧고 높은 속도로 전송 할 수 있다.
④ **프로토콜** : 전송로 배정과 전송제어가 아주 간단한 편이다.
⑤ **전송오류율** : 일반 통신망 시스템과 똑같이 자원이 분배되어 있어 오류가 지역적으로 분산되고 있어서 전체 통신망 시스템의 전송오류율이 낮고 높은 품질의 전송매체를 이용하기 때문에 전송오류율이 매우 낮다.
⑥ **경제성** : 고 성능의 기기를 공유함으로써 LAN의 전체적인 구성 가격은 비싸다. 허나 고성능의 시스템으로 구성할 수 있기에 경제성은 높다.

(2) LAN의 기본기능

① 통신제어 기능
② 정보전달 기능
③ 신호변환 기능

(3) LAN의 특성

① 경로설정이 불필요하다.
② 패킷의 지연이 거의 없다.
③ 종합적인 정보처리 능력이 있다.
④ 확장성과 재 배치성이 풍부
⑤ 단일 기간의 소속
⑥ 에러율이 매우 낮다.
⑦ 네트워크 내의 어떠한 기기 간에도 정보의 전송이 가능하다.
⑧ 광케이블의 사용으로 고속 통신이 가능하다.

(4) 매체에 따른 전송제어 방식

1) CSMA(Carrier Sense Multiple Access)

① 반송파 감지 다중 접근 방식이라 말한다.
② 회선이 사용 중이면 메시지 송신을 다음으로 미루고, 사용 중이 아니면 송신을 하는 방식이다.
③ 통신 중에 데이터의 충돌을 감소시키기 위한 방식이다.

2) CSMA/CD(Carrier Sense Multiple Access/Collision Detect)

① 반송파 감지 다중 접근의 충돌 검출방식이다.
② CSMA와는 다르게 데이터 메시지를 송신했을 때 데이터 메시지를 송신한 다음에도 계속해서 통신회선을 감시해서 충돌했는지 여부를 감지한다. 만약에 메시지가

충돌했다면 충돌한 지점에서 메시지 송신을 중지한 후에 충돌이 있나 다시 조사하고 없으면 그때 송신을 수행하는 방식이다.

3) 토큰 전달 방식

① 미리 결정된 순서대로 채널의 사용 권리를 인수 · 인계하는 방법이다.
② 토큰이란 "전송권리" 또는 "사용우선순위권"을 의미한다.
③ 가장 큰 장점은 한 노드가 메시지 전송하기 위해서 반드시 토큰을 획득해야 하기 때문에 전송을 원하는 노드들 간의 충돌이 절대 없다.
④ 토큰버스 방식과 토큰링 방식이 있다.
⑤ 토큰을 획득한 노드는 자신의 메시지 전송을 완료한 후에 토큰을 다음 노드에게 인계해서 모든 노드를 비교적 균등하게 전송 제공받게 된다.

(5) LAN의 통신망 구조

	형 태	액세스 방식	특 징
버스형	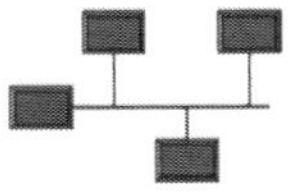	토큰패싱 CSMA/CD	• 소규모에서 적합 • 동축케이블로 전송 • 고장은 해당 노드만 제한 • 신호는 버스 위를 양방향으로 전송 • 신뢰성과 확장성이 좋다.
스타형	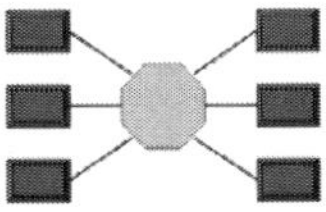	CSMA/CD	• PTP방식이다. • 단말기 당 가격이 저렴 • 중앙 집중형이다. • 중앙장치가 장애 시 모든 통신두절
링형	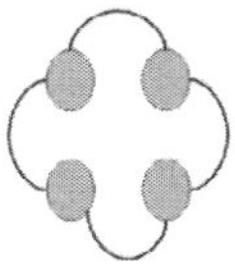	토큰패싱	• 한 노드의 장애 시 전체영향 • 총 선로길이를 짧게 구성가능 • 비교적 소규모에서 경제적 사용 • 동축케이블과 광케이블 사용
망형	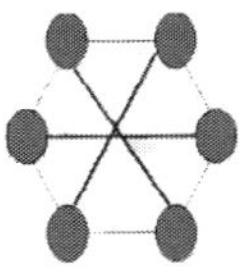	CSMA/CD	• 통신망과 모든 노드가 연결 • 회선장애 시 우회경로 사용 • 신뢰성이 가장 높다. • 통신회선 비용이 많이 든다.

10.5 종합정보통신망(ISDN : Intergrated Service Digital Network)

(1) 종합정보통신망(ISDN)의 정의

ISDN은 음성 및 비 음성(데이터, 화상 등)의 다양해진 통신서비스를 하나의 통신망으로 통합하여 종합적으로 제공할 수 있는 통신 시스템을 말한다.

현재 우리가 사용하는 ISDN은 음성 통신 서비스를 기존의 공중교환전화망(PSTN)을 통해 제공받고 있으며, 데이터 통신 서비스는 공중교환데이터망(PSDN)을 통해 제공받고 있다. 그리고 화상 서비스(TV, 비디오텍스, 홈쇼핑 등)는 무선과 별개의 케이블 통신망을 사용하여 서비스를 받고 있다.

종합정보통신망(ISDN)은 별개의 통신망 서비스를 하나의 디지털 네트워크로 통합하려는 것이다.

(2) ISDN 서비스

ISDN 서비스란 망과 단말장치가 사용자에게 제공하는 통신기능을 말한다.

① 베어러 서비스 : 하위계층(1~3계층) 기능만을 제공하는 서비스

② 텔레 서비스 : 하위계층(1~3계층)에서 상위계층(4~7계층)까지의 기능 모두를 제공하는 서비스

③ 부가 서비스 : 음성, 데이터, 텍스트와 영상 등의 기본서비스에 추가되어서 새로운 서비스 기능을 부가적으로 추가한 서비스를 말하며, 독립적인 서비스로는 존재할 수 없다.

④ 텔레커뮤니케이션 서비스 : 종합정보통신 망에서 제공하는 통신서비스 기능을 모두를 말한다.

(3) 사용자 · 망 인터페이스

① ISDN의 채널 종류에는 3가지가 있는데 B · D · H 채널로 구분된다.

② B채널 : 64[kbps]이하의 전송속도로 사용하며 사용자 정보를 채널로 사용한다.

③ D채널 : 다이얼링 신호 등과 같은 신호 정보채널로 사용한다.

④ H채널 : 고속 Fax나 동영상과 같은 고속의 사용자 정보를 운반한다.

⑤ A채널 : 아날로그 음성 신호를 전송하는데 사용된다. (음성주파수 약 4[㎑]를 의미한다.)

종 류	채널 구조	비 고
기본 액세스	B+B+D=2B+D	B : 64[kbps], D : 16[KBPS]
다중 액세스	nB+D	n : 최대 23, D : 64[kbps]
고속 액세스	H+D	H : 384, 1536[kbps]
복합 액세스	mH+nB+D	D : 16/64[kbps]

10.6 가입전신(Telex : 텔렉스)

(1) 가입전신의 설명

가입전신은 교환기를 통해서 임의의 대상을 호출해서 통신하는 방식으로서 50[baud] 정도의 저속으로 통신을 행하는 방식을 말한다.

(2) 가입전신의 장점과 단점

① 기록통신이 가능하다.

② 요금이 저렴하다.

③ 부재중 통신이 가능하다.

④ 국제간 통신에 유리하다.

⑤ 특정 가입자간 방송통신이나 회의 통신이 가능하다.

⑥ 에러 검출 기능이 미흡하다.

⑦ 통신 속도가 저속이다.

⑧ 사용 문자에 제한이 있다.

10.7 문자전송(Teletex : 텔레텍스)

(1) 텔레텍스의 정의

텔렉스(Telex)를 사용하기 편리하게 발전시킨 것으로 문서를 편집하거나 수정 또는 보관, 검사할 수 있는 워드 프로세서기능과 함께 회선 교환망, 패킷 교환망, 전화 교환망 등의 통신망을 사용해서 빠른 속도로 문서를 송 · 수신할 수 있는 통신기능을 가진 단말장치를 말한다. 텔레텍스는 HDLC의 데이터 통신 전송 제어를 적용함으로써 FCS의 오류정정 기능을 적용한다. 2400[bps]의 기본속도를 이용해서 공중망(PSTN, PSDN)의 일반형 통신단말로 이용되어 양방향 통신이 가능하다.

(2) 텔레텍스의 기능

① 워드 프로세서 기능 보유(텔레텍스=텔렉스+워드 프로세서 기능)

② 2,400[bps] 전이중 고속통신이 가능하다.

③ 문서의 에러검사 기능과 보관기능이 있다.

④ 로컬부와 통신부의 완전 분리가 가능하다.

㉠ 로컬부 : 문서 전송 중에도 계속적으로 문서작성과 편집이 가능

㉡ 통신부 : 송·수신 메모리 장치 간에도 통신이 수행되기 때문에 무인이어도 단말기 간에 자동으로 정보전송이 가능

⑤ 타 통신 서비스와의 호환이 가능하여 통신 프로토콜이 ISO의 OSI 참조 모델을 충실히 따름으로 국내외 통신이 가능하고, Fax나 Mixed Terminal과의 통신도 가능하다.

(3) 텔레텍스 단말기의 구성

① 위에서 언급한 바와 같이 텔레텍스 단말기는 로컬(local)부와 통신(communication) 부로 구성된다.

② 로컬 부는 워드 프로세서 기능을 담당하고 있으며, 통신부는 단말기 간에 자동으로 송수신 할 수 있는 기능을 갖는다.

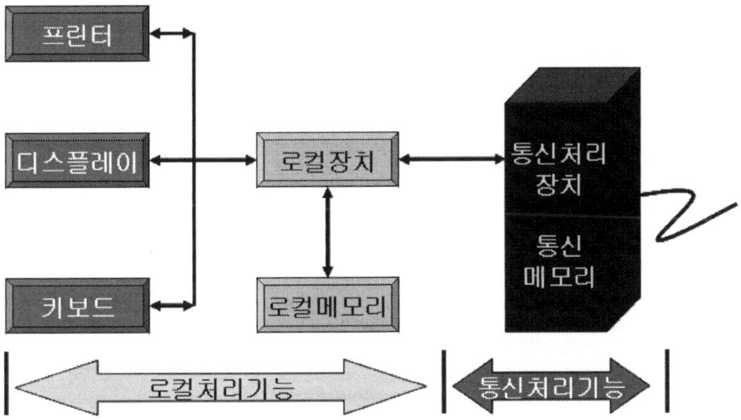

단말기의 구성

10.8 문자다중방송(Teletext : 텔레텍스)

텔레텍스트란 Television의 "Tele"와 문자 또는 글이란 뜻을 지닌 "Text"의 합성용어로서 각종 정보를 부호화하여 TV전파에 송출하는 첨단기술이다.

컴퓨터와 TV를 연결하여 다중 방송의 하나로 일반 TV방송 시에는 전혀 영향을 주지 않고 수직 귀선 시간을 사용하여 정지 화면이나 문자에 의해 필요한 정보를 TV화면에 나타내는 방식이다. 그리고 단방향 통신이기 때문에 정보의 수요자가 직접 정보의 제공에는 참여할 수 없다. 용도는 긴급뉴스나 일기 예보, 여행안내, 주식시세 등 각종 생활 정보를 얻을 수 있다. 요즘에는 양방향 통신도 가능하다.

(1) 텔레텍스트의 특징

① 단방향 통신
② DATA와 TV수상기를 합친 형태
③ 전파를 효율적으로 사용
④ 재방영 가능

(2) 텔레텍스트 시스템 구성

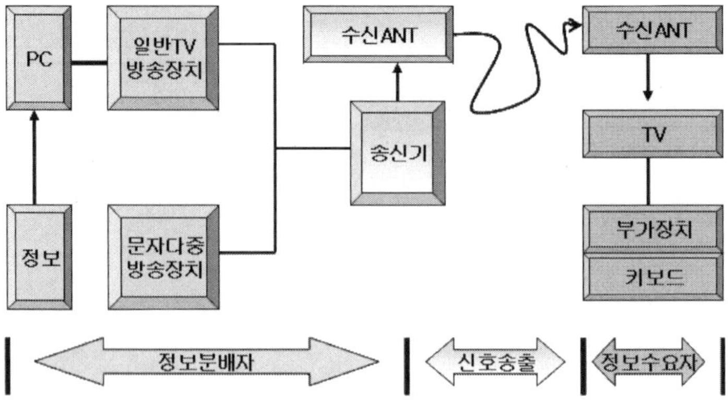

시스템 구성

(3) 텔레텍스트 시스템의 전송방식

1) 코드화 방식

각 문자나 도형마다 지정된 코드를 사용하도록 하는 방식이다. 수신측에서는 문자나 도형의 형태와 크기, 종류 등을 메모리에 저장한 후에 문자 발생기가 마련되면 부호를 수신하면 문자 발생기가 대응되는 메모리부터 읽어내어서 화면에 출력하는 방식을 말한다. 특징은 전송속도가 빠르고, 정보 전송량이 많고 입력방법이 복잡하다.

2) 패턴 방식(이미지 방식)

문자나 도형 패턴을 0과 1이라는 디지털 신호의 형태로 저장하여 전송하는 방식이다. 수신측에서는 메모리에 저장한 후에 원래의 상태로 재생하여 화면에 표현 하는 방식이다. 특징은 값이 싸고, 오자와 탈자가 적지만 전송속도가 느리고 정보전송량이 적다.

3) 하이브리드 방식

부호화 방식과 패턴 방식의 혼합형으로 전송속도가 빠른 코드 방식으로 전송하고 문자는 부호화 방식으로 도형과 한자는 패턴 방식을 이용한다.

10.9 원격자동검침(Telemetry : 텔레메트리)

(1) 원격자동검침의 정의

공중전화통신망과 센서기술을 이용하여 전화회선이 사용되고 있지 않을 시간에 멀리 떨어져 있는 지점의 가스나 전기, 수도 등의 계량기에 사용량을 전기적 신호로 변환하여 통신회선으로 전송하는 자동 검침 시스템이다. 이 시스템을 사용해서 이로운 점은 기록과 계산 그리고 처리가 자동으로 이루어진다는 것이다.

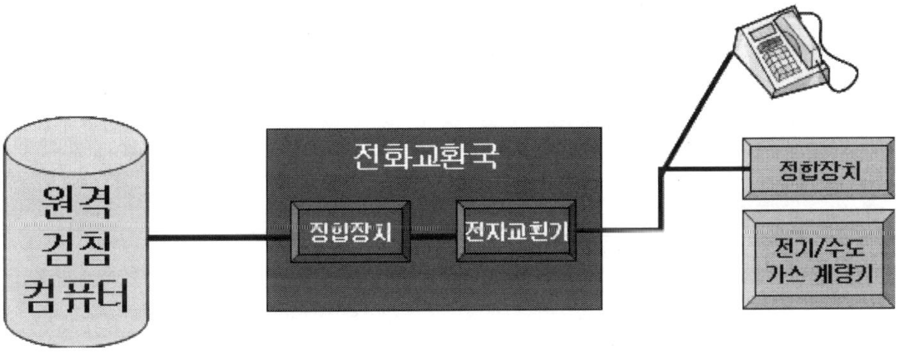

원격자동검침 시스템

(2) 특 징

① 공익업체의 인력과 시간이 절약되므로 업무를 효율적으로 처리할 수 있다.
② 전화회선이 주로 이용되지 않는 시간을 이용하므로 공중전화 교환망의 효율적 사용이 기대 된다.
③ 검침원이 방문이 없어 사생활 침해를 방지 할 수 있다.

10.10 정지화 방송

(1) 정지화 방송의 개념

정지 화면을 1화면만 전송하는 방식으로 수신 측의 메모리에 저장 후에 연속적으로 읽어 TV 수상기에 화상을 표시하는 방송을 말한다. 한 화면의 전송시간이 1/30초로 전송로를 1/30초마다 시분할하여 전송한다. 전송로 1회선으로 많은 정지 화상을 전송할 수 있다. 화상신호의 송출 속도를 비디오 메모리를 사용해서 신호의 최고화 주파수를 낮게 하여 협 대역 전송로로 전송할 수도 있다.

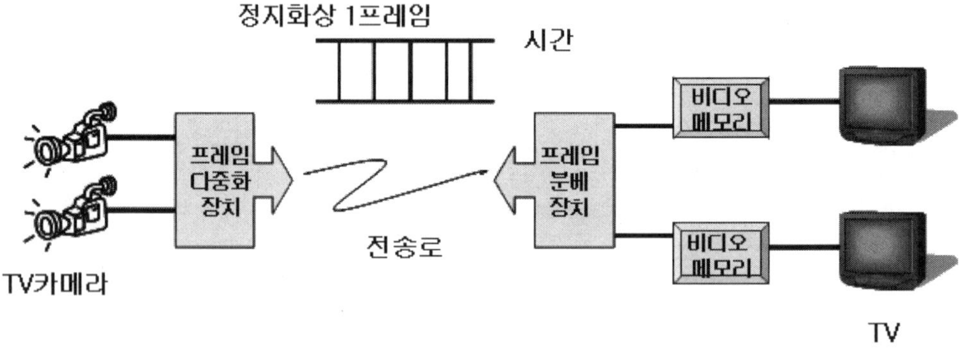

아날로그 정지화 방송의 전송신호

(2) 전송 방식

1) 아날로그 정지화 방송

화상신호의 아날로그로 음성신호를 디지털로 바꾸어서 시분할 다중해서 전송하게 된다.

2) 디지털 정지화 방송

① 화상과 음성신호 모두 디지털화해서 전송하도록 한다.

② 고속의 디지털 신호를 전송할 수 있도록 설계 되었고 음질 · 화질이 모두 우수하기 때문에 치밀하고 정서성이 요구되는 프로그램 방송에 이용된다.

3) 고품위 정지화 방송

화상품질은 HDTV 방송과 같고, 대역압축방식을 사용하기 위해서 MUSE방식이 이용된다.

10.11 PC통신 서비스

(1) PC통신의 정의

정보화 사회에서 Desktop를 이용한 PC 통신은 필수적인 정보 이용과 전달수단이 되어 있다. PC통신이 기존에 사용되었던 전화통신이나 전신, 팩시밀리 등과 상이한 점은 정보의 저장과 가공이 가능하다는 것이다. 그리고 PC 통신은 컴퓨터 상호간에 정보를 교환할 수 있도록 설계가 되었기 때문에 쌍방향 통신이다.

(2) PC통신의 구성

1) 개인용 컴퓨터

사용할 수 있는 컴퓨터는 인텔이니 AMD를 많이 사용하고 있다. 기종에 관계없이 어떤 컴퓨터라도 관계없이 가능하다. 또한 컴퓨터와 모뎀을 연결해 주기 위해서 컴퓨터로부터 RS-232C의 직렬 통신 포트를 사용 한다.

2) 모 뎀

PC통신을 위하여 반드시 필요한 장비이다. 모뎀은 디지털신호를 아날로그로 변환해 주고 다시 아날로그 신호를 디지털신호로 변환시켜 주는 기능을 한다. 뿐만 아니라, 송수신 양단간에 타이밍 신호를 공급해서 데이터 전송을 동기화 시키는 장치이다. 종류는 내장형과 외장형이 있다.

3) 통신용 소프트웨어

통신용 소프트웨어는 PC와 슈퍼컴퓨터, PC와 PC간에 통신이 되도록 해주는 프로그램을 말한다.

(3) PC통신의 접속유형

① 일 대 일 접속 : 두 대의 PC가 전화선을 통해 일 대 일로 연결된 형태, 상호간에 자료전송 및 메시지 교환이 가능하다.

일대일 접속

② 공중 BBS와 PC간의 접속 : 한 대의 메인 컴퓨터에 호스트 프로그램을 설치해서 사용자가 접속용 전화번호를 이용해 접속하는 것을 말한다.

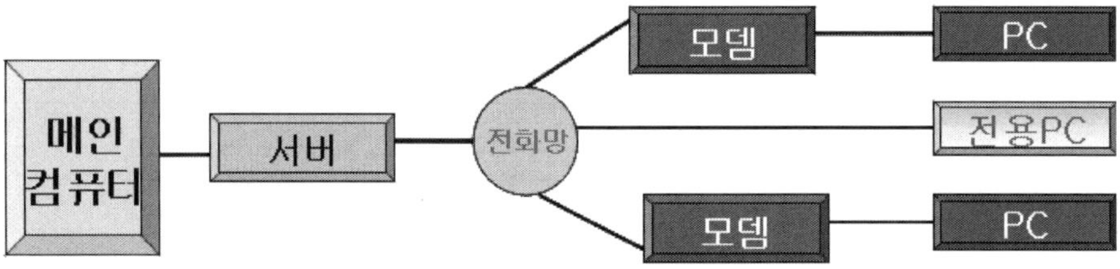

공중 BBS와 PC간의 접속

10.12 전자편지(e-mail)

(1) 전자편지의 개요

공중 전화망이나 지역 통신망을 이용해서 편지나 정보를 전달하는 통신을 말한다. 송신자가 PC의 기억장치에 기억시키면 수신자의 필요에 의해 메시지를 받는 방식의 서비스이다.

(2) 특 징

① 신속한 전달이 가능
② 자동보관 기능
③ 시간과 거리에 관계없이 전달
④ 메시지 수신 확인 기능
⑤ 동일한 메시지를 다수 수신자에게 동시 전달할 수 있는 동보 전송 기능

10.13 전자 자료 교환(EDI : Electronic Data Interchange)

(1) 전자 자료 교환의 개요

공공기관이나 기업들이 상호간에 문서를 교환하거나 거래할 때 정형화되어 있는 표준 양식과 코드를 사용하여 컴퓨터 처리가 가능한 표준 형태로 작성한 후에 컴퓨터 사이의 직접 통신에 의해 교환되는 시스템을 말한다. 전자 문서 교환이나 전자 자료 교환이라고 불린다.

(2) 구현방식

① 1 : 1방식 : 개인 통신용으로 적합한 방식
② 1 : 다 방식 : 분국 계열회사간의 통신에 적합한 방식
③ 다 : 다 방식 : 단체 간이나 기업들 간이나 관련업계들 간에 적합한 방식
④ 전자 교환 방식 망을 이용한 방식 : 전자 교환망에 접속된 상호 간의 통신에 적합한 방식

(3) 메시지의 형식

① Content : 실제 전송하고자 하는 메시지가 들어오면, 헤딩과 본문 그리고 전자본문, 부속부분으로 구성된다.

② Envelope : 전달하고자 하는 메시지의 구성 정보가 들어 있다.

(4) CALS(Continuous Acquisition and Life-cycle Support)

전자교환방식보다 광범위한 개념으로서 제품을 만들어내기 위해 설계, 생산과 운용 지원과 과정들을 연결시키고 이러한 과정에서 이용되는 정보를 디지털 신호의 형태로 전환해서 표준화하는 과정을 말한다. 즉 자료와 정보를 통합시켜서 자동화 시키는 개념으로 이해하면 된다.

(5) EDI와 E-MAIL의 비교

	EDI	E-MAIL
전송방식	전자적	
신호의 형태	전자신호	
문서의 교환형태	시스템이 자동적으로 문서를 판독하거나 교환한다.	사람이 판독 가능한 상태로 문서를 보관한다.
재입력의 필요성	불필요	필요
전송 데이터의 형태	정형화된 상태의 데이터	비정형화된 상태의 데이터
최종 수신자 및 정보처리대상	컴퓨터 응용 프로그램	사람

10.14 메시지 통신 시스템(MHS)

(1) 메시지 통신 시스템의 정의

문자 서비스로서 전 세계 메시지 교신의 규약인 ITU-X. 400계열 권고안을 사용하며 기존의 전자 사서함보다 발전된 형태로 사용하고 있다.

(2) MHS의 기능

① 사용자 대응 기능 : 사용자의 지시에 따라서 편지의 형태를 편집한다.
② 메시지 전송 기능 : 주소가 적힌 봉투만을 보고 메시지를 전송한다.
③ 사서적 기능 : 수신 한 메시지를 저장하는 기능
④ 물리적으로 메시지를 송신하는 기능

(3) 메시지의 기본 구성

1) 메시지 엔벨로프(message envelope)

수신 주소나 배달 방법의 제어 정보를 포함하고 있다.

2) 메시지 콘텐트(message content)

우편 시스템의 실제적인 부분에 해당되며, 헤딩(Heading)과 보디(body)로 구성된다.

헤딩에는 메시지의 제목에 관한 정보가 포함되어 있고, 보디에는 사용자가 상대편에게 전달하려는 정보가 포함되어 있다.

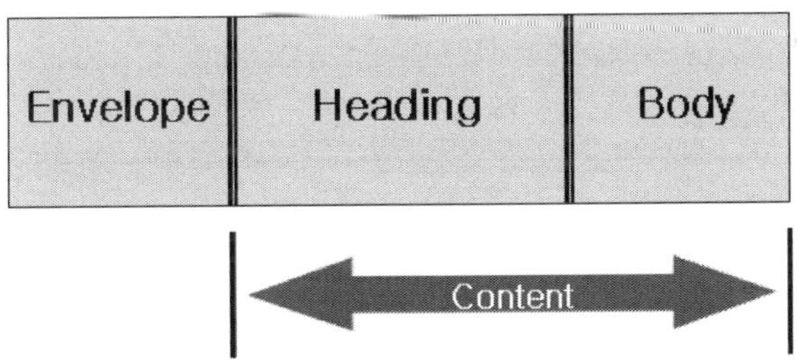

메시지

(4) 메시지 통신 시스템의 서비스

1) 메시지 전송(MT) 서비스

① 우선순위 지정 : 느림, 보통, 고속의 우선순위에 의한 전송 서비스
② 동시통신(동보통신) : 복수의 수신자들에게 동일한 메시지를 한 번에 전달하는 서비스

③ 착신 메시지 정보 : 메시지의 배달시각과 발신시각 그리고 부호화 정보타입의 표시 서비스
④ 발신 메시지 정보 : 발신지의 발신 접수시각, 부호화 정보타입 등의 표시 서비스

2) 개인 간 메시지 통신(IPM) 서비스

① 비밀도 표시 : 낮음, 보통, 중요의 수준으로 따른 등급 표시 서비스
② 문서 순서번호 : 수신 확인과 반신 통지 등을 위한 메시지 순서번호의 서비스
③ 주제 표시 : 메시지 내용의 요약을 표시 해 주는 서비스
④ 동보 수신자명 통지 : 동보 수신처의 모든 수신자명에게 동시에 통지 서비스
⑤ 상호 참조 표시 : 다른 메시지와 유사한 관련 표시 서비스

3) MHS의 특징

① 적은 비용으로도 효율 높은 네트워크 설계가 가능
② 데이터 폭주 시에 데이터를 축적해서 혼잡 상태 방지
③ 서로 다른 코드와 속도를 가진 단말기끼리도 메시지 교환이 가능
④ 사용자의 우선순위에 따라 전송도가 틀려진다.
⑤ 동일 정보를 다수의 이용자에게 동시에 전송 가능
⑥ 상대방이 통화중이거나 고장일 경우에는 교환기에 메시지를 축적한 후 전송

10.15 멀티미디어

(1) 멀티미디어의 정의

다양한 미디어가 하나의 미디어로 통합된 새로운 형태의 미디어 말한다. 컴퓨터상에서 통합적으로 처리하기 위한 수단으로 사용되는 제반 미디어이다. 즉, 인식과 표현 그리고 지각, 저장, 전송미디어 등의 집합체를 말한다.

1) 멀티미디어의 특성

① **상호 작용성** : 이용자 간의 상호 작용을 가지면서 원하는 정보를 제공해 주어야 한다.

② **동시성** : 둘 이상의 매체가 동시에 표현 가능 할 수 있어야 한다.

2) 멀티미디어의 기능

① 정보를 저장, 전송, 표현하는 기능 등 다양한 기능이 통합되어 있어야 한다.

② **저장 매체** : 음성과 그래픽 또는 동영상 등의 저장을 하기 위해 CD-ROM 등을 사용한다.

③ 데이터의 압축과 복원이 기능이 가능해야 한다.

(2) 멀티미디어 시스템의 구성

1) 하드웨어적인 구성

미디어 입 · 출력장치, 멀티미디어용, PC압축 · 복원장치, 이미지 입력장치, 대용량 저장매체, 오디오 · 비디오 캡쳐 장치, 오디오 · 비디오 출력장치 등

2) 소프트웨어적인 구성

소프트웨어적인 구성은 멀티미디어 시스템 방식의 고유 운영체제와 각종 미디어들을 콘트롤하기 위한 하이퍼미디어 시스템과 기타 응용 소프트웨어 시스템 개발을 지원하는 사용자 인터페이스와 각종 공구들로 구성된다.

Chapter 11

유비쿼터스 시대의 정보통신 보완

Chapter 11

Data Communication Instruments

유비쿼터스 시대의 정보통신 보완

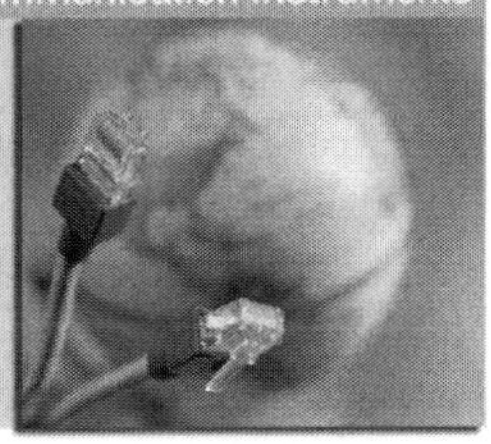

11.1 정보시스템 보안의 목적

(1) 보안의 목적

최근 들어 기업에서의 정보시스템의 의존도는 급격히 높아져 정보시스템이 기업 운영에 있어서 가장 핵심적인 자산이 꼽히고 있으며, 이러한 정보시스템의 보안이야 말로 사업의 연속성을 보장하는 가장 중요한 일이라 할 수 있다. 특히, 인터넷 등장이후 급격히 증가하기 시작한 e-commerce를 기반으로 기업 내의 정보시스템의 수요는 기하급수적으로 늘었으며, 그에 따른 부작용이 또한 적지 않게 보고되어지고 있다. 2003년 6월 8일 대한민국 경찰청산하 사이버테러 대응센터에 따르면, 최근 5년 동안 인터넷을 이용한 사이버범죄가 496배가 늘어 거의 500배에 육박할 정도로 급증한 것으로 밝혔다. 1997년 120여건에서 2002년 6만 여건으로 달하였으며 특히, 전자상거래 사기, 위법 사이트 개벌, 개인정보 침해, 해킹, 바이러스 유포 등이 지속적으로 증가세에 있다 밝혔다.[1)]

이를 통해서 알 수 있듯이 기업의 정보시스템 보안은 기업생존의 연속성 보장을 위해 선택이 아닌 필수로 선택 없는 상황에 놓이게 되었다.

1) 경찰청 산하 사이버테러 대응센터 2003 통계자료

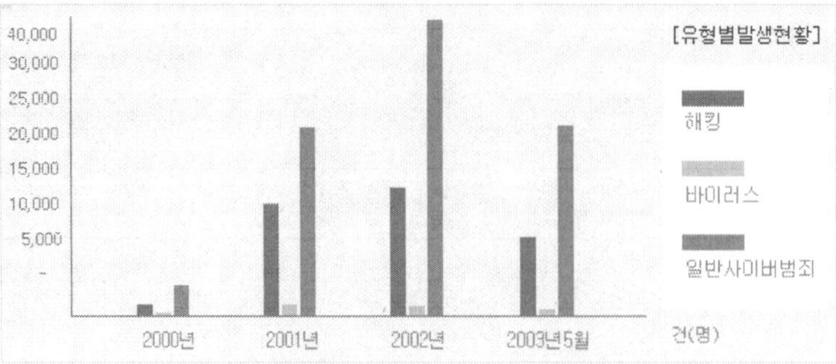

[그림 1] 사이버범죄 유형별 발생현황, 출처-사이버테러 대응센터http : //www.ctrc.go.kr

이러한 범죄들은 기업의 생존에 유해한 영향을 준다. 실질적인 물리적 자산에 심각한 손상을 일으키고, 기업의 생존에 필요한 핵심정보 및 데이터를 파괴하거나 노출시킴으로 인해 사업의 연속성에 큰 위험을 유발한다. 정보기술기업의 경우 무엇보다도 대외적인 이미시손상으로 인한 피해가 가장 심각한 타격이 될 수 있다. 현실적으로 사이버범죄로부터의 완벽한 보안이란 존재하지 않는다. 상당히 높은 수준의 보안을 유지한다고 해도 ROI 측면에서 더 현실적인 유지비용이 더 많이 들 수도 있다. 따라서 위험을 용인가능한 수준까지 끌어내리는 전략이 가장 현실적이고 적절한 대처 방법이라 할 수 있을 것이다.

요약해서 기업정보시스템 보안의 목적은 가장 핵심적인 기업의 생존권을 보장하기 위해 최소한의 피해로 견뎌낼 수 있는 즉, 위험의 수준을 기업의 용인 가능한 수준(Acceptable Level)으로 만드는 것이 그 목적이라 할 수 있다.

(2) 보안의 정의

보안은 일반적으로 세 가지 중요한 요소 즉, 기밀성(Confidentiality), 무결성(integrity), 가용성(availability)으로 구성되어 있으며, 이것들을 줄여 C. I. A.라 부른다.

먼저, 기밀성(Confidentiality)이란[2]소극적 공격으로부터 전송자료를 보호하는 것을 말한다. 메시지 내용공개에 대한 여러 단계의 보호를 구분할 수 있다. 가장 개괄적인 서비스는 두 사용자 사이의 모든 전송자료를 일정기간동안 보호하는 것을 말한다. 예를

2) Reference #7 – William Stallings, NETWORK AND INTERNETWORK SECURITY PRINCIPLES AND PRACTICE, 1996

들어 두 시스템 사이에 가상회로가 개설되었다면 이 개괄적인 보호 서비스는 그 가상회로 상에 전송된 모든 사용자 자료를 공개되지 않도록 보호하는 것으로 단일 메시지 또는 한 메시지내의 특정 필드에 대한 보호 등이 있다. 이들 세밀한 서비스는 개괄적인 방법보다 덜 유용하며 적용하기가 더 복잡하고 비쌀 수 있다. 기밀성의 또 다른 측면은 네트워크보안에 있어서 트래픽 흐름분석에 대한 보호로서 전송자료의 출처와 목적지, 횟수, 길이 또는 통신선로상의 트래픽 특성에 대하여 공격자가 알지 못하게 하는 것이다.

즉, 일반적인 정보보안에서의 기밀성의 개념은[3]메시지의 내용의 의도적인 폭로나 의도적이지는 않지만 허가되지 않은 폭로를 방지하고자 하는 것이다. 기밀성의 침해는 사기업 정보의고의적인 배포 혹은 통신망 권리의 부정사용 등과 같은 방식을 통한 여러 가지 형태로 발생할 수 있다.

그 다음으로 무결성(Integrity)은 다음의 3가지 사항을 보증하는 것이다.[4]

인가되지 않은 사람이나 프로세스에 의한 데이터 변경은 발생하지 않는다. 인가된 사람이나 프로세스에 의한 데이터의 불법 변경은 발생하지 않는다. 데이터는 내부적이나 외부적 모두 일관되게 유지한다. 즉, 내부정보는 실제 현실인 바깥 상황에서도 일치된다.

특히, 네트워크에서 메시지 스트림을 대상으로 하는 연결형서비스(Connection-oriented integrity services)는 메시지가 원래 송신된 대로 즉, 복사, 추가, 수정, 순서변경 또는 재전송되지 않고 수신됐음을 확인하는 것을 뜻하며, 자료에 대한 파괴도 무결성 서비스에 의해 다루어진다.

마지막 요소는 가용성(Availability)은 데이터나 컴퓨팅 자원들에 대한 적절한 사람에 의한 신뢰할 수 있는 적시접근을 보증한다. 즉, 가용성이란 각각의 시스템들이 그것들을 필요로 하는 순간에는 항상 정상적으로 켜지고, 동작한다는 것을 보증하는 것이다. 그 외에 보안 관리자가 필요로 하는 보안 서비스가 정상적으로 동작되고 있다는 것을 보증한다.

이와 반대의 의미를 갖는 것으로 D.A.D.가 있는데 이는 폭로(Disclosure), 변경(Alteration), 파기(Destruction)를 뜻한다.

---

3) Reference #4 – Ronald L.Krutz, Russell Dean Vines, The CISSP Prep Guide-Mastering the Ten Domains of Computer Security, WILEY, 2001.08

4) Reference #4 – Ronald L.Krutz, Russell Dean Vlnes, The CISSP Prep Guide-Mastering the Ten Domains of Computer Security, WILEY, 2001.08

그밖에 실질적인 위험평가에 관련된 단어 즉, 취약성, 위협, 위험, 노출, 대책에 대해서 살펴보자.[5)]

취약성(Vulnerability)은 컴퓨터 또는 네트워크에 침입하기를 원하고 한 환경의 자원에 대한 허가 없는 접근을 시도하려는 공격자에게 열린 문을 제공할 수 있는 소프트웨어, 하드웨어, 혹은 절차상의 결점을 말한다. 취약성은 부당하게 이용될 수 있는 안정장치의 부재 혹은 결점으로 간주된다. 이 취약성은 서버에서 실행되는 서비스, 제한 없는 모뎀 전화 접근, 방화벽의 열린 포트, 아무나 출입할 수 있는 서버 룸의 느슨한 물리적 보안, 혹은 서버와 워크스테이션상의 규제 없는 패스워드 관리가 될 수 있다.

위협(Threat)은 정보 혹은 시스템에 대한 잠재적인 위험을 말한다. 위협의 주체는 방화벽의 특정포트를 통해 네트워크에 접근하는 침입자, 보안정책을 위반하는 방법으로 데이터에 접근하는 프로세스, 시설물들을 파괴하는 자연재해, 혹은 의도하지 않은 실수로 기밀 정보를 누설하거나 파일의 무결성을 헤치는 직원이 될 수 있다.

위험(Risk)은 위협주체가 취약성을 활용할 수 있는 가능성을 말하며, 위협이 취약성을 부당하게 활용할 수 있는 잠재적인 손해 혹은 가능성을 말한다. 만약 방화벽이 다수의 개방된 포트를 가지고 있다면, 침입자가 허가되지 않은 방법으로 네트워크에 접근할 수 있는 보다 높은 위험성이 있다. 만약 사용자들이 과정과 절차에 대한 교육을 받지 않았다면, 직원이 고의적 혹은 의도하지 않은 실수로 데이터를 파괴할 수 있는 위험성이 높다. 만약 침입탐지시스템(IDS : Intrusion Detection System)이 설치되지 않았다면 인식했을 때는 이미 늦은 때까지 공격이 계속될 수 있는 위험성이 높다. 취약성 또는 위협을 줄이는 것이 위험을 줄이는 것이다.

노출(Expose)은 위협 주체에게 손실(losses)을 드러내 보이는 경우를 말한다. 취약성은 조직에 있어서 가능한 피해를 노출시킨다. 만약 패스워드 관리가 느슨하고 패스워드 규정이 실행되지 않으면, 기업은 사용자들의 패스워드가 유출되고 허가되지 않은 방법으로 사용될 수 있는 가능성에 노출될 수 있다. 만약 한 기업이 배선에 대한 점검을 하지 않고 사전에 화재 예방에 대한 조치를 취하지 않는다면, 그 기업은 잠재적으로 참화를 가져오는 화재에 노출될 수 있다.

대책(Countermeasure) 혹은 안전장치(safeguard)는 잠재적 위험을 줄여준다. 대책

5) Reference #5 – Shon Harris, ALL IN ONE CISSP Certification Exam Guide, McGraw-Hill, 2001.12

은 취약성을 제거하거나 위협 주체가 취약성을 부당하게 활용할 수 있게 하는 위험을 줄이는 소프트웨어 설정, 하드웨어, 또는 절차이다. 대책은 엄격한 패스워드 관리, 보안 감시, 운영시스템의 접근 통제 메커니즘, 바이오스(BIOS : Basic Input/Output System) 패스워드의 설정, 그리고 보안 의식 교육이 될 수 있다.

만약 기업이 안티바이러스 소프트웨어를 오직 서버에만 설치하고 바이러스 탐지목록을 최신의 것으로 갱신하지 않는다면, 이는 취약성이 된다. 그 기업은 바이러스 공격에 대하여 취약한 것이다. 위험은 해당 환경에서 발생되어 생산성을 저해하는 바이러스이다. 바이러스가 해당 환경에서 발생하여 손해를 유발할 수 있는 가능성은 위험이다. 바이러스 공격으로부터 데이터를 잃어버리거나 훼손당할 수 있는 가능성이 있기 때문에, 그 기업은 이제 노출 상태가 된다. 이 상황에 대한 대책은 바이러스 탐지목록을 갱신하고 안티바이러스 소프트웨어를 모든 컴퓨터에 설치하는 것이다.

위협과 취약성, 위험 등 보안 요소들 간의 상관관계는 다음과 같다.

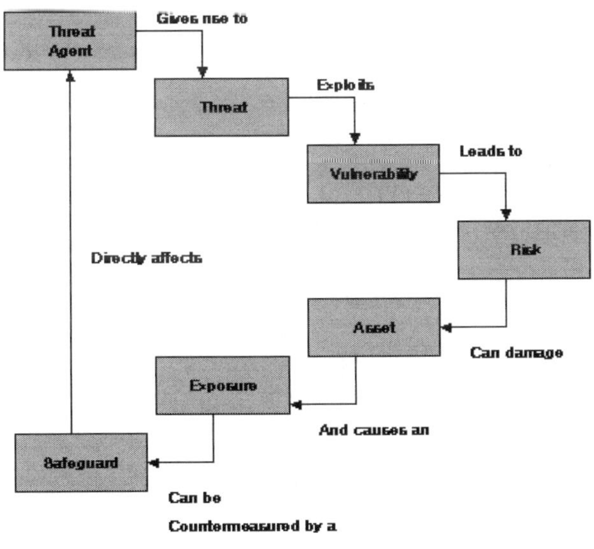

[그림 2] 보안요소들 간의 상관관계[1)]

11.2 정보시스템 공격유형

정보시스템의 공격유형은 다양한 형태로 나눌 수 가 있다. 크게 두 가지 형태로 나누자면 물리적 접근을 통한 공격유형과 논리적인 공격유형으로 나눌 수 있으며, 사실 이조차도 중복되거나 혼합한 방법들이 존재하고 있다. 갈수록 점차 교묘해지고, 고난도의 기술을 사용하며, 복잡한 형태를 띠는 것이 최근 공격 스타일이다.

이들의 접근경로로는 일반적인 회사방문을 통한 것과 논리적인 방법으론 운영자 콘솔이나 네트워크를 통하여 접근을 시도한다. 정리하면 다음과 같다.

[표 1] 공격을 위한 접근경로, 출처－Lyzeum CISA 2003

접근경로	특 징	통제대책
운영자 콘솔	• 시스템 운영에 사용되는 터미널로서 강력한 접근권한이 부여됨	• 물리적인 접근통제를 필요로 함
온라인 터미널	• 호스트 접속권한만으로도 논리적인 접근이 가능함	• 인증, 패스워드 통제 및 접근통제 소프트웨어가 사용
배치작업처리	• 배치수립 및 입력과정에서 트랜잭션 추가 및 변조가 가능함	• 거래의 수집과 입력 및 운영자간의 업무분리
다이얼－업 포트	• Modem를 이용한 원격접근	• 다이얼 백 회선,인증 및 접근통제 소프트웨어
네트워크	• 컴퓨터 단말기나 PC를 호스트 컴퓨터에 연결할 수 있음	• 데이터 암호화, 디지털서명, 인증, 방화벽, 침입탐지시스템 사용

(1) 물리적 공격유형

물리적인 공격유형 중 가장 위험한 형태는 바로 무심결에 저지른 혹은 스스로 알지 못 하고 실수로 공격하는 외부인이나 내부인의 행동이다. 이는 부지불식간에 일어나는 경우가 다반사이며, 이러한 경우 적절한 대응이 힘든 경우가 많다. 이는 적절한 직무분리와 외부인의 경우 방문 시 내부인과 함께 동행 하는 것이 유일한 예방책이라 할 수 있다. 사실 이러한 경우는 내부인과 동행한다고 해도 충분히 일어날 수 있는 가능성이 있기 때문에 현실적으로 핵심 시설에의 접근을 통제하는 것이 가장 적절한 예방책이라 할 수 있다.

이제 좀 더 기술적인 물리적인 공격을 유형을 살펴보면 다음과 같다.[6)7)8)9)]

① Data diddling : 이는 데이터 속임 혹은 데이터 사기로 불리며, 데이터입력 전 혹은 입력 중에 데이터를 변경하는 것이 특징이다. 예를 들자면, 대출 프로그램에 고객의 대출금이 1억 원 대신에 10억 원으로 입력되고 나머지 승인된 금액이 다른 곳으로 유용하는 경우가 그것에 해당한다. 또 다른 예로는 만약 현금 출납계원이 현금등록기에 4만원을 입력하고, 실제로는 고객에게 6만원을 청구한 후 차액 2만원을 챙긴 경우가 있을 수 있으며, 이와 같이 Data diddling은 외부인보다는 내부인의 소행인 경우가 훨씬 더 많으면 심각하다 할 수 있다. 시스템이나 프로그램에 거짓 정보를 입력하는 데에는 여러 이유가 있으나, 흔한 이유로는 수익과 자산을 과대 계상하고, 비용과 부채를 과소 계상하려는 데 있다. 때때로 경영자들은 주주, 채권자, 상관 그리고 파트너들을 속이기 위해 이 방법을 사용한다. 이러한 범죄는 매우 흔하며, 이것은 회계 통제, 감독, 감사, 직무분리 그리고, 권한의 제한 등으로 막을 수 있다.

② Data leakage : 데이터 누설로 해석되며, 디스크 파일을 종이로 덤프(Dump)받거나 컴퓨터 보고서 및 테이프를 절취하는 것을 말한다. 예를 들자면, 해당 관리자나 담당자의 승인 없이 출력 보고서를 가져가거나 해당내용을 외운 다음 종이에 적는 경우가 이에 해당한다.

이와 같은 물리적 공격유형은 일반적으로 내부 인이나 내부를 잘 알고 있는 지인이 저지를 가능성이 매우 높다는 것을 알 수 있다. 따라서 철저한 직무분리와 물리적 보안 통제를 하는 것이 이러한 위험을 막는데 매우 유용하다 할 수 있다.

---

6) Reference #1－ISACA(Information Systems Audit And Control Association), 2003 CISA REVIEW MANUAL , 2003.02

7) Reference #2－ISACA(Information Systems Audit And Control Association), 2002 CISA REVIEW MANUAL , 2002.02

8) Reference #8－Lyzeum, Certified Information System Auditor 2003, 2003

9) Reference #5－Shon Harris, ALL IN ONE CISSP Certification Exam Guide, McGraw-Hill, 2001.12

(2) 논리적 공격유형

논리적 접근을 통한 방법은 매우 다양하여 다시 몇 가지 형태로 나누어 정리할 수 있다.[10)11)]첫 번째, 프로그램에 부정한 로직을 삽입시키는 기법과 두 번째로 통신 기술의 약점을 이용한방법과 세 번째로, 부정한 기능을 수행하는 악의적인 프로그램을 사용하는 기법, 마지막으로 가용성을 제약하는 기법으로 나눌 수 있다. 자세한 내용은 다음의 표와 같다.

[표 2] 프로그램에 부정한 로직을 삽입시키는 기법

기 법	특 징	노출사례
Trap Door	프로그램에 로직을 삽입할 수 있는 기능인 트랩도어를 악용하는 기법	트랩도어를 트로이목마를 삽입하는 경우
Trojan Horse	승인 받은 프로그램 속에 승인 받지 않은 악의적인 코드를 숨기는 기법	급여 프로그램에 삽입한 부정한 코드
Rounding Down	특정 단위 이하 금액을 반올림에 영향이 없을 만큼 횡령하는 기법	$435.75 중 $0.25 혹은 $427.20 중 $0.20을 횡령
Salami Technique	특정 단위 이하 금액 전체를 잘라내어 횡령하는 기법	$435.75 중 $0.75 또는 $427.20 중 $0.20을 횡령

[표 3] 통신기술의 약점을 이용한 공격기법

기 법	특 징	노출사례
Wire tapping	네트워크를 통해 송수신되는 데이터를 승인 받지 않은 장비로 엿보는 것	비교적 단순한 장비로 사용자의 데이터 감시함
Asychronous Attack	다중처리환경에서 비동기적 데이터 전송 특성을 이용한 기법	전송버퍼에 임시 저장된 전송 데이터 덤프(dump)
Piggybacking	승인 받은 사용자 접속을 통해 시스템 연결을 획득하는 것-이는 물리적 접근도 포함됨!	승인 받은 링크를 이용한 가로채기 및 변조

10) Reference #1-ISACA(Information Systems Audit And Control Association), 2003 CISA REVIEW MANUAL , 2003.02

11) Reference #8-Lyzeum, Certified Information System Auditor 2003, 2003

[표 4] 부정한 기능을 수행하는 악의적인 프로그램을 이용한 기법

기 법	특 징	노출사례
Virus	숙주 프로그램이 실행될 때 자기복제와 악의적인 처리를 하는 프로그램	하드디스크 내 파일 정보 삭제 및 FAT 변경 및 삭제
Worm	숙주 프로그램 없이 독립적으로 자기복제와 자원 잠식을 하는 프로그램	엄청난 자기 증식을 통한 시스템 성능 저하
Logic bomb	특정 시간이 되면 데이터를 파괴하고 변경시키는 악의적인 프로그램	6월 13일이면 모든 데이터 삭제 4월 둘째 주 금요일 데이터 삭제
Macro virus	데이터 파일의 매크로 함수에 포함되어 악의적인 처리를 하는 프로그램	MS-Office 이용 시 데이터 파일에 불필요한 내용 추가 및 삭제

[표 5] 가용성을 제약하는 기법

기 법	특 징	노출사례
Computer Shutdown	강력한 권한을 지닌 로그온 ID를 도용하거나 과부하를 걸어 시스템을 정지를 유발하는 것	운영 관리자의 로그온 ID를 도용하여 시스템을 정지시킴
Denial of Service	정당한 권한을 가진 서비스 요청에 대한 대응에 혼란시키거나 완전 거부하는 것	무수한 서비스 요청으로 시스템 정지 유발시킴

그밖에 최근 급증하고 있는 인터넷을 통한 위협에 대해서 살펴보면, 그것은 다시 소극적 공격과 적극적 공격의 형태로 나눌 수 있다. 이것들은 앞서 살펴본 논리적인 공격방법을 좀 더 구체화한 형태 혹은 복잡한 형태를 띠고 있다고 할 수 있다.

[표 6] 인터넷을 이용한 소극적 공격유형

유 형	특 징
Network analysis	본격적인 공격에 앞서 'footprinting'접근법을 사용하여 공격 대상 조직의 네트워크 보안 아키텍처에 대한 프로파일을 수집함
Eavesdropping	네트워크를 통과하여 흐르는 정보를 수집하여 누설함
Traffic analysis	호스트들 간 트래픽 흐름의 성격을 판별하여 통신 유형을 짐작함

[표 7] 인터넷을 이용한 적극적 공격유형

유 형	특 징
Brute-force attact	여러 가지 패스워드 크래킹 도구를 사용하여 암호화된 패스워드를 공격하여 승인 받지 않은 접근을 하는 것
Masquerading	타인의 신분을 사칭하거나 위장하여 데이터나 자원에 대한 접근을 하는 것
Packet replay	데이터 패킷을 포착하여 이를 재전송함. 인증정보를 대상으로 할 경우 위험할 수 있음
Message modification	메지시를 포착하여 승인 받지 않은 변경이나 삭제를 함. 금융거래 등을 대상으로 할 경우 대단히 위험함
Unauthorized access	인터넷 소프트웨어의 취약성을 이용하여 승인 받지 않은 접근을 할 수 있음
Denial of service Or Distributed DoS	SYN flooding 공격이나 DNS 공격 등을 사용하여 정당한 서비스 혹은 서비스을 정지시키거나 사용에 장애를 일으킴. DDoS의 경우 DoS 공격서버를 분산하여 여러 곳에서 집중 공격함. 매우 영향이 큼!
Dial-in penetration attacks	다이얼-인 번호를 알아냄. "War dialing"이라고도 함.
e-mail bombing & spamming	동일 주소에 동일한 메일을 반복 전송하는 공격
e-mail spoofing	송신자를 타인으로 사칭하여 수신자를 속이고 수신에게 민감한 정보를 요구하는 공격

이밖에도 사회공학(Social Engineering) 등을 통한 기법들이 존재하며, 이들은 기업 생존에 심각한 위험을 초래할 수 있다.

(3) 공격/노출에 따른 사업위협

공격에 따른 피해는 사회적 평판과 도덕성, 그리고 조직의 존립까지도 손상을 입힐 수 있다. 고객의 감소, 경영의 어려움, 그 조직에 대한 법적 소송 등이 범죄의 결과로 발생할 수 있다. 사업에 대한 위협은 다음과 같다.[12)]

12) Reference #1-ISACA(Information Systems Audit And Control Association), 2003 CISA REVIEW MANUAL , 2003.02

① **금전적 손실**(Financial Loss) – 전자적 자금의 손실처럼 직접적이거나, 노출을 바로 잡기 위한 비용과 같이 간접적일 수 있다.

② **법적 영향**(Legal Repercussions) – 보안 정책이나 절차를 수립할 때 조직이 고려해야 하는 사생활과 인간권리에 관한 많은 법률들이 있다. 이 법들은 조직을 보호할 수도 있으나 역으로 범죄자를 고소하지 못하게 할 수도 있다. 또한 적절한 보안 대책을 가지고 있지 않으면 보안 사고로 인해 심각한 손실이 발생할 경우 투자자나 보험회사로부터 고소 고발의 위험에 노출된다. 대부분의 회사들은 그 회사가 반드시 지켜야 하는 규정을 만드는 특정산업 고유의 법률자문 기관에 따라야 한다.

③ **신뢰성/경쟁 우위의 손실**(Loss of Credibility or Competitive Edge) – 많은 조직들, 특히 은행이나 신용금고, 신탁회사 등과 같은 서비스 회사들은 경쟁적 우위를 유지하기 위하여 좋은 신뢰성과 공고의 믿음이 필요하다. 보안 침해는 이런 신뢰성에 심각한 타격을 입히고 그 결과 사업과 명성에 손상을 초래할 수 있다.

④ **협박/산업스파이**(Blackmail/Industrial Espionage) – 비밀 정보에 접근하거나 또는 컴퓨터 운영에 해를 끼치는 수단을 획득함으로써 범죄자는 보안결함을 이용하겠다고 위협함으로써 조직에게 돈의 지불이나 서비스를 강요할 수 있다.

⑤ **기밀, 중요하거나 수치스러운 정보의 노출**(Disclosure of Confidential, Sensitive or Embarrassing Information) – 조직의 신뢰성과 사업을 영위하는 수단에 손상을 입힐 수 있다. 노출의 결과로 그 회사는 법이나 규정에 의해 제재를 받을 수 있다.

⑥ **태업**(Sabotage) – 금전적인 이득을 기대하지 않고 다만 그 조직을 싫어하거나 자기만족을 위해 손상을 입히기를 원한다.

11.3 정보시스템 보안의 구체적인 방법

(1) 보안모델과 구조

앞장에서 살펴본 여러 가지 공격유형에 효과적으로 대처할 수 있는 방법론들이 많이 논의되어지고 있다. 안전한 시스템의 디자인과 분석에 의하여 필수적인 보안 모델에 관하여 살펴보도록 하자.[13)][14)]

1) 상태 컴퓨터 모델(State Machine Models)

시스템의 보안을 입증하기 위해, 객체에 접근하는 주체의 현재 허가사항, 접근상황 등은 모두 상태분석에 적용된다. 시스템의 상태를 유지한다는 것은 각 주체의 객체와의 연계성을 다루는 것이다. 만약 주체가 보안정책과 공존하는 수단에 의해 객체에만 접근할 수 있다면, 시스템은 안전하다는 개념에 기반하고 있는 모델이다. 상태 컴퓨터 모델을 채택한 시스템은 각각 그리고 모든 경우에 안전 상태를 유지할 것이다. 그것은 안전한 상태에서 부트 할 것이고 안전하게 명령과 접근을 실행하고 단지 안전한 상태에서만 주체가 자원에 접근을 허용할 것이다.

2) 벨-파라듈라 모델(Bell-LaPadula Model)

1970년, 미국육군은 시간공유 메인 프레임 시스템을 사용했고 이러한 시스템의 보안과 분류된 정보의 노출에 대해 염려했다. 벨-파라듈라 모델은 이러한 근심을 어드레스하기 위해 개발되었다. 중요한 정보를 저장하고 프로세스하기 위해 사용되는 컴퓨터 시스템을 위한 뼈대를 제공하기 위해 정부가 자금을 제공하였고, 모델의 주목표는 비밀정보가 비 허가된 방식으로 접근되는 것을 방지하는 것이다. 벨-라파듈라 모델은 다른 기밀사항 취급허가를 가진 사용자가 시스템을 사용하고 시스템은 다른 분류를 가지고 프로세스하기 때문에 다중 수준 보안 시스템이라 불리며, 정부와 상업조직은 서로 다른 데이터 분류 체계를 사용한다. 이는 접근 통제의 기밀성 양상을 실행하는 상태 컴퓨터 모델이며, 접근 통제 매트릭스와 보안수준은 만약 주체가 다른 객체에 접근할 수 있는 지를 결정하기 위해 사용된다. 주체의 기밀 사항 취급 허가는 객체의 분류와 비교된다.

만약 기밀 사항취급허가가 객체의 분류보다 높거나 같다면, 주체는 보안 정책을 위반하지 않으면서 객체에 접근할 수 있다. 또한, 정보가 낮은 또는 비교할 수 없는 분류의 객체로 흐르지 않는 다는 것을 방지하기에 이를 정보 흐름 보안 모델(information flow security model)이라 불리기도 한다. 벨-라파듈라 모델은 기밀이 보안 상태에

13) Reference #5-Shon Harris, ALL IN ONE CISSP Certification Exam Guide, McGraw-Hill, 2001.12

14) Reference #3-Joel Scambray, Mike Shema, HACKING EXPOSED WEB APPLICATIONS -Web Application Security Secrets & Solutions, McGraw-Hill, 2002.10

있다는 것을 확실시하기 위해 개발되었고, 그래서, 그것은 기밀성을 제공한다. 이런 모델은 시스템이 유지하는 데이터의 무결성을 어드레스하지 못한다. 단지 누가 데이터에 접근할 수 있고 없는지를 어드레스 한다.

3) 비바(Biba)

비바 모델은 벨-라파듈라 모델 이후에 개발되었다. 비바는 낮은 보안 수준에 있는 주체가 객체에 입력할 수 있을 때, 그리고 주체가 낮은 보안 수준에 있는 데이터를 읽을 수 있을 때 위협되는 데이터의 무결성을 보호한다. 만약 적절히 이행되고 실행된다면, 비바 모델은 데이터가 어떤 무결성 수준에서 좀 더 높은 무결성 수준으로 흐르는 것을 방지한다. 벨-라파듈라 모델이 정부에서 주로 사용된다면 비바 모델은 주로 상업용으로 사용된다.

4) 클락-윌슨 모델(Clark-Wilson Model)

클락-윌슨 모델은 비바이 후에 개발되었으며, 허가된 사용자가 상업적 응용에서 허가 받지 않은 데이터의 수정, 사기 및 오류를 범하지 못하게 함으로써 정보의 무결성을 보호하는 다른 접근법을 취한다. 사용자는 객체에 직접 접근하여 조작할 수 없고, 프로그램을 통하여 객체에 접근하여야만 한다. 이것은 사용자와 객체사이의 또 다른 보호층을 제공하고 더 나아가 그 객체에 발생할 수 있는 행동의 행태를 제약하므로 객체의 무결성을 보호한다. 이 모델은 업무분담을 위해 이용되는데, 업무분담이란 조작을 여러 파트로 나누고 다른 사용자가 각각의 파트를 수행하도록 하는 것으로 허가 받은 사용자가 허가 받지 않고 데이터를 수정하는 것을 못하게 하는데, 이는 다시 한 번 데이터를 무결성을 보호한다. 이 모델에서는 시스템 외부로부터 들어오는 정보를 추적하기 위해 감사에서도 요구되어지고 있다.

5) 정보 흐름 모델(Information Flow Model)

벨-라파듈라 모델은 높은 보안수준에서 낮은 보안수준으로 흐를 수 있는 정보에 관심을 갖으며, 비바 모델은 높은 무결성 수준에서 낮은 무결성 수준으로 흐를 수 있는 정보에 관여한다. 두 모델은 정보 흐름 모델을 사용한다. 정보 흐름 모델은 흐름의 방향뿐만 아니라, 어떠한 종류의 정보도 사용할 수 있다. 이러한 형태의 모델은 다른 수준

사이의 흐름과 함께 같은 수준에서 발생할 수 있는 불안정한 정보 흐름도 허용되지 않음을 보장한다.

6) 비 간섭 모델(Noninterference Model)

이는 보다 높은 수준에서 발생하는 어떠한 행동도 더 낮은 수준에서 발생하는 행동에 영향을 주거나 간섭하지 않음을 보장하기 위하여 이행된다. 이러한 형태의 모델은 데이터 흐름 자체에 관여하지 않고, 바로 시스템 상태에 대해 주체가 알고 있는 것에 관여한다. 그래서 보다 높은 보안 수준의 존재가 어떤 행동을 취한다면, 더 낮은 수준의 존재를 위하여 상태를 바꿀 수 없다.

(2) 접근통제

접근통제(access control)는 사용자가 시스템의 통신과 다른 시스템 및 자원에 대한 상호작용을 통제하는 보안방법이다. 이 방법은 시스템과 자원을 권한 없는 접근으로부터 보호하고, 인증절차가 성공적으로 이루어진 이후에는 통상적으로 권한 위임의 수준을 결정한다. 보통 사용자를 네트워크 자원이나 정보에 대한 접근을 요구하는 전형적인 형태로 보게 되지만 사용자 외에도 접근 통제의 대상인 네트워크와 자원에 대한 접근을 요청하는 많은 다른 유형의 것들이 존재한다. 접근통제는 허가되지 않은 접근에 대해 최초의 방어선이라는 점에서 매우 중요하며, 사용자가 컴퓨터를 이용하기 위해 로그인을 할 때 아이디와 패스워드를 입력하는 것이 바로 접근통제의 유형 중 하나이며, 만약 사용자가 파일에 접근하려 할 때 사용자 목록에 없다면 사용자는 접근을 거부당하게 된다. 사용자의 접근 허용과 권한은 동일인 확인(identity), 허가(clearance), 그룹 멤버십(group membership)에 근거한 것이다. 접근통제는 조직에서 자원의 가용성, 무결성, 기밀성에 대한 통제, 제한, 감시, 그리고 보호가 가능하도록 해준다.[15)]

1) Identification

개인은 인증 절차를 통해서 확인되어야 한다. 인증은 보통 2단계로 이루어지며, 먼저

15) Reference #5 - Shon Harris, ALL IN ONE CISSP Certification Exam Guide, McGraw-Hill, 2001.12

공공정보(사용자 이름, 사원번호, 부서 ID, 생체학적 특징)를 입력하고, 다음에 개인인증(고정 패스워드, 스마트 토큰, 인식 패스워드, 일회용 패스워드, 개인 식별번호, 전자서명, 스마트카드, 메모리 카드 등)를 입력하는 것이다. 일반적으로 공공정보를 입력하는 것은 식별(identification) 단계이고, 개인정보를 입력하는 것은 인증(authentication) 단계이다.

2) Biometrics

생체학적 인증기법은 개인의 고유한 특징을 이용하여 신원을 확인하는데 가장 효과적이고 정확한 인증방법 중 하나이다. 이는 매우 복잡하며, 비용이 많이 든다. 예로서는, 지문(Fingerprint), 손바닥 인식(Palm Scan), 손 기하학(Hand Geometry), 망막인식(Retina Scan), 홍채인식(Iris Scan), 서명동작인식(Signature Dynamics), 키보드 동작 인식(Keyboard Dynamics), 성문인식(Voice Scan), 얼굴인식(Facial Scan), 손 위상기하학적 인식(Hand Topology) 등이 존재한다.

3) Authentication

사용자 식별이 이루어지면, 다음은 사용자 인증이 이루어져야 한다. 사용자 인증은 사용자가 본인임을 증명하는 과정을 의미한다. 사용자만 알고 있는 것, 사용자만 가지고 있는 것, 사용자만의 고유한 특징에 의한 세 가지 일반적인 인증형태가 존재한다. 사용자가 알고 있는 것은 패스워드, 개인 식별번호(PIN), 어머니 이름, 자물쇠 번호 등이며, 사용자가 알고 있는 것에 의한 인증은 가장 비용이 적게 든다. 단점은 역시 타인이 정보를 입수할 경우 보안이 무너질 수 있다는 점이다. 사용자가 가지고 있는 것에 의한 인증방법은 열쇠, 스와이프 카드(swipe card), 액세스 카드, 배지(badge), 스마트 카드(smart card) 등이 있으며, 이 방법은 특정시설에 대한 접근을 통제하는 방법으로 쓰고 있으며, 단점으론 인증에 사용되는 도구를 분실하거나 도난당할 경우 불법적인 접근이 악용될 수 있다는 점이다. 이밖에 앞서 설명한 생체학적 인증기법이 존재하며, 엄격한 인증을 위해서 이들을 두 가지 이상 복잡 적으로 사용해야 한다. 즉, 사용자 고유특성(what a person is), 사용자 고유지식(what a person knows), 사용자 고유 소지물(what a person knows has)을 병행 하여는 방법이 가장 효과적이다.

(3) 네트워크보안

기업의 네트워크는 기업운영의 가장 핵심시설 중 하나이며, 다양한 공격방법만큼이나 다양한 보안 기법들이 존재한다.[16][17]

1) 방화벽(Firewall)

방화벽은 기업의 네트워크 보안 정책을 지원하고 집행하는 장비로 조직의 보안 정책은 보안에 관련되어 수용 가능한 그리고 수용할 수 없는 행위에 대한 높은 수준의 명령을 제공할 것이다. 방화벽은 어떤 서비스가 접근되도록 허용하고, 어떤 IP 주소 및 범위가 제한되고, 그리고, 어떤 포트가 접근될 수 있는지를 지시하도록 정의되고 세분화된 보안 정책을 가진다. 이는 네트워크의 초크지점(choke point)으로 묘사되는데, 모든 통신이 이를 거쳐서 흐르게 되고 이곳에서 트래픽이 검사되고 제한되기 때문이다. 실제로 방화벽은 라우터, 서버, 인증 서버, 전문화된 하드웨어 장치 일수 있는 일종의 게이트웨이이다. 이러한 방화벽은 응용 방화벽 시스템(Application firewall system)과 상태 감시 방화벽(Stateful inspection firewall)로 나눌 수 있으며, 실제 구현에 따라서, Screen host firewall과 Dual homed firewall, DMZ 혹은 Screen subnet firewall 등으로 나눌 수 있다.

2) 침입탐지시스템(IDS)

방화벽 구현을 보완하는 네트워크를 안전하게 하는 다른 요소로 네트워크의 비정상적인 사용을 모니터링 함으로써 라우터와 방화벽과 연결하여 작동한다. 침입탐지시스템은 외부뿐만 아니라 사용자의 오용으로부터 회사의 정보시스템 자원을 보호한다. 침입탐지시스템은 시스템에서 백그라운드 작업으로 지속적으로 동작하면서, 의심스러운 위협을 탐지했을 때 관리자에게 알려준다. 이는 호스트 기반과 네트워크 기반으로 분류된다.

---

16) Reference #5－Shon Harris, ALL IN ONE CISSP Certification Exam Guide, McGraw-Hill, 2001.12

17) Reference #1－ISACA(Information Systems Audit And Control Association), 2003 CISA REVIEW MANUAL , 2003.02

(4) 암호화

암호화는 평문 메시지를 암호문이라 불리는 안전하게 코드화한 형태의 텍스트로 변환하는 과정이다. 이것은 복호화를 통하여 다시 평문으로 환원하지 않고는 이해 할 수 없다. 이것은 수학적 함수와 키라 불리는 특수한 암호화/복호화 패스워드를 통해 이루어진다. 많은 국가에서 암호화는 국가적인 법규와 규정에 적용을 받는다.[18)19)]

암호화는 일반적으로 다음과 같은 곳에 사용된다.

① 비 인가된 탈취와 조작으로부터 네트워크를 통하여 전달되는 데이터의 보호
② 비 인가된 열람과 조작으로부터 컴퓨터에 저장된 정보보호
③ 무의식적 또는 의식적인 데이터의 변경을 방지하거나 감지
④ 보고서나 문서의 신빙성 검증

암호화 시스템의 암호화 알고리즘, 암호화 키, 키 길이를 핵심요소로 가지며, 이러한 암호화 시스템에는 크게 관용암호화 방식이라 불리는 대칭 키 암호화 방식과 공개키 암호화 방식이라 불리는 비대칭 키 암호회 방식이 존재한다.

대표적인 대칭 키 암호화 방식으로는 DES가 있으며, 최근에 AES로 발전된 형태를 쓰고 있다. 비대칭 암호화방식으론 대표적인 것인 RSA로 최근엔 ECC 등이 등장하여 효율성이 높은 암호화방식이 도입되고 있나.

[표 8] 암호화시스템의 주요요소

요 소	기 능
암호화 알고리즘	데이터의 암호화와 복호화에 사용되는 수학적 함수
암호화 키	고유한 암호화와 복호화를 위한 일련의 정보
키 길이	암호화키의 길이로서 길수록 암호화 시스템을 공격하기 어려움

18) Reference #2 – ISACA(Information Systems Audit And Control Association), 2002 CISA REVIEW MANUAL , 2002.02
19) Reference #7 – William Stallings, NETWORK AND INTERNETWORK SECURITY PRINCIPLE AND PRACTICE, Prentice Hall, 1996

[표 9] 대표적인 암호화시스템비교

비교항목		대칭 키 암호화	비대칭 키 암호화
암호화 알고리즘		비공개	공개
키	암호화키	비공개	공개
	복호화 키	비공개	비공개
키 특징		암호화키=복호화 키	암호화 키복호화 키
대표적인 예		DES	RSA
암호화 효율		높은	낮음

(5) 디지털 서명(Digital Signature)

디지털은 서명은 RSA 암호화에 기반을 둔 전자서명(electronic signature)의 일종이다.[20]

[표 10] 디지털서명의 특징

보장 사항	내 용
Data integrity	평문이 변경되면 메시지 해시(=메시지 다이제스트)도 변경되어 데이터 무결성이 보장됨
Authentication	송신자의 사설키로 디지털 서명이 생성되므로 사용자 인증이 보장됨
Non-repudiation	송신자는 수신자의 송신한 사실을 부인할 수 없음. 수신자의 부인방지는 디지털 공증(rotarization) 등으로 보증됨
Replay protection	디지털 서명은 다른 거래나 메시지에 재사용할 수 없음.

공개키를 배포 시에는 디지털인증서(digital certificate)를 사용한다.

[표 11] 디지털인증서(digital certificate) 포함 내용

포함사항	특 징
소유자 공개키	송신자/수신자의 공개키로서 인증기관의 사설키를 암호화하여 전송함
소유자 이름	공개키의 소유자를 식별하기 위한 정보
인증 기관명	인증기관을 식별하기 위한 정보
유효 기간	키 쌍을 사용할 수 있는 기한

20) Reference #8-Lyzeum, Certified Information System Auditor 2003, 2003

[표 12] 암호화와 디지털 서명의 차이점

구 분	목 적	암호화 키	복호화 키
암호화	Confidentiality	수신자의 공개키	수신자의 사설키
디지털 서명	Authenticity	송신자의 사설키	송신자의 공개키

(6) 인터넷 보안

인터넷과 관련된 보안으로 위에서 언급한 내용 외에서 구체적인 사항들을 좀 더 다루면 다음과 같다.

[표 13] 인터넷에서의 암호화 기법들

관련 기법	특 징
SSH	안전하고 암호화된 명령라인 쉘 세션을 개설하는 클라이언트/서버 프로그램
SSL	브라우저와 웹 서버간의 통신에 사용됨 대칭 키 암호화와 비대칭 키 암호화를 사용하여 사용자 인증과 데이터 암호화, 무결성 체크, 세션 감시 등을 수행함
S-HTTP	클라이언트와 서버간의 안전한 연결을 생성하여 데이터를 안전하게 전송함. 개별 메시지의 전송보안을 위해 고안됨
IPsec	일종의 보인이기텍치로 터널 링을 통한 암호화 제공함. 핵심요소로 AH(Authentication Header), ESP(Encapsulating Security Payload) 및 IKE(Internet Key Exchange)로 구성됨
S/MINE	이 메일 송신자와 수신자의 신분을 인증하고, 메시지 무결성 검증과 프라이버시를 보장함
IKE	IP sec 기반 VPN을 위한 프로토콜임
SET	VISA 와 마스터카드사가 공동 개발한 안전한 카드 지불 거래를 위한 프로토콜임.
Kerberos	MIT에서 개발하였으며, 분산 컴퓨팅 환경에서의 서비스와 사용자를 확인하기 위한 인증 서비스임.

이밖에 이메일 보안에는 PEM, PGP, MIME object security, S/MIME 등이 이용된다.

(7) 보안정책과 관리

보안정책과 관리는 상위수준에서 보안에 대한 체계화 시킬 수 있으며, 그를 통해 기업 전반에 걸쳐 그 인식을 확산시킬 수 있다는 점에서 매우 중요하다.

채용, 성과평가와 승진에서 퇴사정책에 이르기까지 세부적인 사항들을 지침으로 만들어 조직을 안전을 도모해야 한다. 특히, 교차훈련과 직무순환 및 강제휴가를 통해 가용성과 부정탐지를 강화해야 한다.

[표 14] 교차훈련, 직무순환과 강제휴가

구 분	목 적		시 점	책임의 변화	
	가용성	부정탐지		A업무	B업무
교차 훈련	O	X	시행 전	주	–
			시행 후	주	부
직무 순환	△	O	시행 전	주	–
			시행 후	–	주
강제 휴가	X	O	시행 전	주	–
			시행 후	주	–

퇴사정책으로는 다음의 사항이 포함되어있어야 한다.

① 퇴사 및 해직 절차가 문서화되어야 한다.
② 퇴사 시에는 신분증과 회사 재산이 반납되어야 한다.
③ 로그온 ID와 패스워드는 물론 급여 파일에서 이름이 삭제되어야 한다.
④ 퇴사 후에도 기밀 누설 금지의 의무가 있음을 상기시켜야 한다.
⑤ 퇴사하였음을 알리고 비자발적 퇴사 시 회사 밖에까지의 동행이 필요하다.

이밖에 정보처리 부서내의 적절한 직무분리와 IT부서와 비IT부서의 직무 분리를 통해 기업보안을 유지하도록 해야 한다.

[표 15] 정보처리 부서내의 직무분리사항

역 할	고려사항
운영	라이브러리안과의 겸임정도만 가능함
데이터 입력	시스템 분석 기능과의 겸임 정도만 가능함
통제 그룹	시스템 개발 및 운영과의 겸임은 불가함
라이브러리 안	시스템 개발 기능과의 겸임은 불가함
보안 관리	통제그룹, DBA, QA 정도만 겸임가능
품질 보증	시스템 분석, 프로그래밍과는 겸임 불가함
DB 관리	프로그래밍, 데이터 입력 및 운영과는 겸임 불가함
시스템 분석	응용 프로그래밍 및 DBA와만 겸임 가능함
응용 프로그래밍	시스템 분석과의 겸임 정도만 가능함
시스템 프로그래밍	QA와의 겸임만 가능

그 외에 세분화된 정보보호정책과 비즈니스 파트너에 대한 정책을 결정하여 실무에 직용힌다.

⟨Reference⟩

ISACA(Information Systems Audit And Control Association), 2003 CISA REVIEW MANUAL , 2003.02

ISACA(Information Systems Audit And Control Association), 2002 CISA REVIEW MANUAL , 2002.02

Joel Scambray, Mike Shema, HACKING EXPOSED WEB APPLICATIONS -Web Application Security Secrets & Solutions, McGraw-Hill, 2002.10

Ronald L.Krutz, Russell Dean Vlnes, The CISSP Prep Guide - Mastering the Ten Domains of Computer Security, WILEY, 2001.08

Shon Harris, ALL IN ONE CISSP Certification Exam Guide, McGraw-Hill, 2001.12

Simson Garfinkel, Gene Spafford, Web Security, Privacy & Commerce , O'RELLY, 2002. 01

William Stallings, NETWORK AND INTERNETWORK SECURITY PRINCIPLE AND PRACTICE, Prentice Hall, 1996

Lyzeum, Certified Information System Auditor 2003, 2003

경찰청 사이버테러 대응센터 http : //www.ctrc.go.kr/

기출문제

- 2004년 3월 07일 시행
- 2004년 5월 23일 시행
- 2004년 9월 5일 시행
- 2005년 3월 6일 시행
- 2005년 5월 29일 시행
- 2005년 9월 04일 시행
- 2006년 3월 05일 시행
- 2006년 5월 14일 시행
- 2006년 9월 10일 시행
- 2007년 3월 04일 시행
- 2007년 5월 13일 시행
- 2007년 9월 02일 시행
- 2008년 3월 02일 시행
- 2009년 3월 01일 시행
- 2009년 5월 10일 시행

기출문제

Data Communication Instruments

정보통신 산업기사 필기
(2004년 3월 7일)

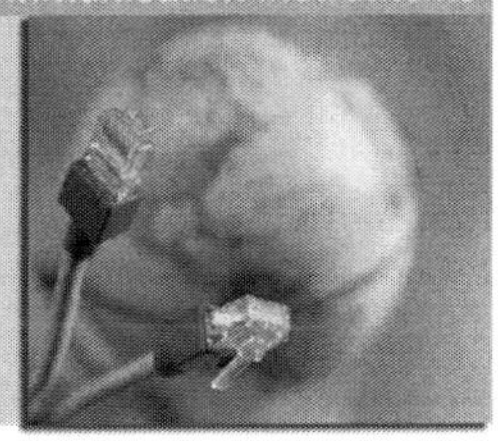

01 **협 대역 ISDN의 사용자 망의 설명으로 옳지 않은 것은?**

가. 기본적으로 2B+D서비스를 제공한다.
나. 2개의 64Kbps의 채널이 있다.
다. 1개의 16Kbps의 디지털회선을 수용한다.
라. 보조적으로 4B+2D서비스가 있다.

02 **다음에서 비디오텍스의 표준화 방식이 아닌 것은?**

가. NTSC　　나. CAPTAIN
다. NAPLPS　　라. CEPT

03 **실제로 전송할 데이터가 없는 단말에도 부 채널을 할당하여 발생하는 대역폭의 낭비를 없앨 수 있는 다중화 방식은?**

가. 주파수 분할 다중화　　나. 선로 다중화
다. 동기 시분할 다중화　　라. 통계적 다중화

04 **전화 가입자의 회선을 전부 교환기에 집중시켜 놓고 가입자의 접속 희망에 따라 교환 접속하도록 하는 교환기의 기본 기능에 해당하지 않는 것은?**

가. 호출에 대한 응답 또는 호의 포착
나. 발신자의 번호 수신 및 해석
다. 선택된 출선의 이중 접속
라. 상대방 응답 시의 통화로 접속

05 **다음 중 무선수신기에서 AGC회로의 주된 작용은?**

가. 주파수선택 나. 불요전파 억제
다. 잡음감소 라. 이득조정

06 **데이터 전송에서 디지털 신호를 전송회선에 적합한 아날로그 신호로 변환시켜 주는 장치는?**

가. DTE 나. CPU
다. MODEM 라. CCP

07 **변복조기(MODEM)와 데이터터미널장치(DTE)간의 신호로서DTE가 데이터를 모뎀 쪽으로 보낼 수 있도록 변, 복조기에게 허가를 원하는 신호는?**

가. RTS(Request To Send) 나. RFS(Ready For Sending)
다. CTS(Clear To Send) 라. Transmit Timing

08 **다음 중 기간 전화 서비스(POTS)를 위협하는 새로운 기술로 등장한 것으로서 PC와 PC, PC와 전화간의 음성통화를 지원할 수 있는 기술은?**

가. WWW 나. BSC
다. FSK 라. 인터넷 폰

09 **데이터 전송회선과 컴퓨터설비 간에 전기적 인터페이스를 하고 문자의 조립과 분해를 하는 장치는 ?**

가. Modem 나. DCE
다. CCU 라. Codec

10 **다음 중 TV의 주사방식 설명이 옳은 것은?**

가. 순차주사 : 주사선을 좌에서 우로 주사시키는 방법
나. 수직주사 : 주사선을 위에서부터 가로 방향으로 주사시키는 방법
다. 비월주사 : 일정간격을 두고 다시 최소 주사선의 중간에 오도록 주사시키는 방법으로 화면의 깜박거림을 감소시켜주기 위한 방법
라. 수평주사 : 주사선을 위에서 아래쪽으로 주사시키는 방법

11 **전화기의 구성 중 송화기의 특수 현상에 대해 나열한 것 중 틀린 것은?**

가. 응고 현상 : 탄소립 불량 또는 설계 불량 등에 의해 상호 융착 되는 현상.
나. 진동판 떨림 현상 : 영구자석의 불량으로 자유 진동이 발생 되는 현상.
다. 호흡 작용 : 탄소립의 발열로 팽창 등에 의해 저항이
라. 탄소 잡음 : 과대한 전류가 가해지면 탄소 입자가 충돌하여 입자 간에 작은 불꽃이 생기는 현상

12 **이동통신 시스템에서 다원접속기술인 CDMA의 장점이 아닌 것은?**

가. 가입자용량이 기존의 아날로그 셀룰러방식 보다 매우 크다.
나. 주파수의 효율적 이용이 가능하다.
다. 다중경로에서 링크를 튼튼히 할 수 있다.
라. 넓은 주파수대역이 필요하나 장치가 간단하다.

13 **PCM(Pulse Code Modulation) 방식의 장점은?**

가. 점유 주파수 대역폭이 넓다.
나. 기기 구성이 복잡하여 가격이 비싸다.
다. 고주파에 있어서 전송손실 및 누화가 생긴다.
라. 선송로에서 발생하는 누화, 잡음, 왜곡의 영향이 직다.

14 **게이트웨이로 유입되는 인터넷의 프레임을 목적지로 보내는 장치로서 프레임 경로를 제어할 수 있는 기기는?**

가. 모뎀 나. 허브
다. 리피터 라. 라우터

15 **텔레텍스트의 기술적 특성이 아닌 것은?**

가. TV전파를 사용한다.
나. 디코더와 TV 수신기와의 조합성이 양호하다.
다. 한정된 지역에서 사용된다.
라. 선택하여 수신할 수 있고, 반복송출이 가능하다.

16 지구 전체(극 지방 제외)를 커버하기 위해 필요한 최소의 위성 수는?

가. 2 개　　나. 3 개
다. 4 개　　라. 6 개

17 다음 중 종이 위에 쓰여진 문자를 반사광을 이용하여 인식하는 입력장치의 이름은?

가. OMR　　나. OCR
다. MMR　　라. MICR

18 전화기의 송화기는 음성신호를 전기신호로 변환하는 장치이다. 송화와 밀접한 관계가 있는 것은?

가. 진동판과 콘덴서　　나. 진동판과 영구자석
다. 진동판과 탄소입자　　라. 진동판과 유도코일

19 특정자 상호간만을 연결한 텔레비전에 의한 통신 시스템으로서 호텔, 병원, 학교 등 특정대상의 관찰을 목적으로 하는 것은?

가. CATV　　나. CCTV
다. HDTV　　라. VRS

20 데이터 입력장치 중 키보드에 의하지 않고 도표나 그림 등을 직접 컴퓨터에 입력시키는 것은?

가. 디지타이져　　나. 마우스
다. 플로터　　라. 플래즈마

기출문제

Data Communication Instruments

정보통신 산업기사 필기
(2004년 5월 23일)

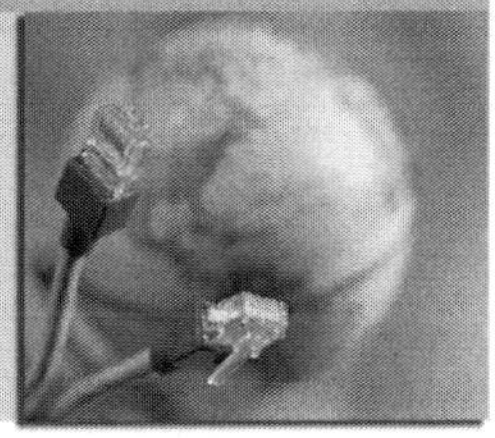

01 통신제어장치에 대한 설명이 옳지 않은 것은 ?

가. 회선과 컴퓨터사이의 데이터 입·출력을 정한다.
나. 데이터 전송 처리를 전담한다.
다. 수신된 데이터를 연산처리 한다.
라. 회선의 에러를 검출한다.

02 멀티포인트(multi-point)모뎀에서 폴링(polling)할 때 발생되는 시간지연요소 중 잘못 설명한 것은?

가. 모뎀 내부에서의 시간 지연
나. 터미널 자체에서의 시간 지연
다. 컴퓨터와 터미널 사이의 거리에 따른 시간 지연
라. 반송파 발생에 따른 시간 지연

03 ISDN의 기본 인터페이스 채널 구조는?

가. 23+D　　나. 30B+D
다. 2B+D　　라. 8B+D

04 **정보전송기기중 리피터(Repeater)의 설명으로 가장 옳은 것은?**

가. 멀티 네트워크 케이블을 접속하는 기기이다.
나. 전기적으로 신호를 증폭시키는 기능을 가진다.
다. 데이터링크 계층 레벨의 데이터를 전송한다.
라. 프레임이나 패킷의 내용을 처리하여 분석하는 기능을 가진다.

05 **다음 중 모뎀 수신부의 특징이 아닌 것은?**

가. 복조기에서는 아날로그 입력신호를 원래의 디지털 신호로 변환한다.
나. DTE로부터 온 디지털 신호의 전송을 위하여 스크램블링 과정을 거친다.
다. 시간회로는 수신출력 디지털 펄스를 만들어내기 위한 일종의 타이밍 추출회로로 주로 동기식 모뎀에서 사용한다.
라. 통신회선을 통해 들어오는 아날로그 신호는 대역제한 여파기, 등화기, AGC를 거쳐 적절한 신호의 크기로 만들어지고 복조기로 입력된다.

06 **데스크톱 화상회의 시스템에서 화상신호를 부호화 및 복호화 하는 장치는?**

가. 라우터　　　나. 컴퓨터
다. 모뎀　　　라. 코덱

07 **팩시밀리의 송신 주사방법중 기계주사 방법이 아닌 것은?**

가. 고체주사　　　나. 원통주사
다. 평면주사　　　라. 반원통주사

08 **케이블 텔레비전(CATV)의 설명과 관계가 먼 것은?**

가. 컴퓨터와 접속하여 정보제공을 시스템화 할 수 있다.
나. 단지 특정자 상호간에 텔레비전 방송의 재방송뿐만 아니라 특정지역 감시를 한다.
다. 쌍방향 전송기능을 부가 하여 다채로운 서비스를 제공할 수 있다.
라. 방송수신이 곤란한 난시청지역의 해결방안이다.

09 다음 중 집중화기에 대한 설명으로 옳지 않은 것은?

가. 저속의 장치들이 하나의 속도가 빠른 회선을 공유하여 사용할 수 있도록 해주는 기기이다.

나. 여러 가지 다른 속도의 동기식 데이터들을 한데 묶어 광대역 전송이 가능하도록 되어있다.

다. 통신량이 많을 경우 적절한 운영이 가능하다.

라. 다중화기보다 복잡하게 많은 기능을 수행하며 주로 동기식에 사용한다.

10 비디오텍스의 하드웨어 구성요소가 아닌 것은?

가. 중앙정보센터　　나. 헤드엔드

다. 전기통신망　　라. 정보입력단말기

11 통신위성의 통신기기가 아닌 것은?

가. 안테나(Antenna)　　나. 대양전지

다. 중계기(Transponder)　　라. 송, 수신기

12 FM 이 AM 보다 충격성 잡음에 강한 이유로 가장 타당한 것은?

가. 진폭제한기를 사용하기 때문이다.

나. 스켈치 회로를 사용하기 때문이다.

다. 대역폭이 넓기 때문이다.

라. IDC회로를 사용하기 때문이다.

13 현재 텔레비전 방송에서 주로 사용되는 주파수대는?

가. SHF　　나. HF

다. VHF　　라. MF

14 **교환기에서 신호의 기능이 아닌 것은?**

가. 감시기능(Supervision Function)
나. 전송기능(Transmission Function)
다. 운용기능(Operation Function)
라. 선택기능(Selection Function)

15 **PC를 LAN에 연결하여 고속의 데이터 송수신이 가능하도록 해주는 장치로 PC내에 실장 되는 것은?**

가. NIC(Network Interface Card)
나. MODEM(Modulator & Demodulator)
다. DSU(Digital Service Unit)
라. APK(Amplitude Phase Keying)

16 **시분할 다중화의 설명으로 옳지 않은 것은?**

가. 하나의 전송로를 일정한 시간으로 나누어 다중화하는 기법이다.
나. 시간으로 다중화하므로 사용 주파수대역이 없다.
다. 동기식과 비동기식 시분할 다중화 기법이 있다.
라. point-to-point 방식의 구성에 적합하다.

17 **전자교환기에서 시분할방식을 사용하는 이유로 타당하지 않은 것은?**

가. 가입자와의 정합을 용이하게 하기 위해
나. 전자소자의 발달로 대용량이 가능하기 때문
다. 디지털 전송기술의 발달로 인해
라. 종합정보통신망 구성이 유리하기 때문

18 **정보통신 시스템의 단말장치에 사용되는 디스플레이 소자가 아닌 것은?**

가. 디지타이저　　나. 음극선관
다. 플래즈마　　라. 액정

19 **위성통신의 장점이 아닌 것은?**

가. 광역성　　나. 이동성
다. 동보성　　라. 지연성

20 **비디오텍스에서 가장 높은 해상도의 문자정보를 제공하고, 문자나 그림정보를 미리 점의 형태로 분할하고 이를 단말 장치를 통하여 전송하는 방식은?**

가. 알파 지오메트릭 방식　　나. 알파 모자이크 방식
다. 알파 포토 그래픽 방식　　라. 알파 스펙트럼 방식

기출문제

Data Communication Instruments

정보통신 산업기사 필기
(2004년 9월 5일)

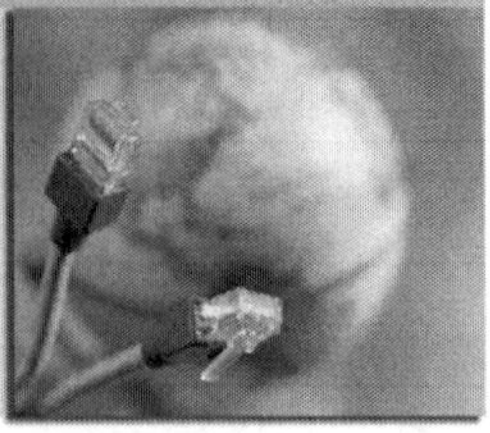

01 **전기 통신망에서 정보를 교환하는 방식이 아닌 것은?**

가. 회선교환　　　나. 패킷교환
다. 망교환　　　라. 메세지교환

02 **다음 중 컴퓨터 보안과 관련이 없는 것은?**

가. 방화벽　　　나. 사용자 인증
다. 암호화 전송　　　라. 공통 정보 관리

03 **다음 중 장거리 전송을 위해 신호를 재생 중계해서 선로를 결합해주는 기능을 제공하는 장치는?**

가. 모뎀　　　나. 허브
다. 리피터　　　라. 라우터

04 **다음 중 비디오텍스의 구성요소가 아닌 것은?**

가. 전화회선　　　나. TV 수상기
다. 데이터베이스　　　라. 고성능 안테나

05 **다음 중 통신제어장치와 관계없는 것은?**

가. 전처리장치　　나. 후처리장치
다. 단말인터페이스 프로세서　　라. 플라즈마 디스플레이 패널

06 **화상통신 서비스 종류 중 센터와 단말기간의 통신(C-E형 서비스)인 것은?**

가. 팩시밀리　　나. 모뎀
다. 텔레라이팅　　라. 비디오텍스

07 **다음 중 HDTV 화면의 종횡비는?**

가. 4 : 3　　나. 3 : 4
다. 16 : 9　　라. 9 : 16

08 **마이크로 그래픽 단말기에 대한 설명으로 알맞는 것은?**

가. 문자, 도형, 그림 등으로 구성된 정보를 보관 검색하기 위해 작은 면적에 대량의 정보를 수록한다.
나. 마이크로 필림을 기록하는 장치는 CAR이다.
다. 마이크로 필림으로부터 정보를 검색하는 장치는 COM이다.
라. 종이에 기록된 문자를 직접 광학적으로 읽어낸 장치

09 **정보통신 시스템의 회선 종단 장치 중에 디지털 신호를 전달하기 위한 장치는?**

가. CCU　　나. DSU
다. PCM　　라. Modem

10 **LAN의 액세스 제어 방식이 아닌 것은?**

가. CSMA/CD　　나. TCP/IP
다. Token bus　　라. Token ring

11 **다음 중 정현파 발진기가 아닌 것은?**

가. LC 발진기　　나. 수정 발진기
다. CR 발진기　　라. 멀티바이브레이터

12 **다음 중 문자 다중 방송의 약자는?**

가. TELEX　　나. TELETEX
다. TELETEXT　　라. VIDEOTEX

13 **TDX -10 교환기의 특징이 아닌 것은?**

가. 국내에서 개발한 전전자 교환기이다.
나. 제어방식은 중앙 집중형을 사용한다.
다. No.7, R2 신호방식 모두 사용한다.
라. 하드웨어 구성은 ASS, INS, CCS 3개의 서브시스템으로 구성된다.

14 **다음 중 수신기 성능의 평가 대상이 아닌 것은 ?**

가. 감도　　나. 충실도
다. 대역폭　　라. 안정도

15 **무선수신기의 FM복조기 및 주파수합성기에 많이 사용되는 회로는?**

가. AFC　　나. IDC
다. PLL　　라. AGC

16 **셀룰러 이동전화 시스템의 구성이 아닌 것은?**

가. 기지국　　나. 이동국
다. 이동통신 교환국　　라. 이동통신 집중국

17 **다음 공동이용기의 종류에 해당되지 않는 것은?**

가. 변복조기 공동이용기
나. 디지털 서비스 유니트 공동이용기
다. 선로공동이용기
라. 컴퓨터 소프트웨어 공동이용기

18 **푸시 버튼 다이얼(MFC) 방식의 특징이 아닌 것은?**

가. tone/pulse 전환 기능이 있다.
나. 톤(tone)의 주파수는 음성대역 주파수이다.
다. EMD교환기에 사용하면 유리하다.
라. 재 다이얼 기능이 있다.

19 **음성 또는 비 음성 서비스를 종합적으로 제공하기 위하여 통화회로와 신호회로를 별도 분리한 ITU-T권고 신호방식은?**

가. No.7
나. R2
다. No.5
라. X.25

20 **다중화 방식 중에서 채널 활용도가 가장 높은 방식은?**

가. CDMA
나. TDMA
다. FDMA
라. CSMA

기출문제

Data Communication Instruments

정보통신 산업기사 필기
(2005년 3월 6일)

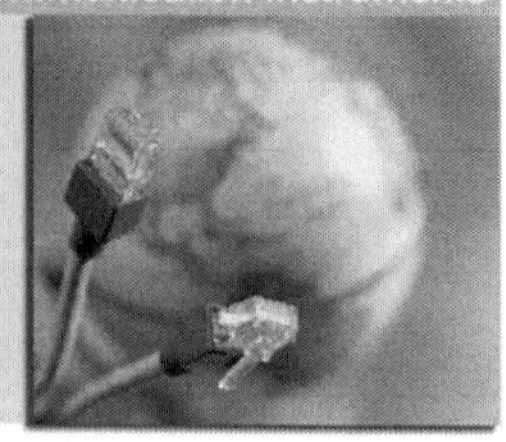

01 2개 또는 6개 이상의 음성대역 회선을 사용하여 고속 전송을 할 수 있는 기기의 이름은?

가. 집중화기　　　　나. 시분할 다중화기
다. 지능 다중화기　　　　라. 역 다중화기

02 다음 중 정보 전송 기기의 Modem 수신기 구성 요소가 아닌 것은?

가. Descrambler　　　　나. Equalizer
다. Data Decoder　　　　라. Modulator And Amplifier

03 ITU-T X시리즈 권고 인터페이스 규약 중 X.21에 해당하는 것은?

가. 공중 데이터망에서의 국제적인 사용자 서비스 클래스의 규정
나. 공중 데이터망의 국제적인 사용자 설비
다. 공중 데이터망에서의 동기 동작을 위한 DTE와 DCE 사이의 인터페이스 규약
라. 공중 데이터망에서 패킷모드로 동작하는 단말의 DTE와 DCE 사이의 인터페이스 규약

04 다음 중 위성통신이 갖는 일반적인 특징이 아닌 것은?

가. 장거리 광대역 통신　　　　나. 우수한 전송품질
다. 대용량의 통신　　　　라. 외부의 방해에 강하다.

05 **뉴 미디어는 방송계, 통신계, 패키지계로 분류할 있다. 통신계에 해당되지 않은 것은?**

가. 화상회의　　　　나. 비디오 디스크
다. 비디오텍스　　　　라. 팩시밀리

06 **위성통신에서 위성체의 모니터 제어 등을 하는 서브시스템은?**

가. Propulsion sub－system
나. Power sub－system
다. Communication sub－system
라. Telemetry tracking and command sub－system

07 **AM 송신기의 구성요소가 아닌 것은?**

가. 발진부　　　　나. 증폭부
다. 변조부　　　　라. 주파수 변환부

08 **교환기의 구성요소 중 통화로계의 구성요소가 아닌 것은?**

가. 통화로 장치　　　　나. 주사장치
다. 교환용 프로그램　　　　라. 통화로 제어 회로

09 **다음 중 상호 연결이 잘못된 것은?**

가. 문자입력 장치－화상의 작성　　　　나. 음성인식장치－발성
다. 키보드－키스위치의 누름　　　　라. 광펜(light pen)－펜에 의한 지시

10 **다음 중 CATV의 기본구성요소가 아닌 것은?**

가. 헤드엔드　　　　나. 중계전송망
다. 가입자설비　　　　라. 교환장비

11 **전화교환기에서 포선논리제어방식과 비교하여 축적프로그램제어(SPC) 방식을 사용함으로써 얻어지는 결과가 아닌 것은?**

가. 신뢰성의 향상
나. 가입자에게 다양한 기능부여
다. 공통제어 장치의 증가
라. 융통성의 풍부

12 **문자나 도형 등을 입력하기 위하여 평면 모양으로 구성된 입력면내에 지시펜 등으로 지시하므로써 그 위치정보를 입력 할 수 있는 단말장치는?**

가. OCR
나. OMR
다. COM
라. Tablet

13 **다음 중 비디오텍스 통신 시스템의 기본 구성이 순서대로 맞게 연결된 것은?**

가. 입력장치－전화망－정보저장장치－비디오텍스 통신처리 장치－전화 단말기－텔레비젼
나. 입력장치－정보 축적장치－비디오텍스 통신처리 장치－전화망－텔레비젼
다. 입력장치－비디오텍스통신처리 장치－정보축적장치－전화망－텔레비전
라. 입력장치－정보저장장치－비디오텍스 통신처리 장치－전용선－전화망－텔레비젼

14 **OSI 참조 모델의 물리계층에서 망을 연결하고 신호 재생의 역할을 수행하는 장비는 어떤 것인가?**

가. 라우터
나. 리피터
다. 브리지
라. 스위치

15 **전화 교환기의 통화량과 통화 접속 상황 등과의 관계를 조사하는 파라메터가 아닌 것은?**

가. 최번시(Busy Hour)
나. 보류시간(Holding Time)
다. 호손율
라. 데이터 전송률

16 **ISDN의 채널 종류가 아닌 것은?**

가. B채널
나. H채널
다. D채널
라. E채널

17 **다음의 전기통신의 예 중 그 성격이 다른 것은?**

가. 라디오
나. 텔레비전
다. 전화
라. 디지털 TV

18 **통신위성 지구국에 설치하는 안테나로 가장 적당한 것은?**

가. 헤리컬 안테나
나. 야기 안테나
다. 카세그레인 안테나
라. 비버리지 안테나

19 **다음 중 CATV의 특징이 아닌 것은?**

가. 전송매체로서 평형케이블을 이용한다.
나. 광대역 전송특성이 있다.
다. 난시청 지역의 해소를 목적으로 시작하였다.
라. 쌍방향 시스템 구축이 가능하다.

20 **다음 중 통신제어장치(CCU)의 구성요소가 아닌 것은?**

가. 회선 제어부
나. 회선 접속부
다. 변복조부
라. 채널 인터페이스부

기출문제

Data Communication Instruments

정보통신 산업기사 필기

(2005년 5월 29일)

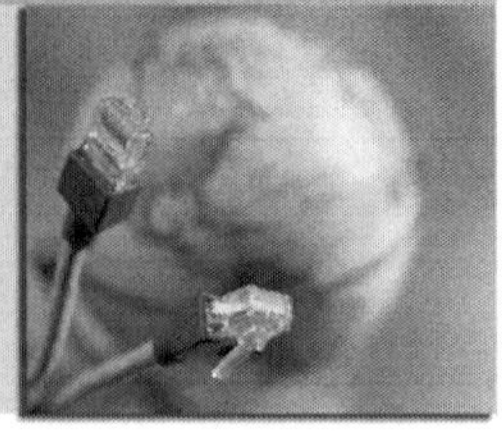

01 **전자교환 시스템의 통화로 단말회로의 공통된 기능이 아닌 것은?**

가. 발신호 검출　　나. 통화전류 공급

다. 통화로 유지　　라. 통화로계 운용모드 관리

02 **컴퓨터시스템에 입력시키고 그 결과를 사람의 음성으로 출력시켜서 인간에게 전달하는 음성입출력장치 중에서 직접적으로 음성파형을 만드는 장치는?**

가. 음성인식기　　나. 음성합성기

다. 음성입력기　　라. 음성분석기

03 **CCTV(폐쇄회로 TV)의 특성을 설명한 내용이 아닌 것은?**

가. 불특정 다수인 일반 가입자를 대상으로 하는 통신 시스템이다.

나. 호텔, 병원, 학교 등 특정 대상에 대해 특정 프로그램을 제공하는 시스템이다.

다. 공장, 은행, 백화점 및 사람이 접근할 수 없는 산업현장의 감시용 시스템이다.

라. 시스템의 기본 구성은 촬상장치, 전송장치, 표시장치, 기록 장치로 되어 있다.

04 **DTE와 디지털 데이터 교환 회선망을 접속하기 위한 DSU의 기능에 알맞지 않은 것은?**

가. 신호 파형의 변환　　나. 신호 전송속도의 변환

다. 제어 신호의 삽입　　라. 프레임의 시분할 다중화

05 **위성통신의 특징이 아닌 것은?**

가. 많은 통신용량을 가지고 있다.
나. 전송 오류율이 감소한다.
다. SHF 주파수를 사용한다.
라. 고품질의 협 대역 통신이 가능하다.

06 **주파수 분할 다중화기에서는 다중신호는?**

가. 시간을 분할하여 전송한다.
나. 공동대역폭을 나누어서 전송한다.
다. 다중코딩을 사용하여 전송한다.
라. 디지털 신호로 변조한다.

07 **문자나 도형을 입력하기 위하여 평면 모양으로 구성된 입력면내를 지시 펜으로 지시함으로서 그 위치 정보를 입력 할 수 있는 입력기기는?**

가. OCR　　나. 바코드 리더
다. 스캐너　　라. 태블릿

08 **일반적인 무선송신기의 기본적인 구성을 가장 옳게 나타낸 것은?**

가. 발진부, 증폭부, 체배부, 전원부
나. 발진부, 변조부, 증폭부, 전원부
다. 전원부, 증폭부, 체배부, 안테나부
라. 발진부, 체배부, 복조부, 전원부

09 **TV 방송전파를 이용하여 TV 방송과 함께 문자 또는 도형형태의 정보를 제공하는 정보통신 서비스는?**

가. 텔리텍스　　나. 팩시밀리
다. 텔리텍스트　　라. 위성통신

10 **CATV의 특징 중 옳은 것은?**

가. 쌍방향 통신의 서비스가 가능하다.
나. 채널의 수가 극히 제한된다.
다. 홈뱅킹 등 정보화가 불가하다.
라. 전송은 공중 전기 통신망을 이용한다.

11 **고속 동기식 모뎀과 시분할 다중화기를 하나의 장비로 만든 것으로 모뎀의 최대 전송 속도 이내에서 각 포트가 전송 속도를 나누어 사용할 수 있는 모뎀은 무엇인가?**

가. 멀티포인트(multi－point) 모뎀
나. 멀티포트(multi－port) 모뎀
다. 제한 거리 모뎀
라. 멀티채널(multi－channel) 모뎀

12 **디지털신호 재생중계기의 기능에 해당되지 않는 것은?**

가. 에러정정　　나. 타이밍
다. 파형등화　　라. 식별재생

13 **검색형 AV(Audio Visual)분류에서 상호 정보 교환을 취급하는 것은 AVI서비스시스템인데, 다음 중 AVI시스템이 취급하는 미디어 종류를 맞게 연결한 것은?**

가. 지각 대상 미디어 : 상호교환 정보의 데이터 타입
나. 축척미디어 : 이용자가 알 수 있는 정보의 모습, 음악, 회화, Texe 및 정지 화상 등
다. 표현미디어 : 데이터의 축척 수단인 FD, HD, 광디스크
라. 전송미디어 : 데이터 전달의 물리적 수단인 2P케이블, 동축케이블, 광 Fiber 등

14 **다음 중 멀티미디어 시스템을 만들 때 고려할 사항으로 관계가 적은 것은?**

가. 집적화　　나. 표준화
다. 동기화　　라. 다중화

15 **정보단말기로서 휴대전화기능, 휴대형 컴퓨터기능, 팩스기능, 전자수첩기능을 갖춘 단말기는?**

가. PC-FAX
나. PDA
다. PCS
라. MIX-MODE

16 **변복조기 공동이용기와 선로공동이용기에 대한 설명 중 옳은 것은?**

가. 변복조기 공동이용기와 선로공동이용기는 폴/셀렉트 프로토콜을 이용한다.
나. 집중화기보다 네트워크구성이 복잡하고, 소프트웨어의 기능이 다양하다.
다. 변복조기 공동 이용기는 원거리에서 사용되고, 선로공동이용기는 근거리에서 사용된다.
라. 변복조기 공동이용기는 타이밍소스가 있고 선로공동이 용기는 내부에 타이밍소스가 없다.

17 **수신기의 성능을 측정하는 변수가 아닌 것은?**

가. 감도
나. 선택도
다. 변조도
라. 충실도

18 **이동 통신망의 주요 기능인 위치 등록이 수행 되는 경우가 아닌 것은?**

가. 전원을 끌 때 등록
나. 위치 영역 변경 등록
다. 단말기를 수리하기 위하여 등록
라. 거리 기준 등록

19 **다음은 문자 표시 단말장치 중 CRT 단말기의 4가지 기본적인 용도를 설명한 것이다. 용도와 거리가 먼 것은?**

가. 감시관리
나. 데이터 검색
다. 프로토콜 변환
라. 질의응답

20 **ATM교환방식의 설명 중 옳지 않은 것은?**

가. 정적으로 대역폭을 할당한다.

나. 셀을 53바이트로 세분화하여 유연성을 갖게 한다.

다. 모든 정보의 통합화된 서비스가 가능하다.

라. 현재 제공 중인 서비스와 앞으로 요구될 서비스의 융통성을 확보할 수 있다.

기출문제

Data Communication Instruments

정보통신 산업기사 필기

(2005년 9월 4일)

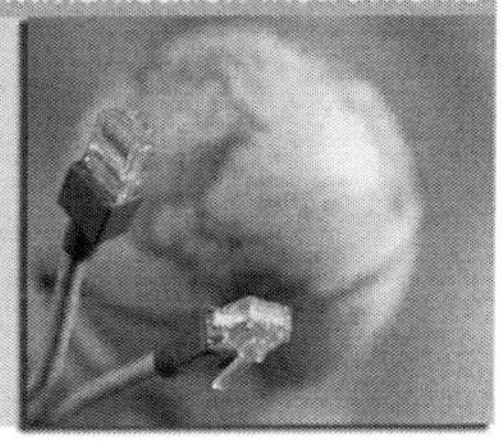

01 디지털 데이터를 디지털 신호로 전송하는 장치는?

가. CODEC　　나. 변복조기
다. DSU　　라. 전화

02 다음 중 FM 송신기의 부가회로가 아닌 것은?

가. 순시편이 제어회로(IDC)　　나. 프리엠퍼시스 회로
다. 전치 보상기(Pre Distorter)　　라. 평형변조기

03 데이터통신은 전자 교환국에 수용된 푸쉬 버튼전화로 신호가 접속될 수 있다. 숫자 "8" 을 눌렀을 때 신호 주파수는?

가. 697 [Hz] + 1209 [Hz]　　나. 770 [Hz] + 1336 [Hz]
다. 852 [Hz] + 1336 [Hz]　　라. 852 [Hz] + 1477 [Hz]

04 MHS(Message Handling System)의 기능 구조가 아닌 것은?

가. 메시지 전송기능(MTA)
나. 사용자 대응기능(UA)
다. 메시지 분석 처리기능(MAH)
라. 물리적 메시지 배달기능(PDS)

05 **다음은 팩시밀리에서 사용하는 압출 부호화 방식이다 다음 중 G4팩스에서 사용하는 압축부호화 방식은?**

가. MMR 부호화　　나. MMH 부호화
다. MR 부호화　　라. MH 부호화

06 **다음 중 CATV의 구성 요소가 아닌 것은?**

가. 헤드엔드　　나. MUSE 전송장치
다. 서비스 분배전송로　　라. 가입자 단말장치

07 **변복조기(MODEM)의 기능을 성명한 것이다. 설명이 옳지 않는 것은?**

가. 전송매체를 통해서 데이터를 전송하는 데 필요한 기기이다.
나. 디지털 신호를 아날로그 회선에서 전송이 적합하도록 변조하여 준다.
다. 디지털 신호를 복류신호로 전송하기 위한 정보통신기기이다.
라. 아날로그 신호를 디지털 신호로 복조하여 주는 정보통신기기이다.

08 **게이트웨이로 유입되는 인터넷의 프레임을 목적지로 보내는 장치로서 프레임 경로를 제어할 수 있는 기기는?**

가. 모뎀　　나. 허브
다. 리피터　　라. 라우터

09 **위성통신이나 무선통신 등에서 여러 가입자가 동시에 할당된 주파수대에서 통신이 가능하도록 하는 다원접속 방식이 아닌 것은?**

가. 주파수 분할 접속　　나. 시 분할 접속
다. 멀티 분할 접속　　라. 코드 분할 접속

10 **5회선 이내의 국선이나 구내 교환기의 내선을 여러 대의 내선전화로 사용할 수 있는 다기능 전화기는?**

가. 카폰 전화기　　나. 내부통화 전화기
다. 푸쉬버튼 전화기　　라. Hot-line 전화장치

11 **시분할 다중화의 설명으로 옳지 않은 것은?**

가. 하나의 전송로를 일정한 시간으로 나누어 다중화하는 기법이다.
나. 시간으로 다중화하므로 사용 주파수대역이 없다.
다. 동기식과 비동기식 시분할 다중화 기법이 있다.
라. point-to-point 방식의 구성에 적합하다.

12 **고해상도의 영상을 표시하기 위한 것으로 방전관의 원리를 이용한 표시장치는?**

가. CRT 나. Plasma
다. LCD 라. LED

13 **우주 공간에 마이크로파대의 중계 장치를 탑재한 정지 위성을 띄워서 지상의 지구국에서 발사한 전파를 증폭한 후 다시 지구로 발사하여 통신하는 통신은?**

가. 이동통신 나. 위성통신
다. 화상통신 라. 음성통신

14 **비디오텍스의 국제표준 기술방식이 아닌 것은?**

가. 알파 모자이크 방식 나. 알파 지오 메트릭 방식
다. 알파 캡틴 방식 라. 알파 포토 그래픽 방식

15 **데이터 입력장치 중 키보드에 의하지 않고 도표나 그림 등을 직접 컴퓨터에 입력시키는 것은?**

가. 디지타이저 나. 마우스
다. 플로터 라. 플래즈마

16 **수화기 진동판의 구비 조건이 아닌 것은?**

가. 자유진동이 적을 것 나. 평탄한 주파수 특성
다. 진동이 외력에 반비례할 것 라. 고투자율의 재료 사용

17 **그림과 같은 전송시스템에서 ① 에 해당하는 장비명은?**

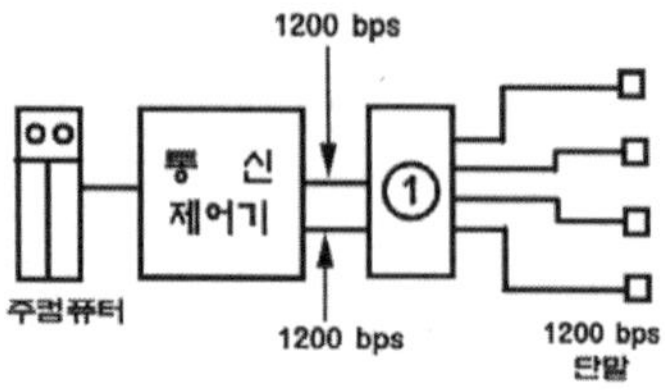

가. 시분할 다중화기
나. 주파수 분할 다중화기
다. 모뎀 공동 이용기
라. 집중화기

18 **다음 중 유선계 뉴미디어 서비스가 아닌 것은?**

가. CATV
나. LAN
다. teletex
라. teletext

19 **지구국 카세그레린 안테나의 이득은?**

가. G = $\eta\frac{\pi^2 R}{\lambda}$
나. G = $\eta(\frac{\pi R}{\lambda})$
다. G = $\eta(\frac{R}{\lambda})^2$
라. G = $\eta\frac{\pi^2 R}{\lambda^2}$

20 **통신제어 처리장치의 구성요소가 아닌 것은?**

가. 회선 제어부
나. 회선 접속부
다. 전송 제어부
라. 전단 처리기(FEP)

기출문제

Data Communication Instruments

정보통신 산업기사 필기

(2006년 3월 5일)

01 **지구국의 카세그레린 안테나의 이득은? (단, G : 이득, A : 안테나 직경, λ : 파장, η : 안테나 능률)**

가. $G=\eta\frac{\pi^2 A}{\lambda}$

나. $G=\eta\left(\frac{\pi A}{\lambda}\right)^2$

다. $G=\eta\frac{\pi A^2}{\lambda^2}$

라. $G=\eta\frac{\pi^2 A}{\lambda^2}$

02 **다음 중 FM 송신기와 관계없는 것은?**

가. 주파수 체배 회로

나. 위상 변조 회로

다. 리액턴스 변조관

라. 주파수 변별 회로

03 **부가가치통신망(VAN)이 제공하는 대표적인 기능이 아닌 것은?**

가. 데이터베이스 기능

나. 전송기능

다. 교환기능

라. 통신처리기능

04 **다음 이동통신 시스템 중에서 핸드오프(Hand-Off)기능을 수행하는 것은?**

가. 이동국(Mobile Station)

나. 중계기(Repeater)

다. 데이터 센터(Data Center)

라. 이동전화 교환국(Mobile Switching Center)

05 **다음은 집중화기에 대한 설명이다. 집중화기에 대한 설명으로 틀린 것은?**

가. 입력회선 m은 출력회선 n보다 작아야 한다.
나. 단일회선 제어기, 중앙처리장치, 다수 선로 제어기 등으로 구성된다.
다. 집중화기는 데이터가 있는 단말장치에만 시간 폭을 할당할 수 있다.
라. 단일회선 제어기는 동기식, 비동기식 모두 가능하지만 일반적으로 비동기식으로 사용한다.

06 **다음 중 CATV 시스템의 기본 구성도에서 센터계에 해당하는 것은?**

가. 헤드엔드설비　　나. 분기증폭기
다. 간선　　라. 컨버터

07 **고속의 정보통신 미디어인 Group 4 팩시밀리(G4 FAX)에서 사용하는 압축 부호화 방식은?**

가. MR　　나. MH
다. MMR　　라. ECM

08 **동기식 데이터 전송에서 00000000 또는 1111111 등과 같이 숫자가 반복되어 동기 신호를 상실하는 문제를 방지하기 위하여 송신측에서 전송되는 데이터 신호를 랜덤화하기 위하여 사용되는 회로는?**

가. 체널 엔코더　　나. 체널 디코더
다. 프로토콜 제어기　　라. 스크램블러

09 **TDX-10 교환기의 특징이 아닌 것은 ?**

가. 국내에서 개발한 전전자교환기이다.
나. 제어방식은 중앙 집중형을 사용한다.
다. No.7, R2 신호방식 모두 사용한다.
라. 하드웨어 구성은 ASS, INS, CCS 3개의 서브시스템으로 구성된다.

10 **다음 중 장거리 전송을 위해 신호를 재생 중계해서 선로를 결합해 주는 기능을 제공하는 장치는?**

가. 모뎀 나. 허브
다. 리피터 라. 라우터

11 **다음 중 쌍방향 CATV의 응용분야가 아닌 것은?**

가. TV 회의 나. 자동검침
다. 홈뱅킹 라. 문서의 전송

12 **데이터 저장의 신뢰도를 높이기 위한 디스크 운용 방법 중에 가장 경제적인 방법은?**

가. 미러링(mirroring) 나. 이중화(duplex)
다. 중복파일(redundant file) 라. 중복 정합(Multi－interface)

13 **다음 중 멀티미디어의 요구사항이 아닌 것은?**

가. 영상정보의 압축 기술 필요
나. 영상정보의 실시간 전송을 위한 고속 통신망 구축
다. 통합된 다중처리를 위한 아날로그화 변환 기술의 확보
라. 다량의 멀티미디어 정보처리를 위한 대용량 저장장치가 필요

14 **다기능전화기에 대한 설명으로서 옳지 않은 것은?**

가. 수 회선 이내의 국선이나 구내 교환기의 내선을 여러 대의 내선 전화로 사용할 수 있는 전화기이다.
나. 어떤 전화회선에 대하여 어떤 내선전화기로부터 발신, 응답 및 보류가 가능하다.
다. 내선전화기 상호간에 통화가 가능하도록 해준다.
라. 데이터 단말 접속이 가능하고 중계선번호 통지기능이 있다.

15 **다음 네트워크 형태 중 통신회선의 설치비용이 가장 작게 드는 것은?**

가. 멀티드롭형 나. 스타형
다. 메쉬형 라. 포인트－투－포인트형

16 **다음 중 DSU(Digital Service Unit)의 특징이 아닌 것은?**

가. 비용이 모뎀보다 저렴하다.
나. 클럭 추출회로가 없다.
다. 루프 시험기능이 있다.
라. 오류 제거가 쉽다.

17 **일반적인 무선 송신기의 구성으로 필수적인 사항이 아닌 것은?**

가. 전원부
나. 검파부
다. 발진부
라. 변조부

18 **정보통신기기들 사이에 기계적, 전기적, 기능적, 절차적인 여러 조건을 약속하여 표준화한 것을 무엇이라 하는가?**

가. 토폴로지
나. 아키텍쳐
다. 인터페이스
라. 참조모형

19 **다음 중 주파수 분할 다중화 방식(FDM)과 비교하여 시분할 다중화 방식(TDM)의 장점이 아닌 것은 ?**

가. 전송장치의 크기, 가격, 신뢰도 관점에서 우수하다.
나. 인접 채널간의 누화가 적다.
다. 대역폭이 다른 신호를 함께 보낼 수 있다.
라. 동기가 필요없고 협대역의 페이딩(fading)에 강하다.

20 **다음 중 다중 방송의 약자는?**

가. TELEX
나. TELETEX
다. TELETEXT
라. VIDEOTEX

기출문제

Data Communication Instruments

정보통신 산업기사 필기
(2006년 5월 14일)

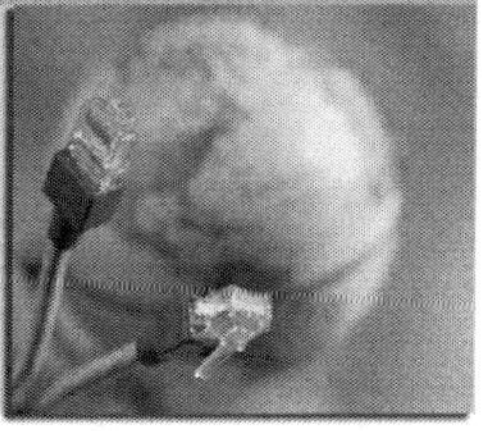

01 다음 중 동축 CATV에 비하여 광 CATV의 특징은?

가. 취급 및 분기가 용이함
나. 시설비가 상대적으로 매우 저렴함
다. 무중계 장거리 전송이 가능함
라. 동시 다채널 전송이 어려움

02 종이에 기록된 문자를 직접 광학적으로 읽어내는 광학식 문자 읽기 장치는?

가. 디지타이저 나. OCR
다. CAD/CAM 라. 그래픽 단말기

03 다음 중 HDTV 화면의 종횡비는?

가. 4 : 3 나. 3 : 4
다. 16 : 9 라. 9 : 16

04 문자나 도형을 입력하기 위하여 평면 모양으로 구성된 입력 면 내를 지시 펜으로 지시함으로써 그 위치 정보를 입력할 수 있는 단말 장치는?

가. 타블렛 나. 플로터
다. 조이스틱 라. 마우스

05 **전전자식 교환기에서 중계선 정합회로의 기능에 대해 맞게 설명한 것은?**

가. B(battery feel) : 통화전류공급
나. G(gerneration of frame code) : 프레임 코드의 발생
다. H(hybrid) : 2선/4선 변환
라. R(ringing) : 링 신호 공급

06 **다음 중 전자파의 기본적인 성질이 아닌 것은?**

가. 동일 매질에서 전파하는 전자파는 직진한다.
나. 전자파는 주파수가 높을수록 회절현상이 심하다.
다. 전자파는 다른 매질의 경계면에서 굴절한다.
라. 전자파의 전파속도는 유전율이 작을수록 빨라진다.

07 **몇 개의 터미널들이 하나의통신회선을 통하여 결합된 형태로 신호를 전송하고 이를 수신측에서 다시 몇 개의 터미널의 신호로 분리하여 컴퓨터에 입력할 수 있도록 하는 것은?**

가. 디지털 서비스 유니트(DSU)
나. 변복조기(MODEM)
다. 채널 서비스 유니트(CSU)
라. 다중화 장비(Multiplexer)

08 **데이터 전송 중에 발생하는 에러를 검출하고 정정하는 기능을 갖는 장치는?**

가. 산술연산장치
나. 전송제어장치
다. 통신저장장치
라. 중앙처리장치

09 **종합정보통신망(ISDN)에서 공통신호방식의 장점은?**

가. 저속신호의 전송에 적당하다.
나. 단방향 신호전송특성이 우수하다.
다. 음성통신과 신호를 분리하여 신호가 독립적으로 동작한다.
라. 선로이용률과 다중으로 신호를 전송하는 데 최적이다.

10 CCTV의 기본구성이 아닌 것은?

가. 촬상계 나. 전송계
다. 수상계 라. 교환계

11 다음 중 디지털 전송회선에서 장거리 전송을 위해 컴퓨터나단말장치의 단극성 신호를 양극성 신호로 변환하고수신측에서는 이 과정을 역으로 수행하는 장치는?

가. DSU 나. MUX
다. MODEM 라. Coupler

12 디지털 신호를 아날로그 전송회선에 전송 가능하도록 변환시켜 주는 변환기는?

가. DSU(Digital Service Unit)
나. DCE(Data Circuit Terminal Equipment)
다. CSU(Channel Service Unit)
라. MODEM(Modulator & Demodulator)

13 정지 및이동 중에도 언제, 어디서나 고속으로 무선인터넷 접속이 가능한 휴대 인터넷 서비스를 무엇이라 하는가?

가. WiBro 나. WCDMA
다. VOIP 라. RFID

14 다음의 지구국용 위성통신 안테나에 대한 설명에서 옳지 않은 것은?

가. 위성으로부터 미약한 전파를 수신해야 한다.
나. 고 이득, 저 잡음 및 지향특성이 우수해야 한다.
다. 대역폭과 전파손실을 줄이기 위해 단파로 통신한다.
라. 국제통신용은 카세그레인 안테나가 사용된다.

15 다음 중 DTE/DCE 접속규격의 접속특성이 아닌 것은?

가. 기계적 특성 나. 전기적 특성
다. 자기적 특성 라 . 기능적 특성

16 다음 중 텔레텍스트를 가장 잘 설명한 것은?

가. 방송형태의 정보를 제공하는 서비스로 문자 다중 방송이라 한다.
나. 시스템은 정보 제공자, 정보 수용자, 정보가공, 정보의 예약, 확인으로 구성된다.
다. 필요한 정보를 전화와 모니터로 받아본다.
라. 정보 수용자 모두가 정보제공자가 될 수도 있다.

17 SSB변조 방식이 DSB변조방식에 비해 장점이 아닌 것은?

가. 주파수 효율이 높다.
나. 선택성 페이딩의 영향을 덜 받는다.
다. 비화성이 없다.
라. 소비전력이 적다.

18 코드분할 다원 접속인 CDMA의 장점이 아닌 것은?

가. 페이딩과 간섭에 강한 특성을 보인다.
나. 보안성이 높아 도청하기 어렵다.
다. 소프트 통화 채널 전환이 가능하다.
라. 주파수 사용효율이 낮다.

19 다음 중 포트 공통이용기의 설명이 잘못된 것은?

가. 폴/셀렉트 프로토콜을 이용할 수 있다
나. 컴퓨터와 단말기를 같은 장소에 설치해야 한다.
다. 변복조기 공동이용기와 선로 공동이용기의 대체장비로 사용이 가능하다.
라. 호스트 컴퓨터와 변복조기 사이에 설치된다.

20 멀티미디어에 대한 설명 중 옳지 않은 것은?

가. 하드웨어 기술뿐만 아니라 소프트웨어 기술도 중요시된다.
나. 쌍방향 통신 기능이 가능하여 정보접근이 용이하다.
다. 청각에 호소하던 기능에 시각에 호소하는 기능을 부가하고 있다.
라. 마이크로일렉트로닉스 소자를 이용한 아날로그 기술로 지향하고 있다.

기출문제

Data Communication Instruments

정보통신 산업기사 필기

(2006년 9월 10일)

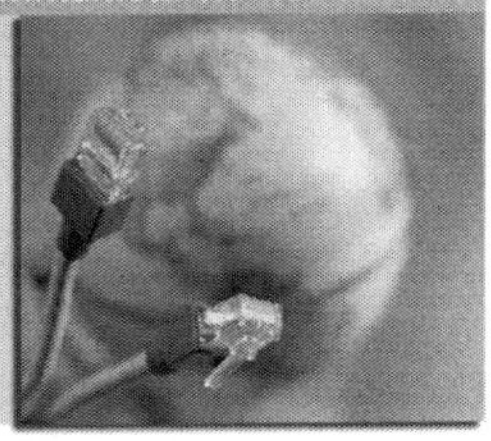

01 **문자나 그림으로 구성된 화상정보가 축적되어 있는 데이터베이스로부터 TV 수상기과 전화회선을 이용하여 사용자가 원하는 정보를 검색하는 시스템은?**

가. 텔레텍스트　　나. 텔레텍스
다. 팩시밀리　　라. 비디오텍스

02 **FM 송신기에서 신호파의 높은 주파수 성분을 강조하는 회로는?**

가. 리미터 회로　　나. 스켈치 회로
다. 디엠퍼시스 회로　　라. 프리엠퍼시스 회로

03 **화상통신 서비스 중 센터 대 단말형인 것은?**

가. TV 전화　　나. 화상응답서비스
다. CCTV　　라. 텔레라이팅

04 **교환기의 구성요소 중 통화로계와 관계가 없는 것은?**

가. 주사장치　　나. 통화로 장치
다. 통화로 제어회로　　라. 포선논리 제어회로

05 **CCTV의 기본적인 구성장치가 아닌 것은?**

가. 촬상장치　　나. 전송장치
다. 중계장치　　라. 표시장치

06 **다음 중 CATV의 헤드엔드(Head-end)의 구성요소가 아닌 것은?**

가. 수신 증폭기　　나. 혼합 분배기
다. 변조기　　라. 간선 증폭기

07 **정보단말기 구성장치로 데이터 전송 시에 발생되는 오류의 검출이나 정정 등의 제어를 하는 것은?**

가. 모뎀장치　　나. 전송등화장치
다. 전송제어장치　　라. 다중제어장치

08 **교환기에서 발신 전화기로 호의 접속 진행 상태를 알리는 가청음 신호가 아닌 것은?**

가. 점유신호　　나. 발신음
다. 호출음　　라. 폭주신호

09 **다음 중 DCE에 대해서 잘못 설명한 것은?**

가. 신호변환장치이다.
나. 아날로그 전송로에는 모뎀(modem)을 사용한다.
다. 디지털 전송로에는 회선종단장치(DSU)를 사용한다.
라. 데이터 단말장치이다.

10 **회선을 보유하거나 임차하여 정보의 축적, 가공, 변환하여 광범위한 서비스를 제공하는 것은?**

가. LAN　　나. VAN
다. CATV　　라. ISDN

11 **DSU(Digital Service Unit)의 특징이 아닌 것은?**

가. 디지털 전송로에 사용한다.
나. 선로에 한쪽 극성의 전압이 실리는 것을 방지하기 위해 PSK나 QAM을 사용한다.
다. 정확한 동기 위치를 위한 클럭 추출 회로가 있다.
라. 송신측에서 단극성 신호를 bipolor 신호로 바꾸어 전송한다.

12 **컴퓨터에서 처리된 문자나 도형의 형태로 마이크로필름에 기록하는 장치는?**

가. CAM　　나. CAR
다. COM　　라. OCR

13 **FM 수신기는 신호파가 도달하지 않을 때 진폭제한기가 동작하지 않으므로 반송파가 없으면 큰 잡음이 생긴다. 그래서 반송파가 없을 때 저주파 증폭기의 동작을 멈추게 하는 기능을 갖는 것은?**

가. 주파수 변별기　　나. 디엠퍼시스 회로
다. 자동 주파수 제어부　　라. 스켈치 회로

14 **ADSL의 스플리터(splitter)에 대한 설명으로 가장 옳은 것은 ?**

가. 음성신호와 데이터신호를 합치는 방식
나. 음성신호와 데이터신호를 나눠주는 장비
다. 음성신호와 데이터신호를 합치거나 나눠주는 장비
라. 데이터신호를 음성신호로부터 구분하는 장비

15 **역 다중화기의 설명 중 틀린 것은?**

가. 라인플렉스라고도 한다.
나. 광대역회선을 사용하지 않고 두 개의 음성대역회선을 사용한다.
다. 각 채널이 지닌 상대적 지연을 보상하기 위한 순화기억장치가 필요하다.
라. 전송속도가 낮은 서로 다른 주파수 대역으로 나누어 데이터를 주파수 변조하여 송 · 수신한다.

16 **그림, 차트, 도표, 설계도면을 읽어 이를 디지털화하여 컴퓨터에 입력시키는 기기는?**

가. 디지타이저
나. 그래픽단말기
다. 저널판독기
라. 문자판독기

17 **여러 다른 속도의 동기식 데이터를 묶어서 광대역을 이용해서 전송하는 시분할 다중화기는?**

가. 지능다중화기
나. 복합변복조기
다. 광대역다중화기
라. 지능변복조기

18 **변복조기(MODEM)의 송신부 구성요소에 해당하는 것은?**

가. 데이터 부호화기(Data Encoder)
나. 디모듈레이터(Demodulater)
다. 데이터 복호화기(Data Decoder)
라. 반송파 검출기(Carrier Detector Circuits)

19 **다음 중 무선수신기의 종합특성을 표시하는 것이 아닌 것은?**

가. 변조도
나. 선택도
다. 안정도
라. 충실도

20 **직경 2m 이하의 초소형 안테나를 사용하는 지상의 송 · 수신국(지구국)을 의미하는 것은?**

가. VSAT
나. TWTA
다. SNG
라. LNA

기출문제

Data Communication Instruments

정보통신 산업기사 필기

(2007년 3월 4일)

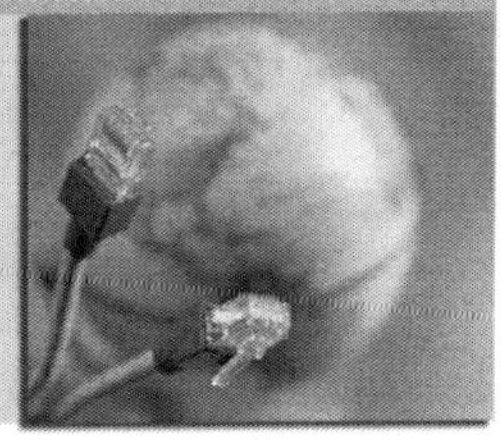

01 **정보통신 시스템의 회선종단장치 중에 디지털 신호를 전달하기 위한 장치는?**

가. CCU　　나. DSU

다. PCM　　라. Modem

02 **변복조기(Modem)의 기능에 대한 설명 중 틀린 것은?**

가. 전송매체를 통해서 데이터를 전송하는데필요한 기기 이다.

나. 디지털 신호를 아날로그 회선에 전송이 적합하도록 변조하여 준다.

다. 디지털 신호를 복류신호로 전송하기 위한 정보통신 기기이다.

라. 아날로그 신호를 디지털 신호로 복조하여 주는 정보통신 기기이다.

03 **동종 또는 이종의 LAN을 연결시켜 확장형 LAN을 만들거나 OSI 참조모델의 데이터링크 계층에서 통신을 하며 두 세그먼트를 연결해주는 장비는?**

가. 허브(HUB)　　나. 스위치(Switch)

다. 브리지(Bridge)　　라. 게이트웨이(Gateway)

04 **위성통신에서 위성의 상태 보고 및 위성체의 위치 및 자세제어 등을 하는 서브시스템은?**

가. Propulsion sub-system

나. Power sub-system

다. Communication sub−system
라. Tracking telemetry and command sub−system

05 통신제어 처리장치 중 컴퓨터와 네트워크 사이에 메시지 통신 제어와 데이터 형식 변환 등의 통신처리를 하는 것은?

가. 전단 처리 장치
나. 단말기 인터페이스 프로세서
다. 다기능 입·출력 장치
라. 원격 모뎀 장치

06 CCTV시스템의 기본구성에 속하지 않는 것은?

가. 촬상계
나. 전송계
다. 수상계
라. 교환계

07 다음 중 집중화기의 특징이 아닌 것은?

가. 입력회선의수는 출력회선의 수보다 같거나 많다.
나. 입력과 출력 측의 전체대역폭이 같은 정적인 방식이다.
다. 실제 데이터를 전송할 단말기에만 시간을 할당해 준다.
라. 순수한 경쟁 선택 및 메시지 스위칭의 역할을 수행할 수 있다.

08 2개의 음성대역 회선을 사용하여 광대역에서 얻을 수 있는 통신 속도를 얻는 기기는?

가. 집중화기
나. 시분할 다중화기
다. 지능 다중화기
라. 역 다중화기

09 수신기에 일정한 주파수와 진폭의 희망 파를 인가한 경우에 재조정하지 않고 얼마나 오랜 시간 동안 일정한 출력을 얻을 수 있는가의능력을 나타내는 것은?

가. 감도
나. 충실도
다. 안정도
라. 선택도

10 다음 중 팩시밀리의 구성요소가 아닌 것은?

가. 주사장치 나. 광전변환
다. 수신기록 라. 주파수체배

11 아주 작은 네온 전구의 집합과 같은 기능을 하는 평면형 표시 장치로 2매의 얇은 유리 기판 사이의 좁은 틈에 네온 등의 가스를 봉입하고, 유리의 내면에 수평 방향과 수직방향으로 배열된 투명전극 으로 구성되어 있는 것은?

가. OLED 나. PDP
다. LCD 라. CRT

12 교환기에서 가입자 선을 정합하는 가입자회로의 기능이 아닌 것은?

가. Charging 나. Battery Feed
다. Coding, Decoding 라. Over-voltage Protection

13 다음 중 센터에 각종 영상 정보파일 및 음성정보파일을 설치해 놓고 각 단말기에서 개별 액세스에 의해 각종의 정보 안내나 학습 프로그램 등의 서비스를 개별로 제공하는 회화형 화상정보 시스템은 ?

가. CCTV 시스템 나. 정지화방송 시스템
다. 화상통신회의 시스템 라. 화상응답 시스템

14 다음 중 도형출력장치에 해당하는 것은?

가. Scanner 나. Digitizer
다. Tablet 다. Plotter

15 홈 네트워크 기술에서 유선기반기술이 아닌 것은?

가. Home PNA 나. PLC(Power Line Communication)
다. Ethernet 라. Bluetooth

16 AM 수신기와 비교하여, FM 수신기의 회로 구성 및 특성에 대한 설명 중 틀린 것은?

가. 수신주파수 대역폭이 좁다.　　나. 주파수 변별회로가 있다.
다. 진폭제한회로가 있다.　　라. 스켈치 회로가 있다.

17 다음 중 트래픽 단위의 관계가 틀린 것은?

가. 1 Erl=1 TU　　나. 1 HCS=1 CCS
다. 1 Erl=36 HCS　　다. 1 HCS=$\frac{1}{36}$UC

18 데이터 단말장치의 기본 기능이 아닌 것은?

가. 데이터 입력　　나. 데이터 송신
다. 데이터 처리　　라. 데이터 출력

19 이동통신망에서 사용하는 Hand-off의 종류가 아닌 것은?

가. Hard Hand-off　　나. Soft Hand-off
다. Dual Hand-off　　다. Softer Hand-off

20 지능 다중화기에 대한 설명 중 옳은 것은?

가. 동기식 시분할 다중화기라고도 한다.
나. 동적인 시간 폭의 배정이 가능하다.
다. 집중화 장비의 기능을 전혀 수행하지 못한다.
라. 타임 슬롯의 낭비가 심하다.

기출문제

Data Communication Instruments

정보통신 산업기사 필기

(2007년 5월 13일)

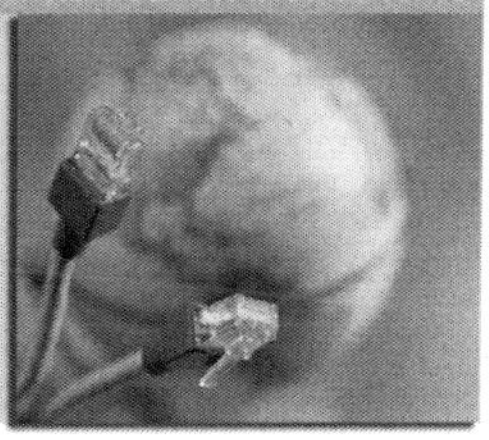

01 다음 중 CCTV의 기본구성요소가 아닌 것은?

가. 촬상장치　　나. 표시장치

다. 전송장치　　라. 간선증폭기

02 다음 중 CATV의 기본구성요소가 아닌 것은?

가. 헤드엔드　　나. 중계전송망

다. 가입자설비　　라. 교환장비

03 정보통신 시스템의 단말장치에 사용되는 디스플레이장치와 관계없는 것은?

가. 디지타이저　　나. 음극선관

다. 플라스마　　라. 액정

04 국제위성통신용 정지위성의 고도는 적도 상공에서 약 몇 Km 인가?

가. 16000　　나. 26000

다. 36000　　라. 46000

05 다중화기와 비교하여 공동이용기의 가장 큰 장점은?

가. 네트워크의 구성을 단순화함으로써 비용절감 효과를 기대할 수 있다.
나. 공동이용기와 터미널 상이의 거리가 짧다.
다. 공동이용기에 부착하는 터미널의 대수가 제한되지 않는다.
라. 공동이용기를 이용하면 변·복조기가 필요없다.

06 다음 중 통신 위성체(space segment)의 구성 요소가 아닌 것은?

가. 전력공급부
나. 신호증폭부
다. 감시제어부
라. 안테나부

07 전자식 전화기의 푸시버튼 신호에서 고주파군에 사용되는 주파수가 아닌 것은?

가. 1477[Hz]
나. 1336[Hz]
다. 1209[Hz]
라. 941[Hz]

08 DSU(Digital Service Unit)의 기능이 아닌 것은?

가. 신호파형의 변환
나. 전송속도의 변환
다. 제어신호의 삽입
라. 데이터의 집중화

09 멀티포인트(multi-point)모뎀에서 폴링(polling)할 때 발생되는 시간지연요소가 아닌 것은?

가. 모뎀의 시간 지연
나. 단말기의 시간 지연
다. 거리에 따른 시간 지연
라. 반송파 발생에 따른 시간 지연

10 FM신호 복조기로 이용되고 있는 PLL검파기의 기본 구성 요소가 아닌 것은?

가. 저역통과필터(LPF)
나. 전압제어발진기(VCO)
다. 스켈치회로
라. 위상비교기

11 **정보 단말기 기능 중 전송제어 기능이 아닌 것은?**

가. 입·출력 제어 기능　　나. 오류 제어 기능
다. 출력 변환 기능　　라. 송·수신 제어 기능

12 **다음 중 모뎀 수신부의 특징이 아닌 것은?**

가. 복조기에서는 아날로그 입력신호를 원래의 디지털 신호로 변환한다.
나. DTE로부터 온 디지털 신호의 전송을 위하여 스크램블링 과정을 거친다.
다. 시간회로는 수신출력 디지털 펄수를 만들어내기 위한 일종의 타이밍 추출회로로 주로 동기식 모뎀에서 사용한다.
라. 통신회선을 통해 들어오는 신호는 대역제한 여파기, 등화기, AGC 등을 거쳐 복조기로 입력된다.

13 **교환기의 통화량과 통화 접속상황 등의 관계를 조사하는 파라미터와 관계 적은 것은?**

가. 최번시(Busy Hour)　　나. 보류시간(Holding Time)
다. 호손율　　라. 데이터 전송률

14 **컴퓨터시스템에 데이터를 입력시키고 그 결과를 사람의 음성으로 출력시켜서 인간에게 전달하는 음성 입·출력장치 중에서 직접적으로 음성파형을 만드는 장치는?**

가. 음성분석기　　나. 음성합성기
다. 음성인식기　　라. 음성제어기

15 **CATV 단말계의 주요 설비 중 도청 방지를 위한 스크램블과 디스크램블 기능을 가진 부분은?**

가. 컨버터　　나. 홈 터미널
다. 부가장치　　라. 구내 선로 설비

16 **다음 중 메시지 통신 시스템(MHS)의 기능으로 틀린 것은?**

가. 다른 서비스와의 상호 접속이 불가능하다.
나. 컴퓨터의 기능으로서 다양한 부가 서비스를 제공한다.
다. 복수의 수신자에게 같은 메시지를 배달하는 동보서비스 기능이 있다.
라. 메시지 전송기능 및 사서함 기능이 있다.

17 **다원 접속방식 중 CDMA 방식의 장점이 아닌 것은?**

가. 가입자 수용 용량이 크다.
나. 전력제어 및 동기 기술이 필요 없다.
다. 간섭과 방해에 강하다.
라. 다경로 페이딩을 극복 할 수 있다.

18 **아주 작은 네온 전구의 집합과 같은 기능을 하는 평면형 표시 장치로 2매의 얇은 유리 기판 사이의 좁은 틈에 네온 등의 가스를 봉입하고, 유리의 내면에 수평 방향과 수직 방향으로 배열된 투명전극 으로 구성되어 있는 것은?**

가. OLED　　나. PDP
다. LCD　　라. CRT

19 **다음 비디오텍스의 방식 중 포토 그래픽 방식을 기본으로 한 것으로, 도형을 패턴 정보로서 부호화 하여 보내는 방식은?**

가. CEPT 방식　　나. CAPTAIN 방식
다. NAPLPS 방식　　라. TELEX 방식

20 **다음 중 2개의 음성대역폭 회선을 이용하여 광대역에서 얻을 수 있는 통신 속도를 이용하는 기기는?**

가. 광대역 다중화기　　나. 역 다중화기
다. 지능 다중화기　　라. 시분할 다중화기

기출문제

Data Communication Instruments

정보통신 산업기사 필기

(2007년 9월 2일)

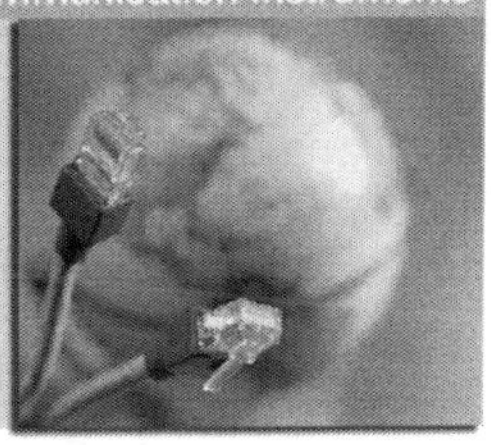

01 **다음 중 터미널의 기본적인 구성 중 출격장치에 속하는 것은?**

가. MICR　　　나. OCR
다. OMR　　　라. CRT

02 **다음 중 수신기의 기본회로가 아닌 것은?**

가. 고주파 증폭부　　　나. 중간주파 증폭부
다. 복조부　　　라. 완충 증폭부

03 **다음 중 5회선 이내의 국선이나 구내 교환기의 내선을 여러 대의 내선전화로 사용할 수 있는 다기능 전화기는?**

가. 키폰 전화기　　　나. 내부 통화 전화기
다. 푸시 버튼 전화기　　　라. Hot－Line 전화장치

04 **주파수 분할 다중화(FDM)에서 다른 데이터 대역으로부터 신호의 간섭을 줄여주기 위한 완충 대역은 어느 것인가?**

가. 보호대역　　　나. 데이터대역
다. 유도대역　　　라. 감시대역

05 **FAX의 기본 과정에서 공간적으로 2차원으로 분포한 원화정보를 1차원적인 신호로 변환하는 것을 송신주사라고 한다. 송신주사 방식 중 기계적 주사방식이 아닌 것은?**

가. 원통주사　　나. 원호면주사
다. 평면주사　　라. 고체주사

06 **다음 중 TV의 주사방식에 대한 설명으로 옳은 것은?**

가. 순차주사 : 주사선 전체를 우에서 좌로 주사시키는 방법
나. 수직주사 : 주사선을 좌에서부터 우로 주사시키는 방법
다. 비월주사 : 주사선을 한 개씩 건너뛰어 주사 후 다시 빠진 주사선을 주사하는 방법
라. 수평주사 : 주사선을 위에서 아래쪽으로 주사시키는 방법

07 **전자교환기에서 사용되고 있는 호 처리 프로그램이 아닌 것은?**

가. 트래픽 측정 프로그램
나. 입력처리 프로그램
다. 출력처리 프로그램
라. 서브루틴 프로그램

08 **데이터통신 시스템의 구성장치 중 통신제어장치의 기능에 대한 설명으로 옳지 않은 것은?**

가. 수신 데이터의 처리 및 축적기능
나. 전송에러를 제어하는 기능
다. 중앙처리장치와의 데이터 송 · 수신을 제어하는 기능
라. 통신제어장치와 다수의 통신회선을 다중화 처리를 제어하는 기능

09 **주파수 변조의 송 · 수신 회로에 대한 설명 중 옳은 것은?**

가. IDC : 음성 데이터의 진폭을 일정한 레벨로 증폭, 조절한다.
나. DISCREMINATOR : 진폭신호에 따라 주파수의 변화로 변환시킨다.
다. PRE-EMPHASIS : 음성데이터의 고역 주파수를 강조시켜 변조한다.
라. AFC : 자동적으로 수신이득을 일정한 레벨로 조절한다.

10 **다음 중 AM 송신기의 송신장치의 조건이 아닌 것은?**

가. 발사 주파수의 안정도가 높을 것
나. 불요파일 스퓨리어스의 발사가 적을 것
다. 일그러짐이나 왜곡 등의 잡음이 적을 것
라. 점유 주파수 대역폭이 가능한 한 최대일 것

11 **포트 공동 이용기에 대한 설명 중 틀린 것은?**

가. 컴퓨터에 여러 개의 터미널들이 하나의 포트를 공유한다.
나. 거리 제한이 있어 컴퓨터와 근거리에 있는 터미널들이 사용된다.
다. 호스트 컴퓨터와 모뎀 사이에 설치된다.
라. 컴퓨터 포트의 과부하를 조절하는 기능을 갖고 있다.

12 **다음 중 멀티미디어 관련 정보처리의 요구사항이 아닌 것은?**

가. 영상정보의 압축 기술 필요
나. 영상 정보의 실시간 전송을 위한 고속 통신 망 구축
다. 통합된 다중 처리를 위한 아날로그화 변환 기술의 확보
라. 다량의 멀티미디어 정보 처리를 위한 대용량 저장장치가 필요

13 **다음 중 DSU의 특징이 아닌 것은?**

가. 디지털 전송로에서 사용한다.
나. 단극성 신호를 양극성 신호로 변환한다.
다. 비용이 모뎀보다 저렴하다.
라. 왜곡 및 잡음 등을 보상해 주는 등화기능이 있다.

14 **다음 중 전화국의 다중화기 채널에 가입자를 직접 수용할 수 있는 장비는?**

가. DSU(Digital Service Unit)
나. CSU(Channel Service Unit)
다. CPU(Central Processing Unit)
라. CCU(Communication Control Unit)

15 **이동하고 있는 수신국의 전방에서 오는 전파의 주파수는 높아지고 뒤에서 되돌아오는 전파의 주파수는 낮아져 송신지점에서는 단일 주파수 일지라도 수신점에서는 여러 주파수가 도래하는 것으로 에러 발생의 원인 중 하나인 것은?**

가. 페이딩 현상　　나. 도플러 효과
다. 채널 간섭　　라. 맥놀이 현상

16 **모뎀이 갖추어야할 조건이 아닌 것은?**

가. 호환성　　나. 회선 교환 기능
다. 상호간 신뢰성　　라. 에러 검출 및 정정

17 **정보 단말기의 기능이 아닌 것은?**

가. 입·출력 기능　　나. 입·출력 제어 기능
다. 회선 제어 기능　　라. 송·수신 제어 기능

18 **TV 채널대역 내에서 영상신호 및 음성신호 대역으로 사용되지 않는 부분을 이용하는 방식은?**

가. 텔레텍스트　　나. 비디오텍스
다. 정지화방송　　라. 텔레텍스

19 **MHS(Message Handling System)의 구성요소로서 텔레텍스나 팩시밀리 등의 텔레매틱스 User가 이용하도록 하는 기능을 제공하는 것은?**

가. UA(User Agent)　　나. MTA(Message Transfer Agent)
다. MS(Message Store)　　라. AU(Access Unit)

20 **화상을 전기신호로 변환하여 보내진 신호를 수신측에서 빛의 명암으로 변환하여 원 화상을 재현하는 기기는?**

가. TV　　나. 전화
다. PDA　　라. FAX

기출문제

Data Communication Instruments

정보통신 산업기사 필기

(2008년 3월 2일)

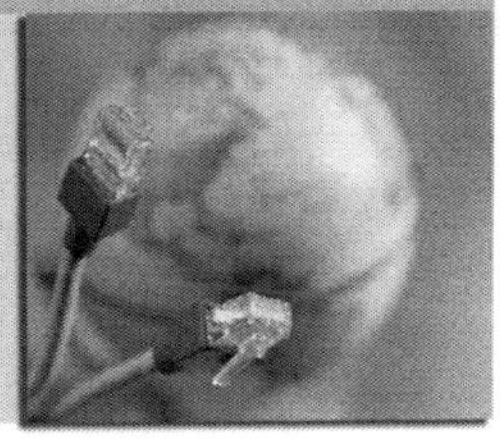

01 **다음 중 팩시밀리 통신에서 송신원고 내용을 베이스밴드의 전기신호로 바꾸는 과정은?**

가. Reflection
나. Scanning
다. Modulation
라. Light Variation

02 **다음 중 전자교환방식과 관계없는 것은?**

가. 통화로계 및 제어계가 있다.
나. 다양한 특수 서비스를 제공할 수 있다.
다. 축적 프로그램 제어 기술을 사용한다.
라. X-Bar 교환기가 대표적이다.

03 **통신위성에 이용되는 안테나의 종류가 아닌 것은?**

가. 야기 안테나
나. 파라볼라 안테나
다. 혼 안테나
라. 헬리컬 안테나

04 **무선통신 시스템에서 코드 열을 사용하는 확산 스펙트럼 다중 접속을 하는 기술로 아날로그 셀룰러에 비해 가입자 수용량이 많은 전송 방식은?**

가. SDMA
나. CDMA
다. FDMA
라. TDMA

05 동기식 데이터 전송에서 같은 디지트가 반복되어 동기신호를 상실하는 문제를 방지하기 위하여 송신측에서 전송되는 데이터 신호를 랜덤화 하기 위해 사용되는 것은?

가. 채널 인코더
나. 채널 디코더
다. 프로토콜 제어기
라. 스크램블러

06 다음 정보를 전송하는 방식 중 축적교환방식이 아닌 것은?

가. 회선교환방식
나. 데이터그램 패킷교환방식
다. 메시지 교환방식
라. 가상회선 패킷교환방식

07 화상정보를 특정 목적으로 특정의 수신자에게 전달하여 보안, 감시 등 분야에 응용하는 화상정보 시스템은?

가. CCTV
나. CATV
다. HDTV
라. DTV

08 정보전송시 광대역 변·복조기로 전송하는 주목적은?

가. 고속으로 데이터를 전송하기 위함
나. 유선의 경제적인 운용 이점을 활용하기 위함
다. 다채널의 시분할 신호로 변환하기 위함
라. 신호의 감쇠를 보상하기 위함

09 RS-232C 25핀 표준 인터페이스에서 송신(TD)에 해당되는 핀은?

가. 1번
나. 2번
다. 3번
라. 4번

10 뉴미디어의 분류 중 방송계에 해당되지 않는 것은?

가. 위성TV방송
나. HDTV 방송
다. VTR
라. 문자다중방송

11 **다음 CATV의 구성 중 전송계의 구성요소가 아닌 것은?**

가. 분배선　　나. 간선증폭기
다. 연장증폭기　　라. 헤드엔드

12 **다음 중 라우터(Router)에 대한 설명으로 옳은 것은?**

가. 네트워크상에서 경로표를 사용하여 경로를 지정해 주는 장치이다.
나. 데이터링크 계층에서 중계를 하는 접속장치이다.
다. 물리계층에서 연동하는 장치이다.
라. 브리지와 같은 이더넷 네트워크만의 접속장치이다.

13 **디지털 셀룰러 방식의 일반적인 특성이 아닌 것은?**

가. 소형 및 경량이다.
나. 고속 데이터 전송이 가능하다.
다. 다양한 서비스를 제공할 수 있다.
라. 통화 품질은 수신 전력의 강도에 반비례 한다.

14 **다음 중 G4 FAX 단말기에 사용되는 부호화 방식은?**

가. MR 방식　　나. MH 방식
다. MMR 방식　　라. MMH 방식

15 **다음 중 ITU-T의 DTE/DCE 간 인터페이스 표준규격이 아닌 것은?**

가. X 시리즈 권고안　　나. V 시리즈 권고안
다. Q 시리즈 권고안　　라. I 시리즈 권고안

16 **전송 부호의 형식에서 일반적으로 요구되는 조건과 거리가 먼 것은?**

가. 비트 동기 정보의 추출이 쉬울 것
나. 직류 차단 특성의 영향을 적게 받을 것
다. 소요 전송 대역폭이 클 것
라. 회선의 감시가 가능할 것

17 **디지털TV 방송기술의 장·단점에 대한 설명으로 틀린 것은?**

가. 영상 및 음향 신호의 압축이 용이하고 녹화 재생 시 화질이나 음질의 열화가 없다.
나. 적은 대역폭으로 아날로그에 비해 많은 정보를 서비스 할 수 있다.
다. 오류정정 기술을 사용할 수 있고 저장, 복제에 따른 손실이 적다.
라. 상호간섭이 비교적 많고 신호의 열화가 원만하다.

18 **다음 중 이동통신 시스템에서 핸드오프(Hand-off)기능을 수행하는 것은?**

가. 이동국(Mobile Station)
나. 중계기(Repeater)
다. 데이터 센터(Data Center)
라. 이동전화 교환국(Mobile Telephone Switching Office)

19 **다음 중 LAN의 엑세스 제어 방식이 아닌 것은?**

가. CSMA/CD　　나. TCP/IP
다. Token bus　　라. Token ring

20 **광가입자망의 가입자별로 하나의 파장을 대응시켜 동기화 절차 없이 수백[Mbps]의 고속전송이 가능한 방식은?**

가. FDM 방식　　나. TDM 방식
다. SDM 방식　　라. WDM 방식

기출문제

Data Communication Instruments

정보통신 산업기사 필기

(2008년 5월 11일)

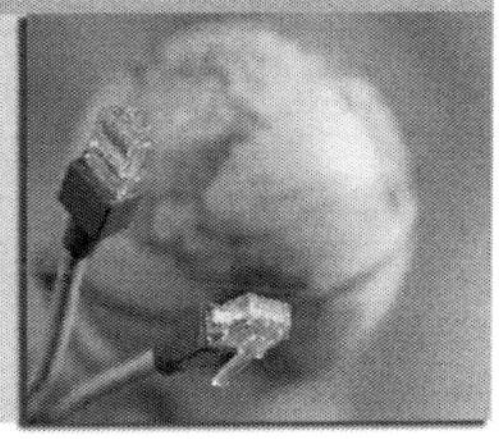

01 **차세대 가입자망 기술의 하나로 광섬유 케이블로 댁내까지 접속하는 것은?**

가. xDSL　　나. PON

다. LSN　　라. HFC

02 **다음 중 CCTV의 응용범위가 아닌 것은?**

가. 의학용　　나. 난시청 해소용

다. 교육용　　라. 방범용

03 **다음 중 무선가입자망 기술에 해당되지 않는 것은?**

가. WLL　　나. MMDS

다. LMDS　　라. FTTH

04 **다음 중 NTSC 컬러 TV에서 음성신호의 변조방식은?**

가. AM　　나. VSB

다. FM　　라. PM

05 **다음 중 대역 압축 방식으로 MH, MR 부호화 방식을 사용하여 전송하는 FAX는?**

가. G1 FAX　　나. G2 FAX

다. G3 FAX　　　　라. G4 FAX

06 **다음 중 셀룰러 이동통신의 특징이 아닌 것은?**

가. 주파수 재사용　　　　나. 핸드오버
다. 로밍　　　　라. 그룹 호출

07 **위성통신의 다원접속 방식이 아닌 것은?**

가. FDMA(Frequency Division Multiple Access)
나. TDMA(Time Division Multiple Access)
다. CDMA(Code Division Multiple Access)
라. PAMA(Pre-Alignment Multiple Access)

08 **MHS(Message Handling System)의 기본 구성이 아닌 것은?**

가. Message Transfer Agent(MTA)
나. User Agent(UA)
다. Message Analysis(MA)
라. Message Store(MS)

09 **다음 중 무선통신에서 통신의 품질을 평가하는 척도는?**

가. 신호대 변조전력비　　　　나. 정보의 전송량
다. 신호대 잡음비　　　　라. 전송 주파수

10 **다음 중 위성통신의 갖는 일반적인 특징이 아닌 것은?**

가. 장거리 광대역 통신　　　　나. 우수한 전송품질
다. 대용량의 통신　　　　라. 전송지연이 없음

11 **OSI 참조 모델의 물리계층에서 신호 재생의 역할을 주로 수행하는 것은?**

가. 라우터
나. 리피터
다. 브라우터
라. 게이트웨이

12 **다음 중 통신위성 지국국에 설치하는 안테나로 가장 적합한 것은?**

가. 다이폴 안테나
나. 야기 안테나
다. 카세그레인 안테나
라. 휩 안테나

13 **CATV의 센터설비 중 헤드엔드의 주요 기능이 아닌 것은?**

가. 프로그램의 검색 및 편집
나. 변조 및 복조
다. TV 신호처리
라. Pilot 신호발생

14 **다음 중 SDH(Synchronous Digital Hierarchy)에서 STM-1의 전송속도[Mbps]는?**

가. 155.52
나. 139.26
다. 62.08
다. 50.84

15 **다음 중 모뎀(Modem)의 변복조 방식이 아닌 것은?**

가. QAM
나. DPSK
다. FSK
라. SSB

16 **다음 중 국내 디지털 TV 방송의 영상압축 기술은?**

가. MPEG-1
나. MPEG-2
다. JPEG
라. JBIG

17 **다음 중 수신기 성능의 평가 대상이 아닌 것은?**

가. 감도
나. 충실도

다. 대역폭 라. 안정도

18 **다음 중 주파수 스펙트럼의 이용효율이 가장 좋은 변조 방식은?**

가. 16QAM 나. FSK

다. ASK 라. 4PSK

19 **다음 중 좌표를 판독하여 아날로그 형태의 설계도면이나 도형을 디지털 형태로 컴퓨터에 입력하는데 사용되는 것은?**

가. 터치스크린 나. 디지타이저

다. OMR 라. OCR

20 **다음 중 컴퓨터 시스템에서 처리 결과를 음성으로 출력하는 것은?**

가. 음성인식기 나. 음성합성기

다. 음성입력기 라. 음성분석기

기출문제

Data Communication Instruments

정보통신 산업기사 필기
(2008년 9월 7일)

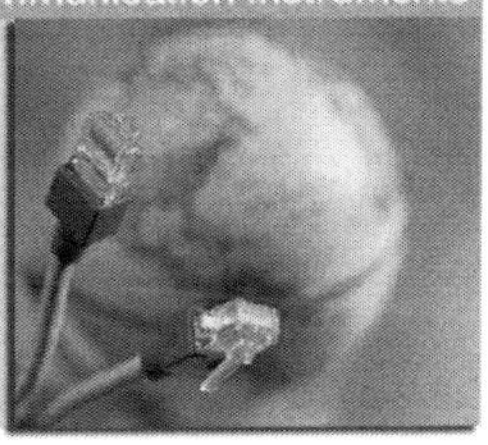

01 **다음 중 DTE와 DCE간의 RS-232C 25핀 접속에서 통신이 가능하기 위해 필요한 최소한의 핀 연결은?**

가. 1번(PG), 2번(TD), 7번(SG)
나. 2번(TD), 3번(CTS), 7번(SG)
다. 3번(RD), 4번(RTS), 7번(SG)
라. 4번(RTS), 5번(CTS), 7번(SG)

02 **전기통신망에서 정보를 교환하는 방식이 아닌 것은?**

가. 회선교환　　나. 패킷교환
다. 망교환　　라. 메시지교환

03 **다음 중 팩시밀리, TV 카메라 등에 사용되는 CCD의 기능이 아닌 것은?**

가. 광전변환　　나. 전하축적
다. 전하재생　　라. 전하전송

04 **고품질의 영상서비스를 언제 어디서나 제공할 수 있는 이동 멀티미디어 방송 서비스가 가능한 것은?**

가. CATV　　나. DMB
다. DTV　　라. RFID

05 다음 중 위성통신의 장점이 아닌 것은?

가. 광역성　　나. 이동성
다. 동보성　　라. 지연성

06 트래픽 단위에서 144[HCS]는 몇 [Erl]인가?

가. 3　　나. 4　　다. 5　　라. 6

07 주파수공용통신(TRS)의 설명으로 적합하지 않은 것은?

가. 통신방식은 반이중방식이다.
나. 그룹호출(Group Call)이 가능하다.
다. 일대 다수의 통화가 불가능하다.
라. 잡음과 혼선이 적어 양호한 통화품질을 유지한다.

08 다음 중 비동기식 변복조기에 주로 사용되는 변조방식은?

가. 진폭편이변조(ASK)
나. 주파수편이변조(FSK)
다. 위상편이변조(PSK)
라. 직교변조(QAM)

09 음성신호를 패킷 데이터로 변환하여 인터넷 망에서 전화서비스를 제공하는 것은?

가. WiBro　　나. Telematics
다. WCDMA　　라. VoIP

10 다음 중 HDTV 화면의 세로 : 가로의 비는?

가. 4:3　　나. 3:4
다. 16:9　　라. 9:16

11 **다음 중 컴퓨터를 이용하여 마이크로 필름에 들어있는 정보를 검색하기 위한 장치는?**

가. OMR　　나. OCR
다. COM　　라. CAR

12 **TV방송전파를 이용하여 TV방송과 함께 문자 또는 도형 형태의 정보제공이 가능한 뉴미디어는?**

가. 텔렉스　　나. 텔레스트
다. 정지화방송　　라. 비디오텍스

13 **다음 중 동영상 압축 기술로서 고품질 방송 서비스를 지원하기 위한 것은?**

가. MPEG-2　　나. JPEG
다. AC-3　　라. MPEG-1

14 **정보통신시스템에서 정보전송계의 구성요소가 아닌 것은?**

가. 단말장치　　나. 주변장치
다. 통신제어장치　　라. 데이터 전송회선

15 **음성급 전화회선에 사용하는 주파수의 범위는?**

가. 300~3400[Hz]　　나. 300~5,000[Hz]
다. 100~10000[kHz]　　라. 300~20000[Hz]

16 **위성통신의 다원접속방식 중 CDMA방식에 대한 설명으로 틀린 것은?**

가. 통신 보안이 우수하다.
나. 간섭 및 방해에 강하다.
다. 스펙트럼 확산 기술을 이용한다.
라. 전송대역폭이 좁아 주파수의 이용효율이 높다.

17 **지능 다중화기에 대한 설명으로 옳은 것은?**

가. 동기식 시분할 다중화기라고도 한다.
나. 동적인 시간 폭의 배정이 가능하다.
다. 전송효율이 매우 좋지 않다.
라. 타임슬롯의 낭비가 심하다.

18 **다음 중 GPS(Global Positioning System)의 주요 구성부분에 속하지 않는 것은?**

가. 위성 부분　　나. 지상관제 부분
다. 사용자 부분　　라. 페이로드 부분

19 **다음 중 각 가정의 댁내까지 광가입자 전송망 구축을 위한 것은?**

가. FTTO　　나. HFC
다. HDSL　　라. FTTH

20 **다음 중 송신측 및 수신측에서 사용하는 통신시스템의 비선형성으로 인하여 주로 발생하는 잡음은?**

가. 누화잡음　　나. 충격잡음
다. 백색잡음　　라. 상호변조잡음

기출문제

Data Communication Instruments

정보통신 산업기사 필기
(2009년 3월 1일)

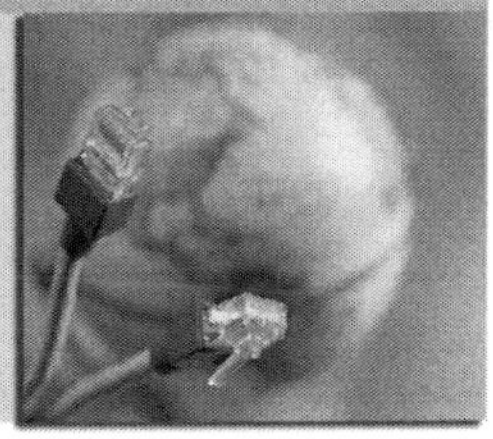

01 디지털 다중화(Digital Multiplex)에서 T1 신호에 대한 설명으로 옳은 것은?

가. 24개의 채널이 다중화 되어
　1.544[Mbps]의 전송속도를 갖는다.
나. 32개의 채널이 다중화 되어
　1.544[Mbps]의 전송속도를 갖는다.
다. 24개의 채널이 다중화 되어
　2.048[Mbps]의 전송속도를 갖는다.
라. 32개의 채널이 다중화 되어
　2.048[Mbps]의 전송속도를 갖는다.

02 다음 중 비디오텍스에 대한 설명으로 옳은 것은?

가. 텔레비전과 전화의 연결에 의한 정보서비스
나. 방송형태의 정보를 제공하는 서비스
다. 문자다중방송 서비스
라. TV 귀선 시간을 이용해서 정보전송을 하는 서비스

03 다음 중 다중화 방식에서 채널 활용도가 가장 높은 것은?

가. CDMA　　　나. TDMA
다. FDMA　　　라. CSMA

04 종이에 기록된 문자를 직접 광학적으로 읽어내는 광학식 문자 입력장치는?

가. 디지타이져
나. OCR
다. CAD/CAM
라. 그래픽 단말기

05 시분할 다중화(TDM)에서 부 채널 간 상호관섭을 방지하기 위한 완충지역은?

가. Guard time
나. Guard band
다. Channel
라. Sub-group

06 다음 중 Wibro 시스템에서 사용되는 다중접속방식은?

가. OTDMA
나. OFDMA
다. CDMA
라. WCDMA

07 다음 중 CCTV의 매체 특성이 아닌 것은?

가. 다수인에 대한 동시 관찰
나. 원거리의 일정한 감시 기능
다. 가시적인 영역만의 관찰
라. 집중적인 감시 기능

08 다음 중 정보통신 시스템의 데이터 전송계에 해당되지 않는 것은?

가. 데이터 단말장치
나. 신호 변환장치
다. 통신회선
라. 입·출력 채널

09 지구관측위성의 회전궤도이며, 지구의 여러 곳의 상태를 관찰할 수 있는 궤도는?

가. 극궤도
나. 적도면궤도

다. 타원궤도　　　　라. 태양동기궤도

10 **다음 중 G3 팩시밀리의 특징이 아닌 것은?**

가. 부호화 방식은 MH, MR 방식이다.
나. ITU-T의 권고안으로 T.30이 있다.
다. ISDN용 디지털 전용선로에서 사용한다.
라. A4 원고를 약 1분 이내에 전송이 가능하다.

11 **위성통신의 회선접속 방식 중 고정할당방식 또는 요구할당방식의 운용이 가능하고, 간섭 및 방해에 강하지만 넓은 대역폭이 소요되어 주파수의 이용효율이 비교적 낮은 것은?**

가. FDMA　　　　나. TDMA
다. CDMA　　　　라. SDMA

12 **다음 중 위성통신용 지구국의 기본구성이 아닌 것은?**

가. 안테나부　　　　나. 송신부
다. 수신부　　　　라. 자세제어부

13 **다음 중 통신제어장치의 기능이 아닌 것은?**

가. 에러검출　　　　나. 회선감시
다. 전송제어　　　　라. 신호변환

14 **FAX의 기본 과정에서 공간적으로 2차원으로 분포한 원화정보를 1차원적인 신호로 변환하는 것을 송신주사라고 한다. 송신주사 방식 중 기계적 주사방식이 아닌 것은?**

가. 원통주사　　　　나. 원호면주사
다. 평면주사　　　　라. 고체주사

15 **다음 중 전전자 교환기의 구성에서 통화로계에 속하지 않는 것은?**

가. 가입자선 정합부
나. 통화로망
다. 주변제어장치
라. 중계선 정합부

16 **다음 중 다중화 장비의 이용 목적으로 가장 적합한 것은?**

가. 다중화 장비의 비용 절약
나. 통신선로와 모뎀의 비용 절약
다. 단말기와 모뎀의 비용 절약
라. 통신선로와 단말기의 비용 절약

17 **MFC(Multi Frequency Code) 방식을 이용하는 푸시 버튼 전화기의 특징이 아닌 것은?**

가. 전자교환기에서 사용될 수 있다.
나. 특수 서비스를 받을 수 있다.
다. 직류전류를 단속시켜 교환기를 동작시킨다.
라. 복합 주파수를 사용한다.

18 **SSB 변조방식이 DSB 변조방식에 비해 장점이 아닌 것은?**

가. 주파수 효율이 높다.
나. 선택성 페이딩의 영향을 덜 받는다.
다. 비화성이 없다.
라. 소비전력이 적다.

19 **다음 중 전자파의 성질이 아닌 것은?**

가. 전자파는 종파이다.
나. 직진, 반사, 회절, 간섭 등의 현상이 있다.
다. 서로 다른 매질의 경계면에서 굴절한다.

라. 전파속도는 투자율이나 유전율이 클수록 늦어진다.

20 다음 중 EIA에서 정의한 25핀 RS-232C의 핀 번호와 기능이 틀린 것은?

가. Pin 1(FG) : 보호용 접지
나. Pin 2(TXD) : 데이터의 송신
다. Pin 3(RXD) : 데이터의 수신
라. Pin 5(RTS) : 출력 송신요구

기출문제

Data Communication Instruments

정보통신 산업기사 필기
(2009년 5월 10일)

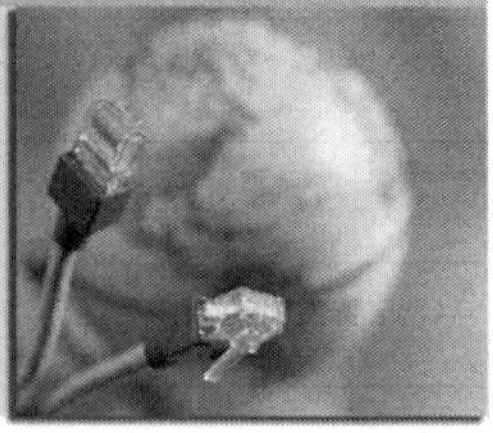

01 **다음 중 컴퓨터가 설치된 장소와 동일 장소에 여러 개의 단말기가 밀집되어 있는 경우, 다수의 단말기를 컴퓨터의 포트에 연결하기 위한 것은?**

가. 모뎀 공동이용기
나. 회선 공동이용기
다. DSU 공동이용기
라. CSU 공동이용기

02 **원격 감시기의 전파를 발사해서 목표물에 반사되어 수신된 시간이 0.1[μs]일 때 목표물까지의 거리는?**

가. 15[m] 나. 10[m]
다. 5[m] 라. 1[m]

03 **다음 중 비동기식 전송의 특징이 아닌 것은?**

가. 각 무자는 앞에 시작 비트와 뒤에 정지 비트를 갖는다.
나. 직렬 펄스로 전송한다.
다. 패리티 비트에 의해 수신 단에서 오 전송 여부를 판별할 수 있다.
라. 정확한 전송이 되도록 모뎀, 터미널 등에 의해 타이밍 신호가 공급된다.

04 **다음 중 무선통신에서 변조를 하는 이유가 아닌 것은?**

가. 복사를 쉽게 하기 위하여
나. 잡음과 간섭을 줄이기 위하여
다. 송·수신 장치를 단순화하기 위하여
라. 전송 효율을 높이고 다중화 기능을 위하여

05 다음 중 지능 다중화기의 설명으로 옳지 않은 것은?

가. 전송량이 많을 경우 전송지연이 발생 할 수 있다.
나. 지능 다중화기는 동기식이다.
다. 실제 데이터가 있는 터미널에만 동적으로 TIME SLOT을 할당한다.
라. 기억 메모리 및 주소제어가 필요하다.

06 다음 중 PC와 PC, PC와 전화간의 음성 통화를 지원할 수 있는 것은?

가. MHS　　나. 텔레텍스트
다. DMB　　라. 인터넷 폰

07 고속의 데이터 전송기술인 xDSL에서 사용되는 변조방식이 아닌 것은?

가. QAM　　나. DMT
다. CAP　　라. PCM

08 통신 위성체는 통신기기 시스템과 공통기기 시스템으로 나눌 수 있다. 다음 중 공통기기에 해당하지 않는 것은?

가. 텔리매트리 명령계　　나. 중계기계
다. 추진계　　라. 자세 제어계

09 다음 중 위성통신의 일반적인 설명으로 틀린 것은?

가. 지상재해의 영향이 적다.
나. 회선설정의 유연성이 있다.
다. 고품질의 광대역 통신이 가능하다.
라. 전송지연 없이 통신이 가능하다.

10 다음 중 종이에 기록된 문자를 반사광을 이용하여 인식하는 입력장치는?

가. OMR　　나. OCR
다. MMR　　라. MICR

11 다음 중 전전자 교환기의 통화로부 구성요소가 아닌 것은?

가. 가입자선 정합부
나. 통화로 망
다. 입출력 장치
라. 중계선 정합부

12 이동통신 시스템에서 다중경로 전파에 의하여 수신신호가 시간에 따라 변화되는 현상을 무엇이라 하는가?

가. 페이딩
나. 동일채널 간섭
다. 지연확산
라. 인접채널 간섭

13 다음 중 디지털 지상파방송 ATSC의 사양으로 틀린 것은?

가. 비디오 압축 : MPEG-2
나. 오디오 압축 : 돌비 AC-3
다. 전송용량 : 13.39[Mbps]
라. 변조방식 : FM

14 CATV의 핵심 구성요소로 수신안테나에서 수신한 각 채널의 신호를 변환하여 중계 전송망을 통해 가입자에게 송출하는 것은?

가. 헤드엔드
나. 간선제어기
다. 프레임 메모리
라. 게이트웨이 프로세서

15 **단말기의 데이터를 전송시호로 변환하는 목적으로 가장 적합한 것은?**

가. 컴퓨터가 처리하는데 쉽게 하기 위함
나. 유선의 경제적인 운용의 이점을 활용하기 위함
다. 다양한 신호를 효율적으로 증폭하기 위함
라. 데이터를 전송로의 특성에 알맞게 하기 위함

16 **다음 중 공중선 신호방식에 대한 설명으로 틀린 것은?**

가. No.6 신호방식과 No.7 신호방식이 있다.
나. 국간 신호방식으로 R2 MFC방식이라 한다.
다. 프로토콜 계층으로 MTP, SSCP 및 TCAP 등의 구조로 되어 있다.
라. 공통된 신호선을 이용하여 신호를 데이터 형식으로 전송한다.

17 **DTE와 DCE를 상호 연결하기 위해 기계적, 전기적, 기능적, 절차적인 조건들을 표준화한 것은?**

가. 토폴로지
나. DCE 아키텍처
다. DTE/DCE 인터페이스
라. 참조 모형

18 **다음 중 CATV의 구성에서 전송계로만 이루이진 것은?**

가. 수신설비, 스튜디오설비, 송출설비
나. 간선, 분배선, 인입선
다. 보안기, 컨버터, 결합기
라. 변조기, 복조기, 분배기

19 **다음 중 데스크톱 화상회의 시스템에서 화상신호를 부호화 및 복호화 하는 것은?**

가. 라우터　　　　나. CRT
다. 모뎀　　　　라. 코덱

20 **그림, 차트, 도표, 설계도면을 읽어 디지털화하여 컴퓨터에 입력시키는 것은?**

가. 디지타이저 나. 그래픽단말기

다. 터치스크린 라. 문자판독기

기출문제

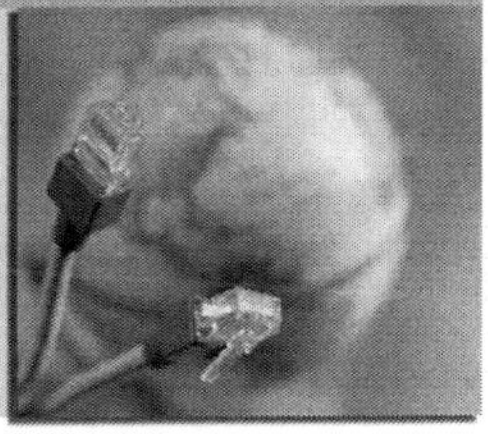

정보통신 산업기사 필기 정답

정보통신 산업기사 필기(2004년 3월 7일)

1	2	3	4	5	6	7	8	9	10
라	가	라	다	라	다	가	라	다	다
11	12	13	14	15	16	17	18	19	20
나	라	라	라	다	나	나	다	나	가

정보통신 산업기사 필기(2004년 5월 23일)

1	2	3	4	5	6	7	8	9	10
다	라	다	나	나	라	가	나	나	나
11	12	13	14	15	16	17	18	19	20
나	가	다	나	가	나	가	가	라	다

정보통신 산업기사 필기(2004년 9월 5일)

1	2	3	4	5	6	7	8	9	10
다	라	다	라	라	라	라	가	나	나
11	12	13	14	15	16	17	18	19	20
라	다	나	다	다	라	라	다	가	가

정보통신 산업기사 필기(2005년 3월 6일)

1	2	3	4	5	6	7	8	9	10
라	라	다	라	나	라	라	다	가	라
11	12	13	14	15	16	17	18	19	20
다	라	나	나	라	라	다	다	가	다

정보통신 산업기사 필기(2005년 5월 29일)

1	2	3	4	5	6	7	8	9	10
라	나	가	라	라	나	라	나	다	가
11	12	13	14	15	16	17	18	19	20
나	가	라	다	나	다	다	다	다	가

정보통신 산업기사 필기(2005년 9월 4일)

1	2	3	4	5	6	7	8	9	10
다	라	다	다	가	나	다	라	다	가
11	12	13	14	15	16	17	18	19	20
나	나	나	다	가	다	라	라	나	라

정보통신 산업기사 필기(2006년 3월 5일)

1	2	3	4	5	6	7	8	9	10
나	라	가	라	가	가	다	라	나	다
11	12	13	14	15	16	17	18	19	20
라	가	다	라	라	나	나	다	라	다

정보통신 산업기사 필기(2006년 5월 14일)

1	2	3	4	5	6	7	8	9	10
다	나	라	가	나	나	라	나	다	라
11	12	13	14	15	16	17	18	19	20
가	라	가	다	다	가	다	라	나	라

정보통신 산업기사 필기(2006년 9월 10일)

1	2	3	4	5	6	7	8	9	10
라	라	나	라	다	라	다	가	라	나
11	12	13	14	15	16	17	18	19	20
나	다	라	다	라	가	다	가	가	가

정보통신 산업기사 필기(2007년 3월 4일)

1	2	3	4	5	6	7	8	9	10
나	다	다	라	가	라	나	라	다	라
11	12	13	14	15	16	17	18	19	20
나	가	라	라	라	가	라	다	다	나

정보통신 산업기사 필기(2007년 5월 13일)

1	2	3	4	5	6	7	8	9	10
라	라	가	다	기	다	라	라	라	다
11	12	13	14	15	16	17	18	19	20
다	나	라	나	가	가	나	나	나	나

정보통신 산업기사 필기(2007년 9월 2일)

1	2	3	4	5	6	7	8	9	10
라	라	가	가	라	다	가	가	다	라
11	12	13	14	15	16	17	18	19	20
나	다	라	나	나	나	다	가	라	라

정보통신 산업기사 필기(2008년 3월 2일)

1	2	3	4	5	6	7	8	9	10
나	라	가	나	라	가	가	가	나	다
11	12	13	14	15	16	17	18	19	20
라	가	라	다	다	다	라	라	나	라

정보통신 산업기사 필기(2008년 5월 11일)

1	2	3	4	5	6	7	8	9	10
나	나	라	다	다	라	라	다	다	라
11	12	13	14	15	16	17	18	19	20
나	다	가	가	라	나	다	가	나	나

정보통신 산업기사 필기(2008년 9월 7일)

1	2	3	4	5	6	7	8	9	10
나	다	다	나	라	나	다	나	라	라
11	12	13	14	15	16	17	18	19	20
라	나	가	나	가	라	나	라	라	라

정보통신 산업기사 필기(2009년 3월 1일)

1	2	3	4	5	6	7	8	9	10
가	가	가	나	가	나	다	라	가	다
11	12	13	14	15	16	17	18	19	20
다	라	라	라	다	나	다	다	가	라

정보통신 산업기사 필기(2009년 5월 10일)

1	2	3	4	5	6	7	8	9	10
나	가	라	다	나	라	라	나	라	나
11	12	13	14	15	16	17	18	19	20
다	가	라	가	라	나	다	나	라	가

최신 정보통신 기기

초판 1쇄 발행 2010년 01월 07일

초판 4쇄 발행 2022년 08월 01일

공 저 자 김한기 • 백국현 • 이재기

발 행 인 이범만

발 행 처 **21세기사** (제406-2004-00015호)

경기도 파주시 산남로 (10882)

Tel. 031-942-7861   Fax. 031-942-7864

E-mail : 21cbook@naver.com

ISBN 978-89-8468-280-1

정가 25,000원